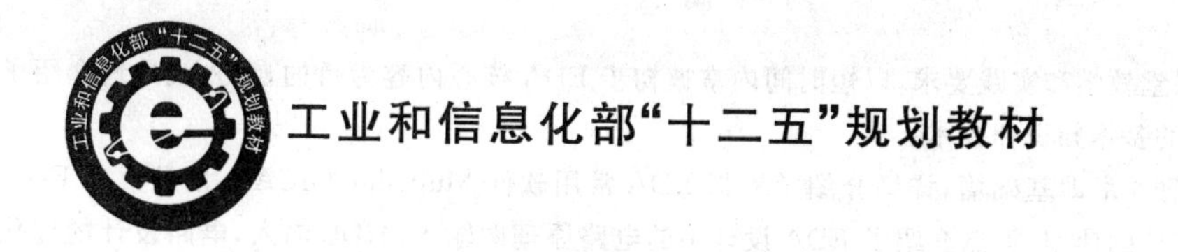

EDA技术基础及实践

屈晓声　孙进平　编著

北京航空航天大学出版社

内容简介

本书根据EDA课堂教学和实践要求，以短时间内掌握初步EDA核心内容为目的，深入浅出地介绍了模拟EDA及数字EDA的基本知识和技术。

全书共分9章。前6章即基础篇，详细介绍了模拟EDA常用软件Multisim、OrCAD，以及数字EDA软件ModelSim、Quartus II的使用，重点介绍了EDA设计中的电路原理图输入、HDL输入，电路设计的优化和后端的电路功能仿真，对SPICE语言和Verilog HDL语言也做了详细介绍。后3章即实践篇，内容以实践为主，通过多种电路的设计仿真练习可掌握从模拟到数字的基础电路设计技术。各章都有相应的练习题以利于知识的掌握。

本书可作为电子工程、通信、工业设计自动化等专业本科生EDA课程的教材使用，也可作为相关专业技术人员的参考书。

图书在版编目(CIP)数据

EDA技术基础及实践 / 屈晓声，孙进平编著. -- 北京：北京航空航天大学出版社，2015.6

ISBN 978-7-5124-1802-8

Ⅰ. ①E… Ⅱ. ①屈… ②孙… Ⅲ. ①电子电路—电路设计—计算机辅助设计 Ⅳ. ①TN702

中国版本图书馆CIP数据核字(2015)第127648号

EDA技术基础及实践

屈晓声　孙进平　编著

责任编辑　王慕冰

*

北京航空航天大学出版社出版发行

北京市海淀区学院路37号(邮编100191)　http://www.buaapress.com.cn

发行部电话:(010)82317024　传真:(010)82328026

读者信箱: goodtextbook@126.com　邮购电话:(010)82316936

北京兴华昌盛印刷有限公司印装　各地书店经销

*

开本:787×1 092　1/16　印张:21　字数:538千字

2015年8月第1版　2015年8月第1次印刷　印数:3 000册

ISBN 978-7-5124-1802-8　定价:45.00元

若本书有倒页、脱页、缺页等印装质量问题，请与本社发行部联系调换。联系电话:(010)82317024

前 言

随着信息技术的飞速发展，在电子电路设计领域越来越多地应用到计算机技术，模拟电路中的电路分析、数字电路里的逻辑仿真、印制电路等都离不开计算机辅助设计，而以计算机辅助设计为基础的集成电路设计甚至已经成为集成电路产业的核心组成部分。电子设计自动化(EDA)软件的迅速发展使得计算机辅助设计技术逐渐成为提高电子线路设计速度和设计质量的必要手段。

通常电子电路按讨论对象可分为模拟电路和数字电路，因此作为电子电路设计的EDA课程也顺理成章地分为数字与模拟两部分。目前市面上见到的大多数EDA书籍通常是以HDL语言为基础，描述数字逻辑仿真的所谓数字EDA，或者是专门介绍CPLD、FPGA等可编程逻辑器件的应用开发，而对于初级EDA，尤其是讨论模拟电路仿真的EDA教材较少。本书是以初级EDA为主线，较全面地介绍了模拟EDA和数字EDA的基础知识，依托Multisim、OrCAD以及ModelSim、Quartus II软件平台，让读者熟悉EDA的基本过程与技巧，为今后进一步深入学习打下基础。

之所以选择以上4个EDA软件作为本书的依托平台，是因为这4个软件具有现代EDA平台的一般特性，即方便的电路输入、准确的电路仿真及完备的虚拟测试手段，能满足多种电子电路设计的需求，并且易于组织教学。

目前EDA同类书已有较多，大多可归纳为以下几类：

① 以数字电路设计为基础，最后归结到FPGA或ASIC，基本不涉及模拟电路。

② 以某一EDA工具为主线展开，结果是读者对其他工具不知所云，缺少对EDA平台的整体把握。

③ 以Verilog HDL或VHDL为主线展开，掌握难度较大，读者需要对EDA有一定的了解。

本书特色是结合最新电路设计理念，在内容安排上进行了调整，强调模拟电路EDA与数字电路EDA的结合，使读者可在较短的时间内对EDA有较为全面的认识和了解，并能利用现有的EDA工具进行简单的电路设计。

其特点是：

① 模拟与数字电路设计并重。现有的EDA教材一般都忽略或较少涉及模拟部分内容，本教材从模拟部分入手介绍了EDA的基本架构，并对一些常见的模拟电路进行仿真练习。

② SPICE语言到Verilog HDL语言的升华。以SPICE语言为基础进行器件物理特性的仿真，并逐渐引入到Verilog HDL语言复杂电路逻辑行为的模拟，使

读者掌握从简单电路特性设计到复杂系统设计的思想。

③ Multisim、OrCAD 到 ModelSim、Quartus II 的 EDA 平台展示。用以上 4 个 EDA 工具描述 EDA 平台的构成与在电路设计中的特点，使读者在了解 EDA 组成的基础上，掌握 EDA 的设计思想，并运用这些 EDA 平台完成自己的电路设计练习。

本书内容分为 9 章。第 1～6 章为基础篇。第 1 章介绍 EDA 的基本概念及基本内容，进行电路设计时的基本步骤，构成一个可用的 EDA 平台所需的基本组成要件。第 2 章以常见的 FPGA/CPLD、ASIC 为例介绍 EDA 设计流程的一般步骤，讲述 EDA 的组成模块，包括设计输入编辑器、仿真器、HDL 综合器、适配器(或布局布线器)及下载器，介绍 IP 核、软核、硬核、固核等基本概念及应用。第 3 章介绍作为模拟电路设计的常用软件 Multisim 及其工具栏、虚拟仪表库以及各个功能简单应用举例，通过此章的学习可以基本掌握 Multisim 软件的使用方法。第 4 章重点介绍模拟 EDA 设计中所使用的 SPICE 仿真语言，同时介绍另一个在模拟设计中常用的平台软件 OrCAD PSpice A/D，通过具体实例展现了语言编程在模拟电路仿真中的应用。第 5 章以 Multisim 和 OrCAD Capture 为例介绍在 EDA 平台上如何进行电路原理图输入，利用 EDA 软件进行电路检查和完成电路的前仿真(即功能仿真)。第 6 章则转向介绍 EDA 设计的另一方面——数字 EDA。本书选取应用较为广泛的 Quartus II 和 ModelSim 软件作为平台，本章的重点是介绍 Verilog HDL 语言，以期在短时间内掌握数字电路 EDA 的基本步骤。从第 7 章往后是实践篇，以各种具体电路为主线进行 EDA 电路设计。第 7 章是简单模拟电路的应用；第 8 章是放大和滤波电路的仿真设计；第 9 章则是利用前面的数字 EDA 知识进行简单的 CPU 设计，也算是数字 EDA 的应用。

本书可作为电子工程、通信、工业设计自动化等专业本科生 EDA 课程的教材使用，也可作为相关专业技术人员的参考书。

总之，编写本书的主旨在于使读者在较短的时间内能对 EDA 技术有较为全面的了解，为此介绍几款比较常用的 EDA 软件的使用，以及作为模拟和数字电路仿真语言的 SPICE 和 Verilog HDL 的语法结构。最后以各种实际电路为例，进行简单 EDA 设计仿真练习。愿此书能为 EDA 的普及和提高尽一点微薄之力。作为编者，在这里要感谢甄洪欣、任坤、李仁杰、何堃熙等同学的帮助，他们为本书做了许多案头工作。

由于时间仓促，以及作者水平所限，本书可能有些不足之处，望广大读者不吝赐教。

编　者

2014 年 10 月

目　录

基础篇

基础篇

第 1 章　绪　论

1.1　EDA 技术及进展

EDA(Electronic Design Automation,电子设计自动化)技术是将能执行特定功能的电子线路集合(电子器件、集成电路芯片 IC、专用集成电路 ASIC、大规模可编程逻辑器件 FPGA 等)作为载体,采用特定的电路描述(如电路原理图或硬件描述语言)为表达方式,通过 EDA 平台,利用相关的开发软件(EDA 软件)让计算机自动完成电子系统设计,并且可以完成从软件到硬件系统的编译、逻辑综合及优化、布局布线、功能仿真、时序仿真,直至对特定芯片的逻辑映射、编程下载等工作,最终完成电子系统设计的一门技术。图 1.1 展示了 EDA 技术各部分的关系。

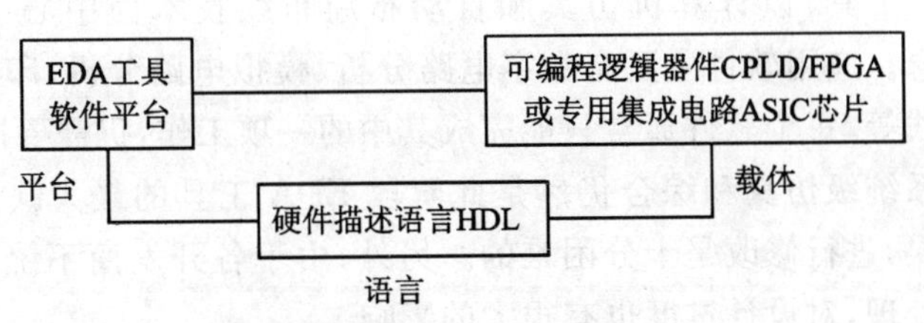

图 1.1　EDA 各相关部分的关系

电路设计者不需要进行硬件搭建,仅仅依靠 EDA 平台就可以完成对电路系统的功能设计,这大大提高了电路设计效率。EDA 平台通常以软件形式出现,称之为 EDA 工具软件,或简称 EDA 工具。从 EDA 技术发展进程看,EDA 工具可以分为三个阶段,即 CAD 阶段、混合阶段和平台阶段。

各阶段 EDA 工具都有其优缺点,新一代 EDA 工具都是对其前一代的更新和功能拓展,以满足不断发展的电子电路的设计需要。

1.1.1 第一阶段的 EDA 工具

这一阶段是 EDA 平台发展的初期，即 CAD 时期，从 20 世纪 60 年代至 80 年代。这一时期已经出现了一些独立的软件，完成电路设计中的特定环节，如实现印制电路板（Printed Circuit Board，PCB）布线设计、电路模拟、逻辑模拟及版图的绘制等，依靠这些工具软件，设计者可以从大量重复、繁琐的计算与绘图中解脱出来。目前常用的 PCB 布线软件 PROTEL、电路模拟的 PSpice 软件以及之后产品化的 IC（集成电路）版图编辑与设计规则检查等软件都是这一时期的产品。

80 年代初，由于集成电路规模越来越大，随着集成度和复杂度的提高，对 EDA 技术的要求也越来越高，这促进了 EDA 技术的飞速发展，很多软件公司进入到 EDA 市场，EDA 工具软件的种类也开始增多。这一时期的 EDA 工具主要针对的是产品开发具体过程，有设计、分析、生产、测试等多个独立软件包。每个软件只能完成其中的一项工作，通过顺序使用这些软件包才可以完成设计全过程。这一阶段的 EDA 面临两个问题：一是由于各软件包是由不同的公司开发的，仅解决一两个设计问题，通常需要将一个软件的输出作为另一个软件的输入，需要繁琐的人工处理，影响设计进度；二是对于复杂的电子系统设计，不能提供系统级的仿真和综合。由于缺乏系统的复杂逻辑级设计，产品开发后期才能发现一些前期的设计问题，增加了修改难度。此外，EDA 工具供应商还是较少，应用面单一，几乎全部面向 LSI 或 PCB 的设计开发。

1.1.2 第二阶段的 EDA 工具

这一阶段时间从 20 世纪 80 年代初期至 90 年代初期，是 EDA 工具发展的过渡期，即 CAE、CAM、CAT 混合阶段。由于许多公司如 Mentor 公司、Daisy Systems 公司、Logic Systems 公司进入 EDA 工具市场，为设计开发人员提供了电路图逻辑工具和逻辑模拟工具的 EDA 软件，可以进行数字电路的分析，解决了电路设计完成之前的单一功能仿真检验问题。

此阶段的 EDA 工具，以计算机仿真和自动布局布线技术为中心，同时产生了 CAM、CAT、CAE 等新概念。应用软件主要有数字电路分析、模拟电路分析、印制电路板、现场可编程门阵列的布局布线等，每个软件通常只能完成其中的一项工作，仍需要按照顺序完成设计的全过程。不能进行系统级仿真和综合仍然是此阶段 EDA 工具的最大缺点，在产品发展的后期才能发现设计错误，进行修改是十分困难的。另外，由于各开发商不统一，工具间数据交互需要进行界面统一处理，对设计进度也有很大的影响。

1.1.3 第三阶段的 EDA 工具

以高级语言描述、可进行系统级仿真和综合的平台级 EDA 技术，构成了第三代 EDA 工具。自 20 世纪末至 21 世纪，各 EDA 厂商相继推出以高级语言描述、系统级仿真和综合技术为核心技术，可完成多种工作的平台化的第三代 EDA 工具。本阶段工具已经形成综合的各种仿真检测平台，可以完成逻辑综合、硬件行为仿真、参数分析和测试，建立了门类齐全、满足系统设计需要的全部开发工具，极大地提高了设计效率，使设计者将注意力集中到创造性的方案与概念构建上。下面介绍这阶段 EDA 技术的主要特征。

(1) 采用硬件描述语言

由于 VHDL 和 Verilog HDL 两种标准硬件描述语言(Hardware Description Language, HDL)的普及应用,并且它们均支持不同层次的描述,使得复杂集成电路的描述规范化,便于传递、交流、保存与修改,并可方便地建立独立工艺的设计文档,便于设计重用。

(2) 高层综合

高层综合可将 EDA 设计层次提高到系统级(或称行为级),而通过相应的行为级综合优化工具,可以大大缩短复杂电路的设计周期,同时改进设计质量,如 Synopsys 公司的 Behavioral Compiler、Mentor Graphics 公司的 Monet 和 Renoir 产品。

(3) 可测性综合设计

随着 IC 的规模与复杂度的增加,测试的难度与费用急剧上升,产生了将可测性电路结构放在芯片上的构想,于是开发了扫描插入、BLST(内建自测试)、边界扫描等可测性设计(DFT)工具,并集成到 EDA 系统中,如 Compass 公司的 Test Assistant、Mentor Graphics 公司的 LBLST Architect、BSD Architect 和 DFT Advisor 等产品。

(4) 平面规划

此项技术可以对逻辑综合和物理版图设计进行联合管理,做到在逻辑综合阶段就考虑到物理设计信息的影响。设计者能进行更进一步的综合与优化,保证所做的修改只会提高性能而不会给版图设计带来负面影响。在深亚微米级布线延时成为主要延时的情况下,这对加速设计过程的收敛与成功很有帮助。Synopsys 和 Cadence 等公司的 EDA 系统中均采用了这项技术。

(5) 并行设计工程结构

此结构是集成化设计环境,以适应当今逻辑 IC 电路的规模大而复杂、数字与模拟电路并存、硬件与软件设计并存的特点。该框架可以将不同公司的优秀工具集成为一个完整的 EDA 系统,各种 EDA 工具在该框架中可以并行使用。通过统一的集成化设计环境,保证各设计工具之间的相互联系与管理。在这种集成化设计环境中,使用统一的数据管理系统与完善的通信管理系统,若干个相关小组可以共享数据库与知识库,同时并行进行设计。一旦系统设计完成,相应的电路设计、版图设计、可测性设计与嵌入软件设计等也就基本完成。

由于互联网迅速发展,IC 设计所需的 EDA 工具和 IP 模块均可在互联网中传播。IC 设计人员可以在互联网上通过电子付款的方式选购设计工具与 IP 模块,使 IC 设计变得迅速、经济、高效。此外,基于互联网的虚拟设计也已出现,因而可从世界范围内整合最优秀的设计资源,解决日益复杂的电子系统设计问题。

1.2 EDA 技术的实现目标

利用 EDA 技术进行电子系统设计,最终目标是完成电子电路或者更复杂的集成电路的设计和实现。以专用集成电路(Application Specific Integrated Circuit, ASIC)为例,ASIC 芯片仅是最终实现的物理平台,它是集中了用户通过 EDA 技术将电子应用系统的既定功能和技术指标具体实现的硬件实体。由于专用集成电路是具有专门用途和特定功能的独立集成电路芯片,因此作为 EDA 技术最终实现目标的 ASIC,可以通过三种途径来实现,如图 1.2 所示。

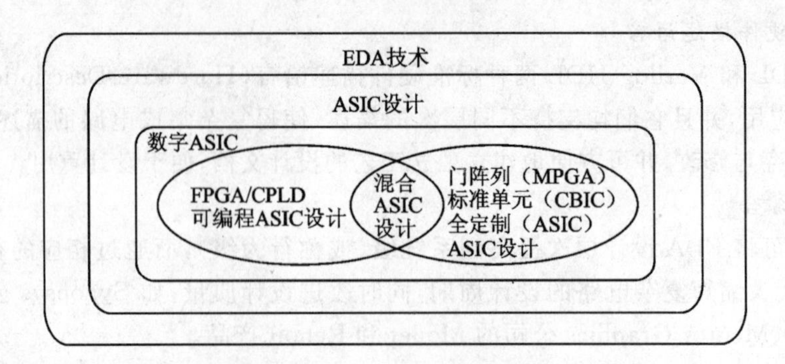

图 1.2　EDA 技术实现目标

1.2.1　大规模可编程逻辑器件

可编程逻辑器件(Programmable Logic Device,PLD)是由用户编程来实现某种逻辑功能的电子器件，主要有 FPGA(Field Programmable Gate Array,场可编程门阵列)和 CPLD(Complex Programmable Logic Device,复杂可编程逻辑器件)。其开发目的是减少集成电路设计制造高成本的高风险，这是由厂家开发的具有可编程逻辑功能的半成品芯片产品。所谓半成品，指的是产品框架已由厂家完成，后续还需要用户在此框架下进行一定的设计开发，使该半产品成为具有特定功能的芯片。其优点是直接面向用户，具有极大的灵活性和重用性，可以多次制成不同功能的芯片，大大降低芯片的开发成本。另外，还有使用方便、硬件测试和实现快捷、开发效率高、上市时间短、技术维护简单等特点。FPGA 和 CPLD 可视为 EDA 技术与软硬件电子设计技术的有机结合。

1.2.2　专用集成电路 ASIC

专用集成电路 ASIC 是基于集成电路技术的半定制或全定制产品。根据 ASIC 的制作过程，它们可分为可编程 ASIC 与掩膜 ASIC。可编程逻辑阵列 PLD 就是一种可编程的 ASIC，两者相比，可编程 ASIC 具有面向用户灵活多样的可编程性。而掩膜 ASIC 有门阵列 ASIC、标准单元 ASIC 和全定制 ASIC 等产品。

(1) 门阵列 ASIC

门阵列芯片包括预定制的相连的 PMOS 和 NMOS 晶体管行。设计中，用户可以借助 EDA 工具将原理图或硬件描述语言模型映射为相应的门阵列晶体管配置，创建一个指定金属互连路径文件，完成门阵列 ASIC 开发。

(2) 标准单元 ASIC

标准单元 ASIC 可称作基于单元的集成电路(Cell-based Integrated Circuits,CBIC)，此类芯片是使用库中的不同标准单元设计的。库里面包括不同复杂度的逻辑模块，并且包含每个逻辑模块在硅片级的完整布局，利用 EDA 软件工具进行逻辑块描述即可完成设计，而不必关心电路细节的布局。标准单元布局中，所有扩散、接触点、过孔、多晶通道及金属通道都完全确定。当该单元用于设计时，通过 EDA 软件生成的网表文件会将单元布局块放到芯片布局之上的单元行上。标准单元 ASIC 设计与 FPGA 设计开发的流程相近。

(3) 全定制芯片

在采用特定的工艺建立的设计规则下，电路设计者从基本电路到功能模块直至最后电路

实现，都有电路设计决定权，如互连线的间隔和 MOS 管沟道的确定。

(4) 混合 ASIC

这种芯片既有面向用户的 FPGA 可编程功能和逻辑模块资源，也包含可方便调用和配置的硬件标准单元模块，如 RAM、ROM、加法器、乘法器等。此种方式可用于 SoC(System on Chip，片上系统)设计实现工作中。

1.3　EDA 设计思想

EDA 设计采用自顶向下(Top to Down)的思想，即设计者首先根据需求分析来确定设计的整个系统过程，再分解系统的功能，每项功能由很多子系统完成，每个子系统根据不同的要求，又可分为很多不同模块，这些模块由不同的逻辑门电路搭建而成，逻辑门再由不同的电路组建，而这些电路则由各种器件构成。从顶层向下的设计思想通常包括以下几个方面：首先对需求进行系统级描述，之后再做功能级描述以及功能模块的实现，接着做功能仿真(前仿真)，再进行逻辑门级描述，最后进行系统的时序仿真(后仿真)。下面就以数字系统为例进行说明：

- 系统功能指标描述，用自然语言描述系统的功能及设计指标。
- 系统级描述的行为模型建立，把设计需求及指标转变为由硬件描述语言(HDL)所描述的行为模型。其目的是通过 HDL 仿真器对整个系统进行行为仿真和性能评估。
- 硬件语言行为仿真。这一阶段利用 HDL 仿真器对顶层系统行为模型进行仿真测试，检查仿真结果，进行完善和改进，完成对系统功能行为的考察。
- HDL-RTL 级建模。其目的是将 HDL 描述的行为模型转变为 HDL 的行代码。利用 HDL 中可综合的语句实现现实目标的器件描述，HDL 综合器将其综合成 RTL 级(寄存器级)乃至门级模型。
- 前端功能仿真。它主要是对 HDL-RTL 级模型进行仿真，完成的是系统功能仿真，仿真结果是综合模型的逻辑功能。
- 逻辑综合。这是将 HDL 行为级描述转化为结构化的门级电路。在 ASIC 设计中，门级电路可以由 ASIC 库中的基本单元组成。
- 测试向量生成。测试向量由综合器结合含有版图硬件特性的工艺库生成，用于系统的功能测试。
- 功能仿真。利用测试向量文件对测试系统和子系统的功能进行仿真。
- 结构综合。综合产生表达逻辑连接关系的网表文件，结合目标的硬件环境进行标准单元调用、布局、布线，进行满足约束条件的结构优化配置，即结构综合。
- 门级时序仿真。利用门级仿真器进行门级时序仿真，这是更接近硬件器件工作的功能时序，可以称为布局布线后仿真，是将具有布局布线所得到的精确时序信号信息映射到门级电路后重新进行仿真，以便更接近实际器件的运行状况。
- 硬件测试。这是对最后完成的系统进行检查和测试。

1.4 EDA 的发展及应用趋势

对于飞速发展的电子产品市场,设计师需要更加实用、快捷的 EDA 工具,使用统一的集成化设计环境,改变传统设计思路,将精力集中到设计构思、方案比较和寻找优化设计等方面,需要以最快的速度,开发出性能优良、质量一流的电子产品,这些需求对 EDA 技术提出了更高的要求。未来的 EDA 技术将在仿真、时序分析、集成电路自动测试、高速印刷电路板设计及开发操作平台的扩展等方面取得新的突破,向着功能强大、简单易学、使用方便的方向发展。

1.4.1 平台工具的发展特点

(1) 混合信号处理能力

由于数字电路和模拟电路的不同特性,模拟集成电路 EDA 工具的发展远远落后于数字电路 EDA 开发工具。但是,由于物理量本身多以模拟形式存在,实现高性能复杂电子系统的设计必然离不开模拟信号。自 20 世纪 90 年代以来,EDA 工具厂商都比较重视数模混合信号设计工具的开发。美国 Cadence、Synopsys 等公司开发的 EDA 工具已经具有了数模混合设计能力,这些 EDA 开发工具能完成含有模/数转换、数字信号处理、专用集成电路宏单元、数/模转换和各种压控振荡器在内的混合系统设计。

(2) 高效的仿真工具

在整个电子系统设计过程中,仿真是花费时间最多的工作,也是占用 EAD 工具时间最多的一个环节。可以将电子系统设计的仿真过程分为两个阶段:设计前期的系统级仿真和设计过程中的电路级仿真。系统级仿真主要验证系统的功能,如验证设计的有效性等;电路级仿真主要验证系统的性能,决定怎样实现设计,如测试设计的精度、处理和保证设计要求等。要提高仿真的效率,一方面要建立合理的仿真算法;另一方面要更好地解决系统级仿真中,系统模型的建模和电路级仿真中电路模型的建模技术。在未来的 EDA 技术中,仿真工具将有较大的发展空间。

(3) 理想的逻辑综合、优化工具

逻辑综合功能是将高层次系统行为设计自动翻译成门级逻辑的电路描述,做到了实际与工艺的独立。优化则是对于上述综合生成的电路网表,根据逻辑方程功能等效的原则,用更小、更快的综合结果替代一些复杂的逻辑电路单元,根据指定目标库映射成新的网表。随着电子系统的集成规模越来越大,几乎不可能直接面向电路图做设计,因此要将设计者的精力从繁琐的逻辑图设计和分析中转移到设计前期算法开发上。逻辑综合、优化工具就是要把设计者的算法完整、高效地生成电路网表。

1.4.2 描述方式的发展特点

(1) 形象化

20 世纪 80 年代,电子设计开始采用新的综合工具,设计工作由逻辑图设计描述转向以各种硬件描述语言为主的编程方式。采用硬件描述语言描述设计是为了更接近系统的真实行为,便于综合,更加适于传递和修改设计信息,而且还可以建立独立于工艺的设计文档;缺点是不形象、不直观,要求设计者具有很强的硬件语言编程能力。

到20世纪末，一些EDA公司相继推出了一批图形化的设计输入工具。这些输入工具允许设计者用最方便且熟悉的设计方式（如框图、状态图、真值表和逻辑方程）建立设计文档，通过EDA工具自动生成综合所需的硬件描述语言文档。采用图形化的描述方式设计，简单直观、容易掌握，是未来的一个发展趋势，但如何形象地描述复杂系统行为也是图形化设计一个待解决的问题。

（2）高效标准化

与软件行业C/C++语言是开发商业产品的标准语言一样，在电路系统设计方面，许多公司也给出了不少方案，尝试提出基于C语言的下一代硬件描述语言。随着抽象层次的提高，描述算法也更复杂，采用C/C++语言设计系统的优势会更加明显，设计者可以快速而简洁地构建功能函数，通过标准库和函数调用方法，创建更加庞大、更加复杂的电路系统。目前，C/C++语言描述方式与硬件描述语言之间还有一段距离，但随着EDA技术的不断发展、成熟，软件和硬件的概念将日益模糊，采用单一的、标准化的高级语言直接描述、设计整个复杂系统将是一个发展方向。

1.4.3 PLD的应用发展

可编程逻辑器件已经成为最具有吸引力的半导体器件，在现代电子系统设计中起着越来越重要的作用。过去的几年里，可编程器件市场的增长主要来自大容量的可编程逻辑器件CPLD和FPGA，其未来发展趋势如下：

（1）高密度、高速度、宽频带

在电子系统的发展过程中，工程师的系统设计理念要受到其能够选择的电子器件的限制，而器件的发展又促进了设计方法的更新。随着电子系统复杂度的提高，高密度、高速度和宽频带的可编程逻辑产品已经成为主流器件，其规模也不断扩大，从最初的几百门到现在的几百万门，有些已具备了片上系统集成的能力。这些高密度、大容量的可编程逻辑器件的出现，给现代电子系统（复杂系统）的设计与实现带来了巨大的帮助。设计方法和设计效率的飞跃，带来了器件的巨大需求，这种需求又促使器件生产工艺的不断进步，而每次工艺的改进，也相应地使得可编程逻辑器件的规模不断扩大。

（2）系统可编程

在系统可编程是指程序（或算法）在置入用户系统后仍具有改变其内部功能的能力。采用在系统可编程技术，可以像对待软件那样通过编程来配置系统内硬件的功能，从而在电子系统中引入“软硬件”的全新概念。这不仅使电子系统的设计和产品性能的改进及扩充变得十分简便，还使新一代电子系统具有极强的灵活性和适应性，为实现复杂信号的处理和信息加工提供了新的思路和方法。

（3）延时可预测

当前的数字系统中，由于数据处理量的激增，要求其具有大的数据吞吐量，加之多媒体技术的迅速发展，要求能够对图像进行实时处理，而这些任务都需要通过高速硬件系统来实现。为了保证高速系统的稳定性，可编程逻辑器件的延时可预测性是十分重要的。用户在进行系统重构的同时，担心的是延时特性是否会因为重新布线而改变，延时特性的改变将导致重构系统的不可靠，对高速数字系统而言会造成严重后果。因此，为了适应未来复杂高速电子系统的要求，可编程逻辑器件的延时可预测性是非常必要的。

(4) 混合可编程

可编程逻辑器件为电子产品的开发带来了极大的方便,它的广泛应用使得电子系统的构成和设计方法均发生了很大的变化。但是,有关可编程器件的研究和开发工作多数都集中在数字逻辑电路上,直到 1999 年 11 月,Lattice 公司推出了在系统可编程模拟电路,为 EDA 技术的应用开拓了更广阔的前景。其允许设计者使用开发软件在计算机中设计、修改模拟电路,进行电路特性仿真,最后通过编程电缆将设计方案下载至芯片中。已有多家公司开展了这方面的研究,并且推出了各自的模拟与数字混合型的可编程器件。相信在未来几年里,模拟电路及数模混合电路可编程技术将得到更大的发展。

(5) 低电压、低功耗

集成电路技术的飞速发展、工艺水平的不断提高以及节能潮流在全世界的兴起,也为半导体工业指出了低工作电压、低功耗的发展方向。

本章重点

1. EDA 设计思想。
2. EDA 载体。
3. EDA 发展趋势。

思考题

1. 数字系统的设计思路及各自的优点。
2. 对数字系统设计流程进行描述,思考各步骤能否调换顺序以及是否会对结果造成影响。
3. 综合的概念,思考其在设计中的重要性。
4. EDA 设计的输入方式及每种方式的优缺点。
5. 思考时序仿真和功能仿真的不同点及其在设计中的重要性。

第2章　EDA设计流程

2.1　基本设计流程

EDA设计就是利用EDA技术进行电路设计，其工作是在EDA软件或工具平台上完成的。本章以FPGA/CPLD为例，展示EDA基本设计流程及相关知识，如图2.1所示。其一般包括设计准备、设计输入、设计处理、器件编程和设计完成5个步骤，相应地有功能仿真、时序仿真和器件测试3个设计验证过程。

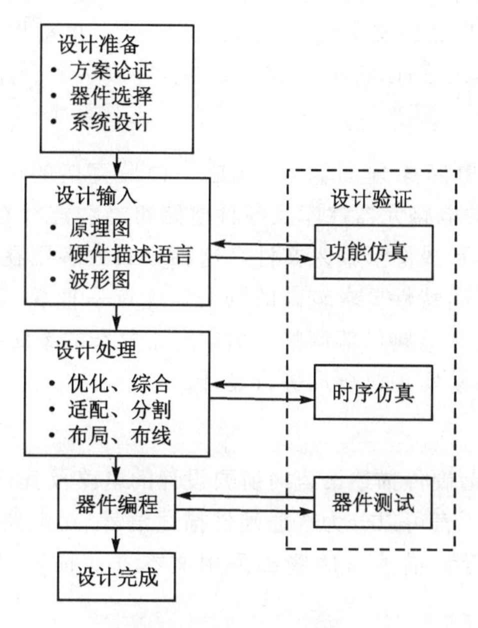

图2.1　EDA设计流程

比较接近实际的基于EDA软件的FPGA/CPLD开发流程如图2.2所示，这个过程对于目前较为流行的EDA工具软件具有普遍性。

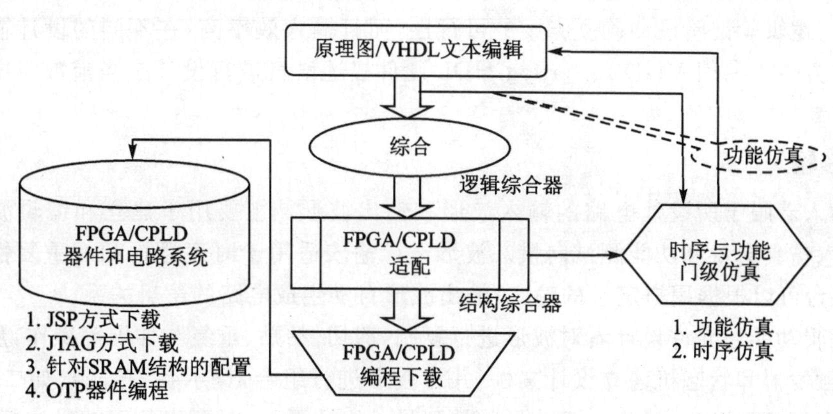

图2.2　应用于FPGA/CPLD的EDA开发流程

2.1.1 设计准备

设计准备是指设计者在进行电路设计之前,依据具体任务要求,确定系统将要完成的功能以及复杂程度,器件资源的利用和所需成本等做的准备工作,如进行方案论证、系统设计和器件选择等。设计方案和器件确定后,设计人员可采用自顶向下的设计思想,对系统进行结构设计和功能描述。

2.1.2 设计输入

设计输入是将所要设计的电路输入到EDA平台中,使人们既能很形象地"看"到系统电路,又能使计算机识别所输入的电路。具体来说,就是将设计好的系统电路按照EDA开发软件要求的某种形式在EDA平台上展示出来的过程。设计输入方式通常有图形输入、波形输入以及用硬件描述语言(HDL)的文本输入三种基本方式。也可以采用文本和图形两者混合的设计输入,或采用层次结构设计,将多个输入文件合并成一个设计文件输入。

1. 图形输入

图形输入方式也称为电路原理图输入,这是一种最直接的电路设计输入方式,它使用EDA工具软件/平台提供的电路元器件库及各种电路符号和连线在EDA平台的工作窗口上"画"出设计电路的原理图,形成图形输入文件。这种方式大多用在设计者对系统及各部分电路较为熟悉,或在系统对时间特性要求较高的场合。优点是直观,容易实现后续的功能仿真,便于输入/输出信号的观察和电路局部调整。但它对于复杂的系统行为描述较差,当所要设计的系统基本单元较多时,不易实现对全局进行设计。

2. 文本输入

文本输入就是采用所谓硬件描述语言对所要设计的电路及其行为进行描述并形成文本文件输入的方式。硬件描述语言可以分为普通硬件描述语言(对电路元器件、结构描述)和行为描述语言(对系统的整体行为描述),这些都采用文本方式描述设计过程最后输入到EDA平台。

普通硬件描述语言有AHDL和CUPL等,它们支持逻辑方程、真值表和状态机等逻辑表达方式。行为描述语言是目前常用的高层次硬件描述语言,常用的有VHDL和Verilog HDL等,它们具有很强的逻辑描述和仿真功能,可实现与工艺无关的编程与设计,也可以使设计者在系统设计、逻辑验证阶段便确立方案的可行性,而且输入效率高,在不同的设计输入库之间转换也非常方便。利用VHDL、Verilog HDL硬件描述语言进行设计是当前数字电路的设计趋势。

3. 波形输入方式

波形输入着眼于所设计电路的输入波形和输出波形。主要用于建立和编辑波形设计文件,以及输入仿真向量和功能测试向量。波形设计输入适用于时序逻辑和有重复性的逻辑函数,RDA平台可以根据用户定义的输入/输出波形自动生成电路的逻辑关系。

波形编辑功能还允许设计者对波形进行复制、剪切、粘贴、重复与伸展等操作,从而可以用内部节点、触发器和状态机建立设计文件,并将波形进行组合,显示各种进制(如二进制、八进制等)的状态值;还可以通过将一组波形重叠到另一组波形上,对两组仿真结果进行比较。

2.1.3　设计处理

设计处理是 EDA 设计中的中心环节。在设计处理阶段，编译软件将对设计输入文件进行逻辑化简、综合和优化，并适当地用一片或多片器件自动地进行适配，最后产生编程用的编程文件。设计处理主要包括设计编译和检查、逻辑优化和综合、适配和分割、布局和布线、生成编程数据文件等过程。

1. 设计编译和检查

设计输入完成后，即可进行编译。在编译过程首先做语法检验，如检查原理图的信号线有无漏接，信号有无双重来源，文本输入文件中关键字有无错误等各种语法错误，并及时标出错误的位置，供设计者修改。然后进行设计规则检验，检查总的设计有无超出器件资源或规定的限制并将编译报告列出，指明违反规则和潜在的不可靠的电路情况以供设计者纠正。

2. 逻辑优化和综合

逻辑优化是化简所有的逻辑方程或用户自建的宏，使设计所占用的资源最少。综合的目的是将多个模块化设计文件合并为一个大的网表文件，并使层次设计平面化。

3. 适配和分割

在适配和分割过程中，首先确定优化以后的逻辑能否与下载目标器件 CPLD 或 FPGA 中的宏单元和 I/O 单元适配，然后将设计分割成多个便于适配的逻辑小块并映射到器件相应的宏单元中。如果整个设计不能装入一个器件，可以将整个设计自动分割成多块并装入同一系列的多个器件中。分割工作可以一次全部自动实现，也可以部分由用户控制，还可以全部由用户控制进行。分割时应使所需器件数目和用于器件之间通信的引脚数目尽可能少。

4. 布局和布线

布局和布线过程可在设计检验通过以后由 EDA 软件自动完成，它能以最优的方式对逻辑元件布局，并准确地实现元件间的布线互连。布局和布线完成后，EDA 软件会自动生成布线报告，提供有关设计中各部分资源的使用情况等信息。

5. 生成编程数据文件

设计处理的最后一步是产生可供器件编程使用的数据文件。对 CPLD 来说，是产生熔丝图文件，如 JEDEC 文件（电子器件工程联合会制定的标准格式，简称 JED 文件），相应地对于 FPGA 来说，是生成比特流数据 BG 文件。

2.1.4　设计校验

设计校验过程包括功能仿真和时序仿真，这两项工作是在设计处理过程中同时进行的。功能仿真是在设计输入完成之后，选择具体器件进行编译之前进行的电路逻辑功能验证，因此又称为前仿真。它一是要检验所设计电路的各部分功能是否完整，二是检验各模块之间的逻辑关系是否正确。此时的仿真没有延时信息，或者为功能检测方便仅有系统提供的微小标准延时。仿真前，要先利用波形编辑器或硬件描述语言等建立波形文件或测试向量（即将所关心的输入信号组合成序列），仿真结果将会生成报告文件和输出信号波形，从中便可以观察到各个节点的信号变化。若发现错误，则返回设计输入端修改设计。

时序仿真是在选择了具体器件并完成布局、布线之后进行的时序关系仿真，因此又称为后仿真或延时仿真。由于不同器件的内部延时不一样，不同的布局、布线方案也给延时造成不同的影响，因此在设计处理以后，对系统和各模块进行时序仿真，分析其时序关系，估计设计性能以及检查和消除竞争冒险等是非常必要的。

2.1.5 器件编程

编程是将设计处理中产生的编程数据文件通过软件放到具体的可编程逻辑器件中去。对 CPLD 器件来说，是将 JED 文件下载到 CPLD 器件中去；对 FPGA 来说，是将比特流数据 BG 文件配置到 FPGA 中去。

器件编程需要满足一定的条件，如编程电压、编程时序和编程算法等。普通的 CPLD 器件和一次编程的 FPGA 需要专用的编程器完成器件的编程工作。基于 SRAM 的 FPGA 可以 EPROM 或其他存储体进行配置。在系统可编程器件则不需要专门的编程器，只有一根与计算机连接的下载编程电缆即可。

2.1.6 测试和设计验证

在器件编程之后，可以用编译时产生的文件对器件进行检验、加密等工作，或采用边界扫描测试技术进行功能测试，测试成功后才完成其设计。

设计验证可以在 EDA 硬件开发平台上进行。EDA 硬件开发平台的核心部件是一片可编程逻辑器件 FPGA 或 CPLD，再附加一些存储、输入/输出设备，如按键、数码显示器、指示灯和喇叭等，还提供时序电路需要的脉冲源。将设计电路编程下载到 FPGA 或 CPLD 中，根据 EDA 硬件开发平台的操作模式要求，进行相应的输入操作，然后检查输出结果，验证设计电路。

2.2 ASIC 设计流程

ASIC（Application Specific Integrated Circuits，专用集成电路）是相对于通用集成电路而言的，ASIC 主要指用于某一专门用途的基础电路器件。ASIC 分类如图 2.3 所示，一般的 ASIC 从设计到制造，需要经过若干步骤，如图 2.4 所示。

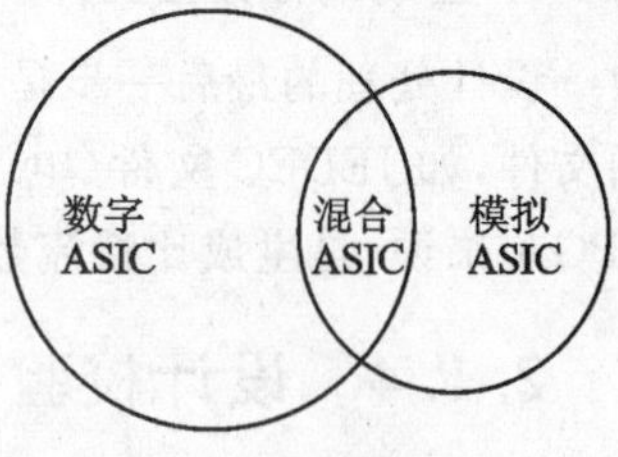

下面介绍 ASIC 设计流程。

数字 ASIC　混合 ASIC　模拟 ASIC

图 2.3 ASIC 分类

1. 系统规格说明（System Define Specification）

分析并确定整个系统功能、要达到的性能指标、物理尺寸，确定采用何种工艺、设计周期和设计费用。初步建立系统的行为模型，并进行可行性分析验证。

2. 系统划分（System Division）

将系统按不同功能划分为不同的功能子模块，规定子模块之间信号连接关系。验证各个功能块的行为模型，确定系统的关键时序。

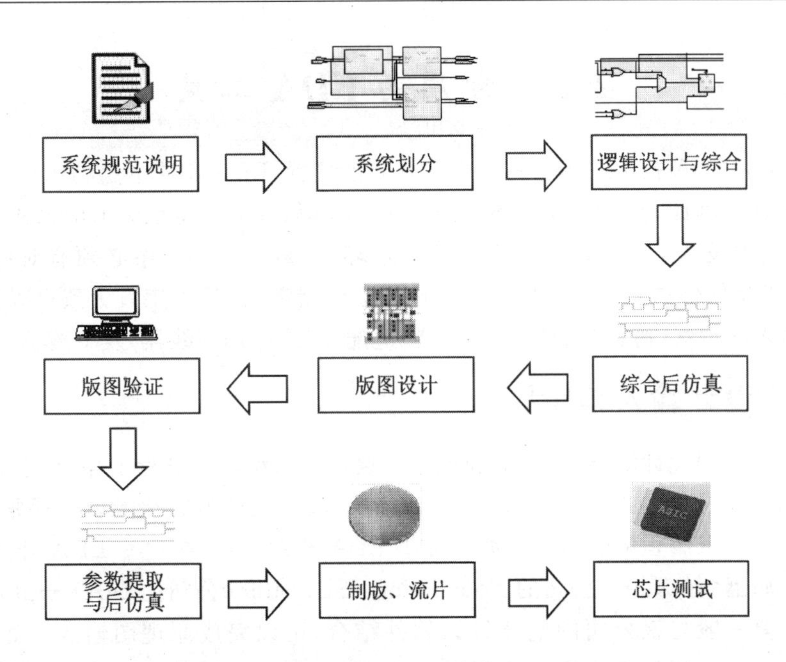

图 2.4　ASIC 设计制造过程

3. 逻辑设计与综合(Logic Design and Synthesis)

将划分的各个子模块用文本(网表或硬件描述语言)、原理图等进行具体逻辑描述。对于硬件描述语言描述的设计模块利用综合器进行综合以便获得具体的电路网表文件,对于原理图等描述的设计模块需经过编译后得到逻辑网表文件。

4. 综合后仿真(Simulate after Synthesis)

对以上步骤得到的网表文件,进行仿真验证。

5. 版图设计(Layout Design)

版图设计是将电路设计中每一个元件、电阻、电容等以及它们之间的连线转换成电路制造所需要的版图信息。可手工或自动进行版图规划(Floor Planning)、布局(Placement)、布线(Routing)。这一步由于是设计到物理实现的映射,也称为物理设计(Physical Design)。

6. 版图验证(Layout Verification)

版图设计完成以后进行版图验证,主要包括版图原理图比对(LVS)、设计规则检查(DRC)、电气规则检查(ERC)。在手工版图设计中,这是非常重要的一步。

7. 参数提取与后仿真

验证完毕,进行版图的电路网表提取(NE)、参数提取(PE),并把提取出的参数反注(Back-Annotate)到网表文件进行组合,再进行后仿真验证工作。

8. 制版和流片

把上一步最后得到的网表文件,送 IC 生产线进行掩膜板制作,完成光刻等流片工艺过程,生产出芯片。

9. 芯片测试

测试芯片是否符合设计要求,并评估成品率。

2.3 常用的EDA工具

EDA工具在EDA技术应用中占据极其重要的位置，EDA实质上是利用计算机完成电子电路自动化设计。因此，基于计算机环境的EDA工具软件的支持是必不可少的。

用EDA技术设计电路可以分为不同的技术环节，每一个环节中必须有对应的软件包或专用的EDA工具软件独立处理。完成一个电路设计所需的EDA工具大致可以分为以下5个部分：设计输入编辑器、仿真器、HDL综合器、适配器（或布局布线器）及下载器。

2.3.1 设计输入编辑器

设计输入是工程设计的第一步，前面已经对设计输入编辑器进行了介绍，它们可以接受不同的设计输入表达方式，如HDL语言输入、原理图输入或其他方法输入。通常专业的EDA工具供应商或各个可编程逻辑器件厂商都提供EDA开发工具，在这些EDA开发工具中都含有设计输入编辑器，如Xilinx公司的Foundation、ISE，Altera公司的MAX＋plus II、Quartus II等。这些工具一般与该公司的电路设计软件结合，可以完成原理图输入。如Innovada的eProduct Designer中的原理图输入管理工具DxDesigner，既可以作为PCB设计的原理图输入，又可作为IC设计、模拟仿真和FPGA设计的原理图输入环境。常见的还有Cadence的OrCAD中的Capture工具等。这一类工具一般都设计成通用型的原理图输入工具。由于针对FPGA/CPLD设计的原理图需要含有特殊原理图库的支持，因此其输出并不与EDA流程的下一步设计工具直接相连，而要通过网表文件（如EDIF文件）来传递。

目前业界最流行的HDL语言是Verilog HDL和VHDL，一般来说，任何文本编辑器都可以完成HDL语言输入，这种设计输入方法应用最广泛。Lattice软件内嵌的文本编辑器是Text Editor，它能根据语法显示彩色关键字。另外，常用的文本编辑器还有Ultra Edit、Vim、XEmacs等，也支持彩色语法显示；Lattice软件内嵌的原理图编辑器是Schematic Editor，原理图设计输入方式在早期应用广泛，目前已经逐渐被HDL语言文本输入方式所取代，仅在一些设计的顶层描述时才会使用；Lattic软件的IP核（IP Core）生成器是IPexpress，它能生成的多种功能的IP核，适当使用成熟的IP Core，能大幅度减轻设计者的工作量，提高设计质量。

也有EDA设计输入工具将图形设计与HDL文本设计相结合，在提供HDL文本编辑器的同时提供状态机编辑器，用户可用图形（状态图）来描述状态机，生成HDL文本输出，如Visual HDL、Mentor公司的FPGA Adantage（含HDL Designer Series）、Active HDL等。

2.3.2 仿真器

在EDA技术中，仿真器的地位非常重要，行为模型的表达、电子系统的建模、逻辑电路的验证及门级系统的测试，每一步都离不开仿真器的模拟检测。在EDA发展初期，快速地进行电路逻辑仿真是当时的核心问题，即使在现在，各个环节的仿真仍然是整个EDA设计流程中最重要、最耗时的一个步骤。因此，仿真器的仿真速度、仿真的准确性和易用性成为衡量仿真器的重要指标。

按仿真器对硬件描述语言不同的处理方式，可以分为编译型仿真器和解释型仿真器。编译型仿真器速度较快，但需要预处理，不能及时修改；解释型仿真器速度一般，但可以随时修改

仿真环境和条件。

业界较为流行的仿真工具是ModelSim和Active-HDL,其他如Cadence Verilog-XL、NC-Verilog/VHDL仿真工具、Synopsys VCS/VSS等仿真工具也有一定市场,还有一些与仿真相关的工具,如根据电路设计输入自动生成测试激励的测试激励生成器等。ModelSim是业界较为流行的编译型VHDL/Verilog HDL混合仿真器,其特点是仿真速度快,仿真精度高。ModelSim的PC版仿真速度很快。Active-HDL也是一款有特色的仿真工具,其状态机分析视图在调试状态机时非常方便。测试激励生成器可以分担设计者编写测试激励文件的工作。

2.3.3 HDL综合器

HDL综合器是将硬件描述语言(HDL)转化为硬件电路的工具软件。起初硬件描述语言仅用于设计电路的建模和仿真,直到Synopsys公司推出HDL综合器后,HDL才被直接用于电路设计。用EDA技术进行电路设计时,HDL综合器完成电路化简、算法优化和硬件结构细化等操作。当HDL综合器把可综合的HDL转换为硬件电路时,首先对VHDL/Verilog HDL文本进行分析,将其转换成对应的电路或模块,这其实就是简单的电路原理图生成过程,接着是对应实际目标器件的结构进行满足各种约束条件的优化。

HDL综合器的输出文件采用网表文件形式,这是用于电路设计数据交换和交流的工业标准化格式的文件,可以是直接用HDL表达的标准格式的网表文件,也可以是对应FPGA/CPLD器件厂商的网表文件。

HDL综合器是EDA设计流程中一个独立的设计步骤,它常被其他EDA过程调用,以完成全部设计流程。其调用方式分为在被调用时显示常见窗口界面的前台模式和调用时不出现窗口界面的后台模式。HDL综合器的使用可以采用图形模式和命令行模式。

2.3.4 适配器与下载器

适配器也称为结构综合,适配器的任务是完成在目标系统器件上的布局布线。适配器通常都由可编程器件厂商提供的专业软件来完成,这些软件可以单独存在,也可嵌入到集成EDA开发环境中。适配器最后输出的是各厂商自己定义的下载文件,下载到目标器件后即可实现电路设计。

下载器的任务是把电路设计结果下载到实际器件中,实现硬件设计。下载软件一般由PLD厂商提供,或嵌入到EDA开发平台中。

2.4 IP核

IP(Intellectual Property)就是知识产权核或知识产权模块的意思,是那些已被验证的、可重利用的、具有确定功能的IC模块,在EDA技术和开发中具有十分重要的地位。Dataquest咨询公司将半导体产业的IP定义为用于ASIC或FPGA/CPLD中的预先设计好的电路功能模块。IP分软IP、固IP和硬IP。

软IP是用某种高级语言来描述功能块的行为,但是并不涉及用什么电路和电路元件实现这些行为。软IP通常以硬件描述语言HDL源文件的形式出现,应用开发过程与普通的HDL设计也十分相似,只是所需的开发软硬件环境比较昂贵。软IP的设计周期短,设计投入少。

由于不涉及物理实现，为后续设计留有很大的发挥空间，增加了IP的灵活性和适应性。软IP的弱点是在一定程度上使后续工序无法适应整体设计，从而需要一定程度的软IP修改，在性能上也不可能获得全面的优化。

固IP除了完成软IP所有的设计外，还完成了门电路级综合和时序仿真等设计环节，一般以门电路级网表形式提交用户使用。如果客户与固IP使用同一个IC生产线的单元库，IP应用的成功率会更高。

硬IP是已经完成了综合的功能模块，已有固定的拓扑布局和具体工艺，并已经经过工艺验证，具有可保证的性能。设计深度愈深，后续工序所需要做的事情就越少，但是灵活性也就越小。不同客户可根据自己的需要订制不同的IP产品。由于应用系统越来越复杂，PLD的设计也更加庞大，这增加了市场对IP核的需求。一些FPGA/CPLD厂家推出"硬件"IP，将一些功能在出厂时就固化在芯片中。

系统设计者的主要任务是在规定的周期时间内研发出复杂的设计，这只有采用新设计方法和完全不同的芯片设计理念才能完成。IP复用已经成为系统设计方法的关键所在。设计和使用IP核时需要考虑以下几个方面。

2.4.1 复用标准的选择

复用即再使用，而再使用标准是基础。设计一个系统时，设计者要考虑很多工业标准，如半导体复用标准(SRS)，它是对各种工业复用创议标准的补充，提出这些创议标准的组织包括"虚插座接口联盟VSIA"等。复用标准为IP设计流程中的各阶段提供规则、指南和接口方法。它是高效设计的一个基本准则，使得IP复用方便快捷地、即插即用地集成到设计系统成为可能。

复用标准通常涉及诸如系统级设计、结构、实现、验证以及文件编制和可交付清单等与IP有关的多个方面。例如，结构分类目录解决片上或片外的接口，实现分类目录则通过HDL代码标准、物理表示、单元库以及模拟子单元等集中地解决如何建立IP的问题。而功能验证及可测试设计(DFT)标准也包含在验证分类目录中。

2.4.2 三种IP形式

根据IP的使用目的，可以采用可再用、可重定目标以及可配置三种形式设计IP。可再用IP是按照各种再使用标准定义的格式和快速集成的要求而建立的IP，便于移植和有效集成。可重定目标IP是在高层抽象级上完成的IP设计，与具体工艺和结构较少关联，因而可以方便地在各种工艺和结构之间转移使用。可配置IP实质是具体参数化后的可重定目标IP，其优点是可以要求对功能加以裁剪(只需重新配置各参数)，以满足特定的需求。这些参数包括总线宽度、存储器容量、使能或禁止功能模块等。

2.4.3 硬IP

硬IP对功耗、尺寸、性能等都进行了优化，并映射了特定工艺，如已完成布局布线的网表、特定工艺库或全定制的物理布图等。硬IP是以具体工艺来实现的，通常以GDSII格式表示。硬IP可以复用，并且由于它处于设计表示的最底层，因而很容易集成。由于硬IP完全是用目标工艺实现的，并按接近于标准单元库元件的形式交付，因此设计者能把IP快速地集成在衍

生产品中。硬 IP 的优点是确保性能,如速度、功耗等;缺点是难以转移到新工艺或集成到新结构中,是不可重配置的。

2.4.4 软 IP

软 IP 是以综合形式交付的,因而必须在目标工艺中实现,并由设计者验证。其优点是源代码的灵活性,它可重定目标用于多种制作工艺,并在新增功能中重新配置。

由于设计以高层次表示,因而软 IP 是可再用的,易于重定目标和重配置,但预测其时序、面积与功率等方面的性能较困难。为了实现最高效率的再使用并减少集成时间,IP 应从软件源代码开始,而且为确保性能,复杂 IP 应以硬 IP 的形式共享。硬 IP 与软 IP 的意图不同,因而对 IP 的开发和在这之后的 IP 的集成应采用不同的方法。

2.4.5 复用的软插接

软插接是开发符合复用标准 IP 的过程,它是建立新 IP 设计流程的组成部分。过程需要有关 IP 的深层次知识,因此只有 IP 建立者熟知 IP 块,才有能力建立这些概念,在时序分析时去除假通路,并最终确定结果的正确性。软插接会修改现有的设计流程来适应复用设计和生成附加可交付项,因此在设计流程中应注意考虑。

2.4.6 IP 资源库

IP 资源库为 IP 建立者和系统设计者提供共享和使用 IP 的基础设施。这个系统应让 IP 建立者和系统设计者共享软/硬 IP。资源库提供多场所的全方位访问和系统集成的全方位开发。它也是设计师搜索、选择、将复用块集成到自己系统中快捷而又方便的途径。资源库基础设施还有一个区域,供系统开发者提供反馈、出错报告、错误改正及资源库中任何有关 IP 块的注解。反馈信息块建立者对错误的修复与改进说明均是块数据库的一部分。

2.4.7 IP 块的认证

在 IP 进入资源库前要完成 IP 块的认证,认证能确保 IP 块符合相关的复用标准,是衡量 IP 块复用质量的尺度。通常由 IP 建立者来完成,包括测试块概念间的一致性、逻辑的正确性以及与工具、库及硬件平台的兼容性。一个独立的认证小组通过对可交付性、复用性以及出错历史记录的随机抽样,预测出 IP 核的质量,定出 IP 的分类等级。通过这个等级,让使用 IP 的设计者可以了解到 IP 符合标准的准确性有多好以及复用需要多大的软插接工作量。

2.4.8 IP 集成优化

要建立可以再利用的 IP 核,建立者需要进行软插接 IP、认证并将它存放到系统设计者能访问的资源库中。而 IP 集成优化是不可缺少的,这一过程可通过能提供多种手段的自动化工具来完成,用来加速 IP 软插接和资源库的操作、认证和集成过程。最后达到资源库中的全部 IP 块可以按照需求快速提供。

2.4.9 IP 的使用和支撑

要想快速开发出合乎要求的新产品,快捷而有效的方法是复用 IP,把 IP 融入到新产品开发平台中,并且利用这个平台将 IP 块快速地集成到衍生产品中,这样就能快速开发出新产品和衍生产品,形成系列。

当 IP 开始普遍使用时,提供该 IP 的支持是必要的。建立者仍然需要继续拥有 IP,因为支持它需要 IP 构建的深层知识。建立者负责 IP 的更新,将最新版本放置在资源库中。同时,还需要有为设计者服务的认证组重新对 IP 进行认证。此外,建立者还应在系统设计者集成 IP 遇到困难时提供必要的支持。

本章重点

1. EDA 设计的一般流程。
2. IP 核的作用。
3. FPGA 的设计过程。

思考题

1. FPGA/CPLD 及 ASIC 的设计流程。
2. FPGA 的结构和工作原理,与 CPLD、ARM 和 DSP 等结构有什么异同点?
3. 常用 EDA 工具以及各工具的优缺点。
4. 常用英文缩写 ASIC、FPGA、CPLD、EDA、IP 和 SOC 的含义及在设计中的地位。
5. 电子系统设计优化时主要考虑的因素、优化方法和种类并比较各种优化的优缺点。
6. 软 IP、固 IP、硬 IP 的不同点及各自在设计中的优点。

第3章　Multisim软件

3.1　概　述

Multisim是美国国家仪器(National Instruments)公司推出的以Windows为基础的电路仿真工具,适用于板级的模拟/数字电路的设计工作。Multisim是早期的Electronic Workbench(EWB)的升级产品。

Multisim是一个完整的设计工具系统,提供了强大的元件数据库,并提供原理图输入接口、全部数/模SPICE仿真功能、VHDL/Verilog HDL设计接口与仿真功能、FPGA/CPLD综合、RF设计能力和后处理功能,还可以进行从原理图到PCB布线工具包(如Ultiboard)的无缝隙数据传输。它提供的单一易用的图形输入接口可以满足设计需求,并且因为程序将原理图输入、仿真和可编程逻辑紧密集成,可以不必顾及不同供应商的应用程序之间传递数据时经常出现的问题。

本章将对Multisim10的基本功能与基本操作进行简单介绍,使读者能够较快地熟悉Multisim10的基本操作(Multisim各版本功能相近,学习一个版本就可举一反三)。

3.2　基本操作

如图3.1所示,Multisim10的基本操作界面包括电路工作区、菜单栏、工具栏、元器件栏、仿真开关、电路元件属性视窗等。此基本操作界面就相当于一个虚拟电子实验平台。下面对操作界面的各个部分一一加以介绍。

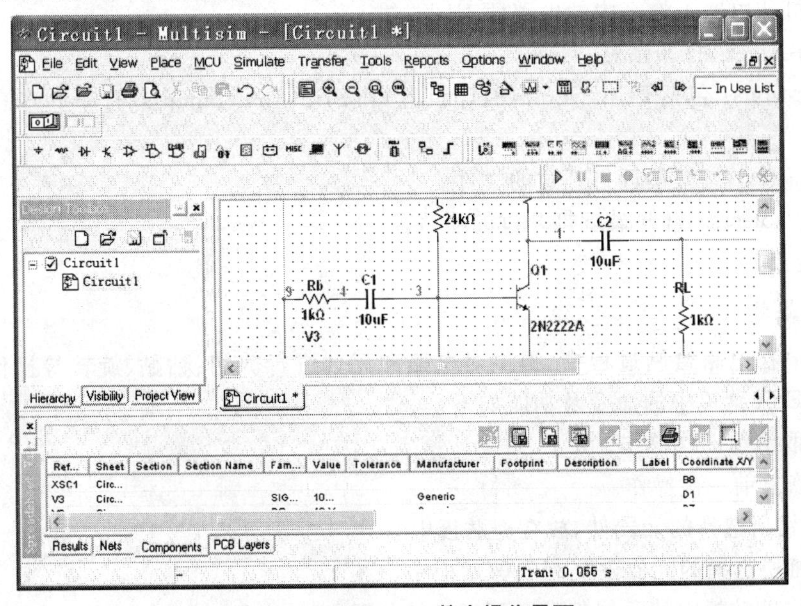

图3.1　Multisim10基本操作界面

3.2.1 菜单栏

菜单栏如图 3.2 所示。

File Edit View Place MCU Simulate Transfer Tools Reports Options Window Help

图 3.2 菜单栏

1. File 菜单

File(文件)菜单提供 19 个文件操作命令,如打开、保存和打印等。File 菜单中的命令及功能介绍如下:

New:建立一个新文件。

Open:打开已存在的*.ms10、*.ms9、*.ms8、*.msm7、*.ewb 或*.utsch 等格式的文件。

Open Samples:打开示例文件。

Close:关闭当前电路工作区内的文件。

Close All:关闭电路工作区内的所有文件。

Save:将电路工作区内的文件以*.ms10 的格式存盘。

Save as:将电路工作区内的文件另存为一个文件,仍为*.ms10 格式。

Save All:将电路工作区内所有的文件以*.ms10 的格式存盘。

New Project:建立新的项目(仅在专业版中有)。

Open Project:打开原有的项目(仅在专业版中有)。

Save Project:保存当前的项目(仅在专业版中有)。

Close Project:关闭当前的项目(仅在专业版中有)。

Version Control:版本控制(仅在专业版中有)。

Print:打印电路工作区内的电路原理图。

Print Preview:打印预览。

Print Options:包括 Print Setup(打印设置)和 Print Instruments(打印电路工作区内的仪表)命令。

Recent Files:打开最近打开过的文件。

Recent Projects:打开最近打开过的项目。

Exit:退出。

2. Edit 菜单

Edit 菜单在电路绘制过程中,提供对电路和元件进行剪切、粘贴、旋转等操作命令,共有 21 个命令。Edit 菜单中的命令及功能如下:

Undo:取消前一次操作。

Redo:恢复前一次操作。

Cut:剪切所选择的元器件,放在剪贴板中。

Copy:将所选择的元器件复制到剪贴板中。

Paste:将剪贴板中的元器件粘贴到指定的位置。

Delete：删除所选择的元器件。

Select All：选择电路中所有的元器件、导线和仪器仪表。

Delete Multi-Page：删除多页面。

Paste as Subcircuit：将剪贴板中的子电路粘贴到指定的位置。

Find：查找电路原理图中的元件。

Graphic Annotation：图形注释。

Order：顺序选择。

Assign to Layer：图层赋值。

Layer Settings：图层设置。

Orientation：旋转方向选择，包括 Flip Horizontal（将所选择的元器件左右旋转）、Flip Vertical（将所选择的元器件上下旋转）、90 Clockwise（将所选择的元器件顺时针旋转 90°），90 CounterCW（将所选择的元器件逆时针旋转 90°）。

Title Block Position：工程图明细表位置。

Edit Symbol/Title Block：编辑符号/工程明细表。

Font：字体设置。

Comment：注释。

Forms/Questions：格式/问题。

Properties：属性编辑。

3. View（窗口显示）菜单

View 菜单提供 19 个用于控制仿真界面上显示内容的操作命令。View 菜单中的命令及功能如下：

Full Screen：全屏。

Parent Sheet：层次。

Zoom In：放大电路原理图。

Zoom Out：缩小电路原理图。

Zoom Area：放大选择区域。

Zoom Fit to Page：放大至适合页面显示。

Zoom to Magnification：按比例放大到适合的页面。

Zoom Selection：放大选择。

Show Grid：显示或者关闭栅格。

Show Border：显示或者关闭边框。

Show Page Border：显示或者关闭页面边框。

Ruler Bars：显示或者关闭标尺栏。

Statusbar：显示或者关闭状态栏。

Design Toolbox：显示或者关闭设计工具箱。

Spreadsheet View：显示或者关闭扩展显示窗口。

Circuit Description Box：显示或者关闭电路描述工具箱。

Toolbar：显示或者关闭工具箱。

Show Comment/Probe：显示或者关闭注释/标注。

Grapher：显示或者关闭图形编辑器。

4. Place(放置)菜单

Place 菜单提供在电路工作窗口内放置元件、连接点、总线和文字等 17 个命令。Place 菜单中的命令及功能如下：

Component：放置元件。

Junction：放置节点。

Wire：放置导线。

Bus：放置总线。

Connectors：放置输入/输出端口连接器。

New Hierarchical Block：放置层次模块。

Replace Hierarchical Block：替换层次模块。

Hierarchical Block from File：来自文件的层次模块。

New Subcircuit：创建子电路。

Replace by Subcircuit：子电路替换。

Multi-Page：设置多页。

Merge Bus：合并总线。

Bus Vector Connect：总线矢量连接。

Comment：注释。

Text：放置文字。

Grapher：放置图形。

Title Block：放置工程标题栏。

5. MCU(微控制器)菜单

MCU 菜单提供在电路工作窗口内 MCU 的 11 个调试操作命令。MCU 菜单中的命令及功能如下：

No MCU Component Found：没有创建 MCU 器件。

Debug View Format：调试格式。

MCU Windows：选择是否打开 MCU 的 ROM 区。

Show Line Numbers：显示线路数目。

Pause：暂停。

Step Into：进入。

Step Over：跨过。

Step Out：离开。

Run to Cursor：运行到指针。

Toggle Breakpoint：设置断点。

Remove all Breakpoint：移出所有的断点。

6. Simulate(仿真)菜单

Simulate 菜单提供 18 个电路仿真设置与操作命令。Simulate 菜单中的命令及功能如下：

Run：开始仿真。

Pause：暂停仿真。

Stop：停止仿真。

Instruments：选择仪器仪表。

Interactive Simulation Settings...：交互式仿真设置。

Digital Simulation Settings...：数字仿真设置。

Analyses：选择仿真分析法。

Postprocess：启动后处理器。

Simulation Error Log/Audit Trail：仿真误差记录/查询索引。

XSpice Command Line Interface：XSpice 命令界面。

Load Simulation Setting：导入仿真设置。

Save Simulation Setting：保存仿真设置。

Auto Fault Option：自动故障选择。

VHDL Simlation：VHDL 仿真。

Dynamic Probe Properties：动态探针属性。

Reverse Probe Direction：反向探针方向。

Clear Instrument Data：清除仪器数据。

Use Tolerances：使用公差。

7. Transfer(文件输出)菜单

Transfer 菜单提供 8 个传输命令。Transfer 菜单中的命令及功能如下：

Transfer to Ultiboard 10：将电路图传送给 Ultiboard 10。

Transfer to Ultiboard 9 or earlier：将电路图传送给 Ultiboard 9 或者其他早期版本。

Export to PCB Layout：输出 PCB 设计图。

Forward Annotate to Ultiboard 10：创建 Ultiboard 10 注释文件。

Forward Annotate to Ultiboard 9 or earlier：创建 Ultiboard 9 或者其他早期版本注释文件。

Backannotate from Ultiboard：修改 Ultiboard 注释文件。

Highlight Selection in Ultiboard：加亮所选择的 Ultiboard。

Export Netlist：输出网表文件。

8. Tools(工具)菜单

Tools 菜单提供 17 个元件和电路编辑或管理命令。Tools 菜单中的命令及功能如下：

Component Wizard：元件编辑器。

Database：数据库。

Variant Manager：变量管理器。

Set Active Variant：设置动态变量。

Circuit Wizards：电路编辑器。

Rename/Renumber Components：元件重新命名/编号。

Replace Components：元件替换。

Update Circuit Components：更新电路元件。

Update HB/SC Symbols：更新 HB/SC 符号。

Electrical Rules Check：电气规则检验。

Clear ERC Markers：清除 ERC 标志。

Toggle NC Marker：设置 NC 标志。

Symbol Editor：符号编辑器。

Title Block Editor：工程图明细表编辑器。

Description Box Editor：描述箱编辑器。

Edit Labels：编辑标签。

Capture Screen Area：抓图范围。

9. Reports(报告)菜单

Reports 菜单提供材料清单等 6 个报告命令。Reports 菜单中的命令及功能如下：

Bill of Report：元件列表清单。

Component Detail Report：元件详细信息报告。

Netlist Report：网表报告。

Cross Reference Report：相互参照报告。

Schematic Statistics：电路图统计报告。

Spare Gates Report：剩余门电路报告。

10. Options(选项)菜单

Option 菜单提供 3 个电路界面和电路某些功能的设定命令。Options 菜单中的命令及功能如下：

Global Preferences...：全部参数设置。

Sheet Properties：工作台界面设置。

Customize User Interface...：用户界面设置。

11. Windows(窗口)菜单

Windows 菜单提供 7 个窗口操作命令。Windows 菜单中的命令及功能如下：

New Window：建立新窗口。

Close：关闭窗口。

Close All：关闭所有窗口。

Cascade：窗口层叠。

Tile Horizontal：窗口水平平铺。

Tile Vertical：窗口垂直平铺。

Windows：窗口选择。

12. Help 菜单

Help 菜单为用户提供 7 个在线技术帮助和使用指导操作命令。Help 菜单中的命令及功能如下：

Multisim Help：主题目录。

Components Reference：元件索引。

Release Notes：版本备注。

Check For Updates：更新校验。

File Information：文件信息。

Patents：专利权。

About Multisim：有关 Multisim 的说明。

3.2.2　工具栏

1. 标准工具栏

标准工具栏如图 3.3 所示。

图 3.3　标准工具栏

该工具栏包含了有关电路窗口基本操作的按钮，从左向右、从上到下依次是新建、打开、打开示例文件、保存、打印、打印预览、剪切、复制、粘帖、取消前一次操作、恢复前一次操作；全屏显示、放大、缩小、放大选择区域、放大到适合的页面；显示或者关闭设计工具箱、显示或者关闭扩展显示窗口、数据库管理、创建元件、仿真分析、后处理、电路规则检查、选择复制电路图、转向父层次、修改 Ultiboard 注释文件、创建 Ultiboard 注释文件、使用元件列表和帮助按钮。

2. 仿真开关

仿真开关如图 3.4 所示，主要用于仿真过程的控制。

3. 项目栏

利用项目栏可以把有关电路设计的原理图、PCB 版图、相关文件、电路的各种统计报告分类管理，还可以观察分层电路的层次结构。项目栏如图 3.5 所示。

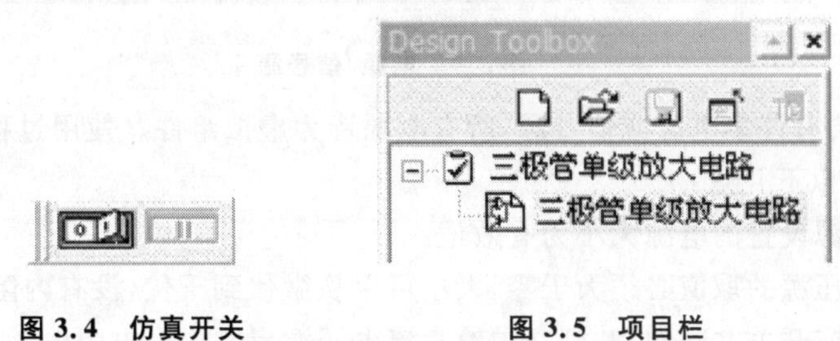

图 3.4　仿真开关　　　　图 3.5　项目栏

3.3　元器件库

元器件库如图 3.6 所示。

Multisim10 提供了丰富的元器件库，单击元器件库栏的某一个图标即可打开该元件库或通过在电路工作区右击菜单的 Place Component 打开。以下介绍元器件库中的各个图标所表示的元器件含义以及其功能和使用方法。

图 3.6　元器件库

元件工具栏从左向右依次是电源/信号源库(Source)、基本元件库(Basic)、二极管库(Diode)、晶体管库(Transistor)、模拟元件库(Analog)、TTL 元件库(TTL)、CMOS 元件库(CMOS)、数字元件库(Miscellaneous Digital)、混合元件库(Mixed)、指示元件库(Indicator)、其他元件库(Miscellaneous)、键盘显示器库(Advanced Peripherals)、射频元件库(RF)、机电类元件库(Electromechanical)、放置分层模块(Place Hierarchical Block)、放置总线(Place Bus)。可以参考 Help 菜单的 Component Reference,查看各元器件详细的说明。

1. 电源/信号源库

电源/信号源库包含有 6 个系列(Family),依次分别是电源、电压信号源、电流信号源、控制功能模块、受控电压源和受控电流源。电源/信号源库如图 3.7 所示。

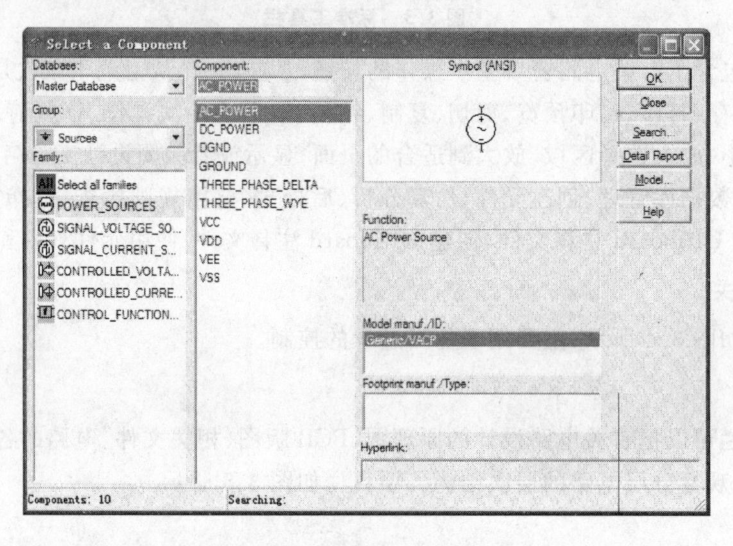

图 3.7　电源/信号源库

每一系列含有许多电源或信号源,所有电源皆为虚拟组件。使用过程中,考虑到电源库的特殊性,要注意以下几点:

- 交流电源设置的电源大小为有效值。
- 直流电压源的取值必须大于零,大小可以从微伏到千伏,没有内阻;如果与另一个直流电压源或开关并联使用,则必须给直流电压源串联一个电阻。
- 对于数字电路,仿真时数字元件要接上数字地,并且不能与任何器件连接,数字地是该电源的参考点。
- 地是公共的参考点,电路中所有电压都是相对该点的电位差。并非所有电路都需接地,但下列情况应考虑接地:运算放大器、变压器、各种受控源、示波器(对于示波器,如果电路中已有接地,则示波器接地端可以不接地)、波特图仪、函数发生器、模数混合电路。
- VCC 电压源常作为没有明确电源引脚的数字器件的电源,它必须放置在电路图上;

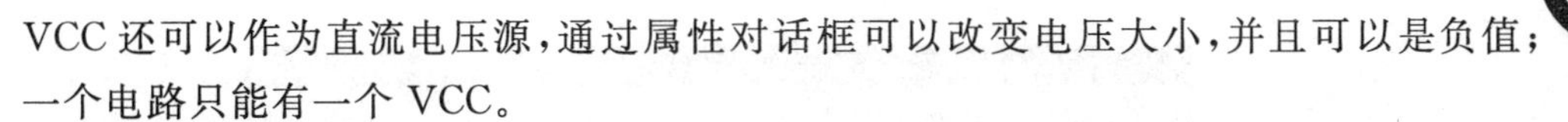

VCC 还可以作为直流电压源，通过属性对话框可以改变电压大小，并且可以是负值；一个电路只能有一个 VCC。

- 对于除法器，若 Y 端接有信号，X 端的输入信号为 0，则输出端变为无穷大或一个很大的电压(高达 1.69×10^{12} V)。

2. 基本元件库

基本元件库有 11 个系列，依次分别是基本虚拟器件、额定虚拟器件、排阻、开关、变压器、非线性变压器、继电器、连接器、可编辑电路符号、插座、电阻、电容、电感、电解电容、可变电容、可变电感电位器。基本器件库中虚拟元器件的参数是可以任意设置的，非虚拟元器件的参数是固定的，但是可以选择的。基本元件库如图 3.8 所示。

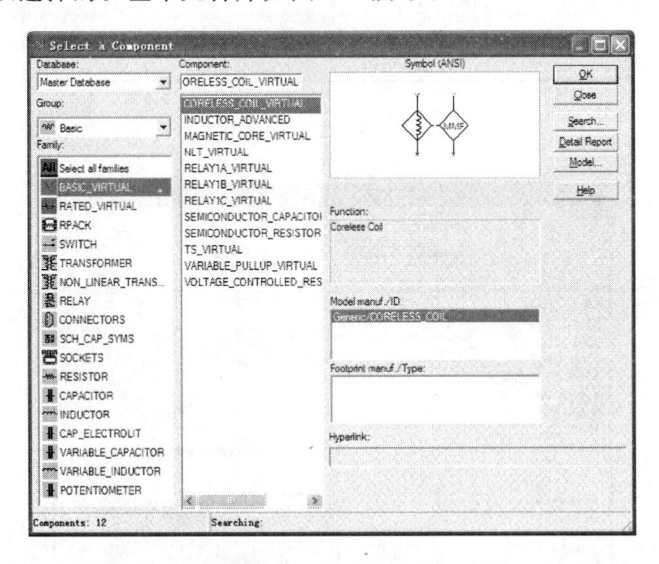

图 3.8　基本元件库

3. 二极管库

二极管库包含 11 个系列，依次分别是虚拟二极管、二极管、齐纳二极管、发光二极管、全波桥式整流器、肖特基二极管、可控硅整流器、双向开关二极管、三端开关可控硅开关、变容二极管、PIN 二极管。二极管库中虚拟器件的参数是可以任意设置的，非虚拟元器件的参数是固定的，但是可以选择的。二极管库如图 3.9 所示。

4. 晶体管库

晶体管库包含 20 个系列，依次分别是虚拟晶体管、NPN 晶体管、PNP 晶体管、达林顿 NPN 晶体管、达林顿 PNP 晶体管、达林顿晶体管阵列、带偏置 NPN 型 BJT 管、带偏置 PNP 型 BJT 管、BJT 晶体管阵列、绝缘栅双极型晶体管、三端 N 沟道耗尽型 MOS 管、三端 N 沟道增强型 MOS 管、三端 P 沟道增强型 MOS 管、N 沟道 JFET、P 沟道 JFET、N 沟道功率 MOSFET、P 沟道功率 MOSFET、COMP 功率 MOSFET、单结晶体管、热效应管。晶体管库中虚拟器件的参数是可以任意设置的，非虚拟元器件的参数是固定的，但可以选择。晶体管库如图 3.10 所示。每一系列含有多种具体型号的晶体管。

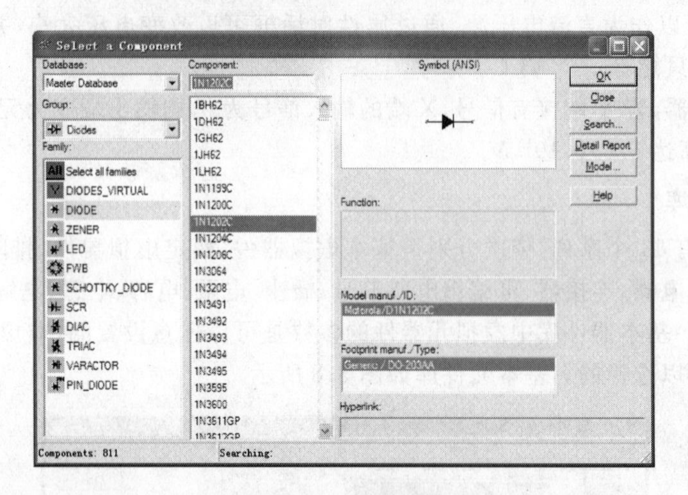

图 3.9 二极管库

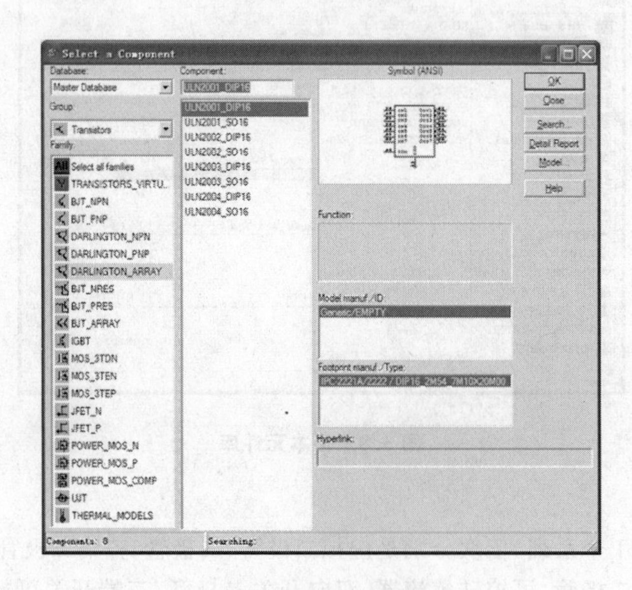

图 3.10 晶体管库

5. 模拟集成电路库

模拟集成电路库包含 6 个系列，依次分别是模拟虚拟器件、运算放大器、诺顿运算放大器、比较器、宽带放大器、特殊功能运算放大器。模拟集成电路库中虚拟器件的参数也是可以任意设置的，非虚拟元器件的参数固定，但可以选择。模拟集成电路库如图 3.11 所示。每一系列含有若干具体型号的器件。

6. TTL 数字集成电路

TTL 数字集成电路库包含 9 个系列，依次分别是标准 TTL 集成电路(74STD_IC、74STD)、低功耗肖特集成电路、肖特基型集成电路、低功耗肖特基型集成电路(74LS_IC、74LS)、高速型 TTL 集成电路、先进低功耗肖特基型集成电路、先进肖特基型集成电路等 74xx 系列和 74LSxx 系列数字电路器件。TTL 数字集成电路库如图 3.12 所示。每个系列都含有数百个数字集成电路，其中 74STD 型号范围为 7400～7493，74LS 型号范围为 74LS00N～74LS93N。

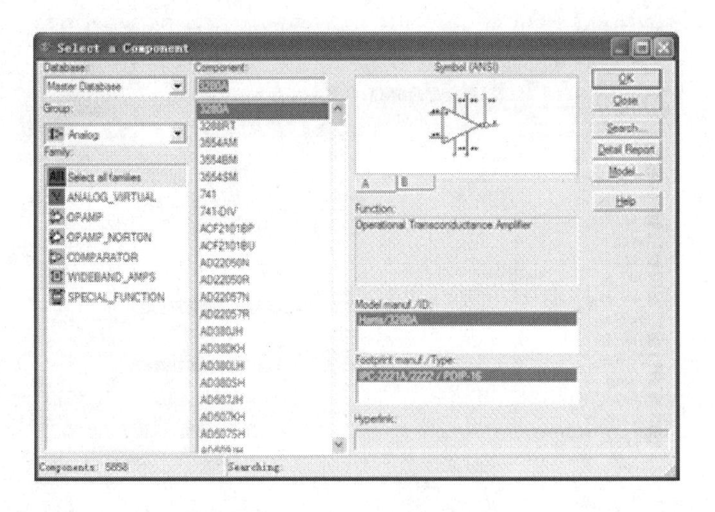

图 3.11　模拟集成电路库

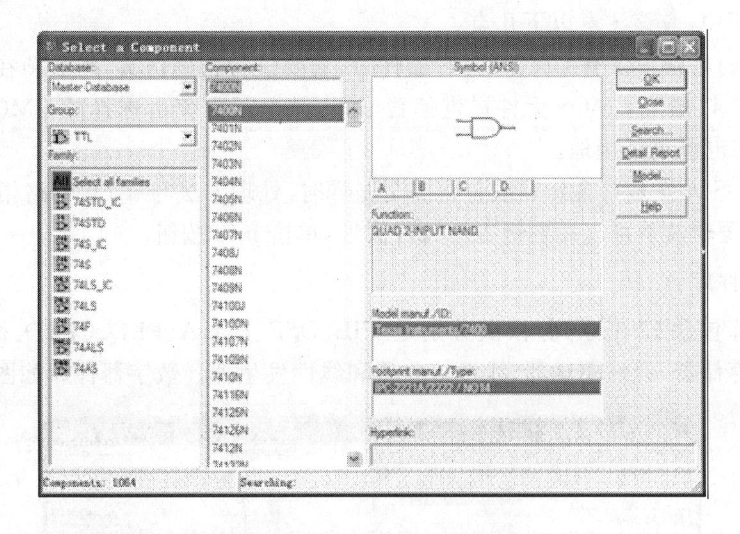

图 3.12　TTL 数字集成电路

在使用 TTL 元件的过程中要注意以下几点：

- 若同一器件有数个不同的封装形式，仿真时，可以随意选择，做 PCB 板时，必须加以区分。
- 对含有数字器件的电路进行仿真时，电路图中必须有数字电源符号和数字接地端。
- 集成电路的逻辑关系可查阅相关的器件手册，也可以单击该集成电路属性对话框中的 info 按钮，弹出器件列表对话框，可以查阅该集成电路的逻辑关系。
- 集成电路的某些默认电气参数，可以单击该集成电路属性对话框中的 Edit Model 按钮，从打开的对话框中读取。

7. CMOS 数字集成电路库

CMOS 数字集成电路库包含 14 个系列，分别是 40xx 系列、74HCxx 系列和 TinyLogic 系列，每一个系列都含有数百个数字集成电路。CMOS 数字集成电路库如图 3.13 所示。

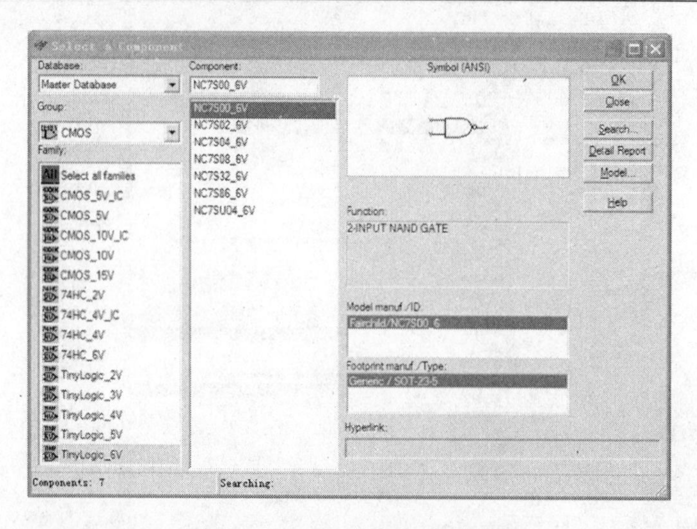

图 3.13　CMOS 数字集成电路库

在具体使用中，应该注意以下几点：

- 当测试的电路中含有 CMOS 逻辑器件时，若要进行精确仿真，则必须在电路中放置电源 VCC，以便为 CMOS 元件提供偏置电压，其电压数值由选择的 CMOS 元件类型决定，且将电源负极接地。
- 当 CMOS 元件是符合封装或包含多个型号时，处理方法与 TTL 电路相同。
- 元件的逻辑关系可以用右键查看元件属性，单击 info 按钮。

8. 数字器件库

数字器件库包含 12 个系列，依次分别是 TIL、DSP、FPGA、PLD、CPLD、微控制器、微处理器、VHDL、存储器、线性驱动器、线性接收器和线性发生器。数字器件库如图 3.14 所示。

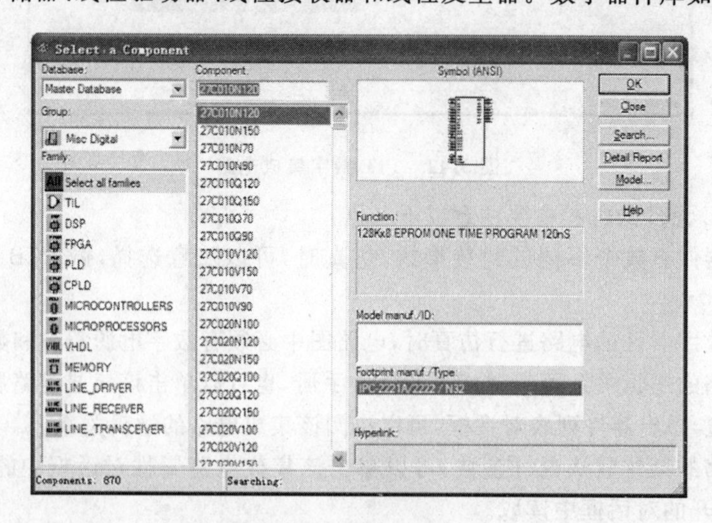

图 3.14　数字器件库

9. 数模混合集成电路库

数模混合集成电路库包含 6 个系列，依次分别是虚拟混合器件库、定时器、模/数或数/模转换器、模拟开关（ANALOG_SWITCH_IN 和 ANALOG_SWITCH）、多谐振荡器。数模混

合集成电路库如图 3.15 所示。

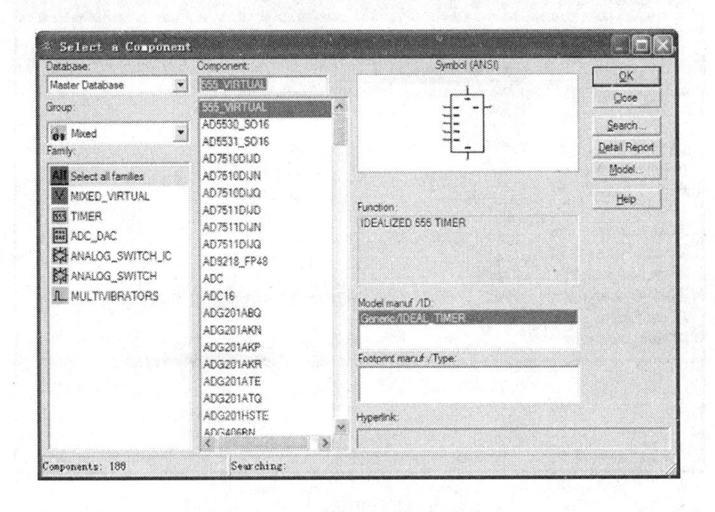

图 3.15　数模混合集成电路库

10. 指示器件库

指示器件库包含 8 个系列，依次分别是电压表、电流表、逻辑指示灯、蜂鸣器、灯泡、虚拟灯泡、十六进制计数器、条形光柱等多种器件。指示器件库如图 3.16 所示。

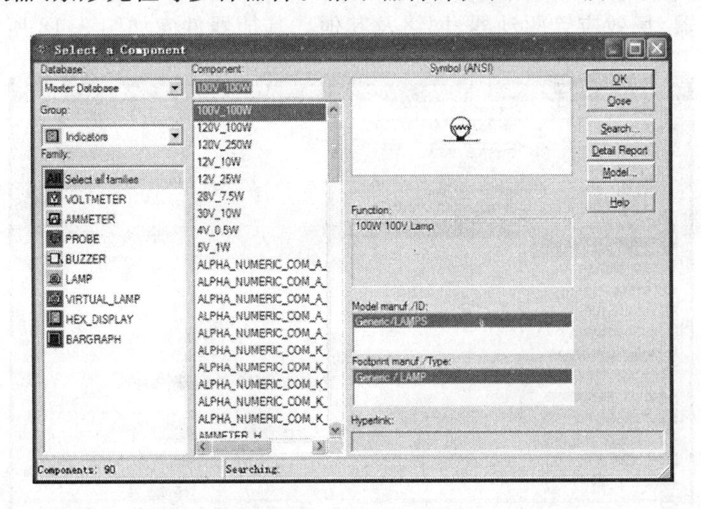

图 3.16　指示器件库

在使用时，注意以下两点：

- 电压表内阻默认 1 MΩ，电流表内阻默认 1 mΩ，可以通过属性对话框进行设置。
- 使用数码管时注意它的驱动电流和正向电压，否则数码管不显示。

11. 电源器件库

电源器件库包含 9 个系列，依次分别是虚拟开关电源瞬态、虚拟开关电源平均、熔断器、稳压器、基准电压源、限压器、电压控制器、其他电源、脉宽调制控制器。电源器件库如图 3.17 所示。

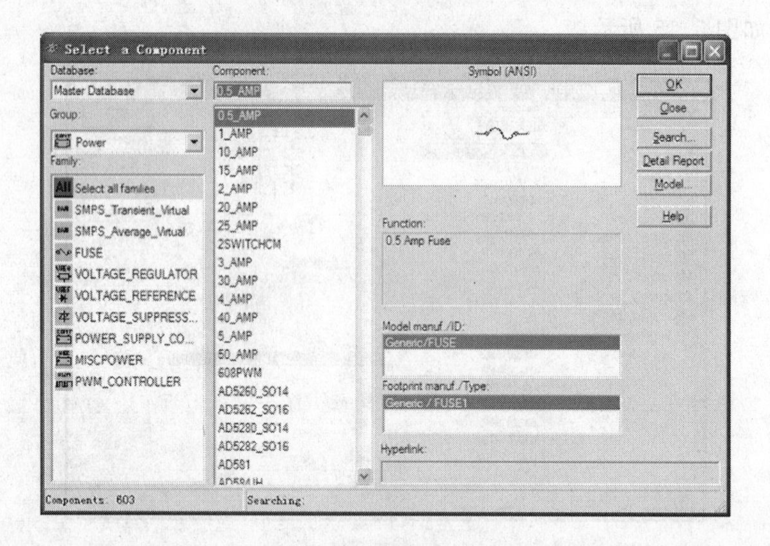

图 3.17 电源器件库

12. 其余器件库

其他器件库包含 14 个系列，依次分别是杂项虚拟元件、光耦、晶体、真空管、开关电源降压转换器、开关电源升压转换器、开关电源升降压转换器、有损耗传输线、无损耗传输线 1、无损耗传输线 2、滤波器、场效应管驱动器、网络及其他。其他器件库如图 3.18 所示。

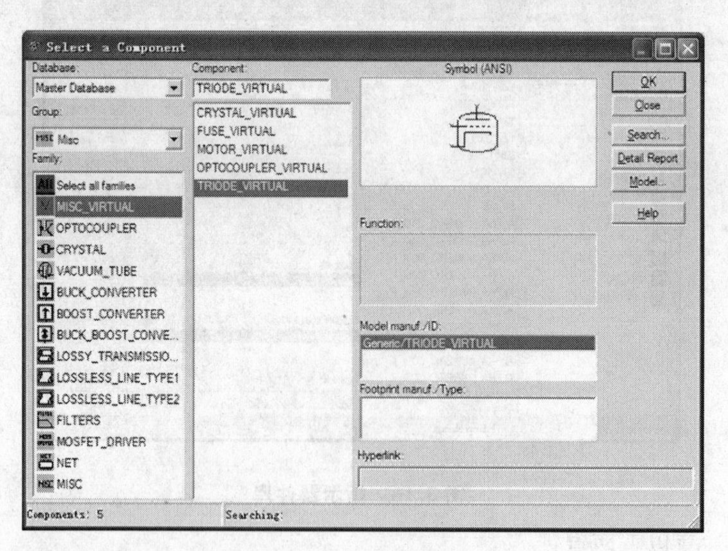

图 3.18 其他器件库

13. 键盘显示器库

键盘显示器库包含有键盘、LCD、终端等多种器件。键盘显示器库如图 3.19 所示。

14. 射频元器件库

射频元器件库包含 8 个系列，依次分别是射频电容、射频电感、射频 NPN 晶体管、射频 PNP 晶体管、射频 MOSFET、隧道二极管、带状传输线、铁氧体磁珠等多种射频元器件。射频

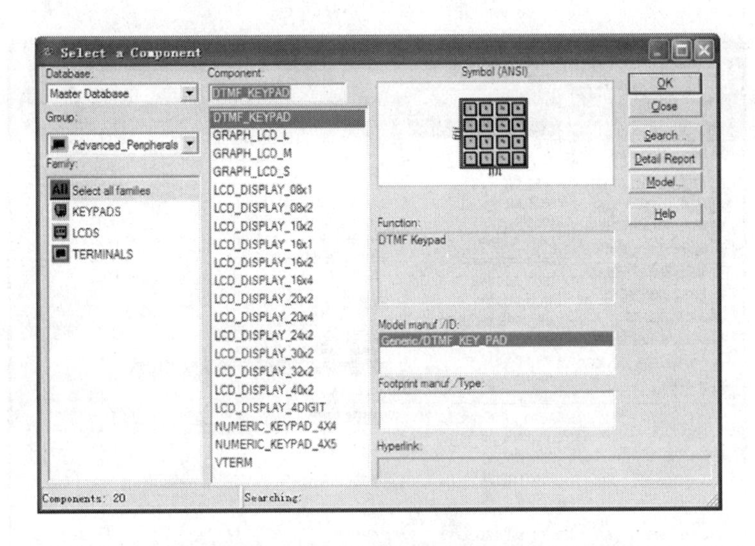

图 3.19　键盘显示器库

元器件库如图 3.20 所示。

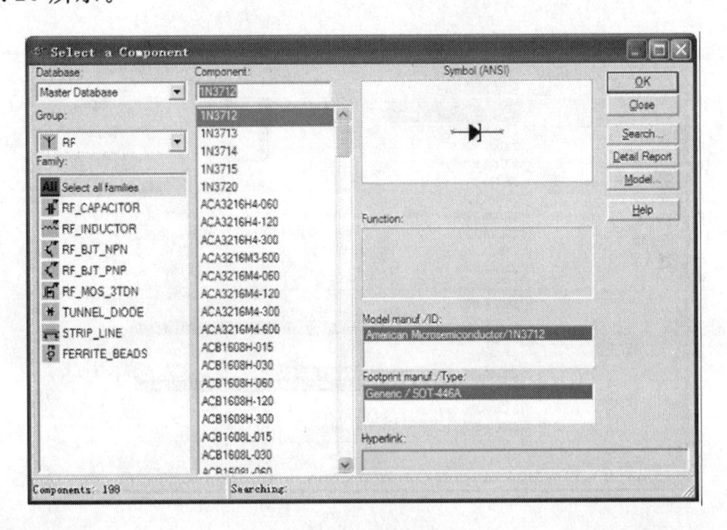

图 3.20　射频元器件库

15. 机电类器件库

机电类器件库包含 8 个系列。依次分别是感测开关、瞬时开关、附加触点开关、定时触点开关、线圈和继电器、线性变压器、保护装置、输出装置等多种机电类器件。机电类器件库如图 3.21 所示。

16. 微控制器库

微控制器库包含 8051、8052、PIC、RAM、ROM 等多种微控制器。微控制器件库如图 3.22 所示。

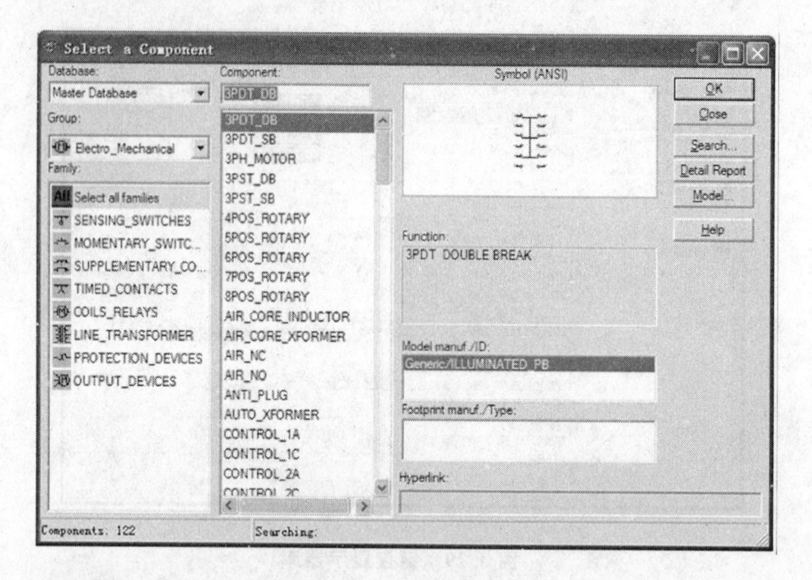

图 3.21 机电类器件库

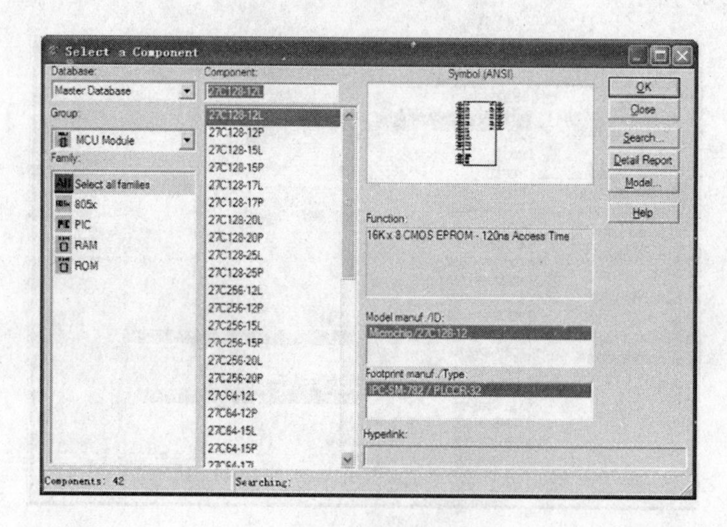

图 3.22 微控制器件库

3.4 虚拟仪器

虚拟仪器工具栏如图 3.23 所示。

图 3.23 虚拟仪器工具栏

虚拟仪器可以用来测量仿真电路的性能参数，使用方法与实际仪器相同。虚拟仪器工具栏包含了 21 种仪器仪表，从左向右依次是数字万用表(Multimeter)、失真分析仪(Distortion Analyzer)、函数信号发生器(Function Generator)、瓦特表(Wattmeter)、双踪示波器(Oscilloscope）、频率计数器（Frequency Counter）、安捷伦函数信号发生器（Agilent Function Generator）、4 通道示波器（4 Channel Oscilloscope）、波特图仪（Bode Plotter）、IV 分析仪（IV Analysis）、字信号发生器（Word Generator）、逻辑转换器（Logic Converter）、逻辑分析仪（Logic Analyser）、安捷伦示波器（Angilent Oscilloscope）、安捷伦数字万用表（Angilent Multimeter）、频谱分析仪（Spectrum Analyzer）、网络分析仪（Network Analyzer）、泰克示波器（Tektronix Oscilloscope）、电流测量探针（Current Probe）、LabView 仪器（LabVIEW Instrument）和测量探针（Measurement Probe）。

仪器仪表工具栏可以通过 View 菜单的 Toolbar 勾选 Instruments 来进行显示/隐藏此工具栏；电压表和电流表没有在此工具栏中，这两种仪表放在指示元件库中。

尽管虚拟仪器与现实中的仪器非常相似，但它们还是有一些不同，下面将分别介绍各常用仪器的功能和使用方法。

3.4.1　数字万用表

与实验室的数字万用表一样，虚拟数字万用表是一种多功能的常用仪器，可用来测量直流或交流电压、直流或交流电流、电阻值以及电路两节点的电压损耗分贝等。量程是根据待测量参数的大小自动确定的，其内阻和流过的电流可设置为近似的理想值，也可以根据需要修改。

(1) 线路连接

如图 3.24 所示，连接方法与实际仪表基本相同，通过“+”、“−”两个端子来连接仪表。

(2) 功能选择

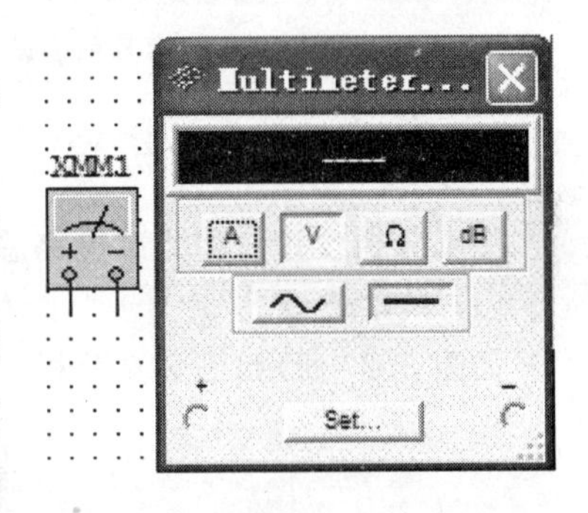

图 3.24　数字万用表的图标和面板

- 电流挡：测量电路中某支路的电流，测量时，数字万用表串联在待测支路中。
- 电压挡：测量电路两节点之间的电压，测量时，数字万用表与两节点并联。
- 欧姆挡：测量电路两节点之间的电阻，被测节点和节点之间的所有元件当作一个“元件网络”，测量时，数字万用表与“元件网络”并联（为了测量结果的准确性，要求电路中没有电源，并且元件和元件网络有接地端）。
- 电压损耗分贝挡：测量两电路中两个节点间压降的分贝值，测量时，数字万用表与两节点并联。

电压损耗分贝计算公式：

$$\text{电压损耗(dB)} = 20 \times \log_{10}(V_0/V_1)\text{(dB)}$$

(3) 被测信号的类型

交流挡：测量交流电压或电流信号的有效值（直流成分被滤除）。

直流挡：测量直流电压或者电流的大小。

注： 测量一个既有直流成分又有交流成分的电路的电压平均值时，将一个直流电压表和一个交流电压表同时并联在待测节点上，分别测量直流电压和交流电压的大小。

电压平均值计算公式：

$$V_{\mathrm{RMS}} = \sqrt{V_{\mathrm{dc}}^2 + V_{\mathrm{ac}}^2}$$

(4) 面板设置

理想仪表在测量时对电路没有任何影响,即理想的电压表有无穷大的电阻并且没有电流通过,理想电流表内阻几乎为零。实际电压表的内阻并不是无穷大,实际电流表的内阻也不是0欧姆。因此,测量结果只是电路的估计值,并不完全准确。

可以通过单击 Set 按钮,设置虚拟数字万用表的内阻来真实模拟实际仪表的测量结果。

(5) 示 例

数字万用表设置对话框如图 3.25 所示。数字万用表测电压示例如图 3.26 所示。

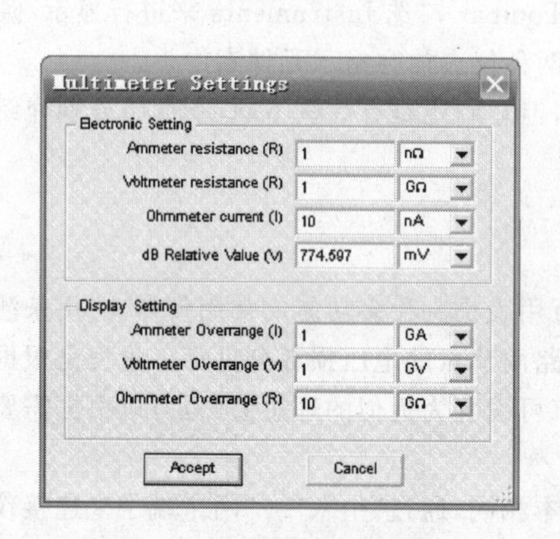

图 3.25 数字万用表设置对话框

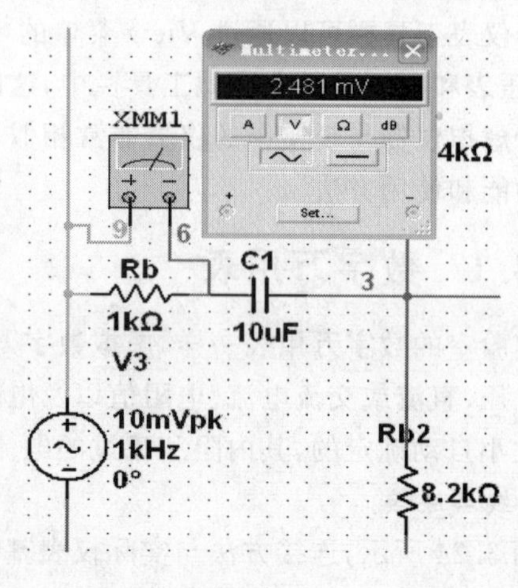

图 3.26 数字万用表测电压*

3.4.2 失真分析仪

失真分析仪是一种测试电路总谐波失真和信噪比的仪表。

(1) 线路连接

如图 3.27 所示,因失真分析仪只有一个输入端,可用于连接被测电路的输出端。

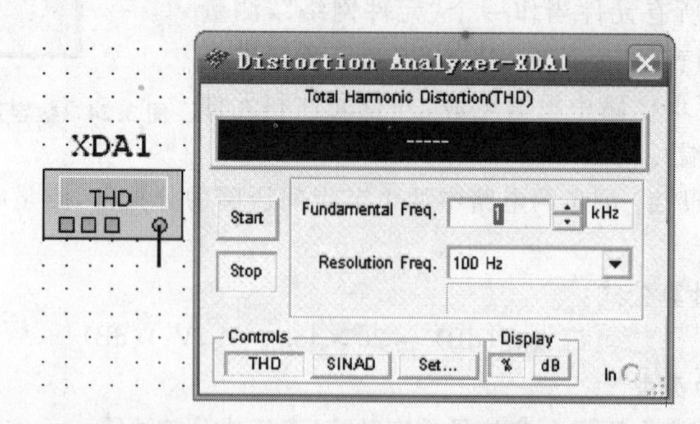

图 3.27 失真分析仪的图标和面板

(2) 面板设置

面板中各项功能如下:

* 该书中此类图均不做标准化处理。

- Total Harmonic Distortion(THD 按钮)：显示所测电路总谐波失真的大小，单位可以是%，也可以是 dB。
- Start：开始测试。
- Stop：停止测试。
- Fundamental Freq：设置基频大小。
- Resolution Freq：设置频率分辨率。
- Signal Noise Distortion(SINAD 按钮)：显示测量电路的信噪比。
- Set 按钮：设置测试的参数，如图 3.28 所示。
- THD Definition：选择 THD 的定义方式，是 IEEE 的还是 ANSI/IEC 的定义。
- Harmonic Num：设置谐波的次数。
- FFT Points：设置进行 FFT 变换的点数。

(3) 示 例

三极管单级放大电路如图 3.29 所示。测量结果如图 3.30 所示。

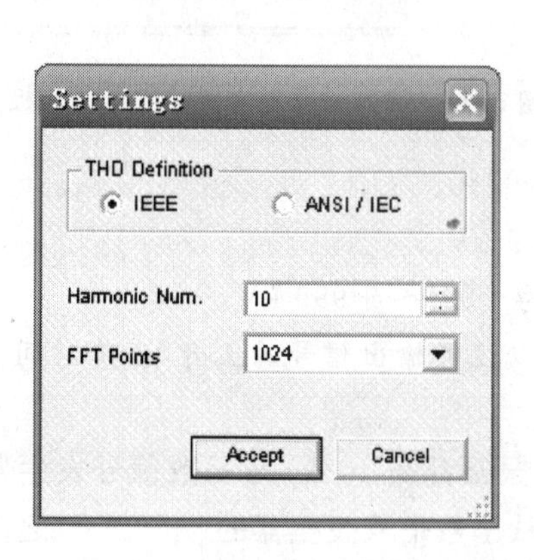

图 3.28 Settings 对话框

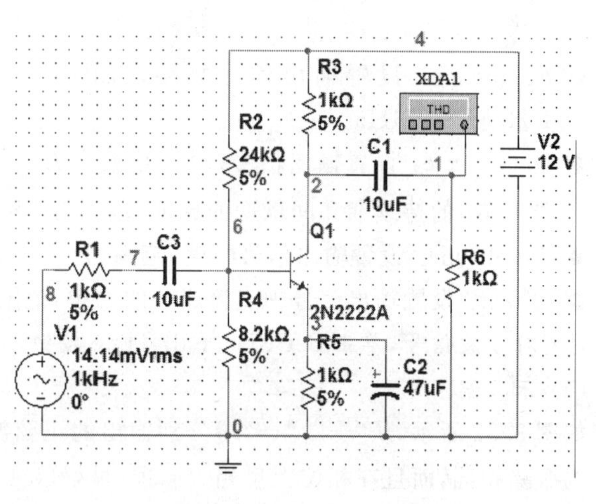

图 3.29 三极管单级放大电路

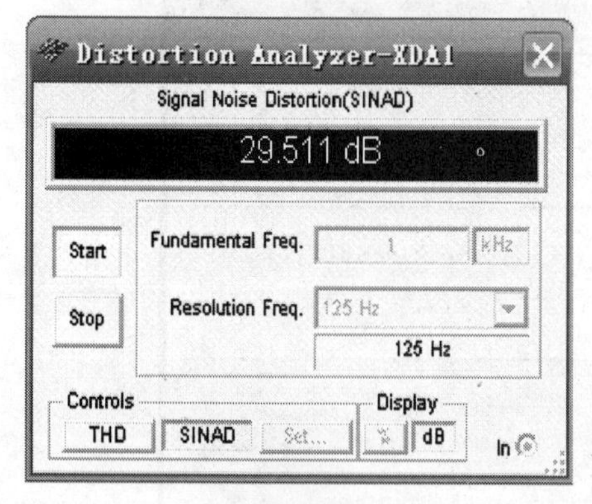

(a) 信噪比

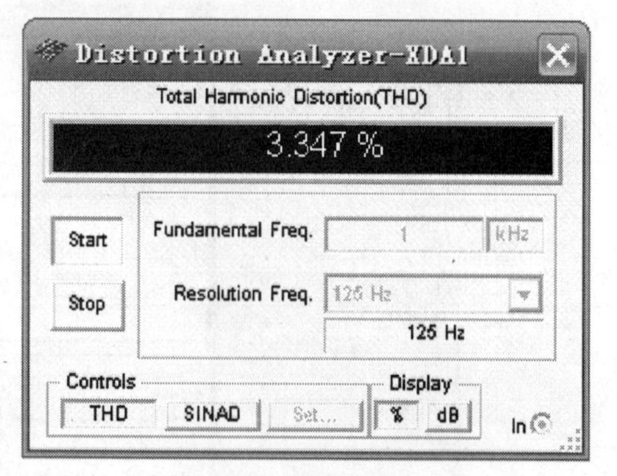

(b) 总谐波失真

图 3.30 测量结果

3.4.3 函数信号发生器

函数信号发生器是一个能产生正弦波、三角波和方波的信号源。它不仅可以提供常规交流信号,也可以产生音频和射频信号且可以调节输出信号的频率、振幅、占空比和直流分量等参数。

(1) 线路连接

如图 3.31 所示,函数信号发生器有三个接线端:“+”输出端产生一个正向的输出信号;公共端通常接地;“-”输出端产生一个反向输出信号。

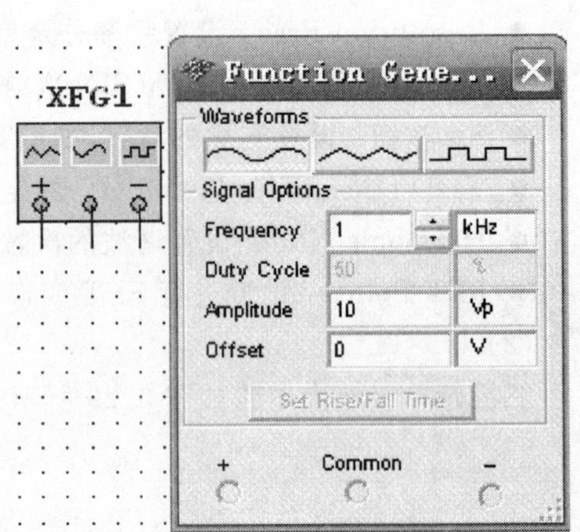

图 3.31 函数信号发生器的图标和面板

(2) 面板设置

Waveforms(波形选择):单击相应按钮,选择输出正弦波、三角波或方波。

Signal Options(信号参数选择)具体设置如下:

- Frequency:设置输出信号频率,范围为 1 Hz~999 MHz。
- Duty Cycle:设置输出信号(对三角波和方波有效)的持续期和间歇期的比值,范围为 1%~99%。
- Amplitude:设置输出信号幅度,范围为 1 V~999 kV。
- Offset:设置输出信号中直流成分的大小,范围为-999~+999 kV。

注:对方波信号,单击 Set Rise/Fall Time 按钮,可以设置输出信号的上升/下降时间。

(3) 示 例

如图 3.32 所示,从“+”、“-”端分别输出的正弦波振幅都是 10 V,与函数信号发生器所设置的振幅相同,而且在相位上反相。同理,可以验证,从函数信号发生器的“+”、“-”之间输出正弦波的峰-峰值是函数信号发生器的 4 倍(40 V)。

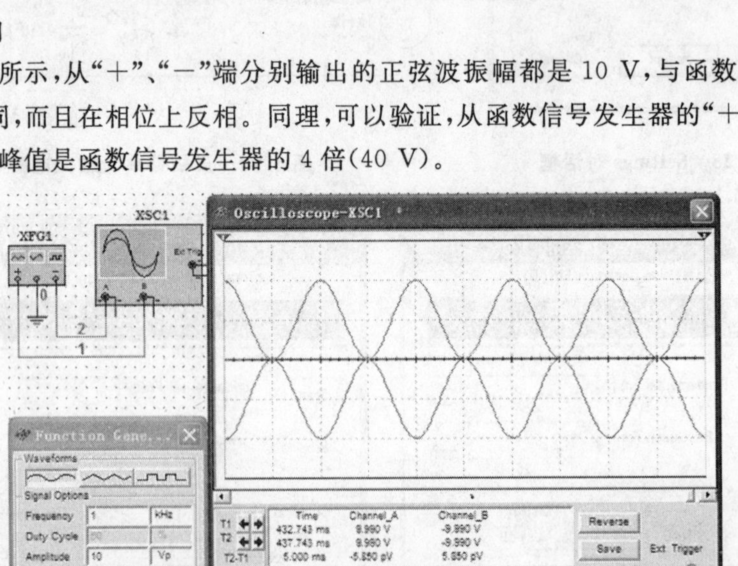

图 3.32 分别从“+”、“-”端输出正弦波

3.4.4 瓦特表

瓦特表是用来测量电路功率的仪器。测得电路的有效功率，即电路终端的电势差与流过该终端的电流的乘积，单位为瓦特(W)。也可以用来测量功率因数，即通过计算电压与电流相位差的余弦得到。

(1) 线路连接

如图 3.33 所示，两组输入端的左侧是电压输入端，与被测电路并联；右侧是电流输入端，与被测电路串联。

(2) 面板设置

两个黑色区域分别用于显示功率和功率因数。

(3) 示　例

将瓦特表电压输入端并联在电路中，电流输入端串联在电路中，测得功率和功率因数如图 3.34 所示。

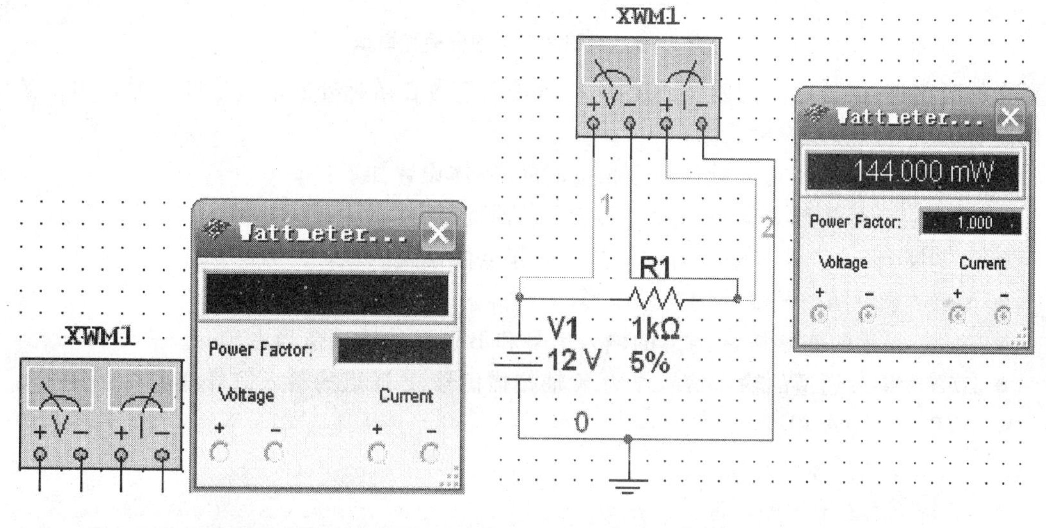

图 3.33　瓦特表的图标和面板　　　　图 3.34　瓦特表连接电路

3.4.5 双踪示波器

双踪示波器可以用来显示信号波形，也可以通过显示波形来测量信号的频率、幅度和周期等参数。

(1) 线路连接

如图 3.35 所示，三个端点：A、B 端点分别为两个通道，T 是外触发输入端。连接时与实际双踪示波器的不同之处：一是 A、B 两通道只有一根线与被测点相连，测的是该点与地之间的波形；二是当电路中有接地符号时，其接地端可以不接地。

(2) 面板设置

双踪示波器面板主要由 6 部分组成：显示屏、游标测量参数显示区、Timebase 区、Channel A 区、Channel B 区和 Trigger 区。显示屏区意义明确，以下介绍后 5 部分。

游标测量参数显示区：显示两个游标所测得的显示波形的数据。可测量的波形参数有游

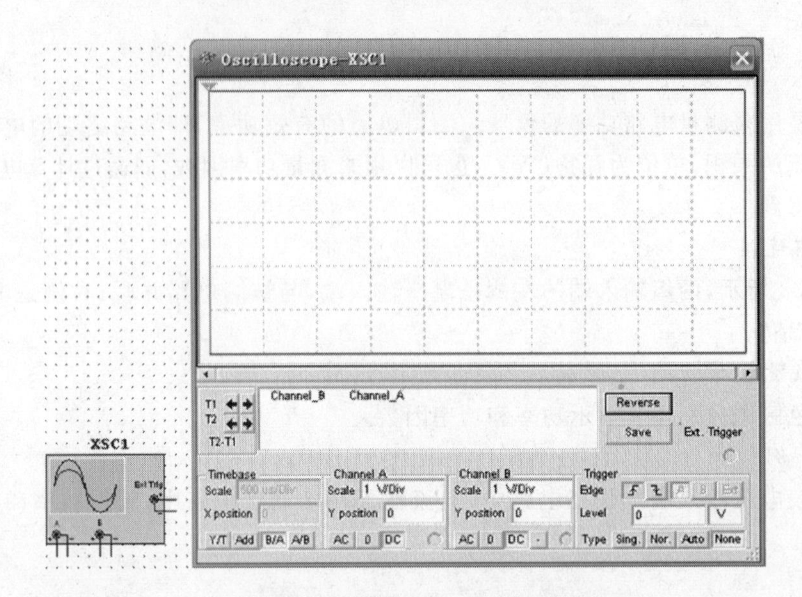

图 3.35 双踪示波器的图标和面板

标所在的时刻、两游标的时间差及通道 A 和 B 输入信号在游标处的信号幅度。通过单击游标中的左右箭头可以移动游标。

Timebase 区用来设置 X 轴的基准扫描时间，具体设置如下：

- Scale：设置 X 轴方向每一大格所表示的时间。
- X Position：表示 X 轴方向时间基准的起点位置。
- Y/T：显示随时间变化的信号波形。
- Add：显示的波形是 A 通道的输入信号和 B 通道的输入信号之和。
- B/A：将 A 通道的输入信号作为 X 轴扫描信号，B 通道的输入信号施加在 Y 轴上。
- A/B：与 B/A 相反。

Channel A 区具体设置如下：

- Scale：设置 Y 轴的刻度。
- Y Position：设置 Y 轴的起点。
- AC：显示信号的波形只含有 A 通道输入信号的交流成分。
- 0：A 通道的输入信号被短路。
- DC：显示信号的波形含有 A 通道输入信号的交、直流成分。

Channel B 区与 A 区的设置方法相同。

Trigger 区用来设置示波器的触发方式，具体设置如下：

- Edge：将输入信号的上升沿或下降沿作为触发信号。
- Level：选择触发电平的大小。
- Sing：当触发电平高于所设置的触发电平时，示波器就触发一次。
- Nor.：只要触发电平高于所设置的触发电平，示波器就触发一次。
- Auto：当输入信号变化比较平坦或只要有输入信号就尽可能显示波形时，就选择此触发方式。
- A：用 A 通道的输入信号作为触发信号。

● B：用 B 通道的输入信号作为触发信号。

● Ext.：用示波器外触发端的输入信号作为触发信号。

注：可以通过改变通道 A、B 的连线颜色设置波形显示颜色。

单击示波器面板右下方的 Reverse 按钮，可以改变示波器的背景颜色（黑色或白色）；单击示波器面板右下方的 Save 按钮，可以将显示的波形保存起来。

(3) 示 例

按图 3.36 方式连接电路，可以用示波器观察李萨如图形。

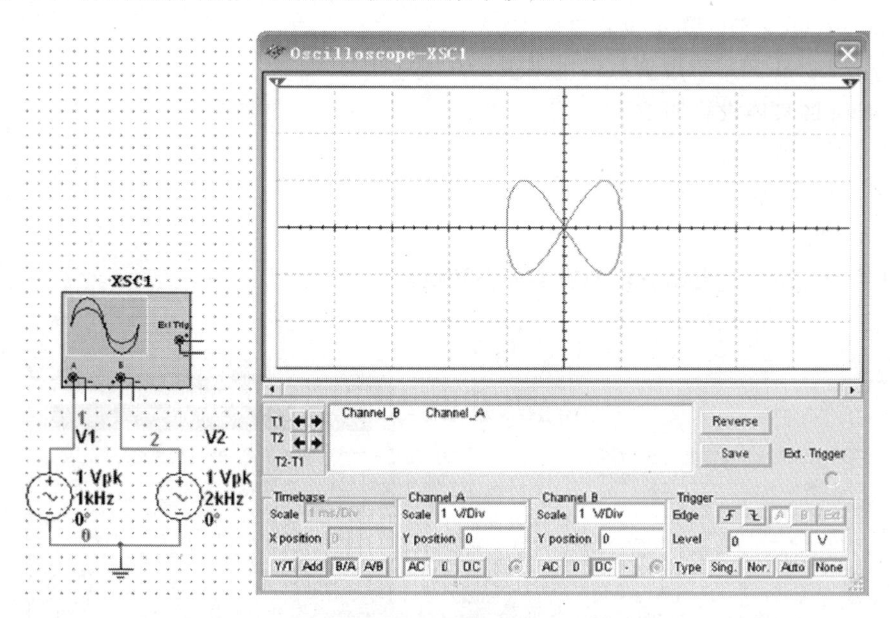

图 3.36 李萨如图形

3.4.6 频率计数器

频率计数器除与真实的频率计一样可以测量信号频率外，还可以测量多项脉冲参数。

(1) 线路连接

如图 3.37 所示，频率计数器只有一个端子，用于连接电路的输出端。

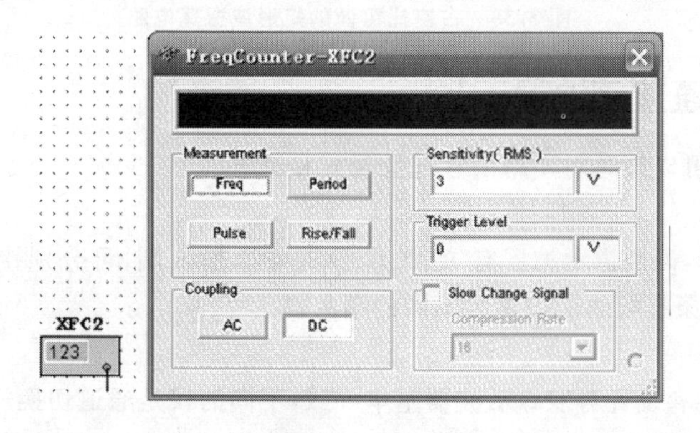

图 3.37 频率计数器图标和面板

(2) 面板设置

黑色区域用于显示数据。

Measurement 区具体设置如下：

- Freq 用于测量输出信号频率；
- Period 用于测量输出信号周期；
- Pulse 用于测量输出信号脉冲时间，左侧显示正脉冲时间，右侧显示负脉冲时间；
- Rise/Fall 用于测量上升沿/下降沿时间，左侧显示上升沿时间，右侧显示下降沿时间。

Sensitivity(RMS)区用于设置灵敏度。

Trigger Level 区用于设置触发电平值。

Coupling 区具体设置如下：

- AC 用于测量交流分量；
- DC 用于测量交直流总和。

(3) 示　例

如图 3.38 所示，占空比可调的矩形波振荡电路。

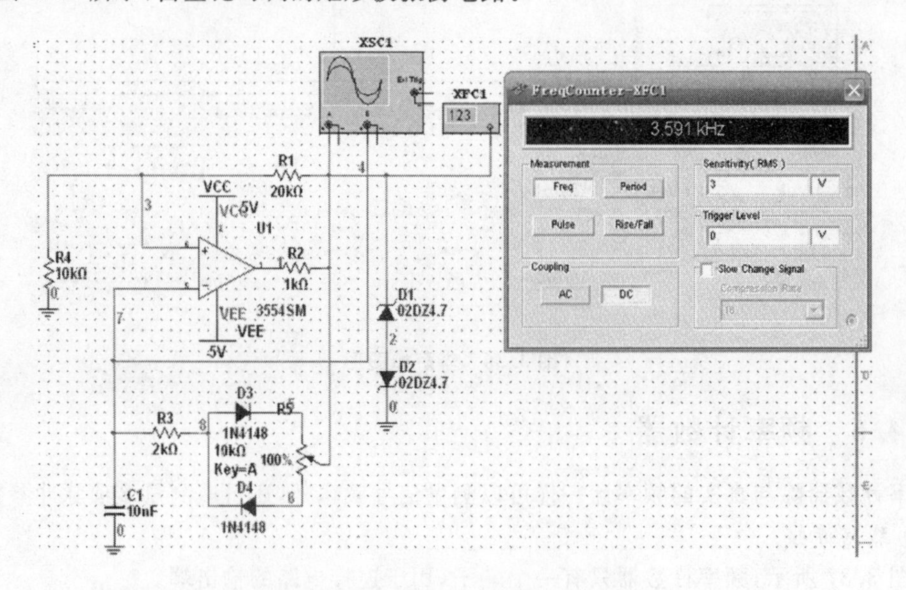

图 3.38　占空比可调的矩形波振荡电路

3.4.7　四通道示波器

四通道示波器可以同时对 4 路信号进行观察和测量。

(1) 线路连接

如图 3.39 所示，四通道示波器有 A、B、C、D 共 4 个输入端，可分别接 4 个不同的被测节点。为便于观察，4 条连接线应设置为不同的颜色。

(2) 面板设置

面板布局、功能和设置与双踪示波器基本一致，不同的仅是通道切换。在 Channel A 区右边有一个 4 挡转换开关的旋钮，默认位置为 A，将鼠标移到旋钮上，在靠近外围字母的位置左键单击，旋钮的标识指针即指向相应的字母，通道名称随即相应改变，即可对该通道进行参数

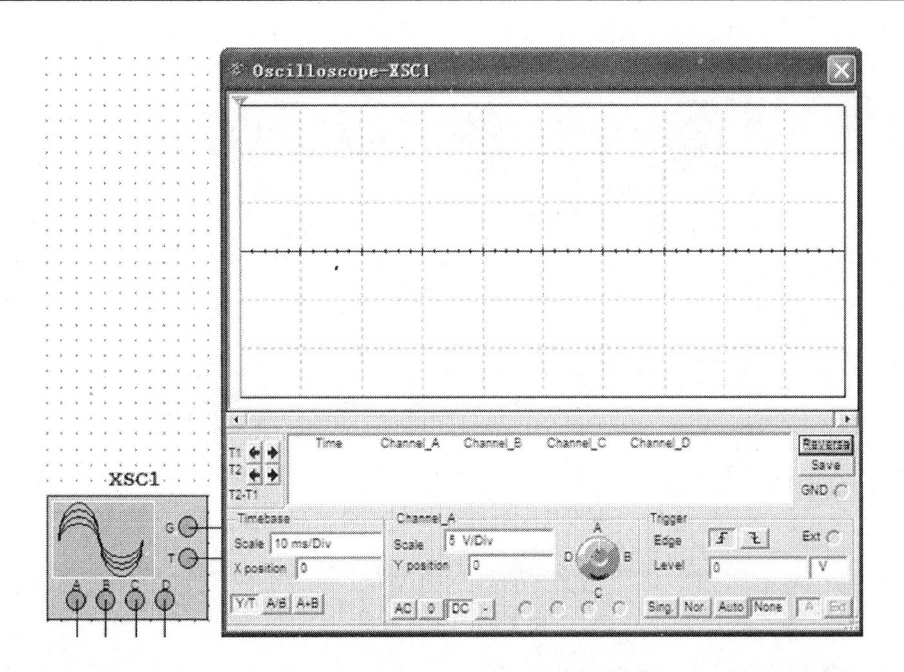

图 3.39　四通道示波器图标和面板

设置，设置完成后，再切换至其他通道。

(3) 示　例

四通道示波器电路如图 3.40 所示，其运行结果如图 3.41 所示。

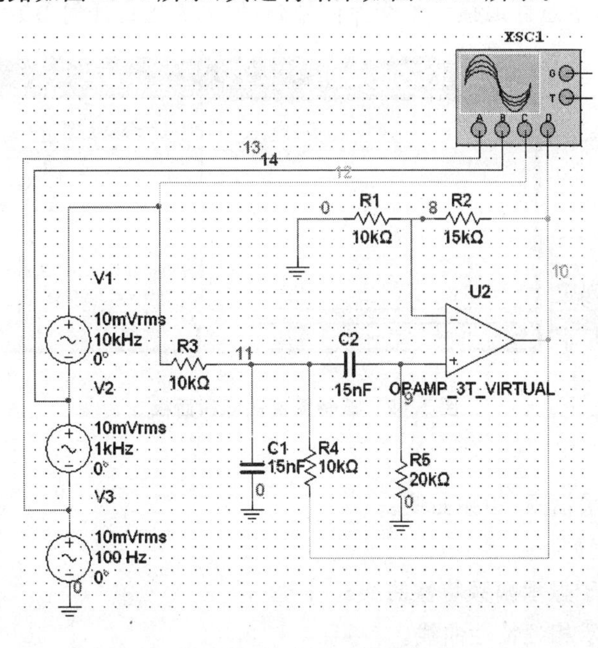

图 3.40　四通道示波器电路

3.4.8　波特图仪

波特图仪是一种测量和显示幅频和相频特性曲线的仪表。它能够产生一个频率范围很宽

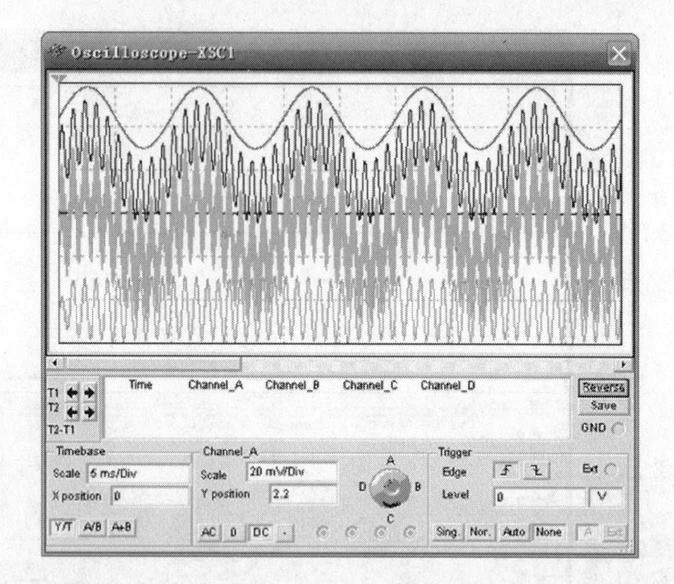

图 3.41　运行结果

的扫频信号，常用于分析滤波电路的特性。

（1）线路连接

如图 3.42 所示，波特图仪的图标有两组接线端，左边接被测电路输入端；右边接输出端。连接时分别对应连接输入、输出端口的正、负端子。因为波特图仪内部无信号源，所以在使用时，必须在电路输入端示意性地接一个交流信号源，但无需进行任何参数设定。

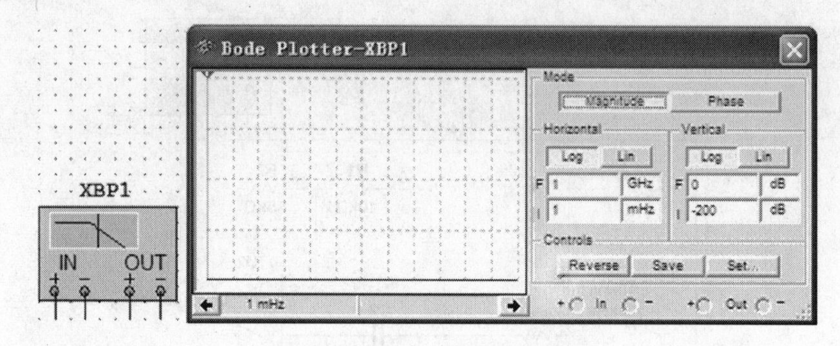

图 3.42　波特图仪图标和面板

（2）面板设置

黑色屏幕用于显示幅频/相频曲线。

Mode 区具体设置如下：

- Magnitude 用于显示幅频特性曲线；
- Phase 用于显示相频特性曲线。

Horizontal 区（设定 X 轴频率范围）具体设置如下：

- Log 显示为对数刻度坐标；
- Lin 显示为线性刻度坐标；
- F 设定频率终止值；

● I 设定频率起始值。

Vertical 区(设定 Y 轴刻度类型和范围)具体设置如下:

● 选择 Magnitude 时,按下 Log 按钮,Y 轴单位是 dB,按下 Lin 按钮,Y 轴是线性倍数;

● 选择 Phase 时,只能在 Lin 状态,Y 轴是线性度数。

Controls 区具体设置如下:

● Reverse 反转背景颜色;

● Save 保存曲线;

● Set 设置扫描的分辨率。

注: 移动波特图仪的垂直游标可以得到任一点频率所对应的电压比的大小或相位的度数。

(3) 示　例

如图 3.43 所示,单击波特图仪的图标,打开幅频和相频特性曲线,如图 3.44 所示。

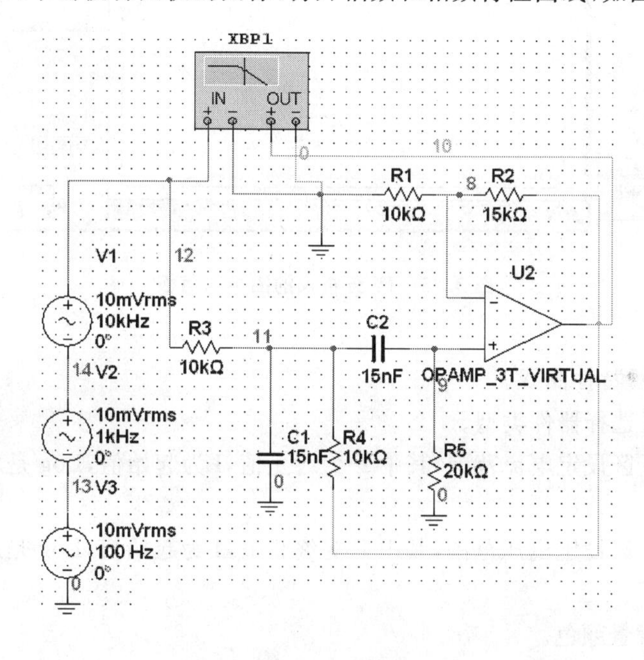

图 3.43　波特图仪使用电路

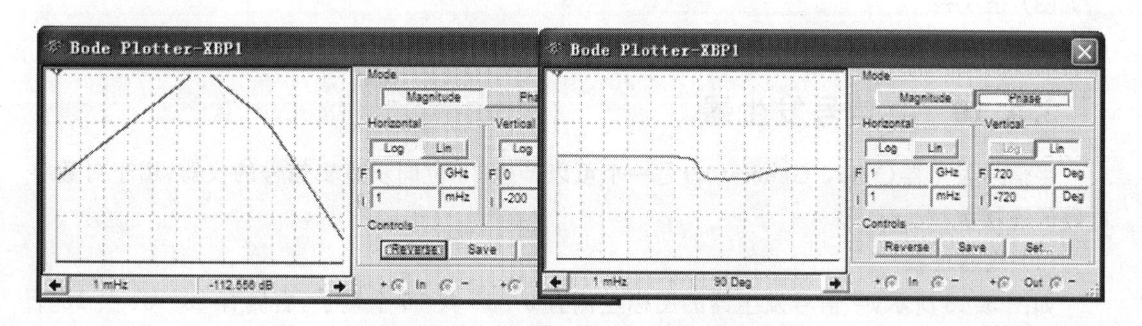

图 3.44　幅频波特图和相频波特图

3.4.9 IV 分析仪

IV 分析仪是测试半导体器件特性曲线的仪器，等同于现实的晶体管特性曲线测试仪。

(1) 线路连接

如图 3.45 所示，IV 分析仪的图标上有 3 个端子。通过选择 Components 区器件类型后(二极管、NPN 型三极管、PNP 型三极管、PMOS、NMOS)，面板接线端口会出现相应的连接提示，按提示连接即可。

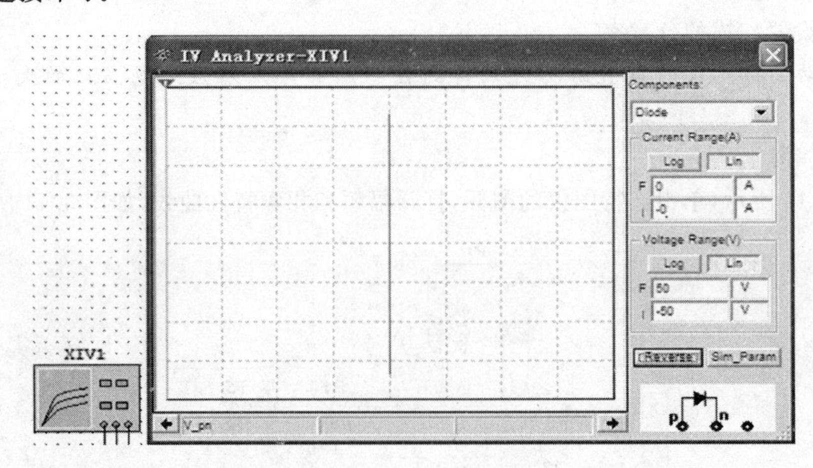

图 3.45 IV 分析仪的图标和面板

(2) 面板设置

黑色屏幕区显示特性曲线。

Components 区选择器件类型。

Current Range 区设定电流范围，其中 F 为终止值，I 为起始值，Log 是对数坐标，Lin 是线性坐标。

Voltage Range 区设定电压范围，其中 F 为终止值，I 为起始值，Log 是对数坐标，Lin 是线性坐标。

Reverse 反转背景颜色。

Sim_Param 参数设定按钮。

(3) 示　例

如图 3.46、图 3.47 所示，对各器件进行特性测试。

3.4.10 字信号发生器

字信号发生器(Word Generator)是一个可以产生 32 位同步逻辑信号的仪器，用于对数字电路的连接测试。

(1) 线路连接

如图 3.48 所示，字信号发生器的图标左侧有 0～15 共 16 个端子，右侧有 16～31 共 16 个端子，它们是字信号发生器所产生的 32 位数字信号的输出端。图标底部 R 端子为输出信号准备好标志信号，T 为外触发信号输入端。

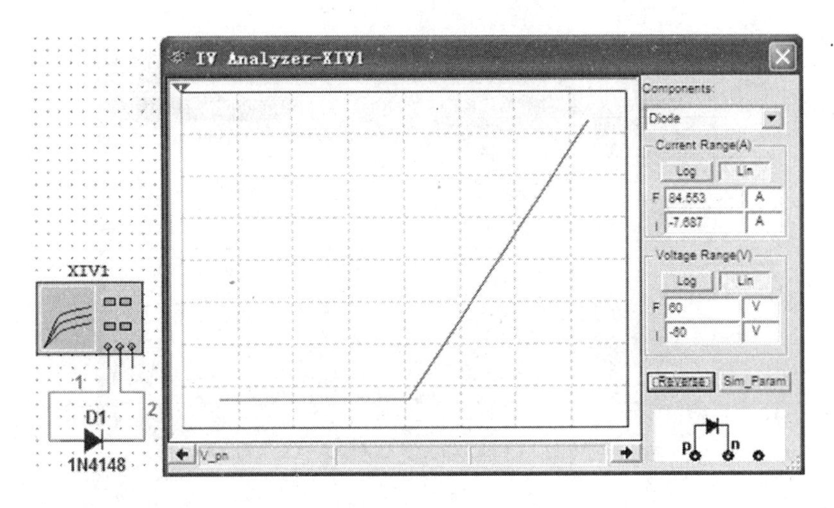

图 3.46　二极管特性曲线测试

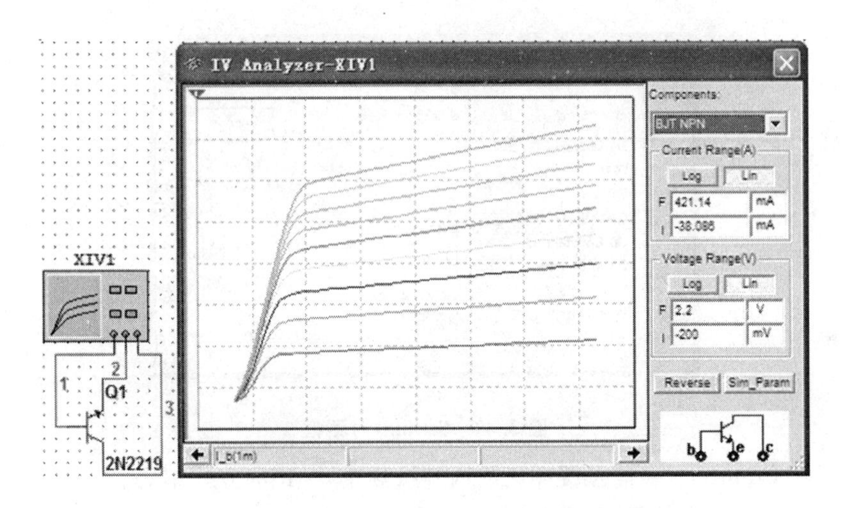

图 3.47　三极管特性曲线测试

(2) 面板设置

① Controls 区

用于设置字信号发生器输出信号的格式，其具体设置如下：

- Cycle：字信号发生器在设置好的初始值和终止值之间周而复始地输出信号。
- Burst：字信号发生器从初始值开始，逐条输出直至终止值为止。
- Step：每单击鼠标一次就输出一条字信号。
- Set：单击此按钮，弹出 Settings 对话框(见图 3.49)，主要用于设置和保存字信号变化的规律或调用以前字信号变化规律的文件。各选项具体功能如下所述：
  - No Change：不变。
  - Load：调用以前设置字信号规律的文件。
  - Save：保存所设置字信号的规律。
  - Clear buffer：清除字信号缓冲区的内容。
  - Up Counter：字信号缓冲区的内容按逐个“+1”的方式编码。

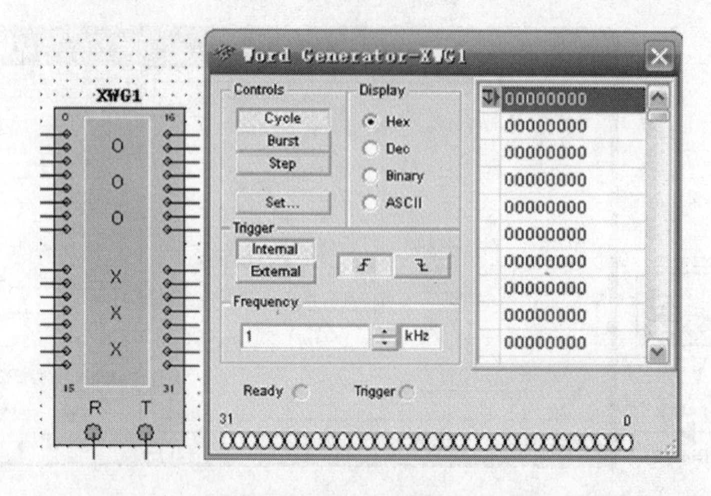

图 3.48 字信号发生器图标和面板

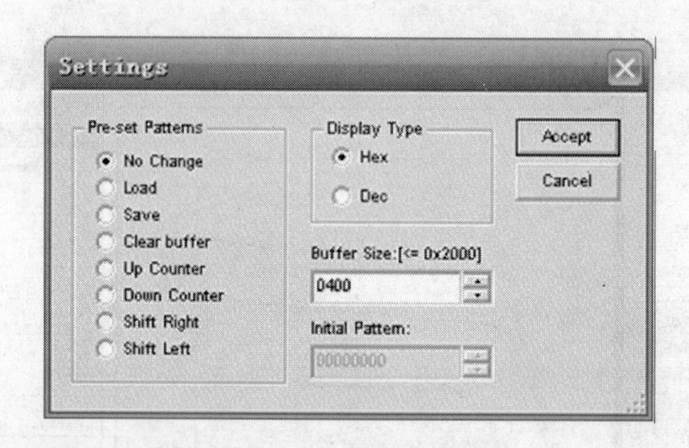

图 3.49 Settings 对话框

- Down Counter：字信号缓冲区的内容按逐个"−1"的方式编码。
- Shift Right：字信号缓冲区的内容按右移方式编码。
- Shift Left：字信号缓冲区的内容按左移方式编码。

注：在 Display Type 区，用于选择输出字信号的格式是十六进制(Hex)还是十进制(Dec)；在 Buffer Size 条形框内可以设置缓冲区的大小；在 Initial Pattern 条形框内可以设置 Up Counter、Down Counter、Shift Right 和 Shift Left 模式的初始值。

② Display 区

其具体设置如下：

- Hex：字信号缓冲区内的字信号以十六进制显示。
- Dec：字信号缓冲区内的字信号以十进制显示。
- Binary：字信号缓冲区内的字信号以二进制显示。
- ASCII：字信号缓冲区内的字信号以 ASCII 码显示。

③ Trigger 区

用于选择触发的方式，其具体设置如下：

- Internal：内部触发方式。字信号的输出受输出方式按钮 Cycle、Burst 和 Step 的控制。

- External：外部触发方式。必须外接触发信号，只有外触发脉冲信号到来时才输出字信号。
- ：上升沿触发。
- ：下降沿触发。

④ Frequency 区

用于设置输出字信号的频率。

⑤ 缓存器视窗

用于显示所设置的字信号格式。用鼠标单击缓存器视窗左侧的栏，弹出控制字输出菜单，具体功能如下：

- Set Cursor：设置字信号发生器开始输出字信号的起点。
- Set Break-Point：在当前位置设置的一个中断点。
- Delete Break-Point：删除当前位置设置的一个中断点。
- Set Initial Position：在当前位置设置一个循环字信号的初始值。
- Set Final Position：在当前位置设置一个循环字信号的终止值。
- Cancel：取消本次设置。

当字信号发生器发送字信号时，输出的每一位值都会在字信号发生器面板的底部显示出来。

(3) 示　例

设置字信号发生器为 Up Counter 方式增加，如图 3.50 所示，与逻辑分析仪组合使用，字信号发生器面板右侧的数字由全是 0 逐渐按十六进制方式递增。

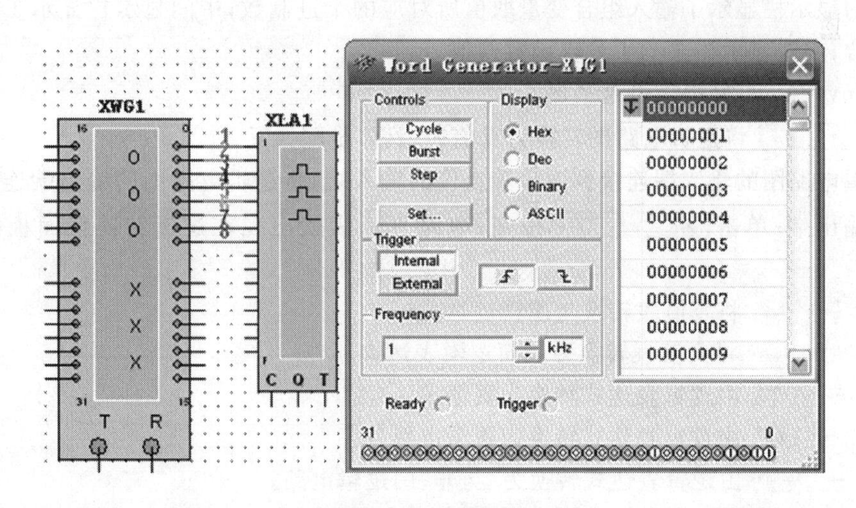

图 3.50　字信号发生器的应用

3.4.11　逻辑转换仪

逻辑转换仪(Logic Converter)是 Multisim 特有的虚拟仪器，现实世界中并没有这种仪器，它可以实现逻辑电路、真值表和逻辑表达式的相互转换。

(1) 线路连接

如图 3.51 所示，逻辑转换仪的图标只有在将逻辑电路转换为真值表或逻辑表达式时，才需要与逻辑电路连接。逻辑转换仪的图标有 9 个端子，其中左边 8 个用于连接逻辑电路的输入端，右边 1 个连接输出端。

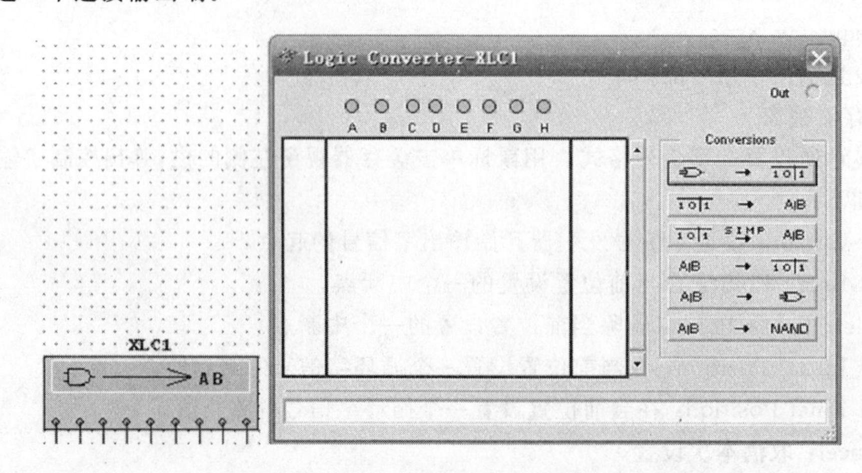

图 3.51　逻辑转换仪图标和面板

(2) 面板设置

① 变量选择区

面板最上面有 A～H 共 8 个变量，单击某个变量，该变量就自动添加到面板的真值表中。

② 真值表区

左边的显示栏显示了输入组合变量取值所对应的十进制数；中间显示栏显示了输入变量的各种组合；右边显示栏显示了逻辑函数的值。

③ Conversions(转换类型选择区)

[→ 1o|1] 将逻辑电路图转换为真值表，具体步骤如下：

将逻辑电路图的输入端连接到逻辑转换仪的输入端；将逻辑电路图的输出端连接到逻辑转换仪的输出端；单击 [→ 1o|1] 按钮，电路真值表就出现在逻辑转换仪面板的真值表区中。

[1o|1 → A|B] 将真值表转换为逻辑表达式。

[1o|1 SIMP A|B] 将真值表转换为最简逻辑表达式。

[A|B → 1o|1] 由逻辑表达式转换为真值表。

[A|B →] 由逻辑表达式转换为逻辑电路。

[A|B → NAND] 由逻辑表达式转换为“与非”门逻辑电路。

④ 逻辑表达式显示区

在执行相关的转换功能时，可在该条形框中显示或填写逻辑表达式。

(3) 示　例

创建如图 3.52 所示的电路，单击 [→ 1o|1] 按钮，将逻辑电路转换为真值表形式；单击 [1o|1 → A|B] 按钮，得到该真值表的逻辑表达式；单击 [1o|1 SIMP A|B] 按钮，得到该真值表的最简逻辑表达式。

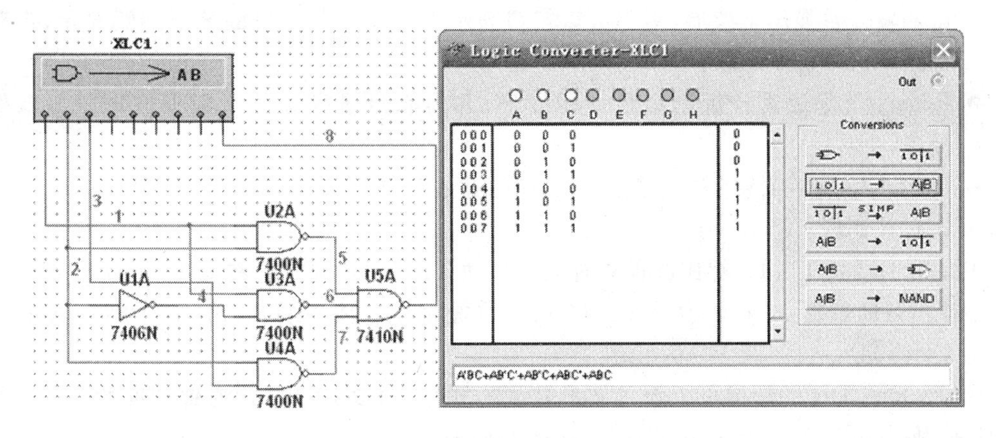

图 3.52　逻辑电路及真值表

3.4.12　逻辑分析仪

逻辑分析仪(Logic Analyzer)可以同步显示和记录 16 路逻辑信号,用于对数字逻辑信号的时序分析和大型数字系统的故障分析。

(1) 线路连接

如图 3.53 所示,逻辑分析仪的图标左侧有 1～F 共 16 个输入端,使用时接到被测电路的相关节点。图标下部也有 3 个端子,C 是外部时钟输入端,Q 是时钟控制端,T 是触发控制输入端。

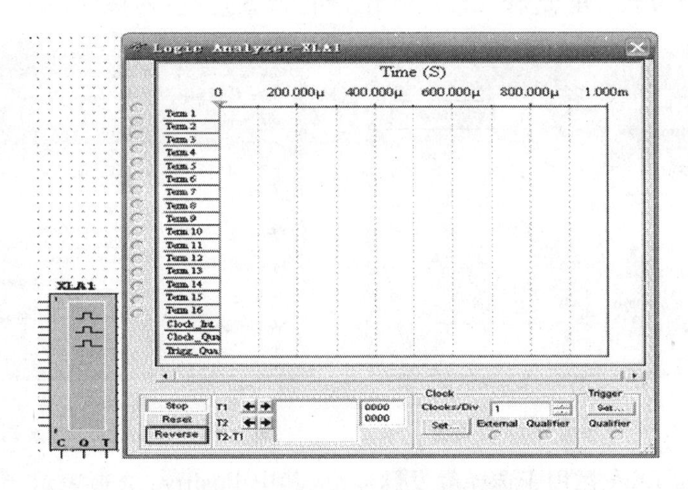

图 3.53　逻辑分析仪图标和面板

(2) 面板设置

① 波形显示区

用于显示 16 路输入信号的波形,所显示波形的颜色与该输入信号的连线颜色相同,左侧有 16 个小圆圈分别代 16 个输入端,若某个输入端接被测信号,则该小圆圈内出现一个黑点。

② 显示控制区

用于控制波形的显示和消除。左下部 3 个按钮功能分别如下:

- Stop:若逻辑分析仪没有被触发,则单击该按钮表示放弃已存储的数据;若逻辑分析仪

已触发并且显示了波形，则单击该按钮表示停止逻辑分析仪的波形继续显示，但整个电路的仿真仍然继续。

- Reset：清除逻辑分析已经显示的波形，并为满足触发条件后数据波形的显示做好准备。
- Reverse：反转逻辑分析仪波形显示区的背景色。

③ 游标控制区

主要用于读取T1、T2所在位置的时刻。移动T1、T2右侧的左右箭头，可以改变T1、T2在波形显示区的位置，从而显示了T1、T2所在位置的时刻，并计算出T1、T2的时间差。

④ Clock区

通过Clock/Div条形框可以设置波形显示区每个水平刻度所显示时钟脉冲的个数。单击Set按钮，弹出如图3.54所示的Clock setup对话框。

Clock Source区主要用于设置时钟脉冲的来源，其中External选项表示由外部输入时钟脉冲；Internal选项表示由内部取得时钟脉冲。

Clock Rate区用于设置时钟脉冲的频率。

Sampling Setting区用于设置取样的方式，其具体设置如下：

- Pre-trigger Samples条形框中设置前沿触发的取样数；
- Post-trigger Samples条形框中设置后沿触发的取样数；
- Threshold Volt.(V)条形框中设置门限电平。

⑤ Trigger区

用于设置触发方式。单击Set按钮，弹出Trigger Settings对话框，如图3.55所示。

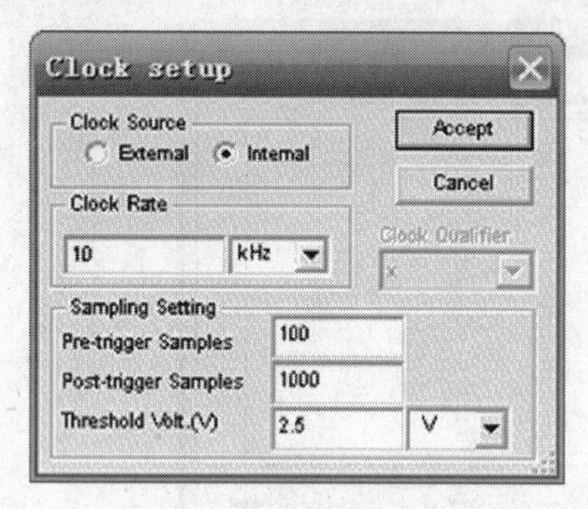

图3.54 Clock setup对话框

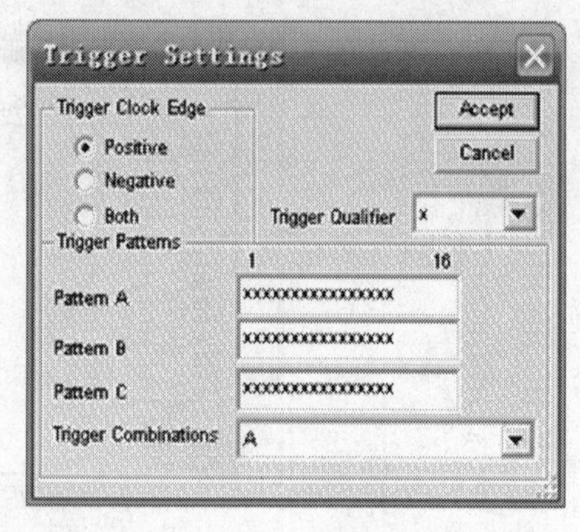

图3.55 Trigger Settings对话框

Trigger Clock Edge区用于选择触发脉冲沿，其中Positive选项表示上升沿触发，Negative选项表示下降沿触发，Both选项表示上升沿或下降沿都触发。

Trigger Qualifier区下拉菜单选择触发限制字(0、1或随意)。

Trigger Patterns区用于设置触发样本，一共可以设置3个样本，并可以在Trigger Combinations栏的下拉菜单中选择组合的样本。

(3) 示　例

如图3.56所示，单击逻辑分析仪图标，显示各信号波形。

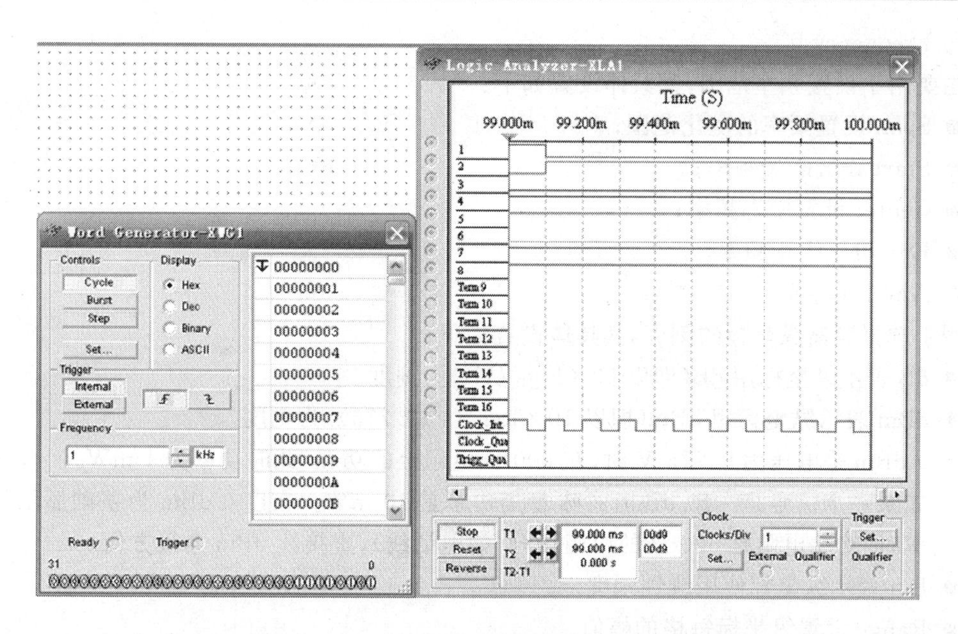

图 3.56　字信号发生器的设置与逻辑分析仪的显示

3.4.13　频谱分析仪

频谱分析仪(Spectrum Analyzer)主要用于测量信号所包含的频率和对应频率的幅度。

(1) 线路连接

如图 3.57 所示,频谱分析仪只有两个端口：IN 端口用于连接被测电路的输出端,T 端口用于连接外触发信号。

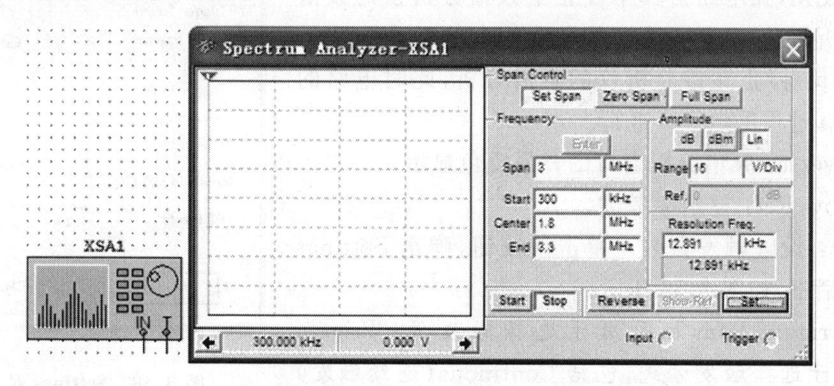

图 3.57　频谱分析仪的图标和面板

(2) 面板设置

① Span Control 区

选择显示频率变化范围的方式,其具体设置如下：

- Set Span 表示频率由 Frequency 区域设定；
- Zero Span 表示仿真的结果由 Frequency 区域中的 Center 栏所设定的频率为中心频率；
- Full Span 表示频率设定范围为全部范围,即 0～4 GHz。

② Frequency 区

主要用于设置频率范围，其具体设置如下：

- Span 设置频率的变化范围；
- Start 设置起始频率；
- Center 设置中心频率；
- End 设置终止频率。

③ Amplitude 区

用于选择频谱纵坐标的刻度，其具体设置如下：

- dB 表示纵坐标用 dB(即以 $20\times\log_{10}(V)$)为刻度。
- dBm 表示纵坐标用 dBm(即以 $10\times\log_{10}(V/0.775)$)为刻度。
- 0 dBm 是电压为 0.775 V 时，在 600 Ω 电阻上的功耗，此时功率为 1 mW。
  如果一个信号是+10 dBm，意味着其功率是 10 mW。在以 0 dBm 为基础显示信号功率时，终端电阻是 600 Ω 的应用场合(如电话线)，直接读 dBm 会很方便。
- Lin 表示纵坐标使用线性刻度。
- Range 设置纵坐标每格的幅值。
- Ref 设置参考标准(参考标准是指确定显示窗口中信号频谱的某一幅值所对应的频率范围)。

④ Resolution Freq. 区

用于设置频率的分辨率(频率的分辨率是指能够分辨频谱的最小谱线间隔，它表示频谱分析仪区分信号的能力)。其他 5 个控制按钮功能如下：

- Start：继续频谱分析仪的频谱分析。与 Stop 配合使用，在电路仿真中停止了频谱分析仪的频谱分析之后，又要启动频谱分析仪时使用。
- Stop：停止频谱分析仪的频谱分析，此时电路的仿真过程仍然继续进行。
- Reverse：频谱分析窗口的背景反色显示。
- Show-Ref：显示参考值。
- Set：设置触发参数。单击该按钮，弹出 Settings 对话框，如图 3.58 所示。

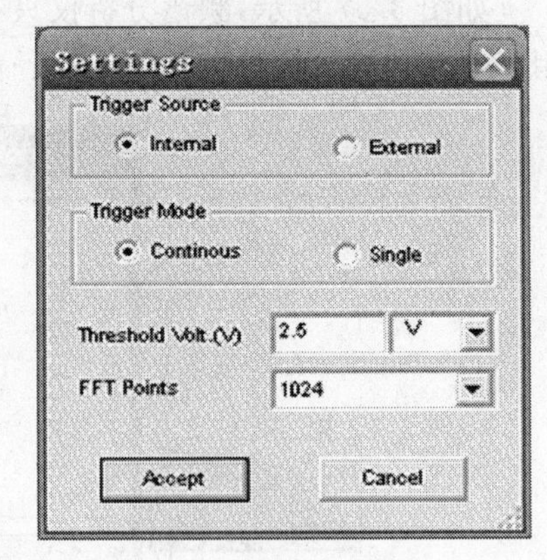

图 3.58　Settings 对话框

注：Trigger Source 区用于选择触发源；Trigger Mode 区用于选择触发方式，包括 Continous(连续触发)选项和 Single(单触发)选项；Threshold Volt.(V)设置阈值电压；FFT Points 设置进行傅里叶变换的点数。

(3) 示　例

按图 3.59 所示创建混频器电路，设置乘法器的增益为 1；设置频谱分析仪频率范围为 3 MHz，中心频率设置为 1.8 MHz，按 Enter 键，自动设置起始/终止频率；在 Lin 模式下，Range 设置为 15 V。

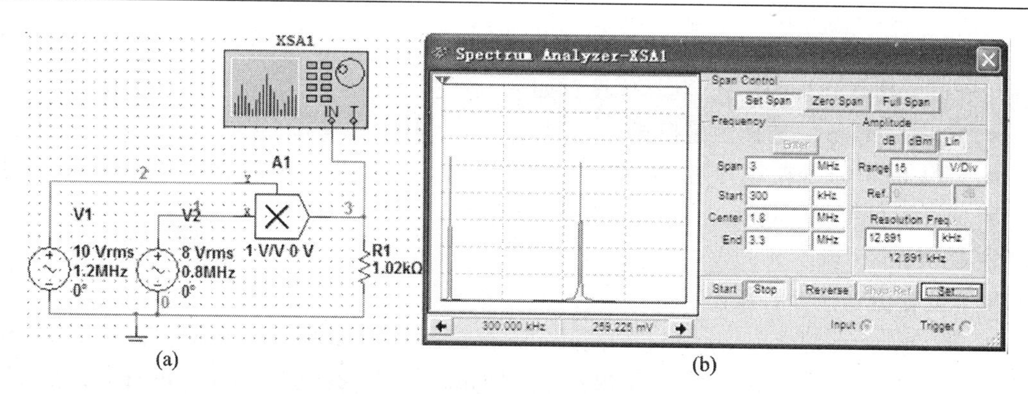

图 3.59　混频器电路及频谱

3.4.14　网络分析仪

网络分析仪(Network Analyzer)是一种用来分析双端口网络的仪器,可以测量衰减器、放大器、混频器、功率分配器等电子电路及元件的特性,并且可以测量电路的 S 参数并计算出 H、Y、Z 参数。

(1) 线路连接

如图 3.60 所示,网络分析仪有两个端子:P1 端子用来连接被测电路的输入端口;P2 端子用来连接被测电路的输出端口。当进行仿真时,网络分析仪自动对电路进行两次交流分析:第一次交流分析用来测量输入端的前项参数 S11、S21;第二次交流分析用来测量输出端的反向参数 S22、S12。S 参数被确定后,就可以利用网络分析仪以多种方式查看数据,并将这些数据用于进一步的仿真分析。

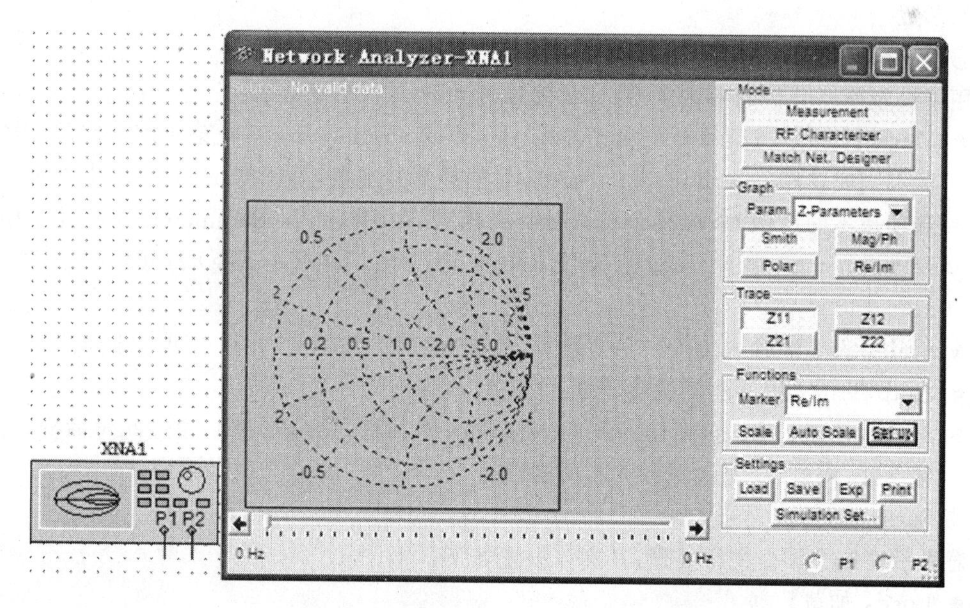

图 3.60　网络分析仪的图标和面板

(2) 面板设置

① 显示区

面板左侧的显示窗口,用于显示电路的 4 种参数、曲线、文本以及相关的电路信息。

② Mode 区

用于设置仿真分析的模式，其具体设置如下：

- Measurement：选择测量模式。
- RF Characterizer：选择射频电路分析模式，包括功率增益、电压增益以及输入/输出阻抗。
- Match Net. Designer：高频电路的设计工具。

③ Graph 区

用于设置仿真分析的参数类型，其具体设置如下：

- Parameters（Measurement 模式下）：下拉选择以下 5 种类型参数，即 S-Parameters（S 参数）、Y-Parameters（Y 参数）、H-Parameters（H 参数）、Z-Parameters（Z 参数）和 Stability factor（稳定因子）。
- Parameters（RF Characterizer 模式下）：下拉选择以下 3 种类型参数，即 Power Gains（功率增益）、Gains（电压增益）和 Impedance（阻抗）。
- Smith（史密斯）：以史密斯圆图显示。
- Mag/Ph（幅度/相位）：显示幅频特性曲线和相频特性曲线。
- Polar（极坐标）：用极坐标显示。
- Re/Im（实部/虚部）：分别显示实部和虚部。

④ Trace 区

用于设置 Graph 区 Parameters 下拉菜单中所选择参数类型的具体参数。

Graph 区 Parameters 下拉菜单中选择的参数不同，Trace 区所显示的按钮也不同。例如选择 Z 参数，Trace 区显示的 4 个按钮为 Z11、Z12、Z21 和 Z22，被按下的按钮就是显示窗口所显示的参数。

⑤ Functions 区

用于设置所要分析的参数类型，其具体设置如下：

- Marker：该下拉菜单要与模式选择、Graph 区 Parameters 下拉菜单配合使用。模式选择不同或选择 Graph 区 Parameters 下拉菜单的选项不同，Marker 下拉菜单所显示的选项也不同。例如，选择 Measurement 模式，在 Graph 区 Parameters 下拉菜单中选择 Z-Parameters，则 Marker 下拉菜单中有 Re/Im、Mag/Ph（Deg）和 dB Mag/Ph（Deg）3 个选项。
- Scale：设置纵轴的刻度。只有极点、实部/虚部点和幅度/相位点可以改变。
- Auto Scale：程序自动调整刻度。
- Set up 按钮：单击该按钮，弹出 Preference 对话框（见图 3.61），通过此对话框，可以设置曲线、网格、绘图区域和文本的属性。

⑥ Settings 区

对显示窗口中数据进行处理，其具体设置如下：

- Load：加载数据。
- Save：保存资料。
- Exp：输出数据。
- Print：打印数据。
- Simulation Set：单击该按钮，弹出 Measurement Setup 对话框（见图 3.62）。

注：利用此对话框，可以设置仿真的起始频率、终止频率、扫描的类型、每十倍坐标刻度的点数和特性阻抗。

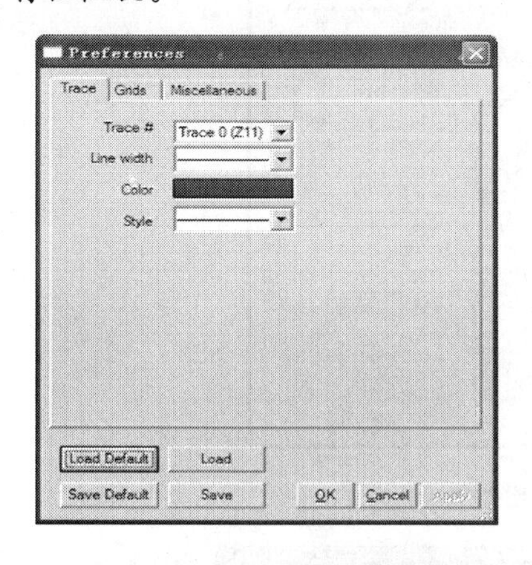

图 3.61　Preferences 对话框

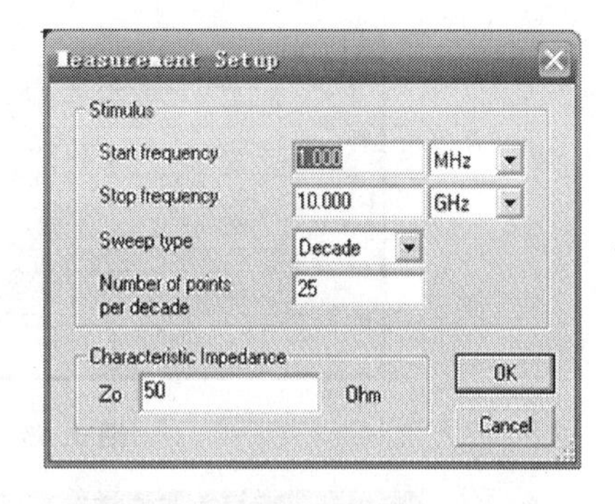

图 3.62　Measurement Setup 对话框

(3) 示　例

创建如图 3.63 所示的电路，双击网络分析仪图标，弹出面板，单击 RF Characterizer 按钮，选择 Auto Scale 自动测量功率增益、电压增益和输入/输出阻抗，如图 3.64～图 3.66 所示。

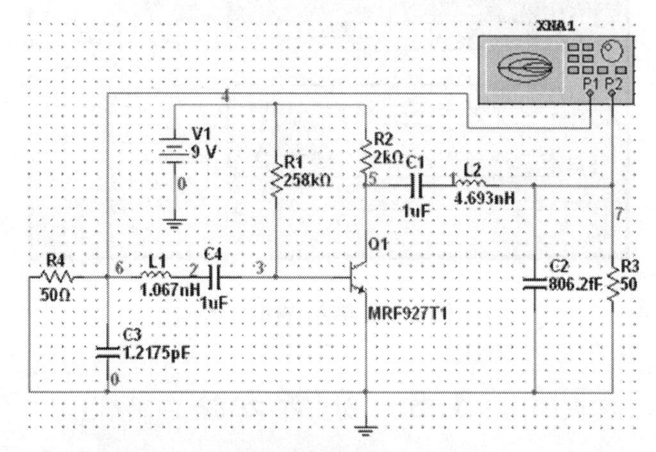

图 3.63　RF 仿真电路图

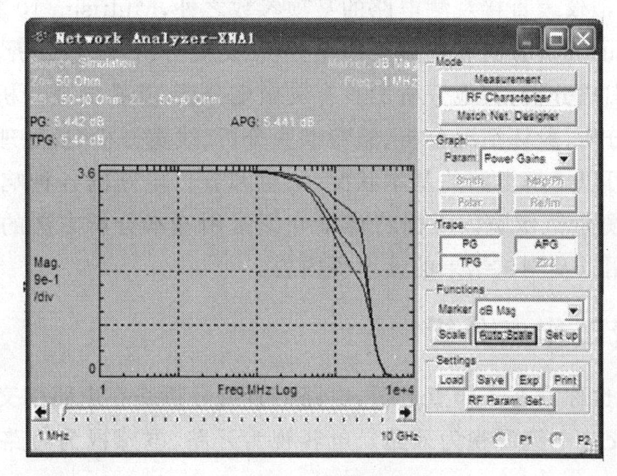

图 3.64　功率增益

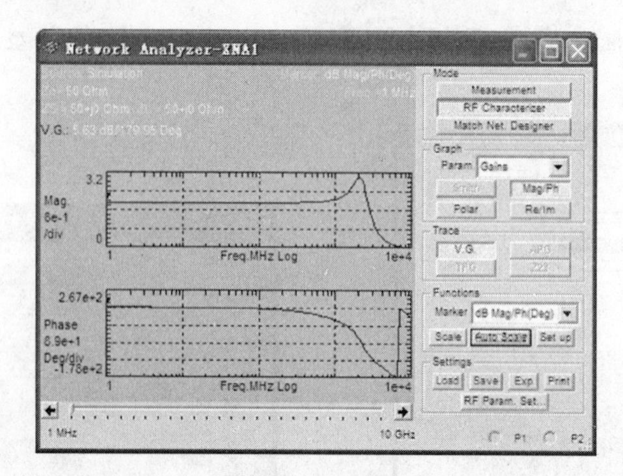

图 3.65　电压增益

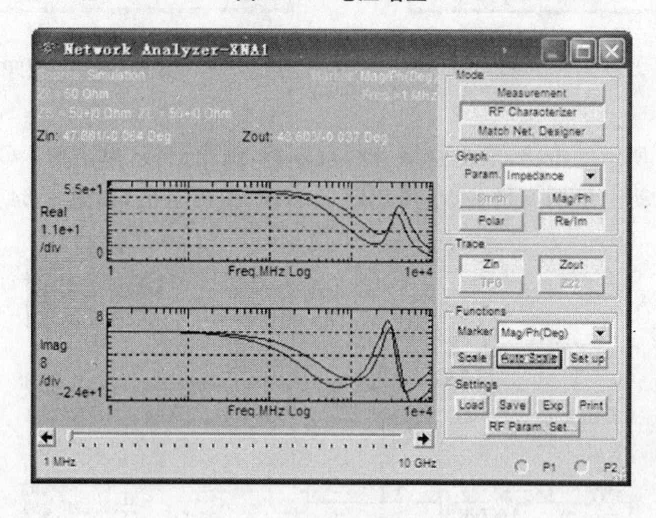

图 3.66　输入/输出阻抗

3.5　分析方法

除了利用上述虚拟仪表直接观测电路的某项参数之外，Multisim 10 提供了十几种专门的电路分析功能。常用的分析方法有直流工作点分析、交流分析、瞬态分析、傅里叶分析、失真分析、噪声分析和直流扫描分析；其他分析工具有灵敏度分析、参数扫描分析、温度扫描分析、零-极点分析、传递函数分析、最坏情况分析、蒙特卡罗分析、线宽分析、批处理分析和自定义分析。利用这些分析工具，可以了解电路的基本状况、测量和分析电路的各种响应，且比用实际仪器测量的分析精度高、测量范围宽。下面将详细介绍常用基本分析方法的作用、分析过程的建立、分析对话框的使用以及测试结果的读取等内容。

3.5.1　直流工作点分析

直流工作点分析也称静态工作点分析，电路的直流分析是在电路中交流信号源置零（即交流电压源视为短路，交流电流源视为开路）、电容视为开路、电感视为短路、数字器件视为高阻

接地时，计算电路的直流工作点（每个节点上的电压及流过电源的电流），即在恒定激励条件下求电路的稳态值。

以图 3.67 为例，创建单管放大电路，详细介绍直流工作点分析的操作过程。

单击 Simulate 菜单中 Analyses 选项下的 DC Operating Point 命令，弹出 DC Operating Point Analysis 对话框（见图 3.68）。

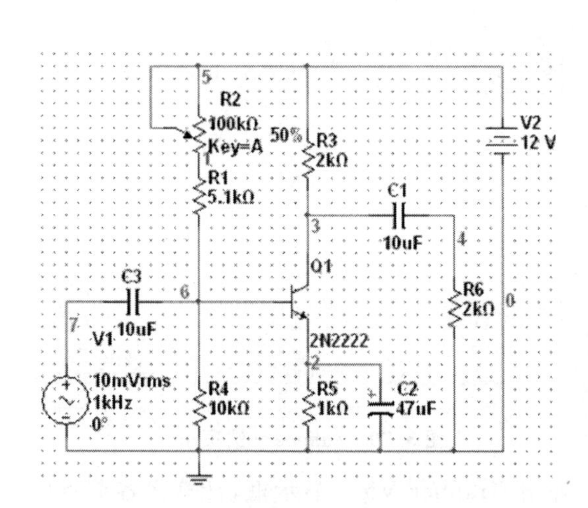

图 3.67　单管放大电路

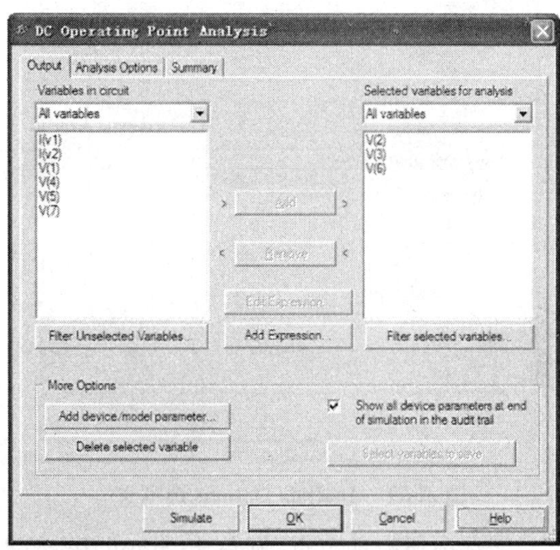

图 3.68　DC Operating Point Analysis 对话框

① Output 选项卡

主要用于选定需要分析的节点，其具体设置如下：

- Variables in circuit 栏：列出了电路中可用来分析的电路节点、流过电压源/电感的电流变量，可在下拉列表中选择需要的变量类型。
- Selected variables for analysis 栏：显示了将要分析的节点，默认状态为空，需要从 Variables in circuit 栏中选取。

  注：具体做法是先在左边 Variables in circuit 栏内选中需要分析的变量（可以通过鼠标拖拉进行全选），再单击 Add 按钮，则相应变量会出现在 Selected variables for analysis 栏中。如果 Selected variables for analysis 栏中的某个变量不需要分析，则先选中它，然后单击 Remove 按钮，该变量将会回到左边 Variables in circuit 栏中。
- Filter selected variables 按钮：与 Filter unselected variables 按钮类似，不同之处是 Filter selected variables 只能筛选 Filter unselected variables 已经选中且放在 Selected variables for analysis 栏中的变量。

More Options 区具体设置如下：

- Add device/model parameter 按钮：在 Variables in circuit 栏中添加某个元件/模型的参数。
- Delete selected variables 按钮：删除已通过 Add device/model parameter 按钮选择到 Variables in circuit 栏内且不再需要的变量。

② Analysis Options 选项卡

与仿真分析有关的其他分析选项设置页，如图 3.69 所示。通常采用默认设置。

③ Summary 选项卡

对分析设置进行汇总确认，如图 3.70 所示。

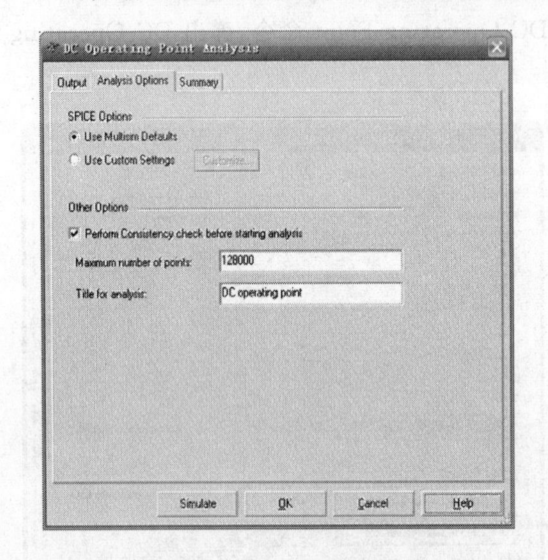

图 3.69 Analysis Options 选项卡

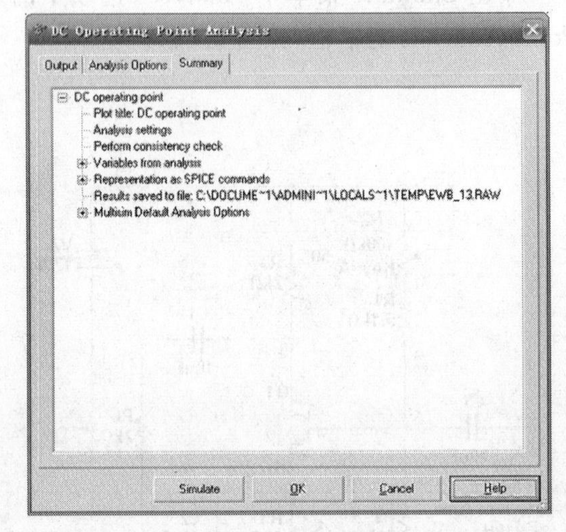

图 3.70 Summary 选项卡

若选中所有的节点，则单击 Simulate 按钮，弹出 Grapher View 显示框，计算出各节点电压，如图 3.71 所示。

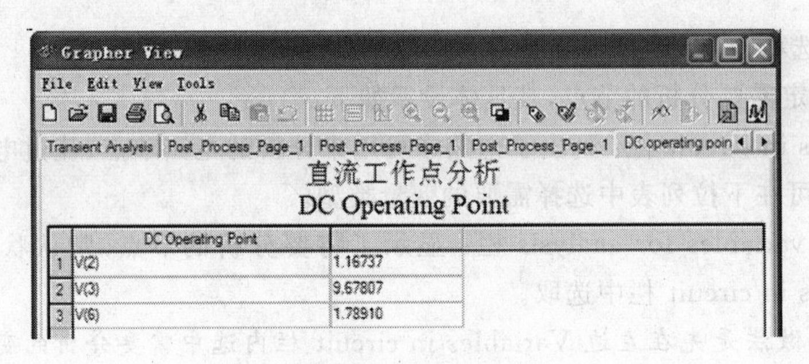

图 3.71 直流工作点的测试结果

测试结果检查如下：

直流工作点的测试结果如图 3.71 所示。测试结果给出电路各个节点的电压值和电流值。根据这些电压的大小，可以确定该电路的静态工作点是否合理。

如果不合理，则可以改变电路中的某个参数，利用这种方法，可以观察电路中某个元件参数的改变对电路直流工作点的影响。

3.5.2 交流分析

交流分析是在正弦小信号工作条件下的一种频域分析。它计算电路的幅频特性和相频特性，是一种线性分析方法。

Multisim 10 在进行交流频率分析时，首先分析电路的直流工作点，并在直流工作点处对各个非线性元件做线性化处理，得到线性化的交流小信号等效电路，并用交流小信号等效电路计算电路输出交流信号的变化。在进行交流分析时，电路工作区中自行设置的输入信号将被忽略。也就是说，无论给电路的信号源设置的是三角波还是矩形波，在进行交流分析时，都将自动设置为正弦波信号，分析电路随正弦信号频率变化的频率响应曲线。

以图 3.72 单管放大电路为例，说明交流分析的步骤。

单击 Simulate 菜单中 Analyses 选项下的 AC Analysis 命令，弹出 AC Analysis 对话框，如图 3.73 所示。

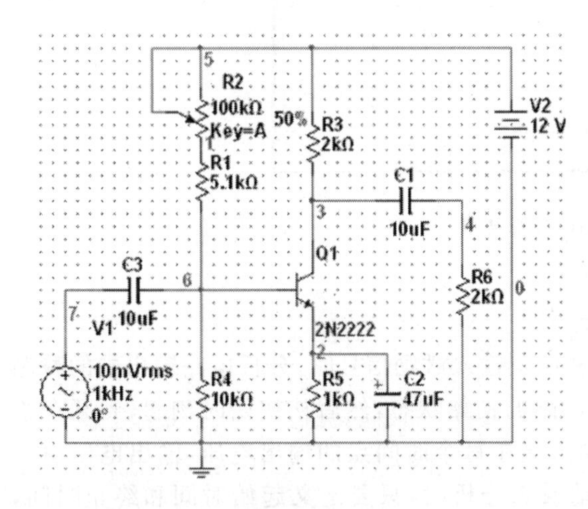

图 3.72　单管放大电路

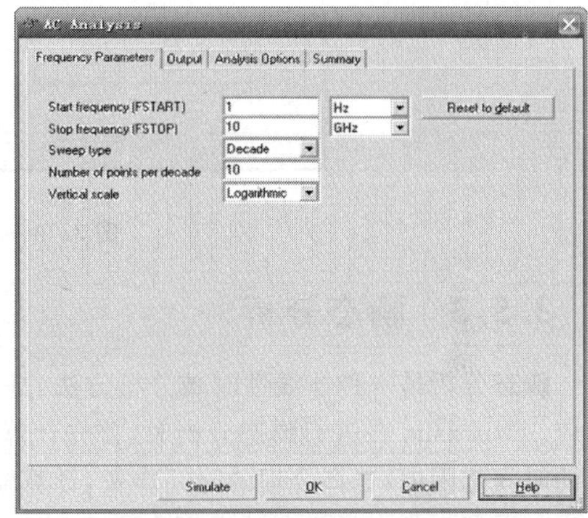

图 3.73　AC Analysis 对话框

此对话框有 4 个标签，除 Frequency Parameters 标签外，其余与直流工作点分析一样，不再赘述。Frequency Parameters 选项卡主要用于设置 AC 分析时的频率参数。

- Start frequency(FSTART)：设置交流分析的起始频率。
- Stop frequency(FSTOP)：设置交流分析的终止频率。
- Sweep type：设置交流分析的扫描方式，主要有 Decade(10 倍程扫描)、Octave(8 倍程扫描)和 Linear(线性扫描)。通常采用 10 倍程扫描(Decade 选项)，以对数方式展现。
- Number of points per decade：设置每 10 倍频率的取样数量。设置的值越大，则分析所需的时间越长。
- Vertical scale：设置纵坐标的刻度。主要有 Decibel(分贝)、Octave(8 倍)、Linear(线性)和 Logarithmic(对数)，通常采用 Logarithmic 或 Decibel 选项。

按图 3.73 所示设置参数，以节点 4 作为仿真分析变量，单击 Simulate 按钮进行分析，结果如图 3.74 所示。

测试结果检查如下：

电路的交流分析测试曲线如图 3.74 所示，测试结果给出电路的幅频特性曲线和相频特性曲线：幅频特性曲线显示了 6 号节点(电路输出端)的电压随频率变化的曲线；相频特性曲线显示了 4 号节点的相位随频率变化的曲线。由交流频率分析曲线可知，该电路在 7 Hz～24 MHz 范围内放大信号，放大倍数基本稳定，且相位基本稳定。超出此范围，输出电压将会衰减，相位会改变。

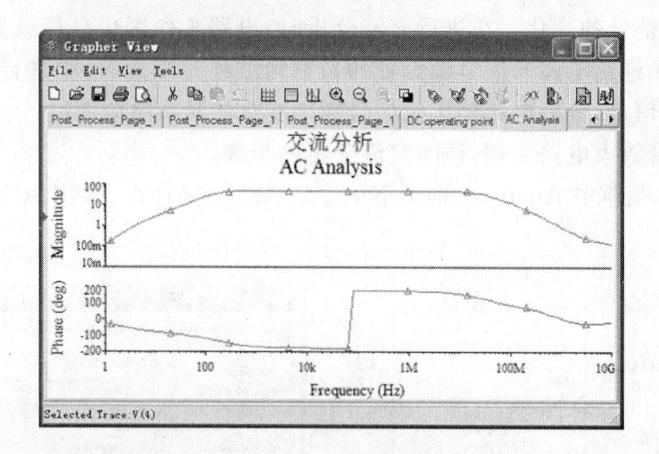

图 3.74 AC 分析结果

3.5.3 瞬态分析

瞬态分析是一种非线性时域分析方法,是在给定输入激励信号时,分析电路输出端的瞬态响应。Multisim 在进行瞬态分析时,首先计算电路的初始状态,然后从初始时刻起,到某个给定的时间范围内,选择合理的时间步长,计算输出端在每个时间点的输出电压,输出电压由一个完整周期中各个时间点的电压来决定。启动瞬态分析时,只要定义起始时间和终止时间,Multisim 就可以自动调节合理的时间步进值,以兼顾分析精度和计算时需要的时间,也可以自行定义时间步长,以满足一些特殊要求。

仍以图 3.75 的单管放大电路为例,说明瞬态分析的具体操作步骤。单击 Simulate 菜单中 Analyses 选项下的 Transient Analysis 命令,弹出 Transient Analysis 对话框,如图 3.76 所示。

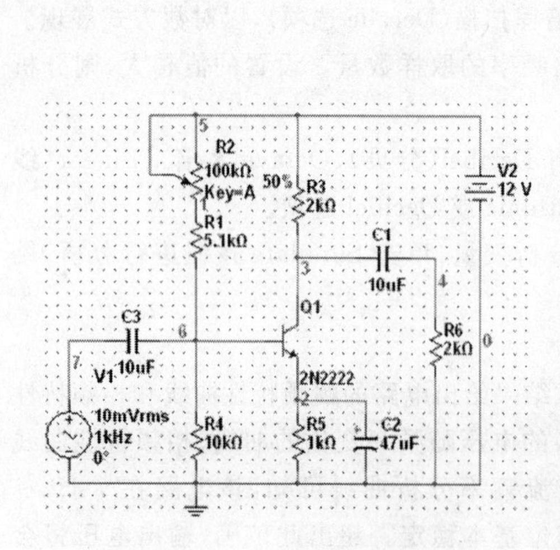

图 3.75 单管放大电路

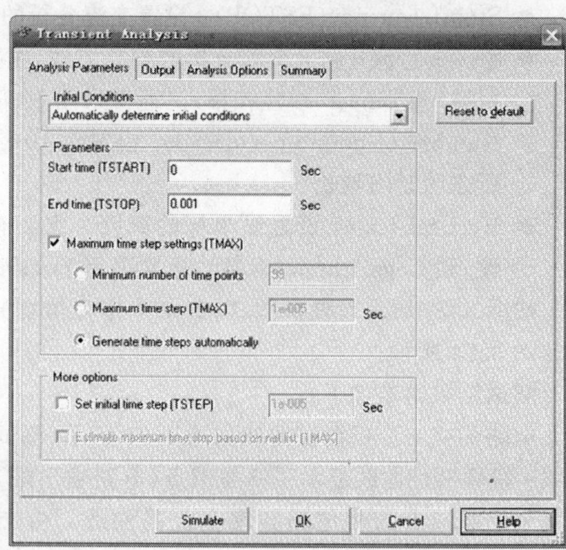

图 3.76 Transient Analysis 对话框

该对话框有 4 个标签,除 Analysis Parameters 标签外,其余与直流工作点分析类似。Analysis Parameters 选项卡主要用于设置瞬态分析时的时间参数。

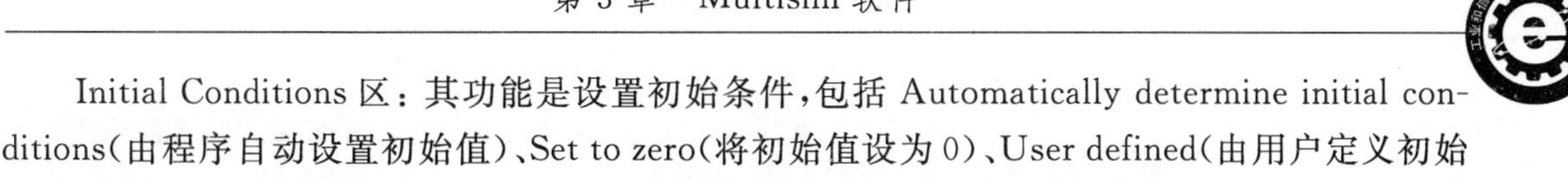

Initial Conditions 区：其功能是设置初始条件，包括 Automatically determine initial conditions（由程序自动设置初始值）、Set to zero（将初始值设为 0）、User defined（由用户定义初始值）及 Calculate DC operating point（通过计算直流工作点得到初始值）。

Parameters 区：设置时间间隔和步长等参数，包括 Start time（开始分析的时间）、End time（结束分析的时间）和 Maximum time step settings（最大时间步长）。其中 Maximum time step settings 选项又有以下 3 个可供选择的单选项：

- Minimum number of time points：选取该选项后，则在右边条形文本框中设置从开始时间到结束时间内最少取样的点数。设置的数值越大，在一定的时间内分析的点数越多，则分析需要的时间会越长。
- Maximum time step(TMAX)：选取该选项后，则在右边条形文本框中设置仿真软件所能处理的最大时间间距。所设置的数值越大，则相应的步长所对应的时间越长。
- Generate time steps automatically：由仿真软件自动设置仿真分析的步长。

本例中选择 Automatically determine initial conditions 选项，开始分析时间设置为 0，结束分析时间设为 0.001 s，其他参数如图 3.76 所示。选择节点 3 作为仿真分析变量，其结果如图 3.77 所示。

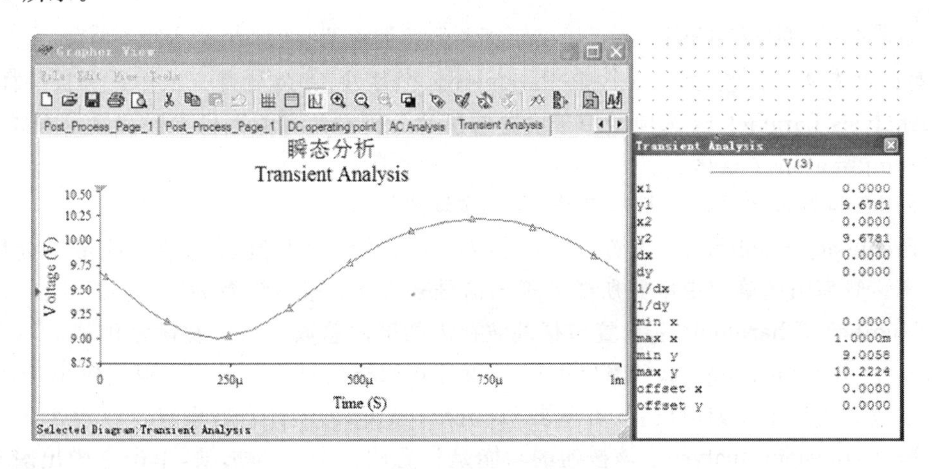

图 3.77　瞬态分析结果

测试结果检查如下：

放大电路的瞬态分析曲线如图 3.77 所示。分析曲线给出输出节点 3 电压随时间变化的波形，纵轴是电压轴，横轴是时间轴。从图中可以看出输出瞬态波形初始值为单管放大电路节点 3 直流工作点电压 9.678 1 V。通过示波器观察节点 3 的波形，与瞬态分析结果相同。

3.5.4　傅里叶分析

傅里叶分析是求解一个时域信号的直流分量、基波分量和各谐波分量的幅度。在进行傅里叶分析前，首先确定分析节点，其次把电路的交流激励信号源设置为基频。如果电路存在几个交流源，则可将基频设置在这些频率值的最小公因数上，例如有 6.5 kHz 和 8.5 kHz 两个交流信号源，则取 0.5 kHz 作为基频，因为 0.5 kHz 的 13 次谐波是 6.5 kHz，17 次谐波是 8.5 kHz。

下面以图 3.78 单管放大电路为例说明傅里叶分析的具体操作步骤。单击 Simulate 菜单中 Analyses 选项下的 Fourier Analysis 命令，弹出 Fourier Analysis 对话框，如图 3.79 所示。

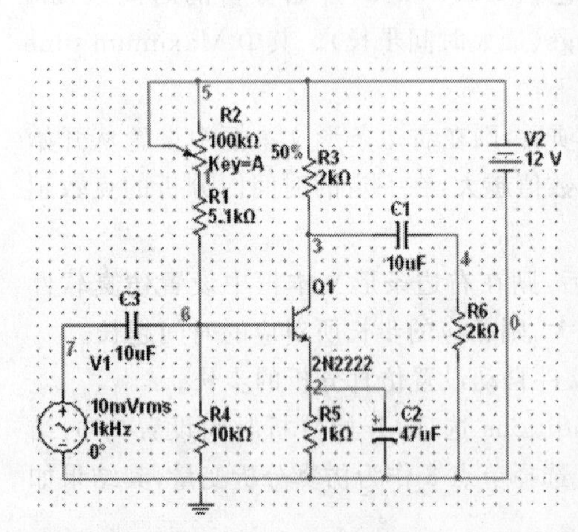

图 3.78　单管放大电路

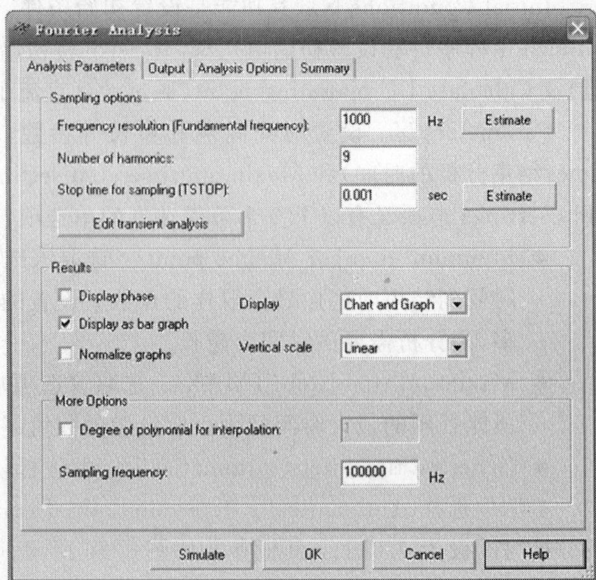

图 3.79　Fourier Analysis 对话框

该对话框有 4 个标签，除 Analysis Parameters 标签外，其余与直流工作点分析一样，不再赘述。Analysis Parameters 选项卡用于设置傅里叶分析时的有关采样参数和显示方式。

① Sampling options 区

主要用于设置有关采样的基本参数，其具体设置如下：

- Frequency resolution：设置基波的频率，即交流信号激励源的频率或最小公因数频率。频率值的确定由电路所要处理的信号来决定。默认设置为 1 kHz。
- Number of harmonics：设置包括基波在内的谐波总数。默认设置为 9。
- Stop time for sampling(TSTOP)：设置停止取样的时间。该值一般比较小，通常为毫秒级。如果不知如何设置，可单击 Estimate 按钮，由软件自行设置。
- Edit transient analysis：该按钮的功能是设置瞬态分析的选项，单击它弹出瞬态分析对话框。

② Results 区

主要用于设置仿真结果的显示方式，其具体设置如下：

- Display phase：显示傅里叶分析的相频特性，默认设置为不选用。
- Display as bar graph：以线条形式来描绘频谱图。
- Normalize graphs：显示归一化频谱图。
- Vertical scale：Y 轴刻度类型选择，包括线性(Linear)、对数(Log)和分贝(Decibel)3 种类型。默认设置为 Linear。可根据需要进行设置。
- Display：设置所要显示的项目。它包括 3 个选项，即 Chart(图表)、Graph(曲线)和 Chart and Graph(图表和曲线)。

③ More options 区

- Degree of polynomial for interpolation：设置多项式插值的自由度。选中该选项后，可在其右边的条形文本框中输入自由度，多项式的自由度越高，仿真运算的精度也越高。

● Sampling frequency：设置取样频率，默认为 100 000 Hz。如果不知如何设置，则可单击 Sampling options 区的 Estimate 按钮，由软件自行设置。

对于图 3.78 所示的电路，基频设置为 1 000 Hz，谐波的次数取 9，选择 Estimate，软件设置停止取样的时间，同时选择节点 3 为仿真分析变量。设置完成后，单击 Simulate 按钮，显示该电路的频谱图，如图 3.80 所示。

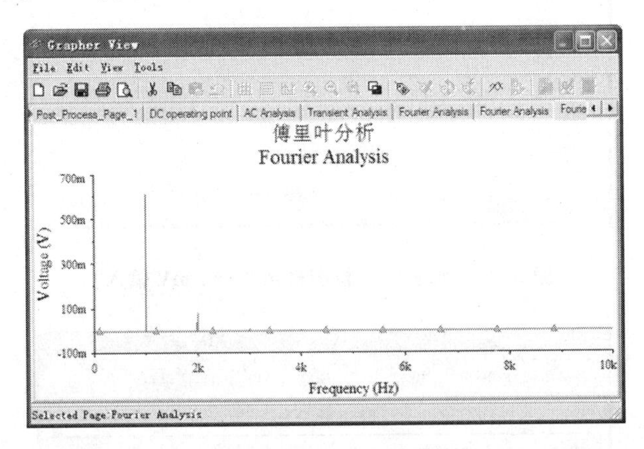

图 3.80　傅里叶分析结果的图形(Phase)形式(10 mV 输入)

测试结果：

傅里叶分析结果如图 3.80、图 3.81 所示。如果放大电路输出信号没有失真，则在理想情况下，信号的直流分量应该为零，各次谐波分量幅值也应该为零，总谐波失真也应该为零。

傅里叶分析

1	Fourier analysis for V(3):					
2	DC component:	9.68004				
3	No. Harmonics:	9				
4	THD:	12.2851 %				
5	Gridsize:	256				
6	Interpolation Degree:	1				
7						
8	Harmonic	Frequency	Magnitude	Phase	Norm. Mag	Norm. Phase
9	1	1000	0.608511	-171.33	1	0
10	2	2000	0.0745565	111.358	0.122523	282.691
11	3	3000	0.0053981	40.886	0.00887101	212.218
12	4	4000	0.000601741	6.96286	0.000988876	178.315
13	5	5000	0.000359785	1.26793	0.000591256	172.6
14	6	6000	0.000281586	0.581364	0.000462762	171.914
15	7	7000	0.000239128	1.93462	0.000392973	173.267
16	8	8000	0.000208875	3.1070	0.000343257	174.44
17	9	9000	0.000185431	4.09568	0.000304729	175.428

图 3.81　傅里叶分析结果的表格(Chart)形式

从图中可以看出，输出信号直流分量幅值约为 9.680 04 V，基波分量幅值约为 0.608 511 V，2 次谐波分量幅值约为 0.074 556 5 V，从图表中还可以查出 3 次、4 次及 5 次谐波幅值。同时可以看到总谐波失真(THD)约为 12.285 1 %，这表明输出信号非线性失真相对较轻。图 3.80 所示线条图形方式给出的信号幅频图谱直观地显示了各次谐波分量的幅值。

对比 V1 为 50 mV 输入时，傅里叶分析如图 3.82 和图 3.83 所示：可以看出此时 THD 约为 51.972 6%，失真较严重。

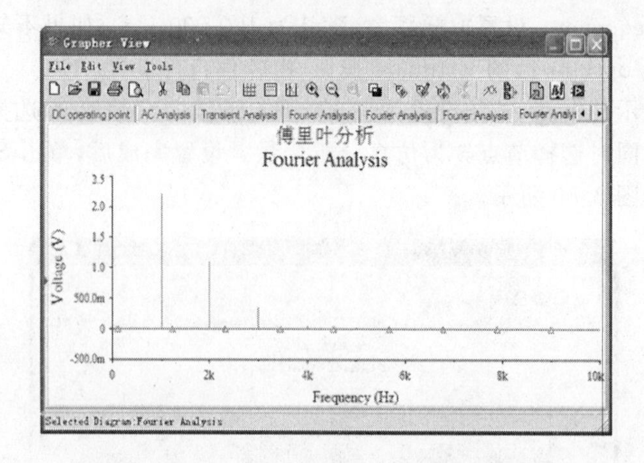

图 3.82　傅里叶分析图形形式(50 mV 输入)

傅里叶分析

1	Fourier analysis for V(3):				
2	DC component:	9.38014			
3	No. Harmonics:	9			
4	THD:	51.9726 %			
5	Gridsize:	256			
6	Interpolation Degree:	1			
7					
8	Harmonic	Frequency	Magnitude	Phase	Nom. Mag
9	1	1000	2.22039	-171.45	1
10	2	2000	1.10099	109.896	0.495852
11	3	3000	0.34143	36.91	0.15377
12	4	4000	0.0517611	-15.766	0.0233117
13	5	5000	0.0136543	18.4104	0.00614947
14	6	6000	0.0061175	-51.742	0.00275514
15	7	7000	0.00474221	153.21	0.00213575
16	8	8000	0.00437035	177.189	0.00196828
17	9	9000	0.00388282	172.08	0.00174871

图 3.83　傅里叶分析表格形式

3.5.5　噪声分析

噪声分析用于检测电路输出信号的噪声功率,分析和计算电路中各种无源器件或有源器件所产生噪声的效果。分析时,假设每一个噪声源之间在统计意义上互不相关,而且它们的数值是单独计算的。这样对于指定的输出节点的总噪声就是各个噪声源在该节点产生的噪声均方根的和。

假设在噪声分析对话框中选择了 V_1 作为输入噪声参考源,N_1 作为输出节点,在电路中所有噪声源在 N_1 节点上都有贡献,贡献的总噪声除以 V_1 至 N_1 的增益(预先分析得到的)就得到等效的输入噪声,再把该等效的输入噪声作为信号,输入到一个假定无噪声的电路中,那么它在 V_1 上产生的噪声就是输出噪声。此分析方法主要用于小信号电路的噪声分析,噪声模型采用 SPICE 模型。

对图 3.84 所示的电路,噪声分析步骤如下:单击 Simulate 菜单中 Analyses 选项下的 Noise Analysis 命令,弹出 Noise Analysis 对话框(见图 3.85),该对话框有 5 个标签,除 Analysis Parameters 和 Frequency Parameters 标签外,其余与直流工作点分析一样,不再赘述。

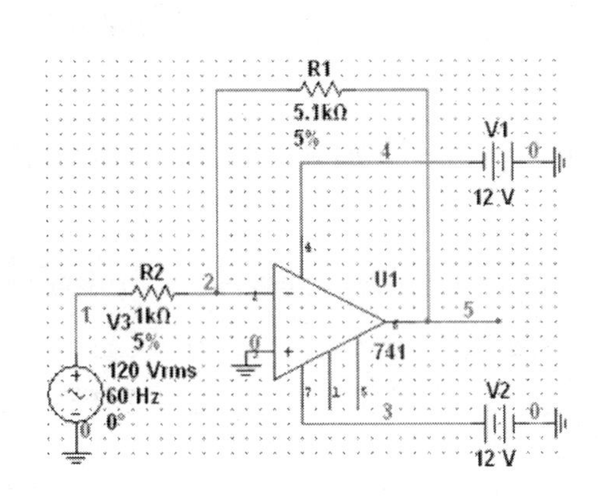

图 3.84　噪声分析电路

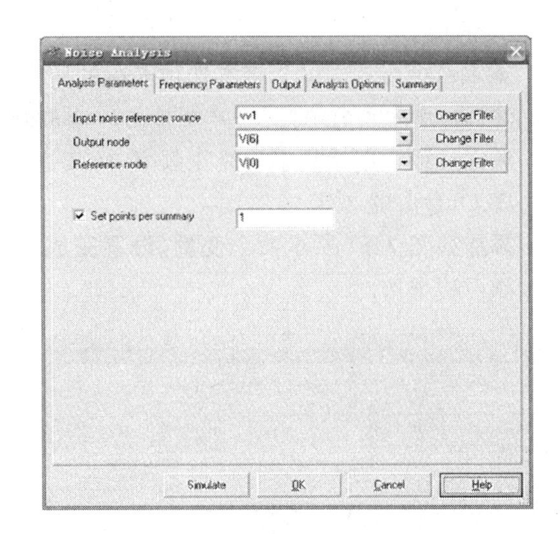

图 3.85　Noise Analysis 对话框

① Analysis Parameters 选项卡

主要用于设置将要分析的参数，其具体设置如下：

- Input noise reference source：选择输入噪声的参考源，只能选择一个交流信号源输入，本电路选 vv1。
- Output node：选择噪声输出节点，在该节点将对所有噪声贡献求和。本电路选节点 6。
- Reference node：设置参考电压节点。默认设置为 0(公共接地点)。
- Set points per summary：设置每次求和取样点数。当该项被选定后，将产生所选噪声量曲线。在右边条形文本框中输入步进频率数，数值越大，输出曲线的解析度越低。

该选项卡右边的 3 个 Change Filter 按钮分别对应于其左边的栏，其功能与 Output variables 选项卡中的 Filter Unselected Variables 按钮相同，详见直流工作点分析的 Output variables 选项卡。

② Frequency Parameters 选项卡

主要用于扫描频率等参数进行设置，如图 3.86 所示。

其具体设置如下：

- Start frequency(FSTART)：设置起始频率。默认设置为 1 Hz。
- End frequency(FSTOP)：设置终点频率。默认设置为 10 GHz。

以上两项对应于输出波形的横坐标设置。

- Sweep type：设置频率扫描的类型，主要有 10 倍程(Decade)、8 倍程(Octave)和线性(Linear) 3 种类型。默认设置为 Decade。
- Number of points per decade：设置每 10 倍频率的取样点数。默认设置为 10。该数值越大，分析的点数就越多，分析所需要的时间就越长。
- Vertical scale：选择 Y 轴显示刻度，主要有 8 倍(Octave)、对数(Log)、线性(Linear)和分贝(Decibel) 4 种类型。默认设置为 Log。可根据输出波形的需要进行选择。
- Reset to main AC values：用来将本选项卡中的所有设置恢复成与交流分析相同

的值。

- Reset to default：将本选项卡中的所有设置恢复为默认值。

注：扫描方式的不同，将产生不同的输出波形。

通常仅设置起始频率和终止频率，而其他选项取默认值。

③ Output 选项卡

添加如图 3.87 所示两个变量，设置完成后，单击 Simulate 按钮，显示输出噪声功率谱和输入噪声功率谱。

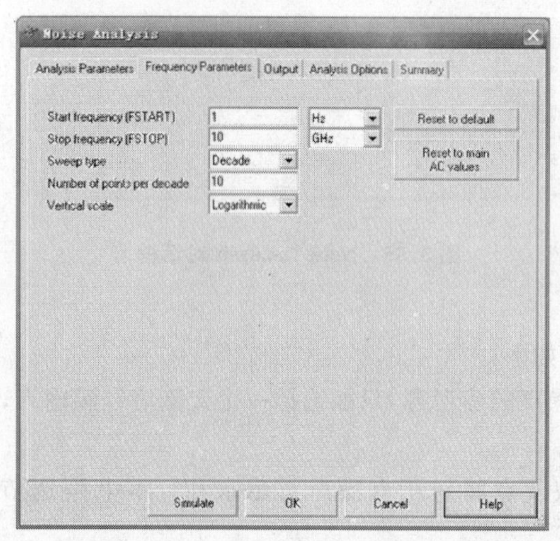

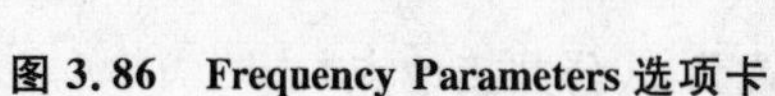

图 3.86 Frequency Parameters 选项卡

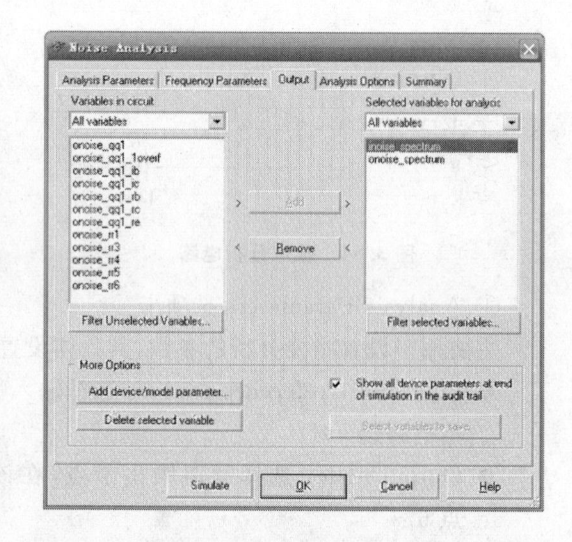

图 3.87 Output variables 选项卡

3.5.6 噪声系数分析

噪声在二端口网络，如放大器或衰减器的输入端会伴随着信号出现，同时电路中的无源器件（如电阻）也会增加 Johnson 噪声，有源器件则增加散弹噪声和闪烁噪声。无论何种噪声，经过电路放大后，将全部汇总到输出端。信噪比是衡量电路信号质量好坏的重要参数，将输入信噪比/输出信噪比定义为噪声系数(F)，即 F=输入信噪比/输出信噪比。

若用分贝表示，则噪声系数 $NF=10\log_{10}F(dB)$

对电路进行噪声系数分析(Noise Figure Analysis)，主要是研究元件模型中噪声参数对电路的影响。

以图 3.88 的射频放大电路为例，说明噪声系数分析的具体操作步骤：单击 Simulate 菜单中 Analyses 选项下的 Noise Figure Analysis 命令，弹出 Noise Figure Analysis 对话框，如图 3.89 所示。

该对话框有 3 个标签，除 Analysis Parameters 标签外，其余两个与直流工作点分析一样，不再赘述。Analysis Parameters 选项卡含有以下选项：

- Input noise reference source：选取输入噪声的信号源。
- Output node：选择输出节点。
- Reference node：选择参考节点，通常是地。
- Frequency：设置输入信号的频率，以上设置均与噪声分析相同。

● Temperature：设置输入温度，单位是℃，默认值是 27。

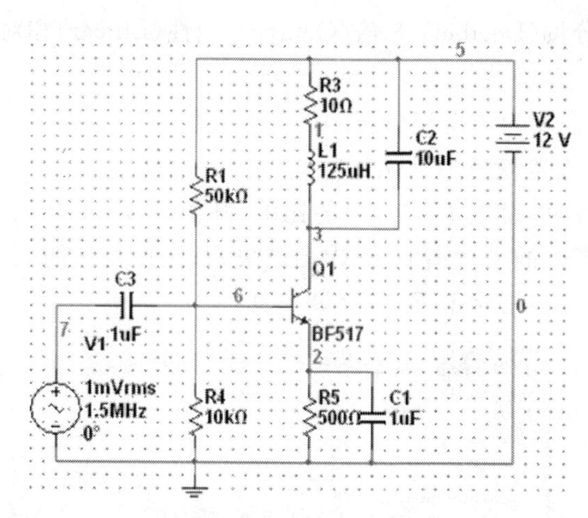

图 3.88　射频放大电路

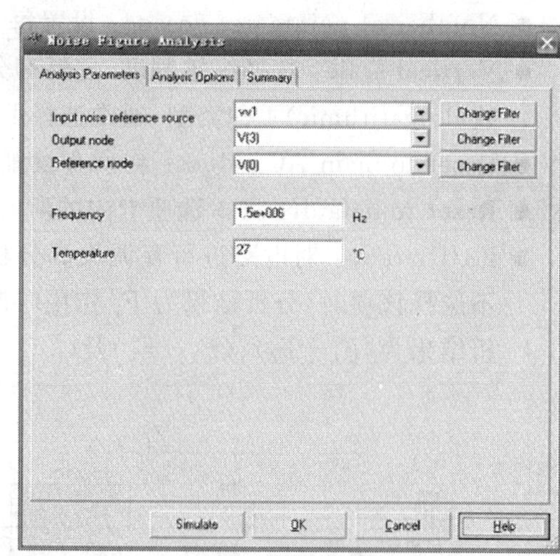

图 3.89　Noise Figure Analysis 对话框

对于图 3.88 所示的电路，选择 vv1 为输入噪声的信号源，节点 3 为输出节点，其余为默认值，启动仿真。其噪声系数分析结果如图 3.90 所示。

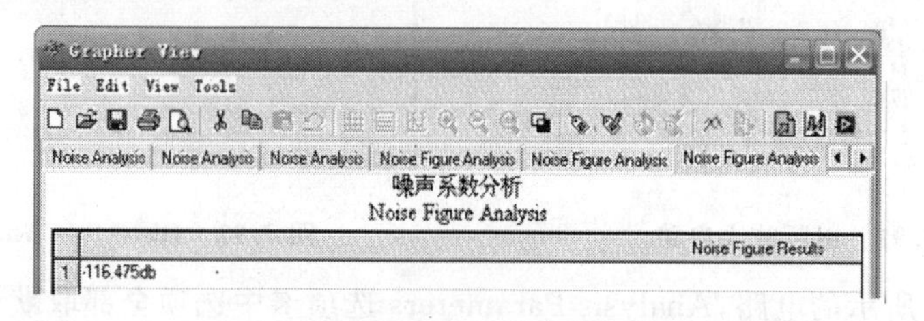

图 3.90　噪声系数分析结果

3.5.7　失真分析

放大电路输出信号的失真通常是由电路增益的非线性与相位不一致造成的。增益的非线性将会产生谐波失真，相位的不一致将产生互调失真。如果电路有一个交流信号，则 Multisim 的失真分析将计算每点的二次和三次谐波上的失真；如果电路有两个交流信号（假定频率 $f_1>f_2$），则分析 3 个特定频率上的失真，这 3 个频率分别是 (f_1+f_2)、(f_1-f_2)、$(2f_1-f_2)$。

失真分析主要用于小信号模拟电路的分析，特别是对瞬态分析中无法观察到的电路中较小的失真十分有效。以 3.91 所示电路为例，说明失真分析的具体操作步骤。单击 Simulate 菜单中 Analyses 选项下的 Distortion Analysis 命令，弹出 Distortion Analysis 对话框，如图 3.92 所示。

该对话框有 4 个标签，除 Analysis Parameters 标签外，其余与直流工作点分析一样，在此不再赘述。Analysis Parameters 选项卡各选项的主要功能如下所述：

● Start frequency：设置起始频率。

● Stop frequency：设置终止频率。

● Sweep type：选择交流分析的扫描方式，主要有 10 倍程(Decade)、8 倍程(Octave)和线

性(Linear)3 种类型。

- Number of points per decade：设置每 10 倍频率的取样点数。
- Vertical scale：选择纵轴刻度，主要有分贝(Decibel)、8 倍(Octave)、线性(Linear)和对数(Logarithmic)4 种类型，通常选择 Decibel 或 Logarithmic 选项。
- Reset to main AC values：将所有设置恢复为与交流分析相同的设置值。
- Reset to default：将本选项卡中的所有设置恢复为默认值。
- F2/F1 ratio：对电路进行互调失真分析时，设置 F_2 与 F_1 的比值，其值在 0～1 之间。不选择该项时，分析结果为 F_1 作用时产生的二次谐波、三次谐波失真；选择该项时，分析结果为(F_1+F_2)、(F_1-F_2)及$(2F_1-F_2)$相对于 F_1 的互调失真。

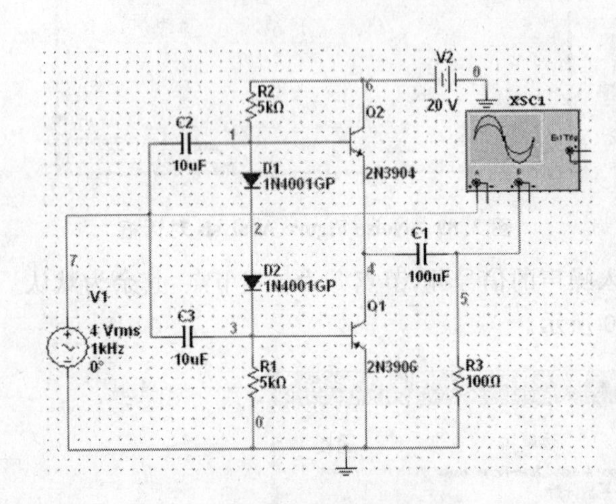

图 3.91　射频放大电路

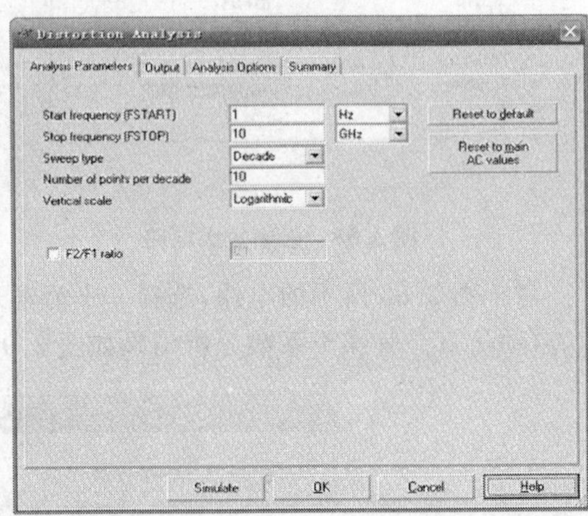

图 3.92　Distortion Analysis 对话框

对于图 3.91 所示的电路，Analysis Parameters 选项卡中选项全部取默认值，在 Output 选项卡中选取节点 5 为输出节点。失真分析结果如图 3.93 所示。

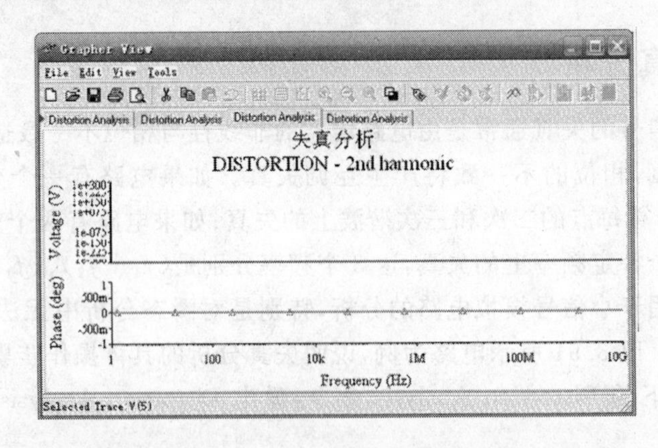

图 3.93　失真分析结果

3.5.8　直流扫描分析

直流扫描分析是根据电路直流电源数值的变化，计算电路相应的直流工作点。在分析前可以选择直流电源的变化范围和增量。在进行直流扫描分析时，电路中的所有电容视为开路，

所有电感视为短路。

在分析前，需要确定扫描的电源是一个还是两个，并确定分析的节点。如果只扫描一个电源，则得到的是输出节点值与电源值的关系曲线。如果扫描两个电源，则输出曲线的数目等于第二个电源被扫描的点数。第二个电源的每一个扫描值，都对应一条输出节点值与第一个电源值的关系曲线。

下面以图 3.94 所示的三极管放大电路为例，说明失真分析的具体操作步骤。单击 Simulate 菜单中 Analyses 选项下的 DC Sweep 命令，弹出 DC Sweep Analysis 对话框，如图 3.95 所示。

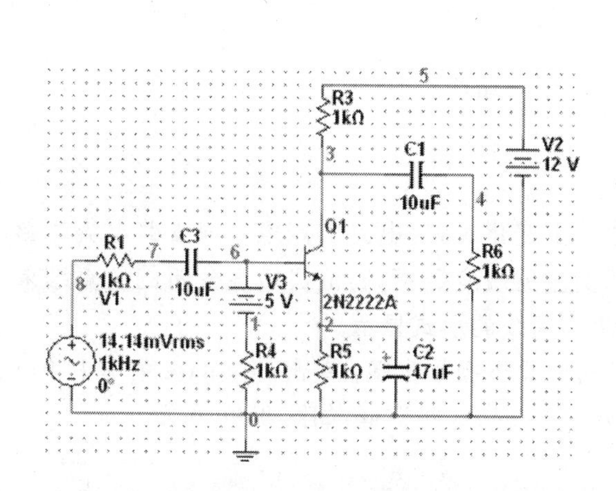

图 3.94　三极管放大电路

图 3.95　DC Sweep Analysis 对话框

该对话框有 4 个标签，除 Analysis Parameters 标签外，其余与直流工作点分析相同，在此不再赘述。Analysis Parameters 选项卡各选项的主要功能如下所述：

① Source 1 区

对直流电源 1 的各种参数进行设置，主要参数如下：

- Source：选择所要扫描的直流电源。
- Start value：设置电源扫描的初始值。
- Stop value：设置电源扫描的终止值。
- Increment：设置电源扫描的增量。设置的数值越小，分析的时间越长。
- Change Filter：选择 Source 列表中过滤的内容。

② Source 2 区

对直流电源 2 的各种参数进行设置，要对第 2 个电源进行设置，首先要选中在 Source 1 区与 Source 2 区之间的选项 Use Source 2，然后就可以对 Source 2 区进行设置，设置方法同 Source 1。

对于图 3.94 所示的电路，选择第 1 个电源 V3 的变动范围是 2～8 V，增量是 1 V；第 2 个电源 V2 的变动范围是 8～16 V，增量是 2 V；在 Output 选项卡中选取节点 3 为输出节点，仿真结果如图 3.96 所示。

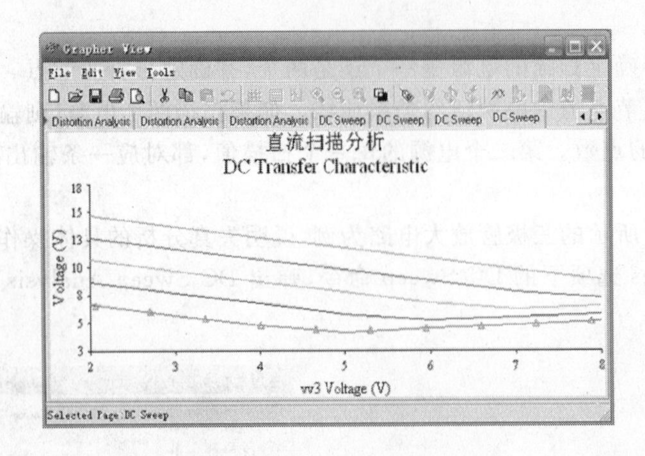

图 3.96　直流扫描分析结果

3.5.9　灵敏度分析

灵敏度分析是研究电路中某个元件的参数发生变化时，对电路节点电压或支路电流的影响程度。灵敏度分析可分为直流灵敏度分析和交流灵敏度分析，直流灵敏度分析的仿真结果以数值的形式显示，交流灵敏度分析仿真的结果以曲线的形式显示。

以图 3.97 所示的电路为例，说明灵敏度分析的具体操作步骤：单击 Simulate 菜单中 Analyses 选项下的 Sensitivity 命令，弹出 Sensitivity Analysis 对话框，如图 3.98 所示。

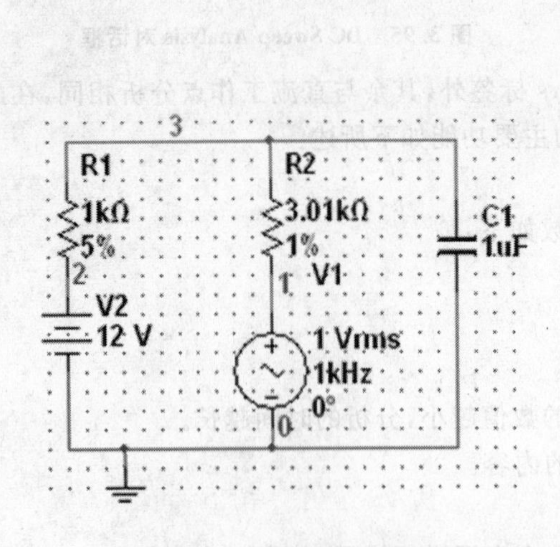

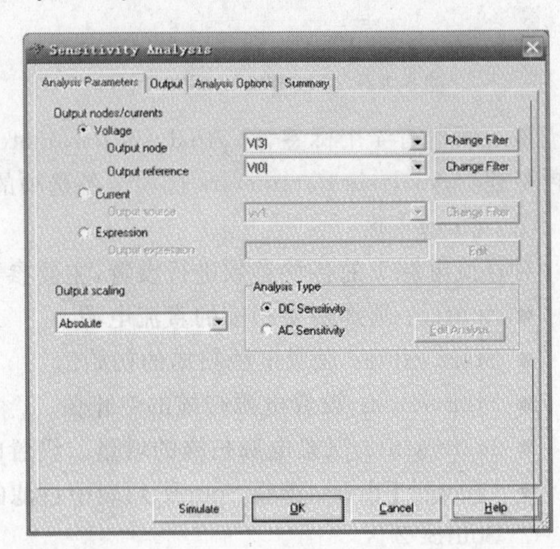

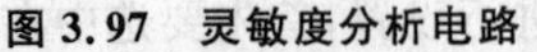

图 3.97　灵敏度分析电路　　　　图 3.98　Sensitivity Analysis 对话框

该对话框有 4 个标签，除 Analysis Parameters 标签外，其余与直流工作点分析相同，在此不再赘述。Analysis Parameters 选项卡中各选项的主要功能如下所述：

- Voltage：选择进行电压灵敏度分析，并在其下的 Output node 下拉列表框内选定要分析的输出节点和在 Output reference 下拉列表框内选择输出端的参考节点。一般选输出端的参考节点为地。
- Change Filter：单击此按钮，弹出 Filter nodes 对话框，通过此对话框可以对其左栏所

显示的变量进行有选择的显示。

● Current：选择进行电流灵敏度分析，并在其下的 Output source 下拉列表框内选择要分析的信号源。

● Output scaling：用于选择灵敏度输出格式是 Absolute(绝对灵敏度)还是 Relative(相对灵敏度)。

● Analysis Type：选择灵敏度分析是 DC Sensitivity 还是 AC Sensitivity。

对于图 3.97 所示电路，若选择直流灵敏度分析，并选择电压灵敏度分析，则要分析的节点为节点 3，输出的参考点是节点 0，并在 Output variables 选项卡选择全部变量，直流灵敏度分析仿真结果如图 3.99 所示，它描述了电阻 R1、R2 及电压源 V1、V2 对输出节点电压的影响。

若选择交流灵敏度分析，则可单击 AC Sensitity 按钮，并单击 Edit Analysis 按钮进行交流分析设置。本例交流分析参数设置为默认值，仿真分析结果如图 3.100 所示。

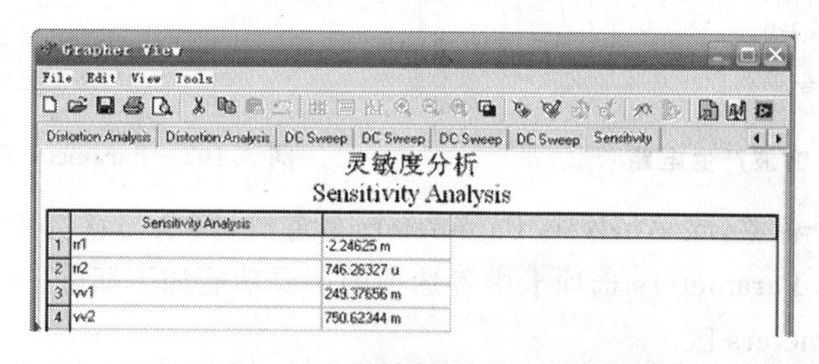

	Sensitivity Analysis	
1	rr1	-2.24625 m
2	rr2	746.26327 u
3	vv1	249.37656 m
4	vv2	750.62344 m

图 3.99 直流灵敏度分析的仿真结果

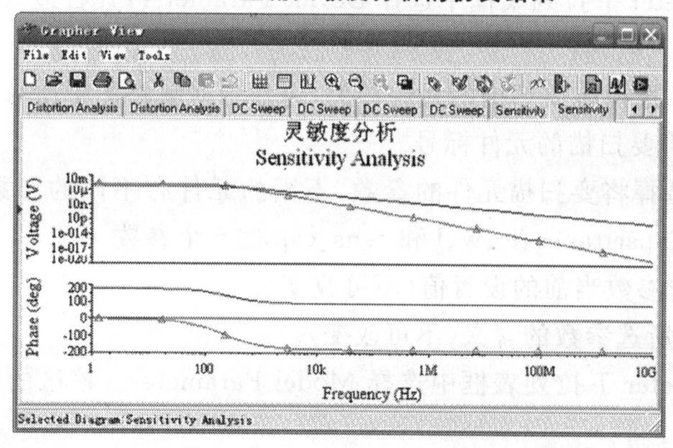

图 3.100 交流灵敏度分析的仿真结果

3.5.10 参数扫描分析

参数扫描分析是指，检测电路中某个元件的参数在一定取值范围内变化时对电路直流工作点、瞬态特性、交流频率特性的影响。在实际电路设计中，可以针对电路的某些技术指标进行优化。

采用参数扫描方法分析电路，可以较快地获得某个元件的参数，在一定范围内变化时对电路的影响。相当于该元件每次取不同的值，进行多次仿真。对于数字器件，在进行参数扫描分析时将被视为高阻接地。

以图 3.101 所示的方波产生电路为例，说明参数扫描分析的具体操作步骤：单击 Simulate 菜单中 Analyses 选项下的 Parameter Sweep 命令，弹出 Parameter Sweep 对话框，如图 3.102 所示。

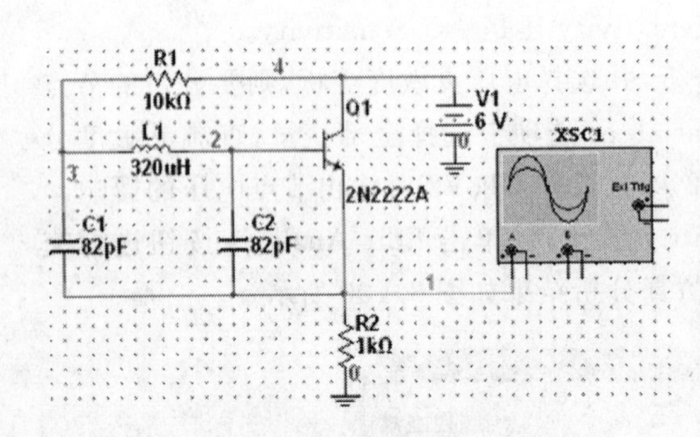

图 3.101　方波产生电路

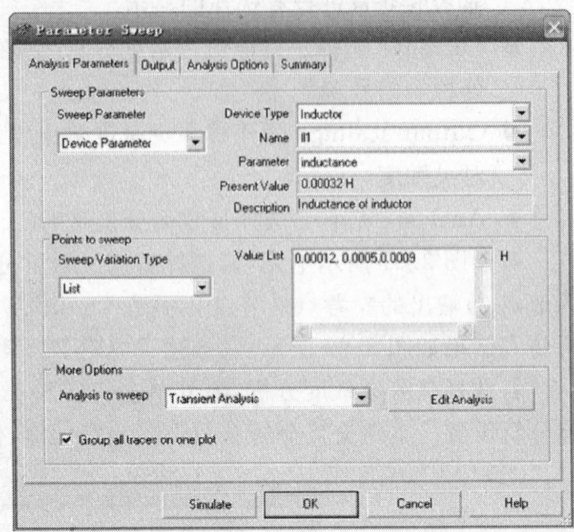

图 3.102　Parameter Sweep 对话框

该对话框有 4 个标签，除 Analysis Parameters 标签外，其余与直流工作点分析相同，在此不再赘述。Analysis Parameters 选项卡中各选项的主要功能如下所述：

① Sweep Parameters 区

在 Sweep Parameter 下拉列表框中选择 Device Parameter，其右边的 5 个条形框显示与器件参数有关的信息。

- Device Type：选择将要扫描的元件种类，包括当前电路图中所有元件的种类。
- Name：选择将要扫描的元件标号。
- Parameter：选择将要扫描元件的参数，不同的元件有不同的参数，例如 Capacitor，可选的参数有 Capacitance、ic、w、l 和 sens_cap 这 5 个参数。
- Present：所选参数当前的设置值(不可改变)。
- Description：所选参数的含义(不可改变)。

在 Sweep Parameter 下拉列表框中选择 Model Parameter。该区的右边同样有 5 个需要进一步选择的条形框。

② Points to sweep 区

主要用于选择扫描方式。

在 Sweep Variation Type 下拉列表框中，可以选择 10 倍程(Decade)、线性(Linear)、8 倍程(Octave)和列表(List) 4 种扫描方式，默认为 Linear。

注：选择扫描方式不同，Points to sweep 区的界面也不同。

若选 Decade、Octave，则该区的右边有 3 个需要进一步选择的条形框。

- Start value：设置将要扫描分析元件起始值，其值可大于或小于电路中所标注的参数值。
- Stop value：设置将要扫描分析元件的终止值，默认设置电路中元件的标注参数值。
- ＃of：设置扫描的点数。

若选 Linear，则该区的右边还多 1 个需要进一步选择的文本框。

● Increment：设置扫描的增量值。

若选 list，则该区的右边出现 Value 栏，此时可在 Value 栏中输入所取的值。如果要输入多个不同的值，则在数字之间以空格、逗点或分号隔开。

③ More Options 区

● Analysis to sweep：用于选择分析的类型，Multisim 10 提供了 DC operating point、AC analysis、Transient analysis 和 Nested sweep 共 4 种分析类型。默认设置为 Transient analysis。在选定分析类型后，可单击 Edit Analysis 按钮对选定的分析进行进一步的设置。

● Group all traces on one plot：用于选择是否将所有的分析曲线放在同一个图中显示。

设置完成后，单击 Simulate 按钮，开始扫描分析，按 Esc 键停止分析。对于本例，按如图 3.102 和图 3.103 进行设置，选择节点 1 为输出节点。参数扫描分析结果如图 3.104 所示。

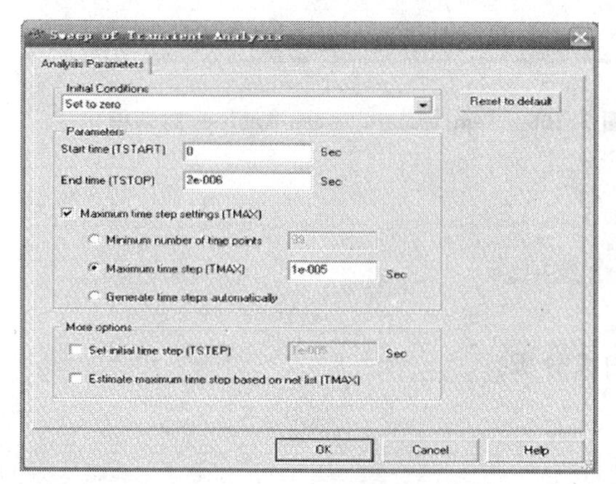

图 3.103　瞬态分析设置

图 3.104　参数扫描分析的结果

3.5.11　温度扫描分析

温度扫描分析是研究不同温度条件下的电路特性。

我们知道晶体三极管的电流放大系数 β、发射结导通电压 U_{be} 和穿透电流 I_{ceo} 等参数都是温度的函数。当工作环境温度变化很大时，就会导致放大电路性能指标变差。若不用仿真软件，就需要将放大电路实物放入烘箱中，进行实际温度条件测试，不断调整电路参数直至满意为止，这种方法费时、成本高。采用温度扫描分析方法，可以对放大电路温度特性进行仿真分析，对电路参数进行优化设计。

采用温度扫描分析，可以同时观察到在不同温度条件下的电路特性，相当于该元件每次取不同的温度值进行多次仿真。可以通过 Temperature Sweep Analysis 对话框，选择被分析元件温度的起始值、终止值和增量值。在进行其他分析时，电路的仿真温度默认值设定在 27 ℃。

以图 3.105 所示电路为例，说明温度扫描分析的具体操作步骤。单击 Simulate 菜单中 Analyses 选项下的 Temperature Sweep 命令，弹出如图 3.106 所示的对话框。

该对话框有 4 个标签，除 Analysis Parameters 标签外，其余与直流工作点分析相同，在此不再赘述。Analysis Parameters 选项卡中各选项的主要功能如下所述：

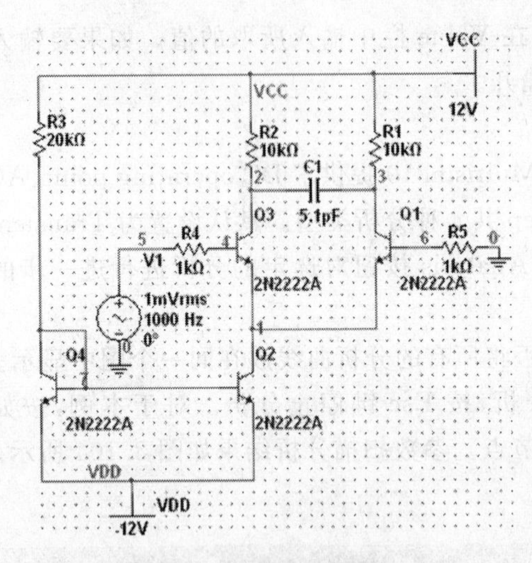

图 3.105　温度扫描分析电路

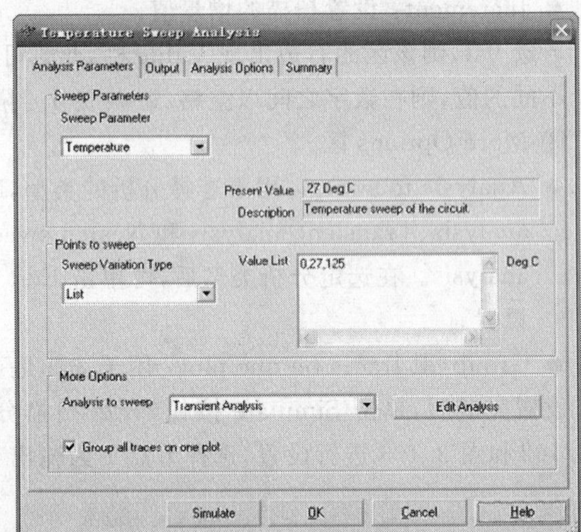

图 3.106　Temperature Sweep Analysis 对话框

① Sweep Parameters 区

其具体设置如下：

● Sweep Parameter：只有 Temperature 一个选项。

● Present：显示当前的元件温度(不可变)。

● Description：说明当前对电路进行温度扫描分析。

② Points to sweep 区

其具体设置如下：

Sweep Variation Type：选择温度扫描类型。主要有 10 倍程(Decade)、线性(Linear)、8 倍程(Octave)和列表(List) 4 种扫描类型，默认设置为 List。

注：温度扫描类型不同，Points to sweep 区的显示界面也不同。

若选 Decade、Octave，则该区的右边有 3 个需要进一步选择的文本框。

● Start value：设置要扫描分析的温度起始值，默认为 1 ℃。

● Stop value：设置扫描分析的温度终止值，默认为 1 ℃。

● ＃of：设置扫描的点数。

若选 Linear，则该区的右边多 1 个需要进一步选择的文本框。

● Increment：设置扫描的增量值。

若选 List，则该区的右边出现 Value 栏，此时可在 Value 栏中输入所取的值。如果要输入多个不同的值，则在数字之间以空格、逗点或分号隔开。

③ More Options 区

其具体设置如下：

● Analysis to sweep：用于选择分析的类型，Multisim 10 提供了 DC operating point、AC analysis、Transient analysis 和 Nested sweep 共 4 种分析类型。默认设置为 Transient analysis。在选定分析类型后，可单击 Edit Analysis 按钮对选定的分析进行进一步的设置，设置 End time 为 0.005，其余选项都为默认值。

● Group all traces on one plot：用于选择是否将所有的分析曲线放在同一个图中显示。

对于本例，按如图 3.106 进行设置，设置完成后，单击 Simulate 按钮，开始扫描分析。选择节点 2 为输出节点。温度扫描分析结果如图 3.107 所示。

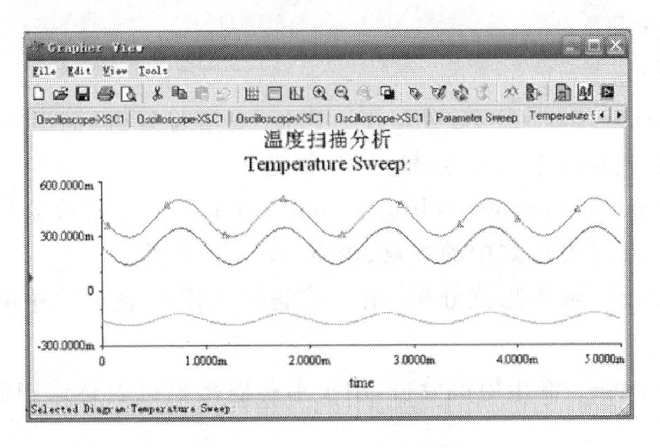

图 3.107　温度扫描分析结果

3.5.12　零-极点分析

零-极点分析方法是一种对电路的稳定性分析相当有用的工具。可以用于交流小信号电路传递函数中零点和极点的分析。通常先进行直流工作点分析，对非线性器件求得线性化的小信号模型，在此基础上再分析传输函数的零点、极点。零-极点分析主要用于模拟小信号电路的分析，数字器件将被视为高阻接地。

如果希望电路（或系统）是稳定的，电路应具有负实部极点，否则电路对某一特定频率的响应将是不稳定的。

以图 3.108 所示 LC 电路为例，说明零-极点分析的具体操作步骤。单击 Simulate 菜单中 Analyses 选项下的 Pole - Zero 命令，弹出 Pole - Zero Analysis 对话框，如图 3.109 所示。

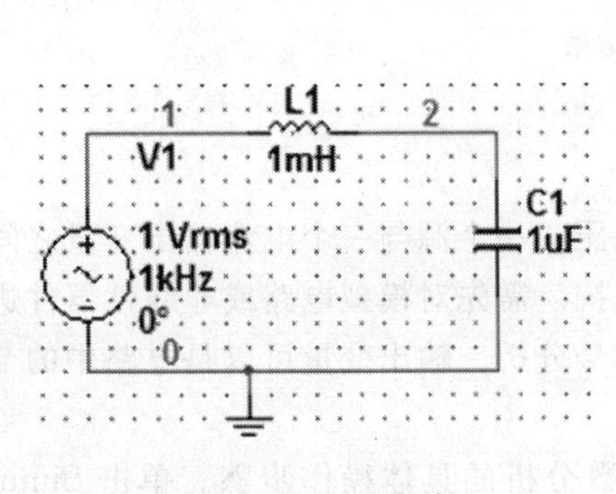

图 3.108　LC 电路

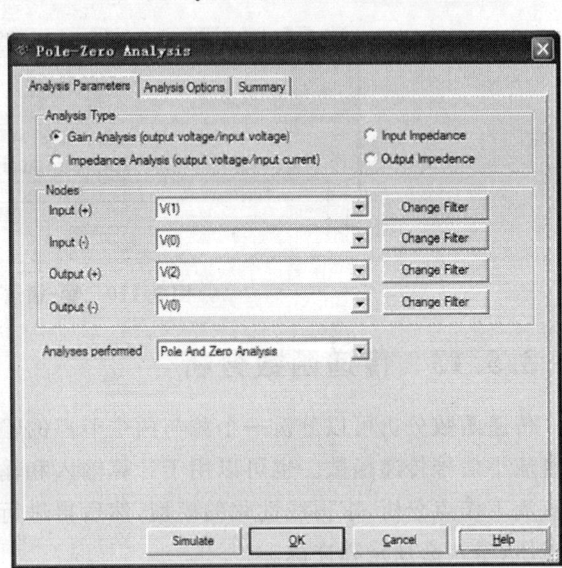

图 3.109　Pole - Zero Analysis 对话框

该对话框有3个标签，除Analysis Parameters标签外，其余与直流工作点分析相同。Analysis Parameters选项卡中各选项的主要功能如下所述：

① Analysis Type区

其具体设置如下：

- Gain Analysis(output voltage/input voltage)：增益分析(输出电压/输入电压)，用于求解电压增益表达式中的零点、极点，默认选用。
- Impedance Analysis(output voltage/input voltage)：互阻抗分析(输出电压/输入电压)，用于求解互阻表达式中的零点、极点，默认不选用。
- Input Impedance：输入阻抗分析，用于求解输入阻抗表达式中的零点、极点，默认不选用。
- Output Impedance：输出阻抗分析，用于求解输出阻抗表达式中的零点、极点，默认不选用。

根据这4项表达式，可按需要求解在不同变量下传递函数中的零点、极点。

② Node区

其具体设置如下：

- Input(+)：设置输入节点的正端。
- Input(−)：设置输入节点的负端。
- Output(+)：设置输出节点的正端。
- Output(−)：设置输出节点的负端。

③ Analyses Performed菜单

此菜单有Pole and Zero Analysis、Pole Analysis和Zero Analysis这3个选项，按图3.109设置完毕，单击Simulate按钮开始零-极点分析，按Esc键停止分析。分析结果如图3.110所示，实部、虚部分别以列表的形式表示。

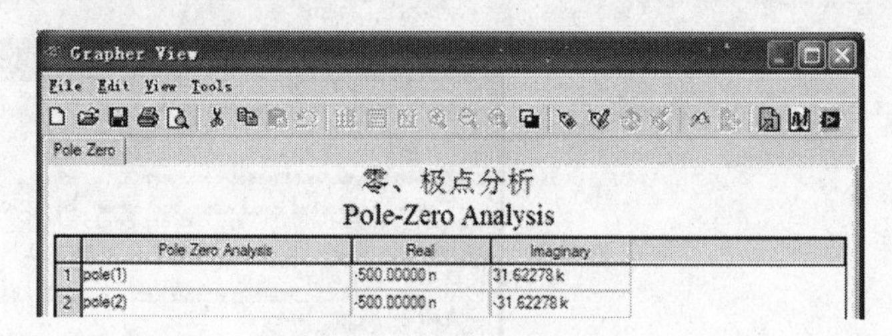

图3.110 零-极点分析结果

3.5.13 传递函数分析

传递函数分析可以分析一个源与两个节点的输出电压或一个源与一个电流输出变量之间的直流小信号传递函数。也可以用于计算输入和输出阻抗。需先对模拟电路或非线性器件进行直流工作点分析，求得线性化的模型，然后再进行小信号分析。输出变量可以是电路中的节点电压，输入必须是独立源。

以图3.111所示的反相放大电路为例，说明传递函数分析的具体操作步骤。单击Simulate菜单中Analyses选项下的Transfer Function命令，弹出如图3.112所示的对话框。

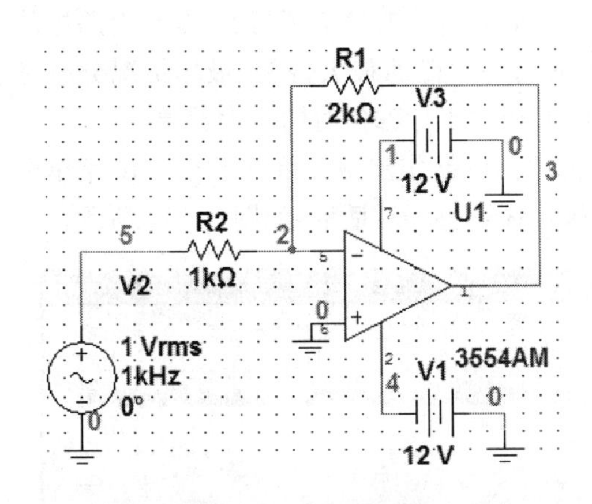

图 3.111　反相放大电路

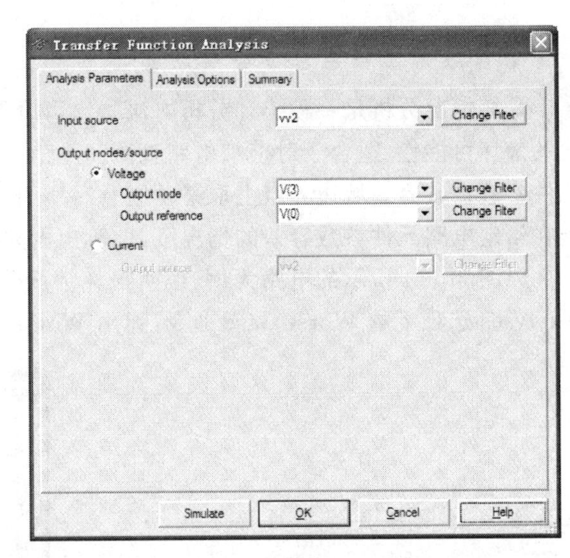

图 3.112　Transfer Function Analysis 对话框

该对话框有 3 个标签，除 Analysis Parameters 标签外，其余与直流工作点分析相同，在此不再赘述。Analysis Parameters 选项卡中各选项的主要功能如下所述：

Input source：选择输入电压源或电流源。

Output nodes/source 区

其具体设置如下：

- Voltage：选择节点电压为输出变量，默认为选用；在 Output nodes 下拉菜单中选择输出电压变量对应的节点，默认设置为 1；在 Output reference 下拉菜单中选择输出电压变量的参考节点，默认设置为 0(接地)。
- Current：选择电流为输出变量；若选择此项，则接着在其下的 Output source 下拉菜单中选择作为输出电流的支路。

设置完毕，单击 Simulate 按钮开始仿真分析，按 Esc 键停止仿真分析。分析结果如图 3.113 所示，以表格形式显示输出阻抗(Output impedance)、传递函数(Transfer function)和从输入源端向电路看进去的输入阻抗(Input impedance)等参数数值。

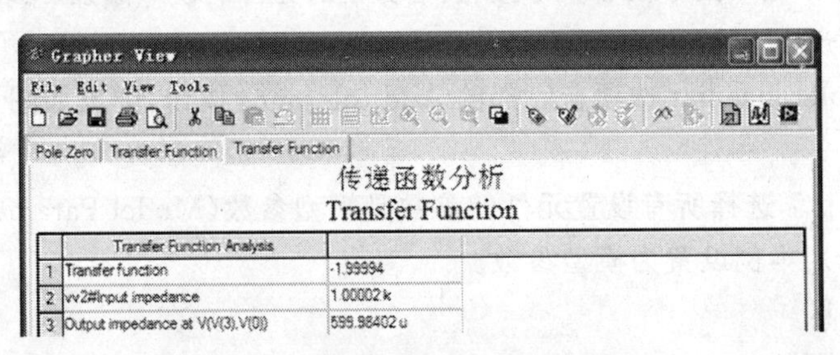

图 3.113　传递函数分析结果

3.5.14 最坏情况分析

最坏情况分析是一种统计分析方法。它可以使人观察到在元件参数变化时,电路特性变化的最坏可能性,适合于对模拟电路直流和小信号电路的分析。所谓最坏情况,是指电路中的元件参数在其容差域边界点上取某种组合时所引起的电路性能的最大偏差;最坏情况分析是指在给定电路元件参数容差的情况下,估算出电路性能相对于标称值时的最大偏差。

以图3.114所示的电路为例,说明最坏情况分析的具体操作步骤。单击Simulate菜单中Analyses选项下的Worst Case命令,弹出Worst Case Analysis对话框,如图3.115所示。

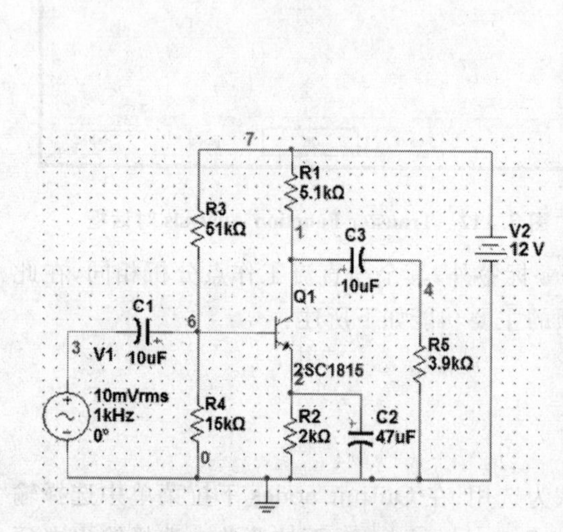

图3.114 最坏情况分析

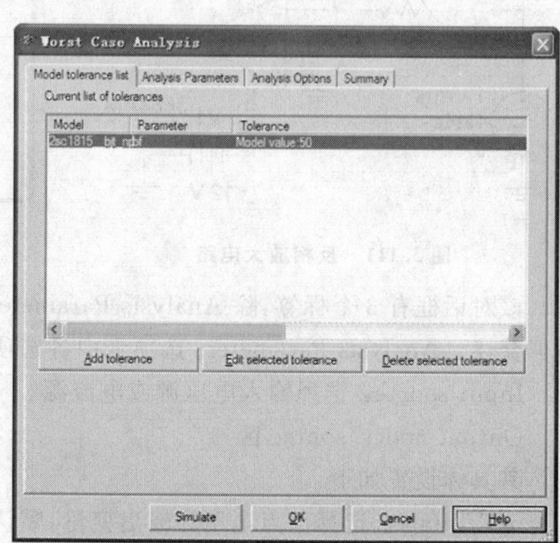

图3.115 Worst Case Analysis对话框

该对话框有4个标签,除Model tolerance list和Analysis Parameters标签外,其余与直流工作点分析相同,不再赘述。

1. Model tolerance list选项卡

用于显示和编辑当前电路元件的误差。在Current list of tolerances显示窗口列出目前的元件模型参数,在该显示窗口的下面有3个按钮,可分别对元件的误差添加、编辑和删除等操作。

(1) 添加误差设置(Add tolerance)

单击Model tolerance list选项卡底部的Add tolerance按钮,弹出如图3.116所示的Tolerance对话框。

Parameter Type:选择所有设置元件的参数是模型参数(Model Parameter)还是器件参数(Device Parameter),本例设置为模型参数。

① Parameter区

其具体设置如下:

- Device Type:该区包括电路图中所要用到的元件种类,例如BJT(双极性晶体管类)、Capacitor(电容器类)、Resistor(电阻类)和Vsource(电压源类)等。
- Name:选择所要设定参数的元件序号。
- Parameter:选择所要设定的参数。不同元件有不同的参数,如晶体管,可指定的参数

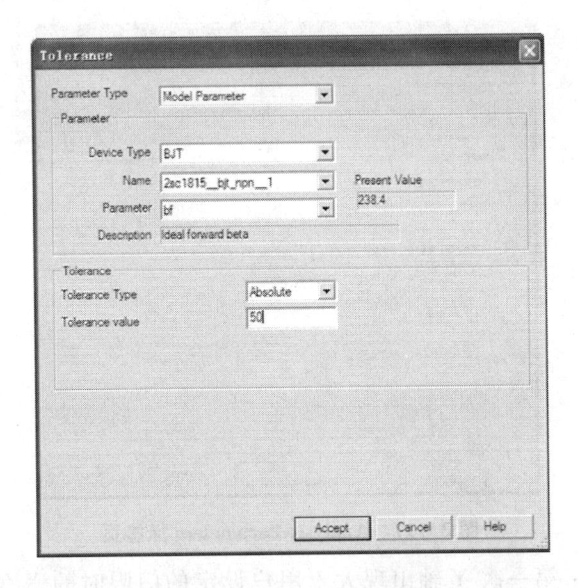

图 3.116　Tolerance 对话框

有 is(饱和电流)、bf(正向放大倍数)、nf(正向电流系数)等,本例选择 bf。

- Description:为 Parameter 所选参数的说明(不可更改)。

② Tolerance 区

主要用于确定容差的方式,包括以下 2 项:

- Tolerance Type:选择容差的形式,包括 Absolute(绝对值)和 Percent(百分比)。
- Tolerance value:根据所选的容差形式,设置容差值。

当设置完成新增项目后,单击 Accept 按钮,即可将新增项目添加到前一个对话框中。

(2) 误差编辑(Edit selected tolerance)

单击 Edit selected tolerance 按钮,弹出 Tolerance 对话框(见图 3.116),可以对某个选中的误差项目进行编辑。

(3) Delete selected tolerance

单击 Delete selected tolerance 按钮,可以删除所选定的误差项目。

2. Analysis Parameters 选项卡

如图 3.117 所示,以下对各功能进行叙述。

① Analysis Parameters 区

- Analysis:选择所要进行的分析,包括 AC analysis(交流分析)和 DC operating point (直流工作点分析)两项。
- Output variable:选择所要分析的输出节点。
- Collating Function:选择比较函数,最坏情况分析得到的数据通过比较函数收集。所谓比较函数,实质上相当于一个高选择性过滤器,每运行一次允许收集一个数据。它包括 MAX、MIN、RISE_EDGE、FALL_EDGE、FREQUENCY 五种方式,且仅在 AC analysis 选项中使用,各选项含义如下所述:

  - MAX:Y 轴的最大值。
  - MIN:Y 轴的最小值。

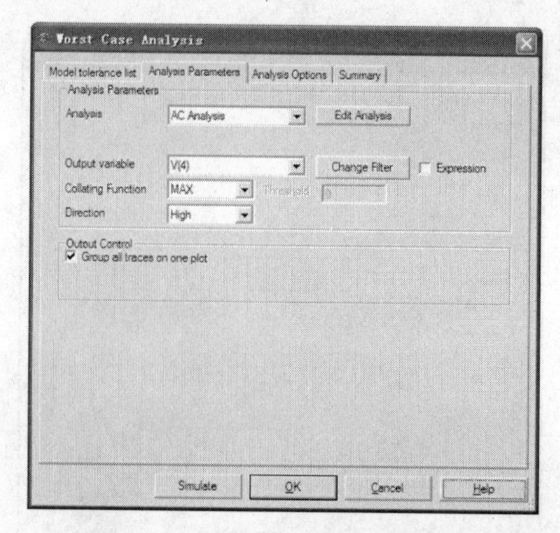

图 3.117 Analysis Parameters 标签页

-RISE_EDGE：第一次 Y 轴出现大于用户设定的门限时的 X 值。其右边的 Threshold 栏用来输入其门限值。

- FALL_EDGE：第一次 Y 轴出现小于用户设定的门限时的 X 值。

- FRENQUENCY：设定频率值，右边的 Frequency 用来输入频率值。

- Direction：选择容差变动方向，包括 High 和 Low 两项。

② Output Control 区

Group all trace on one plot：选中此项，则将所有仿真结果和记录显示在一个图形中；若不选此项，则将最坏情况仿真和 Run Log Description 分别显示出来。

设置完毕，单击 Simulate 按钮开始仿真分析，按 Esc 键停止分析。结果如图 3.118 所示。

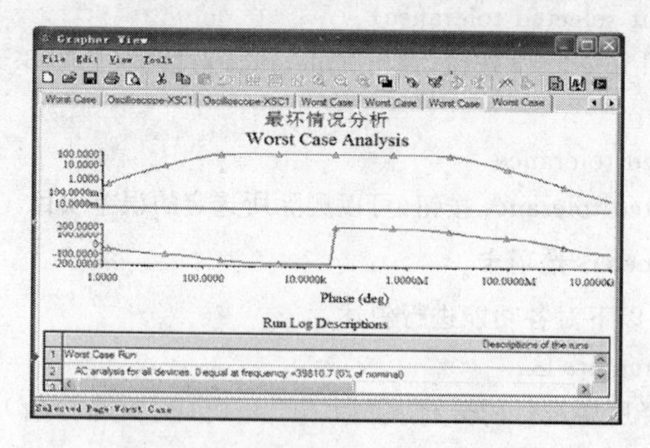

图 3.118 最坏情况分析的仿真结果

3.5.15 蒙特卡罗分析

蒙特卡罗分析是采用统计方法观察给定电路中的元件参数，按选定的误差分布类型在一定的范围内变化时对电路特性的影响。用这些分析的结果，可以预测电路在批量生产时的成品率和生产成本。

对电路进行蒙特卡罗分析时，一般要进行多次仿真分析。首先按电路元件参数标称数值进行仿真分析，然后在电路元件参数标称数值基础上加减一个 δ 值再进行仿真分析，所取的 δ 值大小取决于所选择的概率分布类型。

以图 3.119 所示的电路为例，说明蒙特卡罗分析的具体操作步骤。单击 Simulate 菜单中 Analyses 选项下的 Monte Carlo 命令，弹出如图 3.120 所示的对话框。

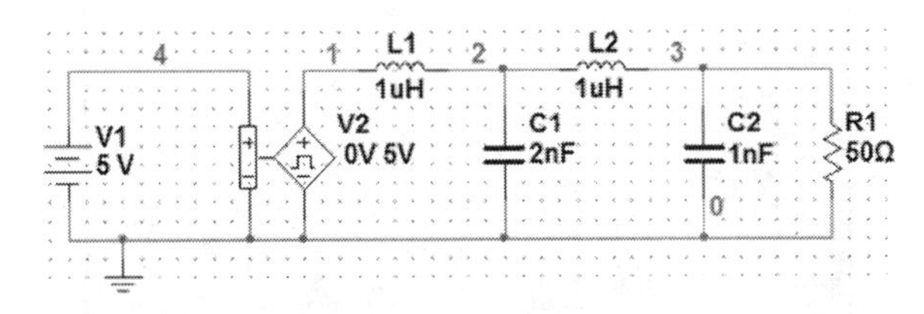

图 3.119　蒙特卡罗分析

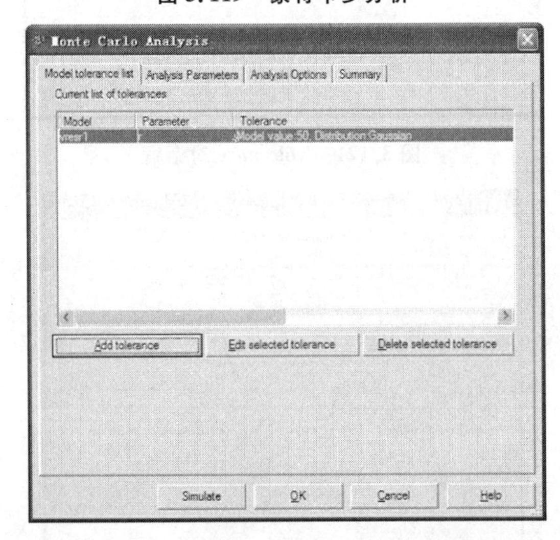

图 3.120　Monte Carlo Analysis 对话框

该对话框有 4 个标签，除 Analysis Parameters 和 Model tolerance list(仅部分)标签外，其余与最坏情况分析相同。

① Tolerance 对话框的 Tolerance 区

如图 3.121 所示，多一项 Distribution，此项用于选择元件参数容差的分布类型，包括 Guassian(高斯分布)和 Uniform(均匀分布)两个选项。均匀分布类型指的是在其误差范围内以相等概率出现，而高斯分布更符合实际情况，元件参数的误差分布状态呈现一种高斯曲线分布的形式。

② Analysis Parameter 选项卡

相比最坏情况分析，本选项卡(见图 3.122)Analysis Parameter 区的 Analysis 多一个选项，即 Transient analysis，用于进行瞬态分析；Analysis Parameter 区多了一项，即 Number of runs，用于设置蒙特卡罗分析次数，其值必须≥2；Analysis Parameter 区少了一项，即 Direction；Output Control 区多了一项，即 Text Output，用于选择文字输出的方式；其他项与最坏情况相同。

对本例，设输出节点为 3，纵坐标为 Linear，Number of runs 为 10，Text Output 为 ALL，仿真结果如图 3.123 所示。

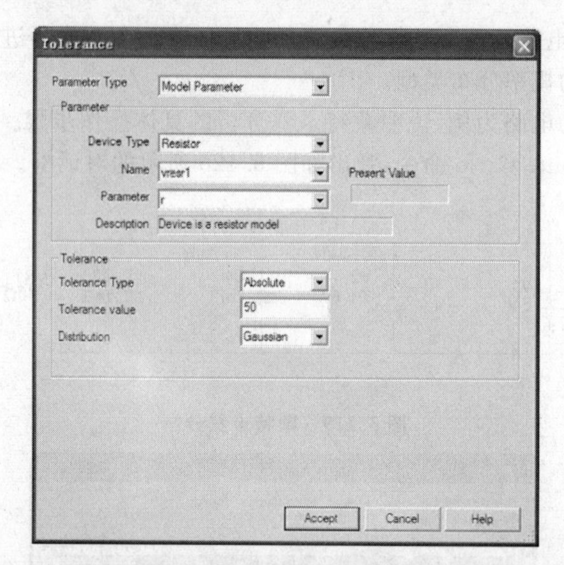

图 3.121　Tolerance 对话框

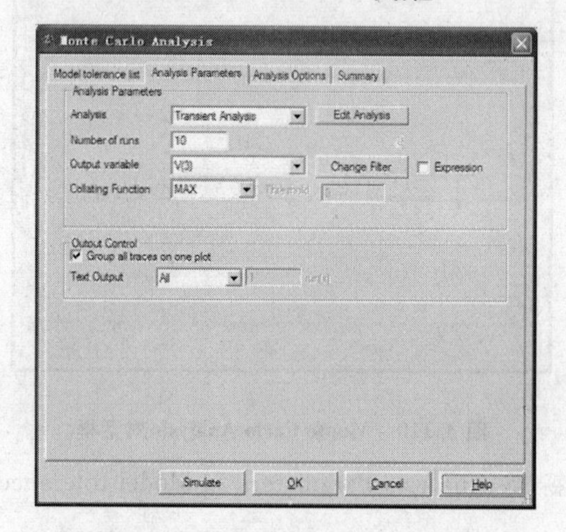

图 3.122　Analysis Parameter 选项卡

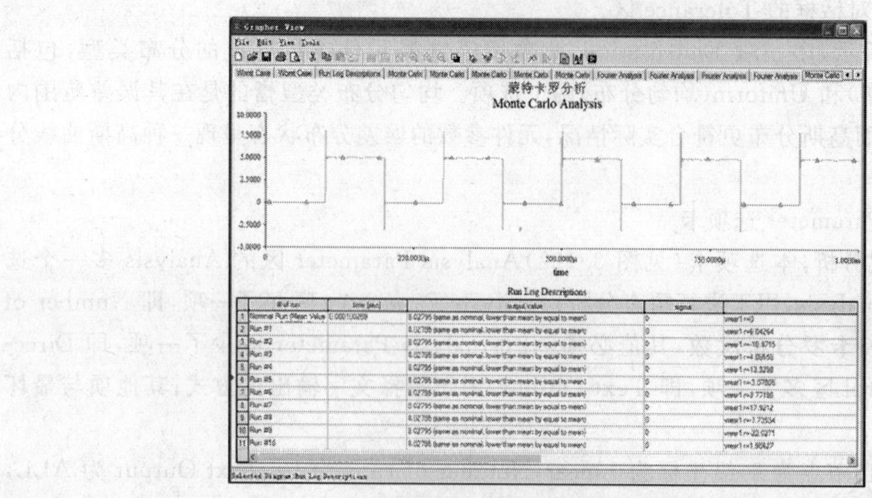

图 3.123　蒙特卡罗分析仿真结果

3.5.16　线宽分析

线宽分析是指在制作 PCB 板时对导线有效地传输电流所允许最小线宽的分析。导线所散发的功率不仅与电流有关，还与导线的电阻有关，而导线的电阻又与导线的横截面积有关。在制作 PCB 板时，导线的厚度受板材的限制，那么导线的电阻就主要取决于 PCB 设计者对导线宽度的设置。本小节主要讨论线宽对导线散发热量的影响。

以图 3.124 所示的电路为例，说明线宽分析的具体操作步骤。单击 Simulate 菜单中 Analyses 选项下的 Trace Width Analysis 命令，弹出 Trace Width Analysis 对话框，如图 3.125 所示。

该对话框有 4 个标签，除 Trace Width Analysis 和 Analysis Parameters 标签外，其余与直流工作点分析相同，在此不再赘述。

① Trace Width Analysis 选项卡

Trace Width Analysis 选项卡如图 3.125 所示。

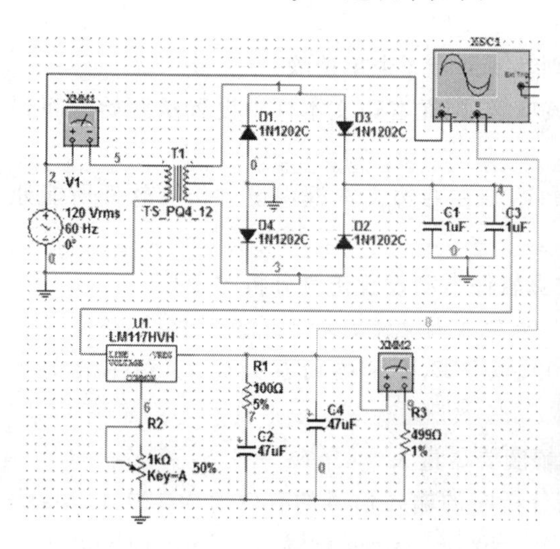

图 3.124　全波整流电路

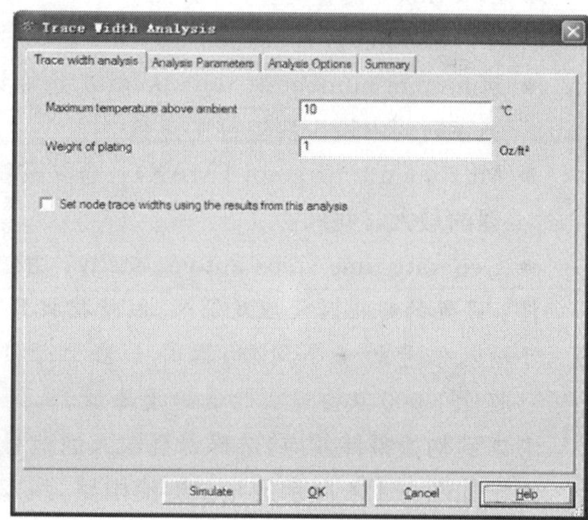

图 3.125　Trace Width Analysis 对话框

- Maximum temperature above ambient：设置导线温度超过环境温度的增量，单位是℃。
- Weight of plating：设置导线宽度分析时所选导线宽度类型。在 Multisim 中，常用线重大小来进行线宽分析，线重与导线的厚度(即 PCB 板覆铜的厚度)对应关系见表 3.1。
- Set node trace widths using the results from this analysis：设置是否使用分析的结果来建立导线的宽度。

表 3.1　线重与导线的厚度的关系

PCB 板覆铜厚度	线重/(oz · ft^{-2})	PCB 板覆铜厚度	线重/(oz · ft^{-2})
1.0/0.8	0.2	3	4.20
0.0/4.0	0.36	4	5.60
3.0/8.0	0.52	5	7.0
1.0/2.0	0.70	6	8.4

续表 3.1

PCB 板覆铜厚度	线重/(oz·ft^{-2})	PCB 板覆铜厚度	线重/(oz·ft^{-2})
3.0/4.0	1	7	9.8
1	1.4	10	14
2	2.8	14	19.6

② Analysis Parameters 选项卡

Analysis Parameters 选项卡如图 3.126 所示。其具体设置如下：

- Initial Conditions：用于选择设置初始条件的类型，主要类型有自动定义初始条件(Automatically determine initial conditions)、设置为 0(Set to zero)、用户自定义(User-defined)和计算直流工作点(Calculate DC operating point)4 种类型。
- Start time：设置起始时间。
- End time：设置终止时间。

若选中 Maximum time step settings 选项，则其下又有 3 个单选项：

- Minimum number of time points：选取该项后，则在右边文本框中设置从开始时间到结束时间内最少要取样的点数。
- Maximum time step(TMAX)：选取该项后，则在右边文本框中设置仿真软件所能处理的最大时间间距。
- Generate time steps automatically：由仿真软件自动设置仿真分析的步长。

注：设置的终止时间应足够长，以便捕捉到信号的最大电流。对于周期性信号，终止时间应大于输入信号的一个周期；取样点应大于 100，以便取得精确的最大线宽，但不要超过 1 000。超过 1 000 点会造成仿真速度降低。

考虑到初始条件效应，选择仿真输入的信号幅度要尽量大。

对于如图 3.124 所示的全波整流电路，线宽分析时的输入信号的有效值为 120 V，Maximum temperature above ambient 设置为 10 ℃，Weight of plating 设置为 1，Initial Conditions 选择 Set to zero。单击 Simulate 按钮进行分析，线宽分析结果如图 3.127 所示。

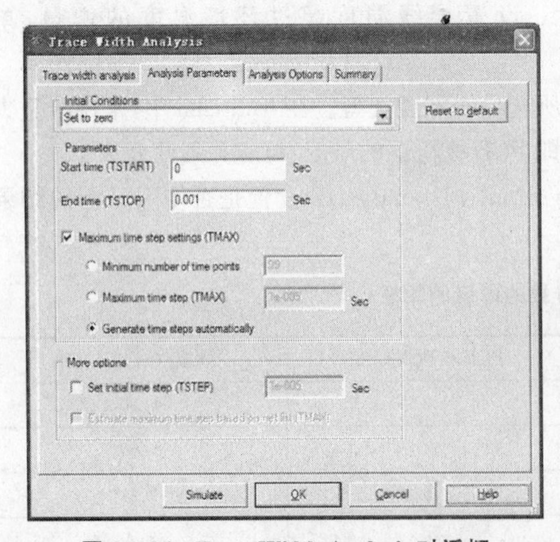

图 3.126　Trace Width Analysis 对话框

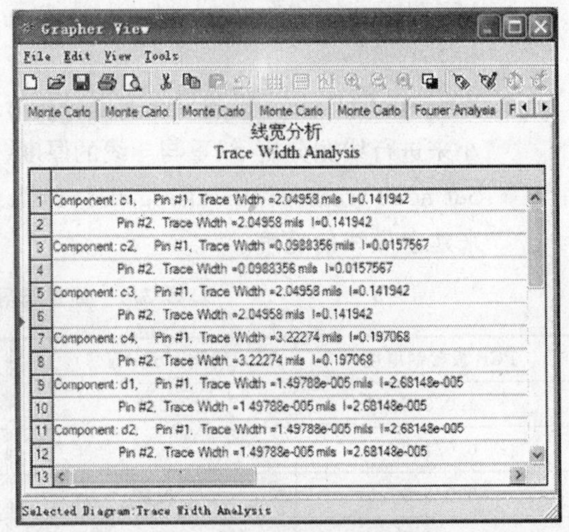

图 3.127　线宽分析结果

3.5.17　批处理分析

批处理分析是将同一电路的不同分析或不同电路的同一分析放在一起依次执行。在实际电路分析中，通常需要对同一个电路进行多种分析，例如对一个放大电路，为了确定静态工作点，需要进行直流工作点分析：为了了解其频率特性，需要进行交流分析；为了观察输出波形，需要进行瞬态分析。批处理分析可以将不同的分析功能放在一起依序执行。

下面以图 3.128 的克拉波振荡器电路为例，说明批处理分析的具体操作步骤。单击 Simulate 菜单中 Analyses 选项下的 Batched Analysis 命令，弹出 Batched Analyses 对话框，如图 3.129 所示。

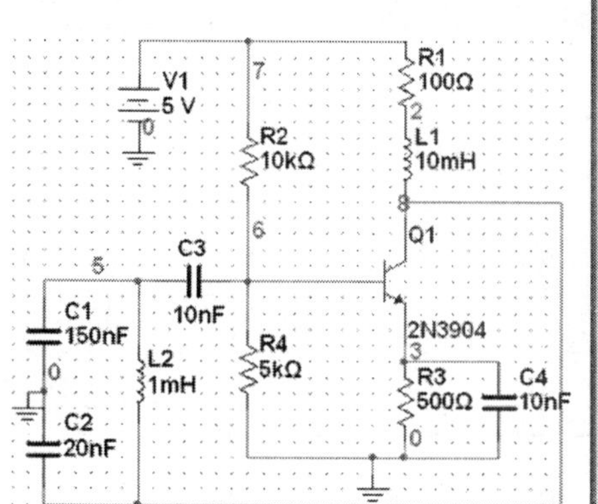

图 3.128　克拉波振荡器电路

图 3.129　Batched Analyses 对话框

在 Batched Analyses 对话框中，Available analyses 窗口中罗列了可以选择的分析。对于本例，首先选中 DC operating point 分析，然后单击 Add analysis 按钮，就会弹出如图 3.130 所示的 DC Operating Point Analysis 对话框（**注：利用 Batched Analyses 中所弹出的分析对话框与单独执行某分析所弹出的分析对话框不同之处仅是 Simulate 按钮变成 Add to list 按钮**）。

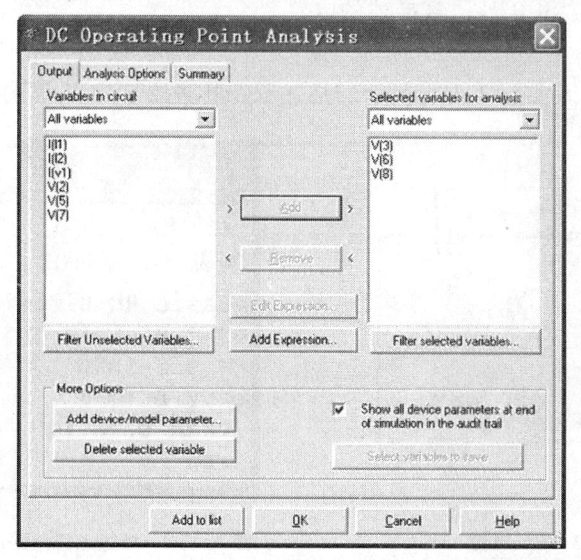

图 3.130　DC Operating Point Analysis 对话框

在对话框中，将节点 3、6 和 8 作为输出节点，单击 Add to list 按钮，返回 Batched Analysis 对话框，同时将 DC operating point 添加到 Analyses To Perform 显示窗口中。此时 Add analysis 按钮下 5 个虚显示的灰色按钮，全部清晰显示，其功能如下所述：

- Edit Analysis：将 Analyses To Perform 窗口中所选中的分析进行分析设置。
- Run Selected Analysis：将 Analyses To Perform 窗口中所选中的分析进行仿真分析。
- Delete Analysis：将 Analyses To Perform 窗口中所选中的分析删除。
- Remove all Analysis：将 Analyses To Perform 窗口中所有分析全部删除。
- Accept：保留 Batched Analysis 对话框中所有选中的设置，待以后可以再次使用。

按同样方法添加 Transient Analysis，单击 Run all Analyses 按钮，仿真结果如图 3.131 和图 3.132 所示。

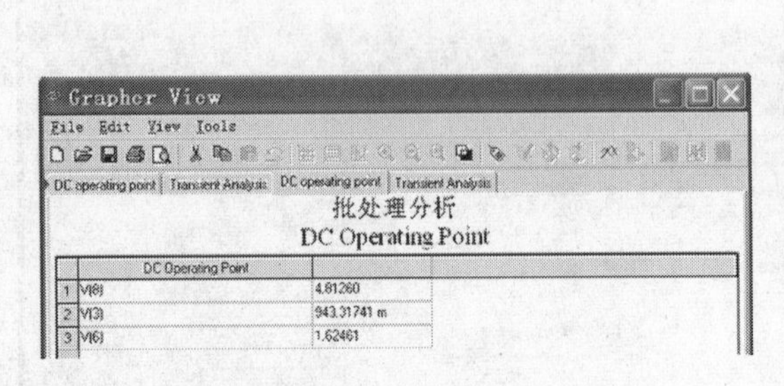

图 3.131 直流工作点分析仿真结果

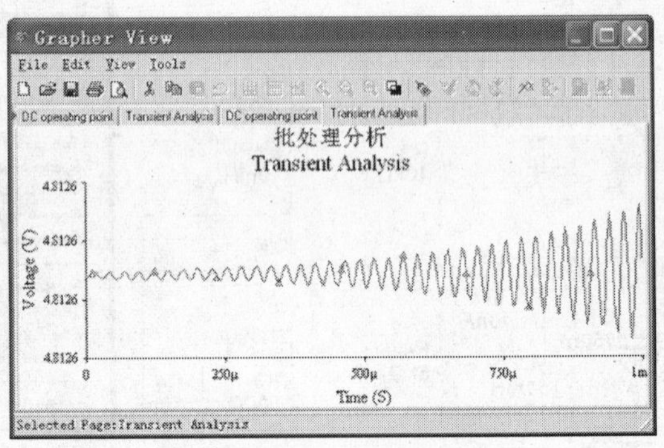

图 3.132 瞬态分析仿真结果

3.5.18 用户自定义分析

用户自定义分析是一种利用 SPICE 语言来建立电路、仿真电路并显示仿真结果的方法。该方法授予使用者更大的自由度来创建和仿真电路，但要求使用者具有一定的 SPICE 语言基础。

以图 3.133 所示的 RC 电路为例说明利用 SPICE 语言来创建、仿真电路的基本步骤。

第一步：首先创建 SPICE 语言描述的电路。

① 打开记事本。

② 在记事本中输入如图 3.134 所示的描述 RC 电路的 SPICE 语句。

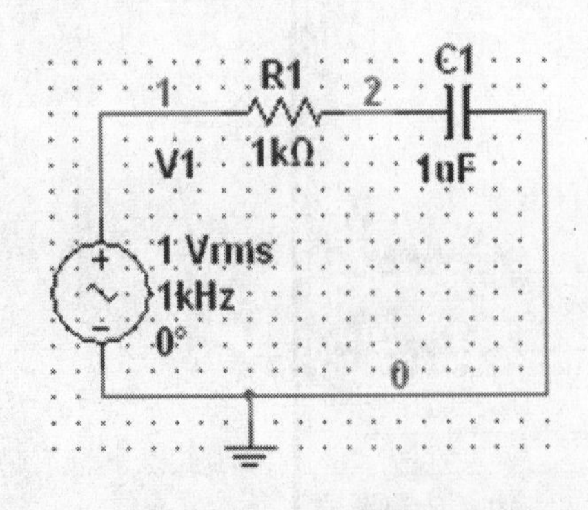

图 3.133 RC 电路

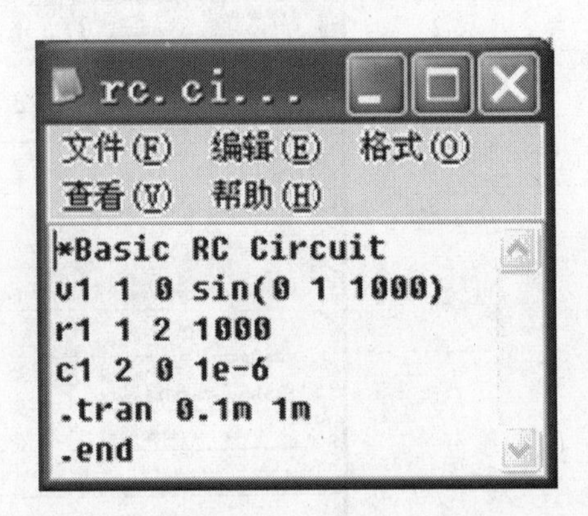

图 3.134 描述 RC 电路的 SPICE 语句

③ 将该记事本文件在指定的目录中另存为 rc. cir 文件。

第二步：用户自定义仿真。

① 单击 Simulate 菜单中 Analyses 选项下的 User Defined Analysis 命令，弹出 User Defined Analysis 对话框，如图 3.135 所示。

② 在该对话框的 Commands 选项卡中输入如图 3.135 所示的 SPICE 命令。

③ 单击 Simulate 按钮，仿真结果如图 3.136 所示。

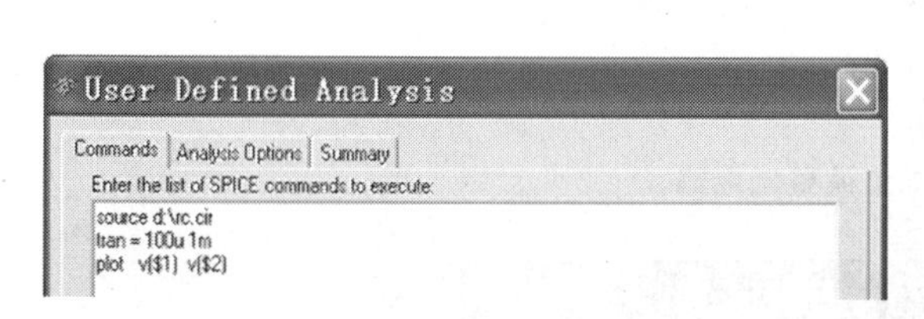

图 3.135　User Defined Analysis 对话框

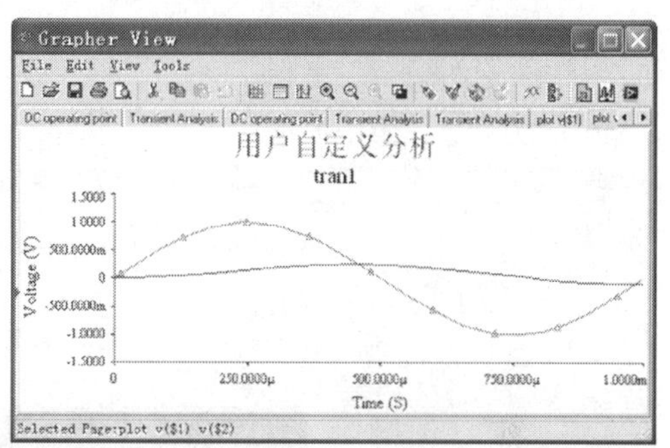

图 3.136　用户自定义分析仿真结果

3.6　仿真电路处理

仿真电路创建以后，可以利用 Multisim 软件提供的各种分析功能对电路进行仿真和调试，以达到预期的目的。此外，Multisim 软件还提供了进一步处理的功能，主要有 3 种处理：一是产生电路的各种报告，包括元件列表清单、元件详细信息报告、网表报告、电路图统计报告、空闲逻辑门报告和模型数据报告等；二是对仿真的结果进行处理，例如对电路中两个节点的电压进行某种数学运算、根据输出电压和电流求输出功率等；三是电路的某种信息与其他 Windows 应用软件之间的相互交换，例如产生其他 PCB 制作软件（如 Eagle、Lay、OrCAD、Protel、Tango、PCAD）的网表文件，将仿真的结果输出到 MathCAD/Excel 或输入 SPICE/PSpice 网表文件等。

3.6.1　电路的统计信息报告

以图 3.137 所示的全波整流电路为例，介绍各种统计信息报告。

1. 元件列表清单

单击 Reports 菜单下的 Bill of Materials 命令，弹出如图 3.138 所示的 Bill of Materials View 对话框。此清单提供了当前电路图中元件的列表和摘要信息，主要是元件的数量、种类、参考序列号和封装等内容；清单主要用于当前电路图所有元件的采购或制造，因此只列出了“真实”元件，也就是说那些无法购买的元件则没有列出，如各种电源、信号源和虚拟元件就没有罗列。

具体操作功能如下所述：

- Save as a text file：以文本格式存放当前的元件列表清单。
- Send to printer：弹出一个标准的打印对话框。

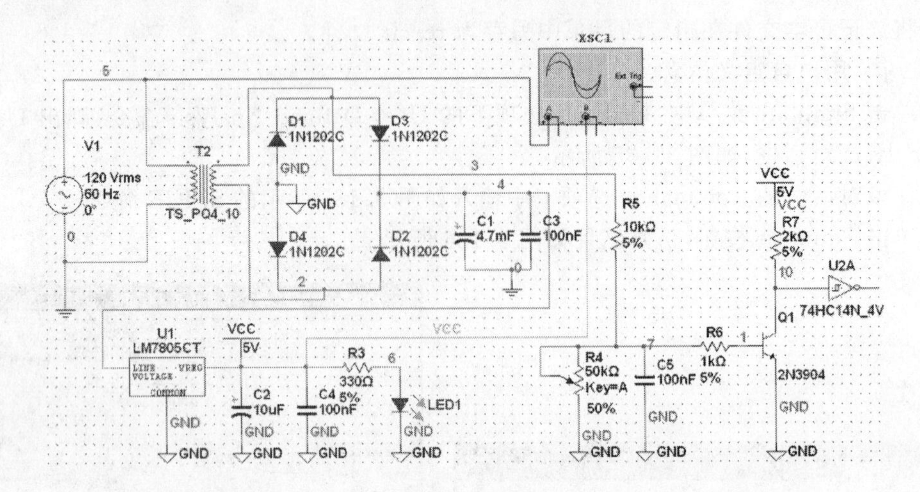

图 3.137　全波整流电路

Bill Of Materials View(From Do...

	Quantity	Description	RefDes	Package
1	4	DIODE, 1N1202C	D1, D2, D3, D4	Generic\DO-203A
2	1	TRANSFORMER, TS_PQ4_10	T2	Generic\XFMR_5F
3	1	BJT_NPN, 2N3904	Q1	Generic\TO-92
4	1	74HC_4V, 74HC14N_4V	U2	IPC-2221A/2222\N O14
5	1	LED_blue	LED1	Ultiboard\LED9R2 5Vb
6	1	VOLTAGE_REGULATOR, LM7805CT	U1	Generic\TO-220

图 3.138　Bill of Materials View 对话框(Show Real Components)

- Print Preview：显示打印预览对话框。
- To MS Excel APP.：将当前元件列表清单用微软公司的 Excel 软件显示，如图 3.140 所示。
- Show Real Components：显示“真实元件”对话框，如图 3.138 所示。
- Show Virtual Components：弹出“虚拟元件显示”对话框，如图 3.139 所示。
- Select Columns：弹出显示设置对话框，如图 3.141 所示，通过此对话框可以打开或关闭有关元件的信息显示。

Virtual Components View(From D...

	Quantity	Description	RefDes	Package
1	1	AC_POWER, 120 Vrms 60 Hz 0°	V1	Generic
2	1	CAP_ELECTROLIT, 10uF	C2	
3	1	POWER_SOURCES, GROUND	0	Generic
4	1	RESISTOR, 330Ω 5%	R3	
5	1	CAP_ELECTROLIT, 4.7mF	C1	
6	1	POTENTIOMETER, 50kΩ	R4	
7	3	CAPACITOR, 100nF	C3, C5, C4	
8	1	RESISTOR, 1kΩ 5%	R6	
9	1	RESISTOR, 10kΩ 5%	R5	
10	1	RESISTOR, 2kΩ 5%	R7	
11	1	POWER_SOURCES, DGND	GND	Generic
12	1	POWER_SOURCES, VCC	VCC	Generic

图 3.139　“虚拟元件显示”对话框(Show Virtual Components)

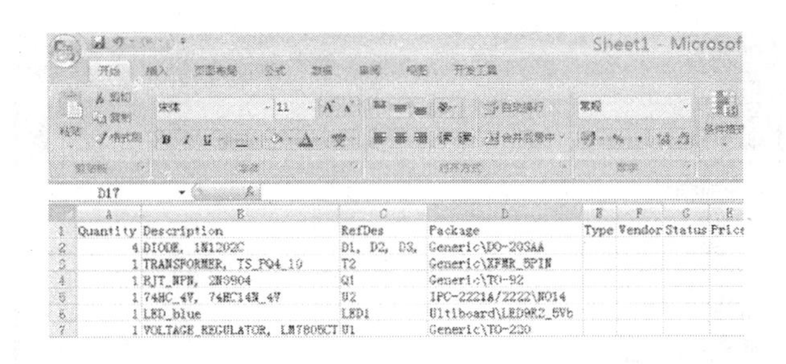

Quantity	Description	RefDes	Package	Type	Vendor	Status	Price
4	DIODE, 1N1202C	D1, D2, D3,	Generic\DO-205AA				
1	TRANSFORMER, TS_PQ4_10	T2	Generic\XFMR_5PIN				
1	BJT_NPN, 2N3904	Q1	Generic\TO-92				
1	74HC_4V, 74HC14N_4V	U2	IPC-2221A/2222\N014				
1	LED_blue	LED1	Ultiboard\LED9R2_5Vb				
1	VOLTAGE_REGULATOR, LM7805CT	U1	Generic\TO-220				

图 3.140　Excell 应用软件(To MS Excel APP.)

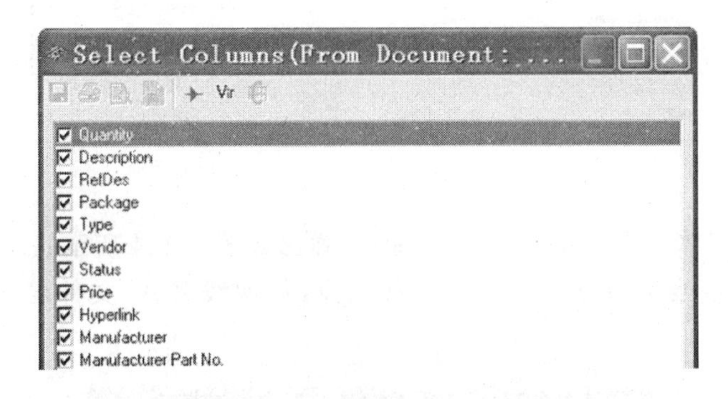

图 3.141　"显示设置"对话框

2. 元件详细信息报告

单击 Reports 菜单下的 Component Detail Report 命令，弹出如图 3.142 所示的 Select a Component to Print 对话框。此报告用于显示特定元件存储在 Multisim 软件数据库中的所有信息。在 Select a Component to Print 对话框中，选中当前电路图所用的元件，如选择 7406N，然后单击 Detail Report 按钮，弹出 Report Window 对话框，如图 3.143 所示。

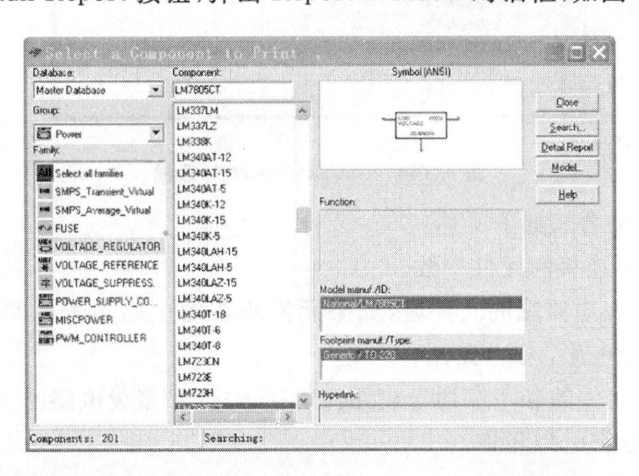

图 3.142　Select a Component to Print 对话框

通过 Report Window 对话框右侧的滚动条，可以查看集成电路 7406N 存储在数据库中的全部信息。左上角 2 个按钮的功能如下所述：

- Save to a document：以文本格式保存元件详细信息报告。
- Print the data：弹出 Windows 打印对话框，准备打印元件详细信息报告。

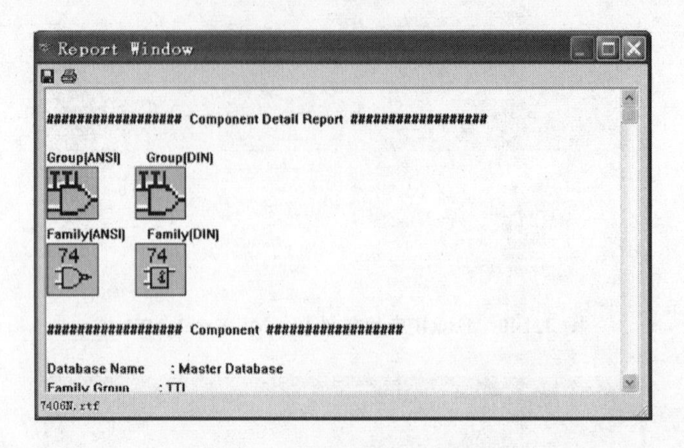

图 3.143　Report Window 对话框

3. 网表报告

单击 Reports 菜单下的 Netlist Report 命令，弹出如图 3.144 所示的 Netlist Report 对话框。此报告用于提供当前电路图有关的连接信息，如网线名称、文件名和逻辑引脚名称等信息。

Netlist Report (From Document: 全波整流电路)

	Net	Page	Component	Pin
1	0	全波整流电路	GND	1
2	0	全波整流电路	GND	1
3	0	全波整流电路	V1	2
4	0	全波整流电路	T2	2
5	0	全波整流电路	C1	2
6	0	全波整流电路	C3	2
7	1	全波整流电路	R6	1
8	1	全波整流电路	Q1	B
9	10	全波整流电路	Q1	C
10	10	全波整流电路	R7	2
11	10	全波整流电路	U2A	1A
12	2	全波整流电路	D4	K
13	2	全波整流电路	D2	A
14	2	全波整流电路	T2	5

图 3.144　Netlist Report 对话框

该对话框每一栏的含义如下所述：

- Net：该网线所连接的元件个数。
- Page：元件所在电路图的文件名，如果元件所在的电路是子电路、多级电路图或多页电路图，则 Page 表示根电路图。
- Component：元件的参考序列号或元件所在子电路、多级电路图或多页电路图的名称。
- Pin：元件的逻辑引脚名称。

4. 相互参照报告

单击 Reports 菜单下的 Cross Reference Report 命令，弹出如图 3.145 所示的 Cross Reference Report 对话框。此报告提供了当前电路图中所有元件相关信息的列表，例如参考序列号、描述、所在系列和电路图名称等。

Cross Reference Report (From Document: 全波整流电路)

	Refdes	Description	Family	Package	Page
1	0	GROUND	POWER_SOURCES	-	
2	GND	DGND	POWER_SOURCES	-	
3	VCC	VCC	POWER_SOURCES	-	
4	D2	1N1202C	DIODE	DO-203AA	全波整流电路
5	D3	1N1202C	DIODE	DO-203AA	全波整流电路
6	C2	10uF	CAP_ELECTROLIT	-	全波整流电路
7	V1	AC_POWER	POWER_SOURCES	-	全波整流电路
8	R3	330Ω 5%	RESISTOR	-	全波整流电路
9	T2	TS_PQ4_10	TRANSFORMER	XFMR_5PIN	全波整流电路
10	C1	4.7mF	CAP_ELECTROLIT	-	全波整流电路
11	R4	50kΩ	POTENTIOMETER	-	全波整流电路
12	C3	100nF	CAPACITOR	-	全波整流电路
13	R6	1kΩ 5%	RESISTOR	-	全波整流电路
14	Q1	2N3904	BJT_NPN	TO-92	全波整流电路

图 3.145　Cross Reference Report 对话框

5. 电路图统计报告

单击 Reports 菜单下的 Schematic Statistics 命令，弹出如图 3.146 所示的 Schematic Statistics Report 对话框。此报告用于显示当前电路的有关信息统计，包括 Number of components(元件总数)、Number of real components(真实元件数)、Number of Virtual components(虚拟元件数)、Number of gates(所用逻辑门数)等 13 项信息。

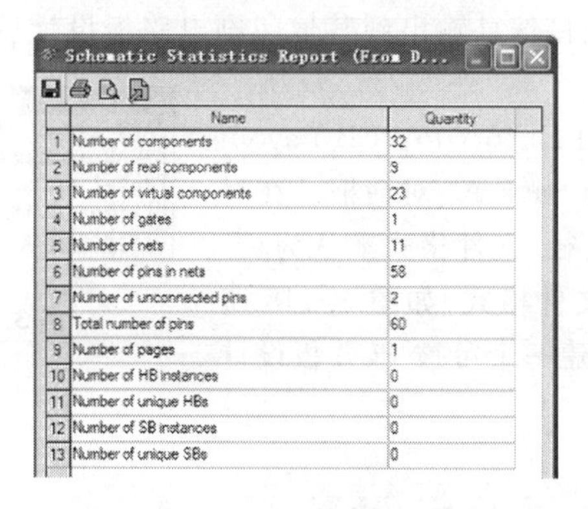

Schematic Statistics Report (From D...

	Name	Quantity
1	Number of components	32
2	Number of real components	9
3	Number of virtual components	23
4	Number of gates	1
5	Number of nets	11
6	Number of pins in nets	58
7	Number of unconnected pins	2
8	Total number of pins	60
9	Number of pages	1
10	Number of HB instances	0
11	Number of unique HBs	0
12	Number of SB instances	0
13	Number of unique SBs	0

图 3.146　Schematic Statistics Report 对话框

6. 空闲门报告

单击 Reports 菜单下的 Spare Gates Report 命令，弹出如图 3.147 所示的 Spare Gates Report 对话框。此报告列出了电路图的复合元件中未被使用的单元个数。通过此报告可以快速查看复合元件中可用门的情况，例如 7406N 芯片含有 6 个“非”门，目前只用了一个“非”门，尚有 B、C、D、E、F 这 5 个“非”门可用。

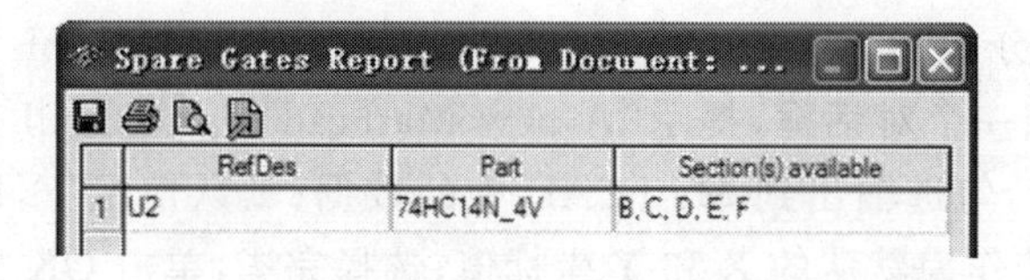

Spare Gates Report (From Document: ...

	RefDes	Part	Section(s) available
1	U2	74HC14N_4V	B, C, D, E, F

图 3.147　Spare Gates Report 对话框

3.6.2 仿真电路信息的输入/输出方式

Multisim可以与其他电路设计软件之间进行电路图或仿真结果的相互传输，可以方便地对这些数据做进一步的处理。以下介绍将Multisim中创建的电路图传输给其他PCB制作软件、把电路的仿真结果传输给MathCAD或Excel以及输入其他电路设计软件格式的电路图等内容。

1. 将电路图输出到PCB设计软件

(1) 将电路图输出到印刷电路板设计软件Ultiboard

Ultiboard也是National Instruments公司开发的一款软件，用于印刷电路板设计，通常配合Multisim使用。它不仅可以接受元件连接的信息，也可以接受某些仿真的结果。输出过程如下所述：

单击Transfer菜单下的Transfer to Ultiboard 10或Transfer to Ultiboard 9 or earlier命令，出现Windows风格的Save As对话框。在对话框中输入文件名和存储路径，文件格式默认为*.ewnet，单击Save按钮，自动创建一个可导入Ultiboard使用的文件。

注：若电路图中含有虚拟元件，将会弹出一个提示对话框，这些虚拟元件将不会被输出。

(2) 将电路图输出到其他印刷电路板设计软件

Multisim能将元件的连接信息输出到其他印刷电路板设计软件，如OrCAD、Protel、P-CAD、Ultiboard等。

单击Transfer菜单下的Export to PCB Layout命令，出现Windows风格的Save As对话框。在对话框中输入文件名和存储路径，文件格式默认为*.asc，也可以下拉选择其他文件格式，如图3.148所示，单击Save按钮，自动创建一个可被PCB板设计软件调用的文件。

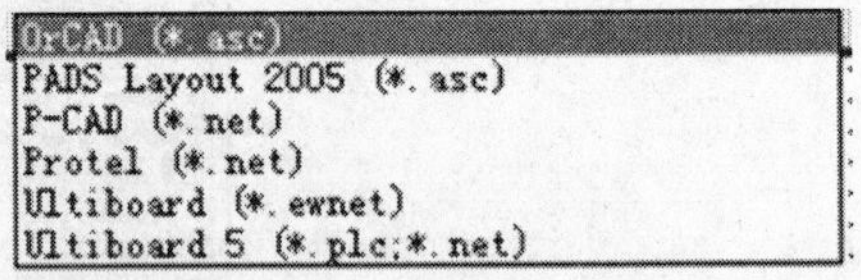

OrCAD (*.asc)
PADS Layout 2005 (*.asc)
P-CAD (*.net)
Protel (*.net)
Ultiboard (*.ewnet)
Ultiboard 5 (*.plc;*.net)

图3.148 文件格式选择

2. 仿真结果的输出

(1) 将仿真结果输出到Excel

对电路进行仿真分析后，在仿真分析的结果界面中，单击Tools菜单下的Export to Excel命令，将弹出一个对话框，提示“A new Microsoft Excel worksheet will be created”，单击OK按钮，弹出图表显示器，勾选输出到Excel中的数据；默认情况下，Excel把变量in1和变量in2当前的轨迹作为默认的X和Y坐标值；选择完毕，单击OK按钮，产生一个新的Excel电子表格，表格第一列和第二列中的数据分别为X坐标和Y坐标的值。

(2) 将仿真结果输出到MathCad

对电路进行仿真分析后，在仿真分析的结果界面中，单击Tools菜单下的Export to MathCad命令，将弹出一个对话框，提示“A new Mathcad session will be started”，单击OK按钮，弹出图表显示窗，勾选输出到MathCAD中的数据；默认情况下，MathCAD把变量in1和变量in2当前的轨迹作为默认的X和Y坐标值；选择完毕，单击OK按钮，应用软件MathCAD将被打开。

3. 输出网表

单击 Transfer 菜单下的 Export Netlist 命令，出现 Windows 风格的 Save As 对话框。在对话框中输入文件名和存储路径，文件格式默认为 *.cir，单击 Save 按钮，将保存网表文件。

4. 输入其他格式的电路图文件

单击 File 菜单下的 Open 命令，弹出打开文件对话框，可选择的文件类型主要有 Multisim 10、Multisim 早期版本（如 ms9、ms8、ms7 等）、EWB5.0 等，如图 3.149 所示。

Multisim 10 Files (*.ms10)
Older Multisim Files (*.ms9,*.ms8,*.ms
Electronics Workbench 5 Files (*.ewb)
Multisim 10 Project Files (*.mp10)
Older Project Files (*.mp9,*.mp8,*.mp7
EWB Database Update Files (*.prz)
SPICE Netlist Files (*.cir)
Orcad Files (*.dsn)
Ulticap Files (*.utsch)
EDA Parts Update Files (*.edp,*.mxm,*.

图 3.149　文件类型选择

5. 输入 SPICE 或 PSpice 网表文件

如果使用者熟悉 PSpice 命令，可以通过专门的命令，输入 SPICE 或 PSpice 格式的文件。此方法要求将元件的模型、连接方式、各种仿真命令以及文件操作命令都写入网表文件中，这样就可以完成相应的操作。

单击 Simulate 菜单下的 XSpice Command Line Interface 命令，打开 XSpice Command Line 对话框，如图 3.150 所示。在命令窗口中输入如下命令：

```
source d:\rc.cir
tran 1u 1m
plot v($1)
```

得到 rc.cir 电路的瞬态分析曲线，如图 3.151 所示。

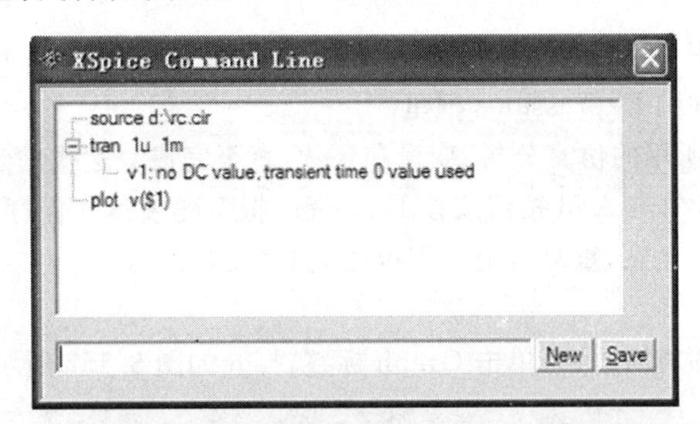

图 3.150　XSpice Command Line 对话框

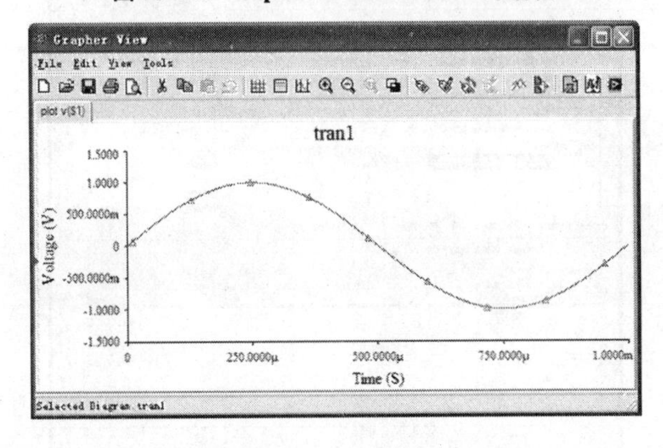

图 3.151　rc.cir 电路瞬态分析曲线

3.6.3 后处理器

后处理器是专门对电路仿真结果进行数学运算的工具，常用的数学运算包括代数运算、三角函数运算、指数运算、对数运算、复数运算、矢量运算和逻辑运算等。其运算结果用图形形式表示。例如，瞬态分析输出曲线除以输入曲线得到电路的增益特性曲线，电压乘以电流得到电路的功率等。

1. 后处理器的基本操作

(1) 建立数学表达式

目标：根据电路仿真结果中的变量和后处理器提供的数学运算建立所要求的数学表达式。

步骤如下：

① 单击 Simulate 菜单下的 Postprocessor 命令，弹出 Postprocessor 对话框，如图 3.152 所示。

② 在 Select Simulation Results 窗口中列举了仿真电路的名称和该电路进行过的仿真分析。每一个仿真分析后都有序号，表示对该电路仿真的类型和次数，在 Variables 窗口中，显示对电路进行仿真分析时所设置的输出变量。

③ 从 Variables 窗口中选取建立表达式所需要的变量，然后单击 Copy variable to expression 按钮，所选择的变量就会自动加到 Expressions 窗口中的 Expressions 框里，且变量以分析的编号作为前缀。

④ 在 Functions 窗口中选择所需的函数，然后单击 Copy function to expression 按钮，所选择函数就会自动添加到 Expressions 框里。

⑤ 重复进行选择所用的仿真分析、变量和函数，直至完成表达式的建立。

⑥ 建立表达式后，单击 Add 按钮或按 Enter 键，将新建表达式保存在 Expressions 栏中，并开始第 2 个表达式的建立，重复以上步骤以建立更多的表达式。

(2) 查看结果

在图 3.152 所示的对话框中，单击 Graph 标签，打开如图 3.153 所示的选项卡。

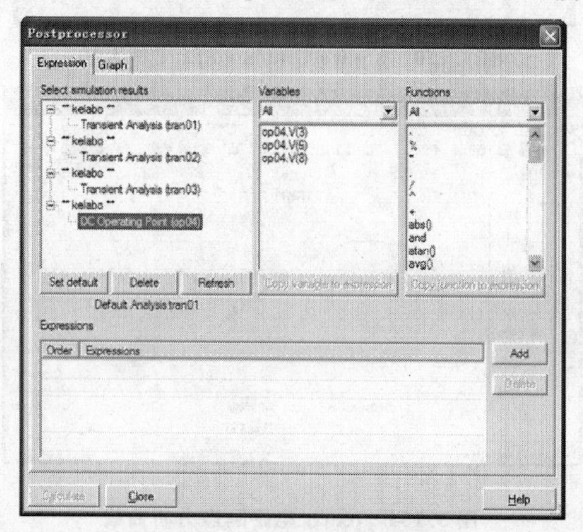

图 3.152 Postprocessor 对话框

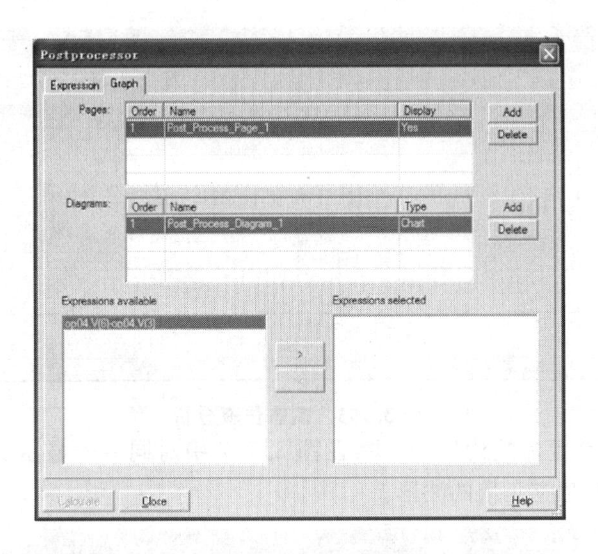

图 3.153　Graph 选项卡

步骤如下：

① 单击 Pages 窗口右侧 Add 按钮，则在 Pages 窗口中的 Name 栏添加了一个默认的名称 Post_Process_Page_1，此名称是用来显示的标签页名称。单击 Display 栏，则出现一个下拉菜单，可以选择是否显示后处理器计算结果的图形。

② 单击 Diagrams 窗口右侧的 Add 按钮，则在 Diagrams 窗口中的 Name 栏添加了一个默认的名称 Post_Process_Diagram_1，此名称是用来显示曲线的坐标系名称。单击 Diagrams 窗口的 Type 栏，将出现一个下拉列表用于选择表达式运算结果的输出方式。

③ 在左下角 Expressions available 窗口显示了在 Expression 选项卡中建立的表达式，选择相应的表达式，然后单击向右的箭头，则所选择的表达式移入右窗口中。

④ 选择完毕后，单击 Calculate 按钮，则打开图形分析编辑器(Analysis Graphs)，在图形分析编辑器中显示了表达式运算结果的图形。

2. 示　例

以图 3.154 所示的二极管振幅调制电路为例，具体说明后处理器使用方法。

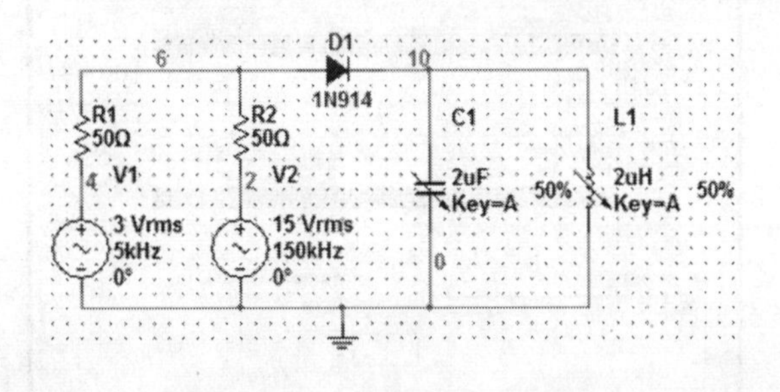

图 3.154　二极管振幅调制电路

瞬态分析设置：在 Analysis Parameters 选项卡中，设置 End Time 为 0.000 5，选择节点 2、4、10 为输出变量，单击 Simulate 按钮，仿真结果如图 3.155 所示。

后处理：单击 Simulation 菜单下的 Postprocessor 命令，弹出 Postprocessor 对话框，如

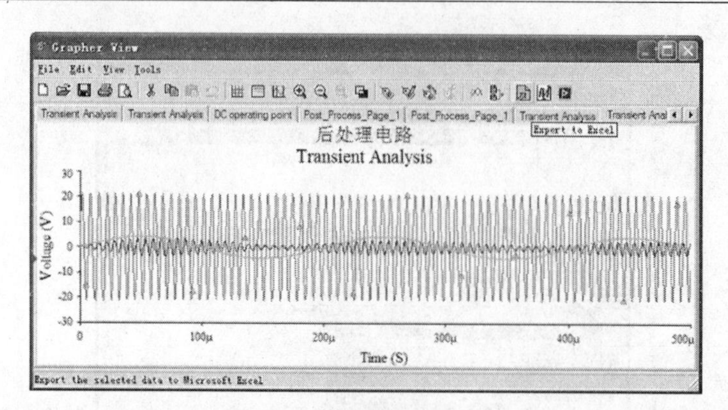

图 3.155 瞬态仿真分析

图 3.156和图 3.157 设置标签内容，其中，在图 3.157 中对同一个显示页设置了两个坐标系，分别显示节点 4 和 10 对应变量的波形。

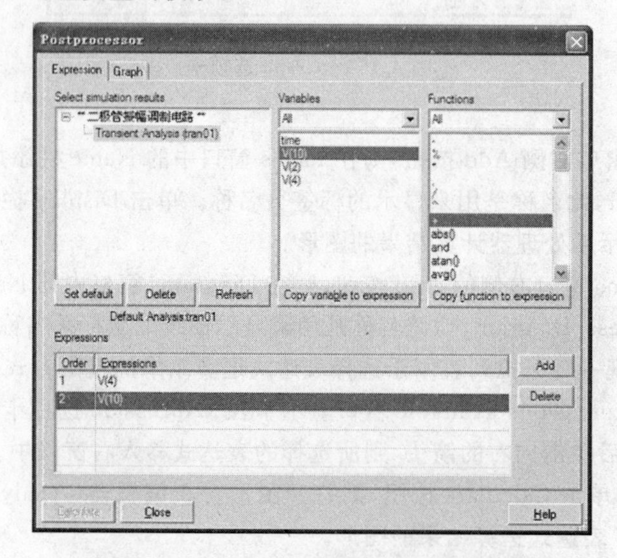

图 3.156 Expression 选项卡中的内容设置

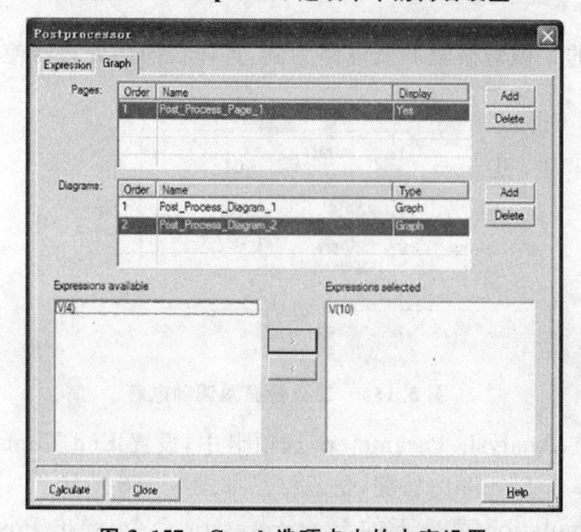

图 3.157 Graph 选项卡中的内容设置

结果显示：设置完毕，单击 Calculate 按钮，弹出如图 3.158 所示的后处理波形。

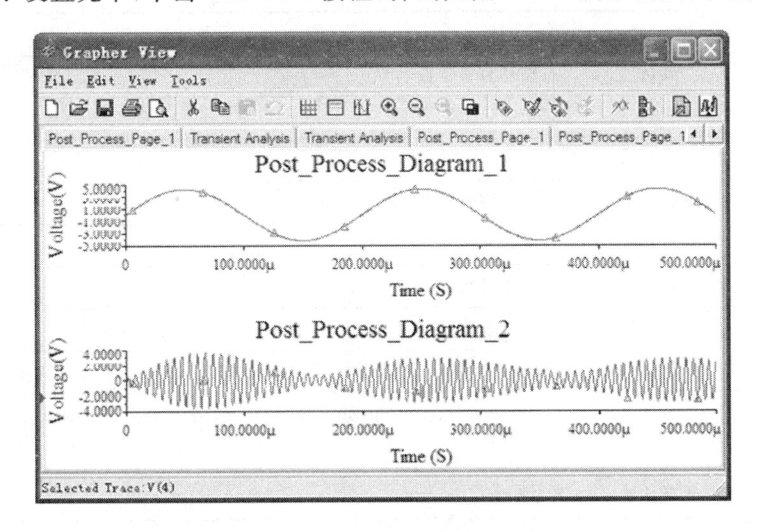

图 3.158　后处理波形

3. 后处理器变量

命名规则如下：

- v($)：节点电压，$代表节点编号。
- Vv$　$branch：流过电压源支路的电流（Vv$代表电压源名称，$branch 代表电压源所在的支路号）。
- Expr. x$：在子电路中的表达式（x$表示子电路名称）。

4. 后处理器函数

常用后处理函数如表 3.2 所列。

表 3.2　后处理器函数

符　号	类　型	运算功能
－	代数运算	减
%	代数运算	百分比
*	代数运算	乘
,	代数运算	复数，例如“3,j4＝3＋j4”
/	代数运算	除
^	代数运算	幂
＋	代数运算	加
abs()	代数运算	绝对值
and	逻辑运算	与
atan()	三角运算	余切
avg()	向量运算	取向量的算术平均值
avgx(.)	向量运算	avgx(X,d)，在 d 的基础上取向量 X 的算术平均值

续表 3.2

符　号	类　型	运算功能
boltz	常数	玻耳兹曼常数
c	常数	光速
cos()	三角运算	余弦
db()	指数运算	取 dB 值，即 $20\log_{10}$(value)
deriv()	向量运算	微分
e	常数	自然对数的底数
echarge	常数	基本电荷量(-1.609×10^{-19} C)
envmax(.)	向量运算	envmax(X,n)对于向量 X 的最大的包络，n 取小于可鉴别波峰的点数
envmin(.)	向量运算	envmin(X,n)对于向量 X 的最小的包络，n 取大于可鉴别波谷的点数
eq	比较函数	等于
exp()	指数运算	e 的幂
false	常数	假
ge	比较函数	大于或等于
grpdelay()		
gt	比较函数	大于
i	常数	$i=\sqrt{-1}$
imag()	复数运算	取向量的虚数部分
integral()	向量运算	求向量 X 的积分
j()	复数运算	$j=\sqrt{-1}$，例如 j3
kelvin	常数	摄氏温度
le	比较函数	小于或等于
length()	向量运算	取向量的长度
ln()	指数运算	以 e 为底的对数
log()	指数运算	以 10 为底的对数
lt	比较函数	小于
mag()	向量运算	取其幅值
max(.)	向量运算	取最大值
mean()	向量运算	取平均值
min(.)	向量运算	取最小值
ne	比较函数	不等于
no	常数	否
nom()	向量运算	归一化
not	逻辑运算	非
or	逻辑运算	或
ph()	向量运算	取其相位角
pi	常数	π

续表 3.2

符　号	类　型	运算功能
planck	常数	普朗克常数
real()	复数运算	取向量的实数部分
rms()	向量运算	rms(X)，取向量 X 的有效平均值
rnd()	向量运算	取随机数
sgn()	符号运算	Sgn(number)，number 参数是任何有效的数值表达式。返回值如果 number 大于 0，则 Sgn 返回 1；等于 0，返回 0；小于 0，则返回－1。number 参数的符号决定了 Sgn 函数的返回值
sin()	三角运算	正弦
sqrt()	代数运算	平方根
tan()	三角运算	正切
true	常数	真
vector()	向量运算	X 个元素的向量
vi()	复数运算	vi(x)＝image(v(x))
vm()	向量运算	vm(x)＝mag(v(x))
vp()	向量运算	vp(x)＝ph(v(x))
vr()	复数运算	vr(x)＝real(v(x))
yes	常数	是

本章重点

1. Multisim 界面命令的掌握。
2. Multisim 测试虚拟仪器的掌握。
3. Multisim 分析方法的掌握。

思考题

1. 如图 3.159 所示，设计一个电容充放电电路，观察充电和放电过程，对比分析测量参数与理论参数，例如充电时间、放电时间、电压最大幅度等参数。

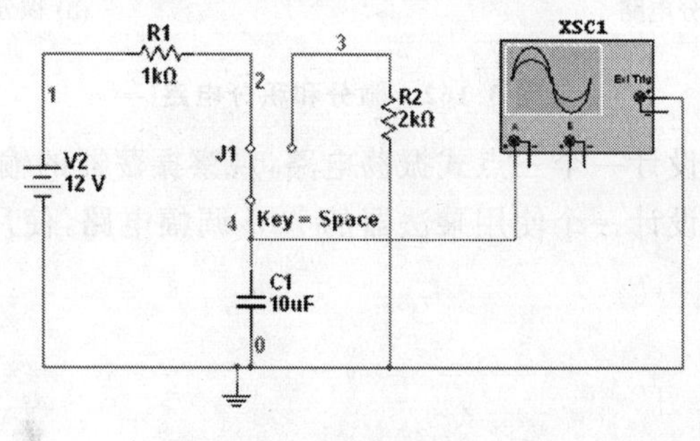

图 3.159　电容充放电电路

2. 如图 3.160 所示，设计一个暂态响应电路，改变电容器 C1 的大小，使其电容值为 10 μF，观察波形变化，分析变化原因。

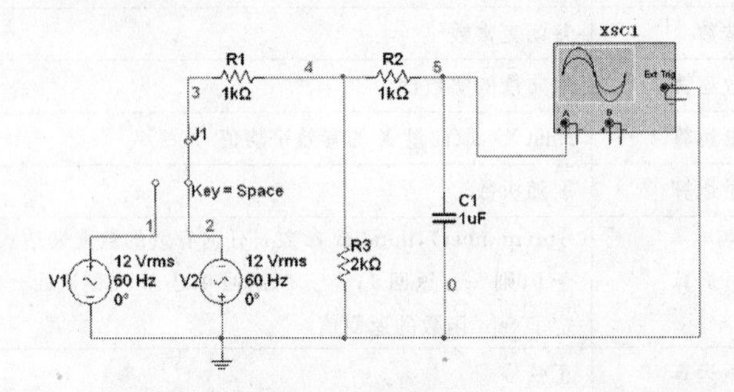

图 3.160　暂态响应电路

3. 如图 3.161 所示，设计一个串联谐振电路，估算电路谐振频率，利用波特图仪观测幅频特性曲线，记录谐振频率，分析理论与实际所得谐振频率是否相同，如果不同，请分析原因。

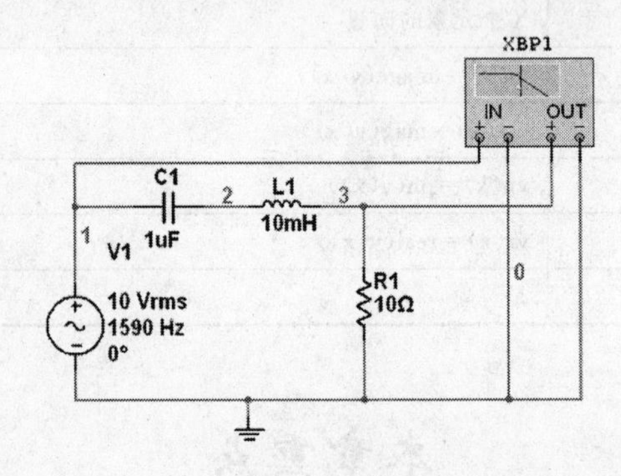

图 3.161　串联谐振电路

4. 如图 3.162 所示，设计微分、积分电路，观测输入/输出波形幅值和周期，比较原信号与变换信号特点。

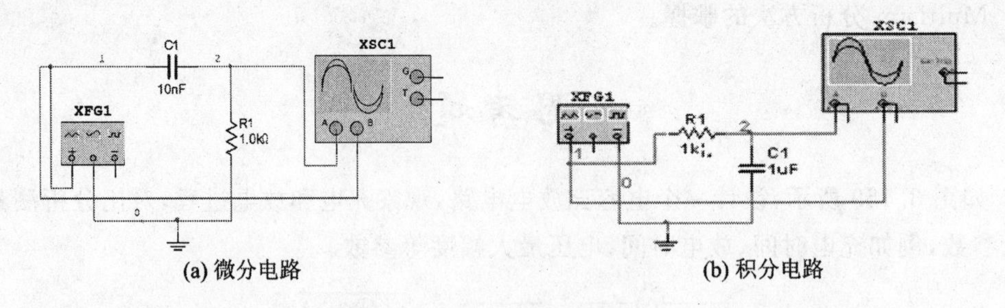

图 3.162　微分和积分电路

5. 如图 3.163 所示，设计一个三点式振荡电路，观察振荡器的输出波形。

6. 如图 3.164 所示，设计一个使用乘法器的 AM 调幅电路，使用频谱分析仪观察调幅电路的频谱。

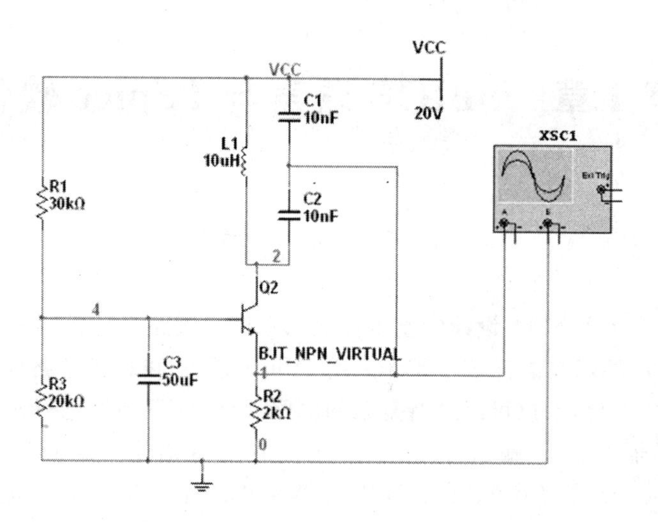

图 3.163　三点式振荡电路

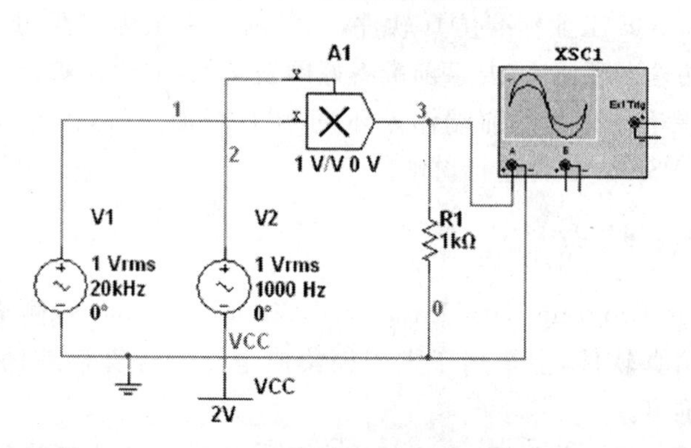

图 3.164　使用乘法器的 AM 调幅电路

第4章　SPICE语言与PSpice软件

4.1　概　述

前面已经简要介绍了EDA设计的基本流程以及模拟电路设计常用的EDA平台，本章介绍模拟电路设计常用的基本语言SPICE。采用SPICE语言，可以把电路设计以一种可编程序的方式输入到EDA平台，不仅可以进行复杂的电路设计，而且还能进行元器件的基本物理特性的仿真，如MOS器件输入/输出特性等电气性能的直观描述。常见的SPICE仿真软件有HSpice、PSpice、Spectra、TSPICE、SmartSPICE、IsSPICE等，其核心算法相近，但仿真速度、精度和收敛性却不一样，其中以Synopsys公司的HSpice和Cadence公司的PSpice最为著名。HSpice是事实上的SPICE工业标准仿真软件，在业内应用最为广泛，具有精度高、仿真功能强大等特点，但无前端输入环境，需要事前准备好网表文件，不适合初级用户，主要应用于集成电路设计；而PSpice具有图形化的前端输入环境，用户界面友好，因此本章对SPICE电路描述语言的介绍将结合PSpice软件进行讲解。

4.1.1　PSpice特点

SPICE(Simulation Program with Integrated Circuit Emphasis，侧重集成电路的模拟程序)是模拟电路基本仿真软件，主要用于大规模集成电路的计算机辅助设计，其正式实用版Spice 2G于1975年推出。

PSpice是美国Microsim公司于1985年推出的在Spice 2G的基础上升级并用于PC机上的Spice版本。作为较早出现的EDA软件之一，PSpice具有强大的电路图绘制功能、电路模拟仿真功能、图形后处理功能和元器件符号制作功能，以图形方式输入，自动进行电路检查，生成图表，模拟和计算电路。它的用途非常广泛，不仅可用于电路分析和优化设计，还可用于电子线路、电路和信号与系统等课程的计算机辅助教学。PSpice被公认是通用电路模拟程序中最优秀的软件之一，具有广阔的应用前景。首先，高版本的PSpice不仅可以对模拟电路进行直流、交流和瞬态等基本电路特性的分析，而且实现了蒙特卡罗分析、最坏情况分析以及优化设计等较为复杂的电路特性分析；其次，不但能够对模拟电路进行仿真，而且能够对数字电路、数模混合电路进行仿真；最后，集成度大大提高，电路图绘制完成后可直接进行电路仿真，并且可以随时分析、观察仿真结果。

PSpice发展至今，随着软件的不断升级，其功能也不断扩充。目前新推出的软件版本为OrCAD 16.9，本章涉及的软件为OrCAD 16.3，功能主要包括OrCAD Capture(电路原理图设计)、PSpice A/D(模数混合仿真)、OrCAD PCB Editor(绘制PCB板)等。可以进行各种各样的电路仿真、激励建立、温度与噪声分析、模拟控制、波形输出、数据输出，并可以在同一个窗口内同时显示模拟与数字的仿真结果，无论对哪种器件哪些电路进行仿真，包括IGBT、脉宽调制电路、模/数转换、数/模转换等都可以得到精确的仿真结果。

在电路系统仿真方面，PSpice可以说独具特色，是其他软件无法比拟的。它是一个多功

能的电路模拟试验平台，PSpice 软件由于收敛性好，适于做系统及电路级仿真，具有快速、准确的仿真能力。

1. PSpice 的优越性

（1）图形界面友好，易学易用，操作简单

高版本的 PSpice 采用 Windows 界面、菜单式结构，使得该软件由原来单一的文本输入方式而更新升级为输入原理图方式，使电路设计更加直观形象。只要熟悉 Windows 操作系统就很容易学，利用鼠标和热键一起操作，既提高了工作效率，又缩短了设计周期。

（2）实用性强，仿真效果好

在 PSpice 中，改变参数的仿真是非常容易实现的，它只需存一次盘、创建一次连接表，就可以实现一个复杂电路的仿真。而如果用 Protel 等软件仿真，则仿真过程十分繁琐，当改变某个参数时，即使是电阻值或电容值，都需要重新建立网络表的连接，设置其他参数更为复杂。

（3）功能强大，集成度高

在 PSpice 内集成了许多仿真功能，如直流分析、交流分析、噪声分析、温度分析等，用户只需在所要观察的节点放置电压（电流）探针，就可以在仿真结果图中观察到其“电压（或电流）-时间图”。该软件还集成了诸多数学运算，不仅为用户提供了加、减、乘、除等基本的数学运算，还提供了正弦、余弦、绝对值、对数、指数等基本的函数运算。另外，用户还可以对仿真结果窗口进行编辑，如添加窗口、修改坐标、叠加图形等，还具有保存和打印图形的功能，这些功能都给用户提供了制作所需图形的一种快捷、简便的方法。

2. PSpice 的组成

（1）电路原理图编辑程序 Schematics

PSpice 输入有两种形式：一种是网表文件（或文本文件）形式；一种是电路原理图形式。相对而言，后者更简单直观，它既可以生成新的电路原理图文件，又可以打开已有的原理图文件。电路元器件符号库中备有各种元器件符号，除了电阻、电容、电感、晶体管和电源等基本器件及符号外，还有运算放大器、比较器等宏观模型级符号，组成电路图。原理图文件后缀为. sch。图形文字编辑器自动将原理图转化为电路网表文件以提供给模拟计算程序运行仿真。

（2）激励源编辑程序 Stimulus Editor

PSpice 中有很丰富的信号源，如正弦源、脉冲源、指数源、分段线性源和单频调频源等。该程序可用来快速完成各种模拟信号和数字信号的建立与修改，并且可以直观而方便地显示这些信号源的波形。

（3）电路仿真程序 PSpice A/D

模拟计算程序 PSpice A/D 也叫做电路仿真程序，它是软件核心部分。在 PSpice 4.1 版本以上，该仿真程序具有数字电路和模拟电路的混合仿真能力，为数模混合电路的仿真提供方便。它接收电路输入程序确定的电路拓扑结构和元器件参数信息，经过元器件模型处理形成电路方程，然后求解电路方程的数值解并给出计算结果，最后产生扩展名为. dat 的数据文件（给图形后处理程序 Probe）和扩展名为. out 的电路输出文本文件。模拟计算程序只能打开扩展名为. cir 的电路输入文件，而不能打开扩展名为. sch 的电路输入文件。因此在 Schematics 环境下运行模拟计算程序时，系统首先将原理图. sch 文件转换为. cir 文件，然后再启动 PSpice A/D 进行模拟分析。

(4) 输出结果绘图程序 Probe

Probe 程序是 PSpice 的输出图形后处理软件包。该程序的输入文件为用户文本文件或图形文件仿真运行后形成的后缀为.dat 的数据文件。它可以起到万用表、示波器和扫描仪的作用,在屏幕上绘出仿真结果的波形和曲线。

(5) 模型参数提取程序 Model Editor

电路仿真分析的精度和可靠性主要取决于元器件模型参数的精度。尽管 PSpice 的模型参数库中包含了上万种元器件模型,但有时用户还是根据自己的需要而采用自己确定的元器件的模型及参数。这时可以调用模型参数提取程序 Model ED 从器件特性中提取该器件的模型参数。

(6) 元件模型参数库 LIB

PSpice 具有自建的元件模型,元件的建立以元件的物理原理为基础,模型参数与物理特性密切相关。PSpice 提供的元器件参数库都以.LIB 的文件形式存放在 LIB 目录中,供仿真程序调用。除了分立元件参数库以外,还有集成电路的宏模型库,并提供一些著名器件和 IC 生产厂家的专有元器件参数库,如二极管库 DIDE.LIB、双极型晶体管库 BIPOLAR.LIB、通用运算放大器库 LINEAR.LIB、公司专用 IC 宏模型库以及数字电路 74 系列等器件模型参数库等。

3. PSpice 的分析类型

PSpice 是计算机辅助分析设计中的电路模拟软件。它主要用于所设计的电路硬件实现之前,先对电路进行模拟分析,就如同对所设计的电路用各种仪器进行组装、调试和测试一样,这些工作完全由计算机来完成。用户根据要求来设置不同的参数,计算机就像扫描仪一样,分析电路的频率响应;像示波器一样,测试电路的瞬态响应;还可以对电路进行交直流分析、噪声分析、蒙特卡罗分析、最坏情况分析等,使用户的设计达到最优效果。以往一个新产品的研制过程需要经过工程估算,试验板搭试、调整,印刷板排版与制作、装配与调试及性能测试,若测试指标不合格,则再从调整开始循环,直至指标合格为止。这样往往需要反复实验和修改,而仿真技术可将“实验”与“修改”合二为一,为确定元件参数提供了科学的依据。

PSpice 的分析类型如图 4.1 所示。

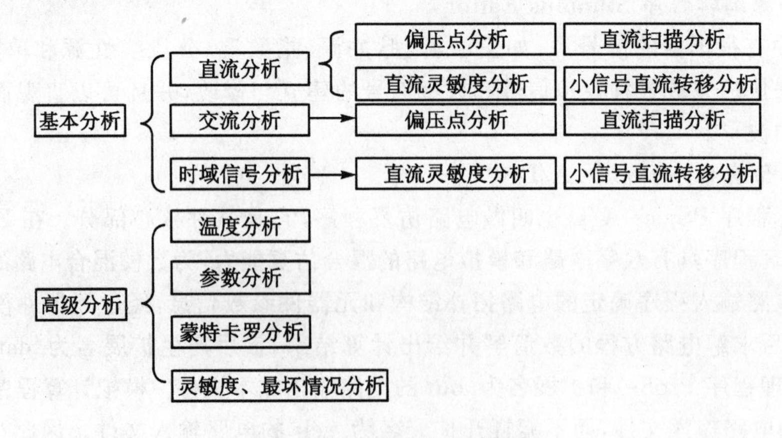

图 4.1 PSpice 的分析类型

4.1.2　元器件模型

电路都是由一些实际的元器件组成的。建立元器件物理模型的方法有两种：一是在分析器件物理特性的基础上来构造模型，称为物理型；二是根据器件的输入/输出外特性参数来构造模型，称为外特性模型，也称宏模型。

PSpice 中的元器件模型是以物理为基础构造出的模型，而运算放大器、电压比较器等采用的是外特性模型，即宏模型。

一个元件的等效模型不仅与本身的物理机理有关，而且也与工作条件和分析要求有关。工作条件包括温度和加在元件上的偏置电压等，一个元件在不同的工作条件下，不仅电学工作特性不同，而且其模型参数也会变化；分析要求是指对电路进行何种分析，若进行直流分析，非线性元件的等效电路是满足迭代公式的线性化等效电路或迭代伴随模型，而对于非线性元件本身，只需考虑与直流工作状态有关的参数。不同的分析要求，需要建立不同的等效模型。

这里只介绍代表性的线性元件模型、二极管模型、双极型晶体管模型及宏模型，具体模型参数的来源和数学推导，请参看有关电子电路计算机辅助设计的书籍。

1. 线性元件模型

线性元件模型包括电阻、电容、电感、互感、电压源和电流源等。在进行直流分析时，线性元件中只有电阻、电源的直流分量在实际电路中起作用。一般情况下电容视为开路、电感视为短路。只有在瞬态分析和交流分析时，电容、电感这类储能元件才起作用。这些元件在不同分析时的等效模型和数学表达式是不同的。以下介绍各线性元件的模型参数。

(1) 电阻器

考虑到温度对电阻值的影响，PSpice 用如表 4.1 所列的模型参数和相关公式进行电阻值计算。

① 模型参数

表 4.1　电阻器模型参数

模型参数	单　位	默认值	参数含义
R	—	1	电阻值因子
TC1	$℃^{-1}$	0	线性温度系数
TC2	$℃^{-2}$	0	平方温度系数
TCE	$\% \cdot ℃^{-1}$	0	指数温度系数

② 计算公式

当未定义模型参数 TCE 时，电阻值计算公式为

$$\mathrm{RES} = <\text{值}> R[1 + \mathrm{TC1}(T - T_0) + \mathrm{TC2}(T - T_0)^2]$$

当定义了模型参数 TCE 时，电阻值计算公式为

$$\mathrm{RES} = <\text{值}> R \times 1.01^{\mathrm{TCE}(T-T_0)}$$

式中，T 和 T_0 分别为工作温度和室温，都用摄氏度表示。

③ 噪声模型

噪声功率表达式为

$$I = 4kT/R$$

式中，I 为等效噪声电流，k 为玻耳兹曼常数，T 为温度，R 为电阻的阻值。

(2) 电容器

考虑电容器上的电压和温度对电容量的影响，可用表 4.2 所列的模型参数及相关公式进行电容量计算。

① 模型参数

表 4.2 电容器的模型参数

模型参数	单 位	默认值	参数含义
C	—	1	电容因子
VC1	V^{-1}	0	线性电压系数
VC2	V^{-2}	0	平方电压系数

② 计算公式

$$CAP = <值> C(1 + VC1 \times V + VC2 \times V^2)[1 + TC1(T - T_0) + TC2(T - T_0)^2]$$

电容器没有噪声模型。

(3) 电感器

考虑电感器上的电流及温度对电感量的影响，可用表 4.3 所列模型参数及相关公式对电感量进行计算。

① 模型参数

表 4.3 电感器的模型参数

模型参数	单 位	默认值	参数含义
L	—	1	电感因子
IL1	A^{-1}	0	线性电流系数
IL2	A^{-2}	0	平方电流系数

② 计算公式

$$IND = <值> L(1 + IL1 \times 1 + IL2/I^2)[1 + TC1(T - T_0) + TC2(T - T_0)^2]$$

电感器没有噪声模型。

(4) 互感器

考虑互感模型时引入了 Jiles - Atherton 的非线性磁芯模型，该模型考虑了磁通量和磁场强度的关系，其模型参数如表 4.4 所列。

① 模型参数

表 4.4 非线性磁性元件的模型参数

模型参数	单 位	默认值	参数含义
AREA	cm^2	0.1	平均磁芯截面积

续表 4.4

模型参数	单　位	默认值	参数含义
PATH	cm	1.0	平均磁路长度
GAP	cm	0	有效气隙长度
PACK	—	1.0	叠层系数
MS	A/m	1E+6	磁饱和系数
ALPHA	—	1E−3	平均磁场系数
A	A/m	1E+3	整形系数
C	—	0.2	磁畴壁的挠曲常数
K	—	500	磁畴壁的阻塞常数

② 计算公式

由 Jiles - Atherton 模型，对给出的磁场强度 H，磁化强度 M 为

$$M = \mathrm{MS}\,\frac{F(\mathrm{Heff})}{A}$$

式中：$\mathrm{Heff} = H + \mathrm{ALPHA} * \mathrm{MS}$；函数 $F(x) = (\mathrm{ch}x)\dfrac{1}{x}$。该模型主要描述 $B - H$ 的磁滞回线，并可以得到任意时刻的磁通量。

2. 二极管模型

一个由 PN 结构成的二极管，其电压-电流关系如图 4.2 所示。

流过二极管的电流 I_D 可近似表达为

$$I_D = I_S\left(\exp\frac{q \times V_D}{nkT} - 1\right)$$

式中：I_s——饱和电流(A)；

q——电子电荷量($1.602\,2 \times 10^{19}$ C)；

k——玻耳兹曼常数($1.380\,6 \times 10^{-23}$ J/K)；

T——绝对温度(273.16 K=0 ℃)；

n——发射系数，考虑到 PN 结不是突变结且载流子有复合效应，n 在 1～2 之间取值。

二极管符号和模型如图 4.3 所示。

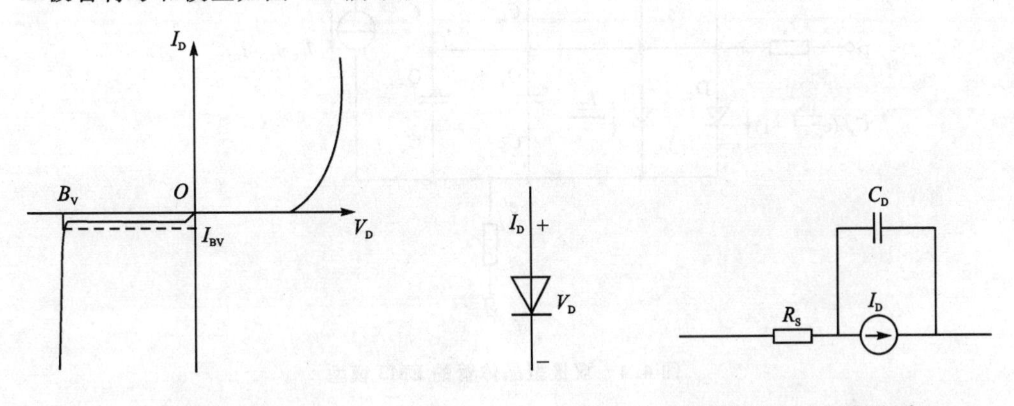

图 4.2　二极管伏安特性

图 4.3　二极管符号(左)和模型(右)

二极管模型参数如表 4.5 所列。

表 4.5 二极管的模型参数

模型参数	符 号	单 位	默认值	参数含义
IS	I_s	A	1×10^{-14}	反向饱和电流
RS	R_s	Ω	0	体电阻
N	N	—	1	反射系数
TT	$\tau(t)$	s	0	渡越时间
CJO	C_{jo}	F	0	零偏压下的结电容
VJ	Φ_B	V	1	结电势
M	M	—	0.5	PN 结梯度系数
EG	E_g	eV	1.11	硅的带隙能量
XTI	P_1	—	3	I_s 的温度指数
KF	K_F	—	0	闪烁噪声系数
AF	A_F	—	1	闪烁噪声指数
FC	FC	—	0.5	结电容模型中的正向偏置系数
BV	B_V	V	∞	结的反向击穿电压
IBV	I_{BV}	A	1×10^{-10}	结的反向击穿电流

3. 双极型晶体管模型

双极型晶体管模型种类很多，CAD 中常用的是 Ebers - Moll 模型(简称 EM 模型)和 Gummel - Poon 模型(简称 GP 模型)。EM 模型是一种大信号非线性直流模型，经过不断改进，已经成为包括电荷存储效应、β 随电流的变化及基区宽度调制等各种效应的模型。GP 模型包括主要的二阶效应，是一种在数学推导上更加严格和完整的模型。图 4.4 所示为 EM3 模型，模型参数共有 40 个，如表 4.6 所列。

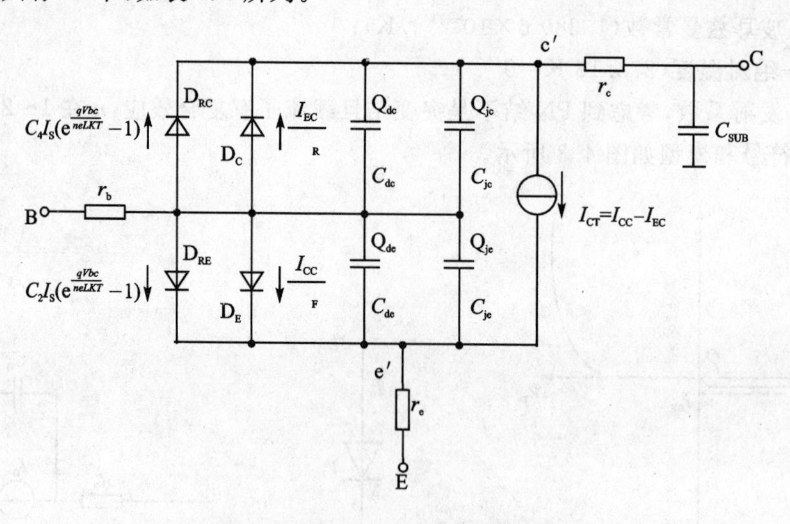

图 4.4 双极型晶体管的 EM3 模型

表 4.6　PSpice 双极型晶体管的模型参数

模型参数	符　号	单　位	默认值	参数含义
IS	I_s	A	1E－16	反向饱和电流
BF	β_F	—	100	正向电流增益
BR	β_R	—	1	反向电流增益
NF	N_F	—	1	正向电流发射系数
NR	N_R	—	1	反向电流发射系数
ISE(c2IS)	I_{C2}	A	0	B－E 结泄漏饱和电流
ISC(c4IS)	I_{C4}	A	0	B－C 结泄漏饱和电流
IKF	I_{KF}	A	∞	正向 β 大电流下降点
IRF	I_{RF}	A	∞	反向 β 大电流下降点
NE	n_{EL}	—	1.5	B－E 结泄漏发射系数
NC	n_{cl}	—	2	B－C 结泄漏发射系数
VAF	V_A	V	∞	正向欧拉电压
VAR	V_B	V	∞	反向欧拉电压
RC	R_{CC}	Ω	0	集电极电阻
RE	R_{EE}	Ω	0	发射极电阻
RB	R_{BB}	Ω	0	基极电阻
RBM	R_{BM}	Ω	RB	大电流时最小欧姆电阻
IRB	I_{RB}	A	∞	基极电阻下降到最小值的 1/2 时的电流
TF	τ_F	S	0	理想正向渡越时间
TR	τ_R	S	0	理想反向渡越时间
XTF	$X_{\tau F}$	—	0	TF 随偏置变化的系数
VTF	$V_{\tau F}$	—	∞	TF 随 V_{BC} 变化的电压
ITF	$I_{\tau F}$	A	0	TF 的大电流参数
PTE	$P_{\tau F}$	—	0	$f=1/(2\pi\tau_p)$ 时的超前相位
CJE	C_{JE0}	F	0	B－E 结零偏置耗尽电容
VJE	ϕ_E	V	0.75	B－E 结内建电势
MJE	m_E	—	0.33	B－E 结梯度因子
CJC	C_{JC0}	F	0	B－C 结零偏置耗尽电容
VJC	ϕ_E	V	0.75	B－C 结零偏置耗尽电容
MJC	M_C	—	0.33	B－C 结零偏置耗尽电容
CJS	C_{SUB}	—	0	C－衬底结零偏置电容
VJS	ϕ_S	V	0.75	衬底结内建电势
MJS	M_S	—	0.33	衬底结梯度因子
FC	FC	—	0.5	正偏压耗尽电容公式中的系数
XCJC	X_{CJC}	—	1	B－C 结耗尽电容连到基极内节点的百分数

续表 4.6

模型参数	符 号	单 位	默认值	参数含义
XTB	X_{TB}	—	0	BETA 的温度指数
XTI	X_{TI}	—	3	饱和电流温度指数
EG	E_g	eV	1.11(硅)	I_s 温度效应中的禁带宽度
KF	K_f	—	0	闪烁噪声系数
AF	α_f	—	1	闪烁噪声指数

注：模型参数还有 IKR、NC、NE、NK、NS、PTF 等，详情请参考相关文献。

GP 模型是用新的电荷控制概念把结电压、集电极电流和基区中的多数载流子电荷联系起来，可以把基本的 EM 模型中未包括的各种二级效应用简洁的形式包括进去。即使在大注入条件下，此模型也与实际测量结果能较好符合。自 1970 年发表后，GP 模型被广泛采用。此模型的特点是在电流与电压关系式的分母中包括基区中多数载流子的总电荷，但模型是一维晶体管模型，也不能包括二维效应(如基区自偏效应造成的电流密度不均匀等)。GP 模型与 EM 模型相比，电路拓扑结构相同，模型参数基本相同，可以认为二者是等效的。

4. 宏模型

宏模型是电子电路或系统中的子网络或子系统的简化表示。可以表示成一个等效电路、一组数学方程、一组多维数表或一种表达更复杂电路的某种符号形式。宏模型的特性是在一定精度范围内，其端口特性与原子网络或子系数的端口特性相同或近似相同，但其结构复杂程度明显下降。例如，一个运算放大器需要 20 个晶体管，每个晶体管模型有 13 个元件，则总元件数有 260 个，而它的宏模型仅用 11 个元件就可构成，这样就可以大大降低对计算机内存的要求，并节省计算时间。宏模型在大型电路 LSI 和 VLSI 的 CAD 中十分重要。

宏模型建立的基本要求如下：

- 按精度要求，准确地模拟原电路的电特性；
- 电路结构尽量简单；
- 建立过程尽可能简化。

常用宏模型建立方法：简化电路法、端口特性构造法等。

① 简化电路法

本方法是将原电路中对整个电路影响不大的元件去掉，使电路得到简化。采用的是灵敏度法，首先计算电路中各元件的灵敏度，比较各灵敏度，当元件 P1 的灵敏度高于 P2 的灵敏度 10 倍以上时，就可以去掉 P2。这样连续删除那些灵敏度较低、影响不大的元件，保留灵敏度高的元件。缺点是简化程度受到限制，模型中保留的元件数与精度有关，在精度要求较高时，所含元件数不能明显地减少。

② 端口特性构造法

本方法是构造另外一个电路，使其端口特性与原电路的端口特性一致，但新电路要比原电路有较大程度的简化，新电路称为原电路的端口特性宏模型。构造时，应首先分析电路的工作原理和内部电路各部分的功能，按照功能将电路划分为若干子电路，用尽可能简单的电路形式和元件去模拟和构造各子电路块的功能，然后将各部分子电路块有机地结合起来构成整个电路的宏模型。一般在端口部分采用有源器件来构造，以便精确地模拟端口特性。构造其他子

电路块时应尽量少用有源器件，以降低宏模型的复杂程度。

4.1.3　元件库扩充

OrCAD 与 Multisim 相比，最大的区别在于对元器件库中不存在的元器件符号，可以通过创建新的元件符号法或者通过修改原有元件符号法来生成。以下分别介绍创建新元件符号的两种方法。

1. 直接创建法

以 R5538D 为例介绍创建过程。

在项目管理器中选择 File→New→Library 菜单选项，项目管理器中出现新的 Library 窗口，选中 Library3. olb，右击并从弹出的菜单中选择 New Part 选项，此时弹出如图 4.5 所示的新建元件符号编辑器，在该编辑器中将元件符号的外观、管脚等属性编辑好，保存即可。

单击 OK 按钮，得到如图 4.6 所示的界面。

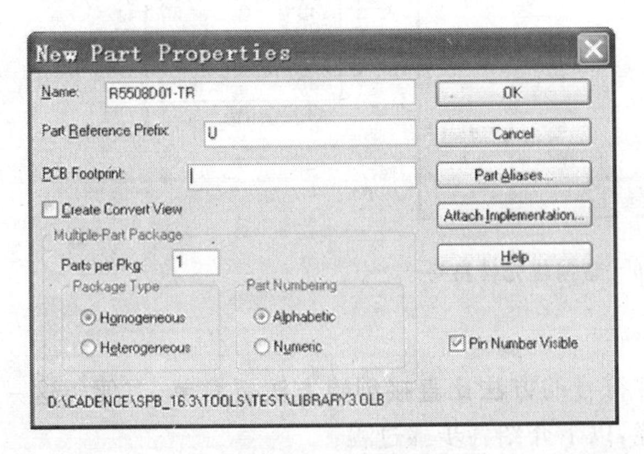

图 4.5　R5538D 属性设置

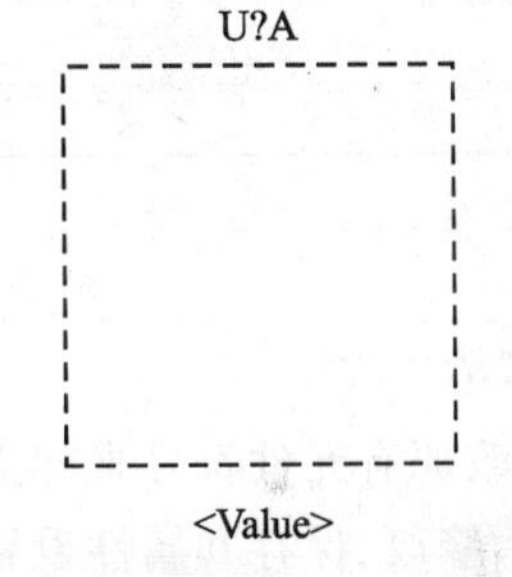

图 4.6　编辑新元件符号窗口

选择 Place→Pin 菜单选择，在弹出的如图 4.7 所示对话框中，填写各引脚的名称、形状、序号和类型，单击 OK 按钮即可。这时会有一随光标移动的引脚，移动鼠标到期望位置，单击，该引脚就放置好了。按照同样的方法放置其他引脚，可以通过双击该引脚的方法或右击，弹出如图 4.7 所示的对话框对各引脚的属性进行设置。编辑好的元件符号如图 4.8 所示。

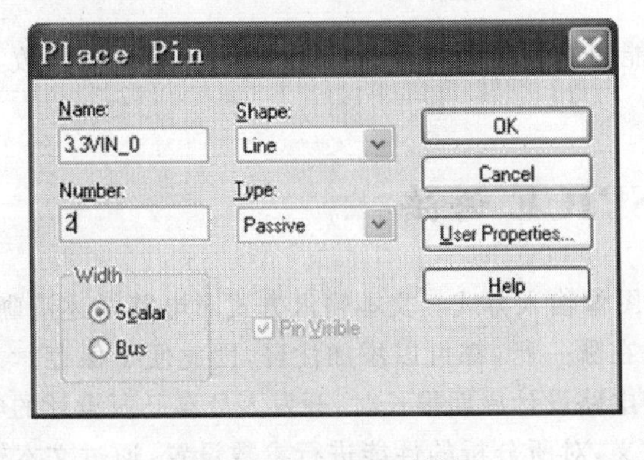

图 4.7　Place Pin 对话框

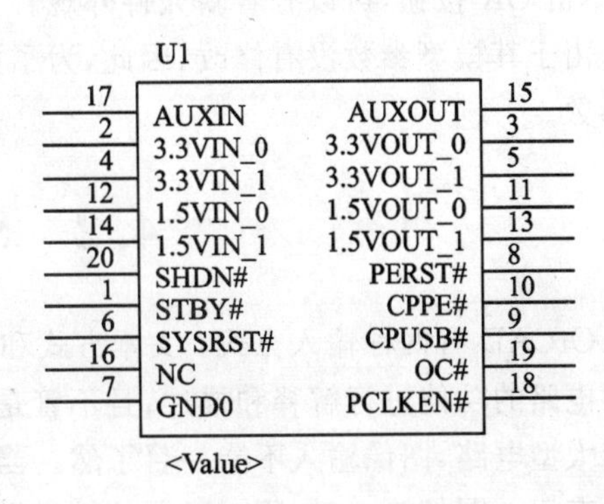

图 4.8　R5538D01

选择 View 菜单中的 Package 选项观看元件的封装情况。设置文件名为 R5538D01－TR. lib，用记事本打开\Cadence\SPB_16. 3\tools\pspice\library 中的 nom. lib，添加语句. lib“R5538D01－TR. lib”进行注册，如图 4.9 所示，此时建立元器件模型成功，可以和库内的自带元件一样使用。

```
.lib "CCC.lib"
.lib "R5538D01-TR.lib"
* end of library file
```

图 4.9　新建元件库的注册

添加 LIBRARY3. LOB 元件库，可以在电路图中使用刚刚创建的新元件，如图 4.10 所示。

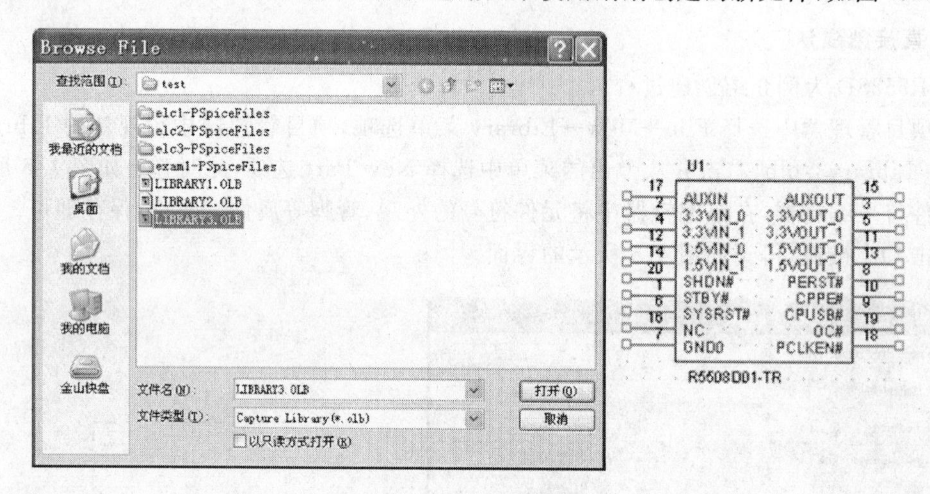

图 4.10　新创建元件符号

2. 修改法

通过修改原有元件符号来建立新元件符号的方法比直接创建方法更简单、方便。这一方法包含复制、修改、保存和属性设置等步骤，以下介绍各步骤过程：

① 复制——将待修改元件添加到目标库中，复制元件到编辑界面中；

② 修改——对原元件符号进行修改，将元件名称改为目标名称；

③ 保存——将修改后的元件符号存盘，选择 Options→Package Properties 选项可以看到其外观；

④ 属性设置——将光标指向该元件，双击，弹出属性设置对话框，根据修改内容修改各属性，单击 OK 按钮，可以查看新元件外观。

由于其模型参数没有修改，因此，为了能使用新建元件来进行 PSPICE 分析，需修改其模型参数。

4.2　SPICE 语法

OrCAD 有两种输入方式：文本方式和图像输入方式。文本输入方式对电路描述清晰，又可对电路的功能进行解释和描述，且不管是在哪一行，都可以添加注释，因此便于保存。尤其对于大型电路，图像输入不能一目了然。当电路设计周期很长时，开发人员自己所设计的电路也会忘记。图像输入时，要对元器件进行定义，对所分析的性能进行参数设置，通过文本输入方式的学习，再进行图像输入就方便很多，因此，了解文本输入方法对图形输入方式是必要的。

4.2.1　电路描述语言

用文本方式来描述电路，定义所要分析的类型、参数以及所分析的输出变量、输出方式等。电路描述语言包括 6 部分内容：

- 标题描述——必须放在第一行，作为电路元件分析和结果输出说明，可包含任何类型的注释；
- 电路描述——确定电路元件、节点、元件组、元器件模型、信号源等；
- 电路分析功能描述——对电路的功能分析和模拟进行描述；
- 输出结果描述——给出输出结果的显示以及输出的内容；
- 说明语句——可以写在任意位置，以“ * ”或“;”开始，仅起注释和说明作用，给出每一过程的中间说明，以对电路的功能和作用描述得更加清楚；
- 结束描述——电路描述完毕后，描述语言的最后一行必须以.END 作为结束。

当一行写不下时，续行开始用“＋”来表示；大小写无区别，程序处理时自动处理为小写；在一条语句中的信息由一个或多个空格、逗号、等号、左括号或右括号等隔开，只第一个空格有效，其余空格忽略不计，忽略空白行；在一条语句中的信息由一个或多个空格、逗号、等号、左括号或右括号等隔开，只第一个空格有效，其余空格忽略不计；PSpice 不允许有悬浮节点，即每个节点对地均要有直流通路，当这个条件不满足时，通常是接一个大电阻使该悬浮节点具有直流通路；电子线路中，通常用下角标来代表电压、电流和电路元件，PSpice 电路描述不用下角标，例如 V_1、I_1、R_1、C_1、V_{CC}在 PSpice 中分别表示成 V1、I1、R1、C1、VCC。

4.2.2　元器件描述语句

在 PSpice 输入文件中，用器件的一个字符来表示各种类型的元件且任何元器件的名称不超过 8 个字符或数字串，在关键字的后面可以是字符，也可以是数字。例如，电阻必须用字符“R”表示该器件的第一个字符；二极管必须用字符“D”表示该器件的第一个字符，是定义器件的关键字。PSpice 定义的元器件名称、类型如表 4.7 所列。

表 4.7　PSpice 中定义的元器件名称和类型

名　称	类　型	注　释
B×××××××	GASFET	砷化镓场效应晶体管
C×××××××	CAP	电容器
D×××××××	—	二极管
E×××××××	—	电压控制电压源(VCVS)
F×××××××	—	电流控制电流源(CCCS)
G×××××××	—	电压控制电流源(VCCS)
H×××××××	—	电流控制电压源(CCVS)
I×××××××	—	独立电流源
J×××××××	NJF	N 沟道结型场效应晶体管
	PJF	P 沟道结型场效应晶体管
K×××××××	CORE	互感器(变压器)，CORE 类型只用于非线性磁芯(变压器)

续表 4.7

名　称	类　型	注　释
L×××××××	IND	电感器
M×××××××	NMOS	N 沟道 MOS 场效应晶体管
	PMOS	P 沟道 MOS 场效应晶体管
N×××××××	OUTPUT	数字输入
O×××××××	DIMPUT	数字输出
Q×××××××	NPN	NPN 型双极型三极管
	PNP	PNP 型双极型三极管
	LPNP	横向 PNP 型双极型三极管
R×××××××	RES	电阻器
S×××××××	VSWTTCH	电压控制开关(V/C Switch)
T×××××××	—	传输线
U×××××××	BUF,INV	数字器件、缓冲器、反相器
	AND,NAND	“与”门、“与非”门
	OR,NOR	“或”门、“或非”门
	XOR,NXOR	“异或”门、“异或非”门
	JKFF,DFF	J-K 触发器、D 触发器
	PULLUP	上拉器件
	PULLDN	下拉器件
K×××××××		独立电压源
W×××××××	ISWTTCH	电流开控制开关(C/C Switch)
X×××××××		子电路(Subcircuit)

在元器件格式中，符号<>中的内容表示必须给出，[ ]表示可有可无，()内的字符只起说明作用。name 表示名称，它可以由任意字符和数字组成，value 必须赋值，可以用整数、实数或指数型数字表示。

关于元件参数值，SPICE 中有如下规定：

- 元件参数值写在与该元件相连的节点后面，其值可用整数、浮点数书写，后面可跟比例因子和单位后缀。
- 比例因子后缀有：$F=10^{-15}$；$P=10^{-12}$；$N=10^{-9}$；$U=10^{-6}$；$MIL=25.4\times10^{-6}$；$M=10^{-3}$；$K=10^{3}$；$MEG=10^{6}$；$G=10^{9}$；$T=10^{12}$。
- 比例因子后缀与它前面的数相乘后即得到该语句所描述的元件的参数值。
- 单位后缀有：V=伏；A=安；HZ=赫；OHM=欧(Ω)；H=亨；F=法；DEG=度。
- 元件值的第一个后缀总是比例因子后缀，然后是单位后缀。
- 如果没有比例因子后缀，那么头一个后缀就可能是单位后缀，SPICE 总是忽略单位后缀。
- 没有比例后缀和单位后缀的情况下，SPICE 将电压、电流、频率、电感、电容和角度的量纲分别默认为伏、安、赫、亨、法和度。

1. 元件描述语句

(1) 电阻器 R

格式：R＜name＞ ＜N1＞ ＜N2＞ [(model) name]＜value＞[TC=＜TC1＞[,＜TC2＞]]

示例：RLODA　12　0　2K

R3　2　5　2.4E5　TC=0.012,−0.002

RC1　3　23　RMOD　10K

备注：N1、N2 为电阻器连接于电路中的两个端点节点号；TC1 和 TC2 为温度系数，如果给出 TC1 和 TC2，则实际的电阻值 R_{TERM} 为

$$R_{\mathrm{TERM}} = \langle \text{ value } \rangle [1 + \mathrm{TC}(T - T_{\mathrm{nom}}) + \mathrm{TC2}(T - T_{\mathrm{nom}})^2]$$

式中：T 为分析的实际温度，T_{nom} 为给定＜value＞值时的标称温度，它可以在.options 语句中修改。

(2) 电容器 C

格式：C＜name＞ ＜N+＞ ＜N−＞ [(model) name]＜value＞[IC=＜ (intial) value＞]

示例：CLOAD　15　0　20P

C1　1　2　2.4E−11　IC=1.5V

CE2　2　24　CMOD　15UF

备注：N+和 N−为正负节点号；＜value＞单位为法拉；IC 表示电容器两端电压的初始值，单位为伏特。

(3) 电感器 L

格式：L＜name＞ ＜N+＞ ＜N−＞ [(model) name]＜value＞[IC=＜ (intial) value＞]

示例：LLOAD　15　0　20M

L1　1　2　LMOD　0.03

LF2　2　5　2M　IC=2MA

备注：＜value＞单位为亨利；IC 为电流初始值，单位为安培。

(4) 互感器(变压器)K

格式：K＜name＞ L＜inductor name＞ ＜L＜inductor name＞＞ * L＜coupling value＞或

K＜name＞ ＜L＜inductor name＞＞ * ＜coupling value＞ ＜ (model) name＜＞ (size)value＞

示例：KTR　LPRIMARY　LSECNDRY　0.99

备注：L＜inductor name＞和 L＜inductor name＞为两个耦合电感器的名称；＜＞ * 表示多个电感耦合器；＜coupling value＞表示互感量；(size)value＞表示磁横截面尺寸因子，默认为 1。

(5) 无耗传输线 T

格式：T＜name＞ ＜N1＞ ＜N2＞ ＜N3＞ ＜N4＞ZO=＜value＞ [TD=＜value＞][F=＜value＞[NL=＜value＞]]

示例：T1　1　2　3　4　ZO=220　TD=115NS

备注：N1 和 N2 为端口 1 的节点号，N3 和 N4 为端口 2 的节点号；ZO 为特性阻抗，单位为欧姆；TD 为传输线延迟时间；F 为频率；NL 为在频率 F 时，对应的传输线波长归一化的传输线电学长度，NL 的默认值为 0.25，相当于原波长的 1/4 时的波长。

(6) 电压控制开关 S

格式：S<name> <N+> <N-> <NC+> <NC-> <(model) name>

示例：S1 1 2 3 4 SWITCH

备注：N+、N-是开关的两个节点；NC+、NC-是控制开关的两个节点。

(7) 电流控制开关 W

格式：W<name> <N+> <N-> <controlling V device name> <(model) name>

示例：W1 1 2 VN WMOD

备注：N+、N-是开关的两个节点；V 是控制电流通过的电压源；<(model) name>是模型名。具体模型参数在.model 语句中给出。

2. 器件描述语句

(1) 晶体二极管 D

格式：D<name> <N+> <N-> <(model) name>[<area>][<OFF>][<IC=<VD>>]

示例：D15 12 23 DMOD 1.5 IC=0.1

备注：N+、N-分别表示二极管的正、负极所接的节点号；[<area>]是面积因子，可省略，默认为 1；二极管串联电阻、饱和电流等参数与面积因子有关，如果设置为 OFF，则可将该器件的端电压设置为零来决定直流工作点。

(2) 双极型晶体管 Q

格式：Q<name> <NC> <NB> <NE> [<NS>] <(model) name>[<area value>][<OFF>][<IC=<VBE> <VCE>>]

示例：Q2 2 3 4 0 2N2222 1.5

备注：NC、NB、NE、NS 分别表示晶体管的集电极、基极、发射极和衬底的节点号；[<area value>]为相对面积因子。

(3) MOS 场效应管 M

格式：M<name> <ND> <NG> <NS> <NB> <(model)name>[<L=<value>][W=<value>][AD=<value>]

+[AS=<value>][PD=<value>][PS=<value>][NRD=<value>][NRS=<value>][NRG=<value>]

+[NRB=<value>][OFF][IC=<VDS>,<VGS>,<VBS>]

示例：M2A 0 2 100 100 NWEAKL=33U W=12U AD=288P AS=288P PD=60U +PS=60U NRD=14 NRS=24 NRG=10

备注：ND、NG、NS、NB 分别表示 MOS 管漏极、栅极、源极及衬底的节点号；[<L=<value>]为沟道长度，[W=<value>]为沟道宽度，单位均为 m；AD、AS 为漏极和源极的面积，单位为 m^2；PD、PS 为漏极和源极的 PN 结周长，单位为 m；NRD、NRS、NRG、NRB 分别为漏极、源极、栅极和衬底材料以方块表示的相对电阻率。

(4) 砷化镓场效应管 B

格式：B<name> <ND> <NG> <NS> <(model)value>[<area value>][OFF][IC=<VDS>,<VGS>]

示例：BIN 10 1 0 GFAST

备注：ND、NG、NS 分别表示砷化镓场效应晶体管的漏极、栅极、源极的节点号；[<area

value>]为面积因子。

(5) 结型场效应管 J

格式：J<name> <ND> <NG> <NS> <(model) value>[<area value>][OFF][IC=<VDS>,<VGS>]

示例：JIN　10　2　0　JFAST

3. 电流源和电压源描述语句

独立电压源和电流源共有 7 种形式，进行不同分析时，要用不同的电源。进行直流分析时，必须用直流电源 DC 描述；进行瞬态分析时，可根据需要选择 5 种不同类型的电源，如分段源(PWL)、正弦源(SIN)、指数源(EXP)、脉冲源(PULSE)和调频源(SFFM)；进行交流分析时，必须用交流电源 AC 表示。

(1) 直流电源

格式：V<name> <N+> <N−> [[DC] <value>]

　　　I<name> <N+> <N−> [[DC] <value>]

示例：VCC1　8　DC　6

　　　ICC2　2　DC　2

备注：N+、N−分别表示电源正极和负极的节点号，缺省 N−是接 0 节点。

(2) 交流电源

格式：V<name> <N+> <N−> AC[<ACMAG[<ACPHASE>]>]

　　　I<name> <N+> <N−> AC[<ACMAG[<ACPHASE>]>]

示例：VAC　1　0　AC

IAC　2　3　AC　0.005　90

备注：ACMAG 和 ACPHASE 分别表示交流电源的幅值和初始相位，默认为 ACMAG=1，ACPHASE=0。

(3) 指数源 EXP

格式：V<name> <N+> <N−> EXP(V1 V2 TD1 TC1 TD2 TC2)

　　　I<name> <N+> <N−> EXP(I1 I2 TD1 TC1 TD2 TC2)

示例：VIN　3　0　EXP(−4　−1　2N　30N　60N　40N)

　　　IRAM　10　9　EXP(0　0.2　2US　20US　40US　20US)

备注：指数源各参数意义如表 4.8 所列。

表 4.8　指数源参数表

参　数	单　位	默认值	参数含义
V1(I1)	V(A)	无	初始值
V2(I2)	V(A)	无	峰值
TD1	S	0	上升延迟时间
TC1	S	TSTEP	上升时间常数
TD2	S	TD1+TSTEP	下降延迟时间
TC2	S	TSTEP	下降时间常数

注：TSTEP 为 PSpice 内部的时间步长。

(4) 脉冲源 PULSE

格式：V<name> <N+> <N-> PULSE(<V1 V2 TD TR TF PW PER>)

I<name> <N+> <N-> PULSE(<I1 I2 TD TR TF PW PER>)

示例：VIN 1 0 PULSE(0 5 2NS 2NS 50NS 100NS)

ISW 10 4 PULSE(-1MA 1MA 50US 1US 1US 2US 10US)

备注：脉冲源各参数意义如表 4.9 所列。

表 4.9 脉冲源参数表

参　数	单　位	默认值	参数含义
V1(I1)	V(A)	无	初始值
V2(I2)	V(A)	无	脉动值
TD	s	0	延迟时间
TR	s	TSTEP	上升时间
TF	s	TSTEP	下降时间
PW	s	TSTOP	脉冲宽度
PER	s	TSTOP	周期

注：TSTEP 和 TSTOP 为瞬态分析时定义的分析步长和最终分析时间值。

(5) 分段线性源 PWL

格式：V<name> <N+> <N-> PWL(<T1 V1 T2 V2 T3 V3…>)

I<name> <N+> <N-> PWL(<T1 I1 T2 I2 T3 I3…>)

示例：VIN 10 0 PWL(0 5V 10US 2V 15NS 6V 20US 1V)

IS2 1 4 PWL(0 -1MA 1US 0MA 10US 1MA 15US 3MA)

备注：此电源用于描述分段线性的电压源或电流源，在电路时域分析中，对于无规律的信号，采用此方法比较方便。分段线性源各参数意义如表 4.10 所列。

表 4.10 分段线性源参数表

参　数	单　位	默认值	参数含义
T1	s	无	时间点
V1(I1)	V(A)	无	该时间所对应的电压或电路

(6) 单频调频源 SFFM

格式：V<name> <N+> <N-> SFFM(<VO VA FC MOD FM>)

I<name> <N+> <N-> SFFM(<IO IA FC MOD FM >)

示例：VIN2 2 SFFM(0.01 0.4 100MEG 0.3 50K)

IS2 1 4 SFFM(0 -2MA 100MEG 30K)

备注：波形与参数的关系用下式表示。

$$V = V_0 + V_A \times \mathrm{SIN}[(2\pi \times \mathrm{FC} \times T) + \mathrm{MOD} \times \mathrm{SIN}(2\pi \times \mathrm{FM} \times T)]$$

单频调频源各参数意义如表 4.11 所列。

表 4.11　单频调频源参数

参　数	单　位	默认值	参数含义
VO(IO)	V(A)	无	偏置
VA(IA)	V(A)	无	幅度
FC	Hz	1/TSTOP	载频频率
MOD	无	0	调制系数
FM	Hz	1/TSTOP	信号频率

(7) 正弦信号源 SIN

格式：V<name> <N+> <N−> SIN(<VO VA F TD DF PHASE>)

　　I<name> <N+> <N−> SIN(<IO IA F TD DF PHASE>)

示例：VIN2　1　0　SIN(0.10　100KHZ　1MS　1E4)

ISW　5　2　SIN(0.01　100KHZ　1MS　1E2)

备注：正弦源数学表达式如下式所示。

$$V = V_0 + V_A \times \exp[-(t-\mathrm{TD})\mathrm{DF}] \times \mathrm{SIN}[2\pi F(t-\mathrm{TD}) - \mathrm{PHASE}]$$

正弦源各参数意义如表 4.12 所列。

表 4.12　正弦源参数表

参　数	单　位	默认值	参数含义
VO(IO)	V(A)	无	偏置
VA(IA)	V(A)	无	幅度
F	Hz	1/TSTOP	频率
TD	s	0	延迟时间
DF	s^{-1}	0	阻尼因子
PHASE	°	0	相位

以上介绍了 7 种独立源的描述方法，只是对单一激励信号电源的描述，当需要一个电源进行各种不同类型的分析时，可以用以下方式定义多种激励源：

格式：V<name><N+><N−>[<[DC]DC/TRAN value>][<AC> [<ACMAG [<ACPHASE>]>]]

　　I<name> <N+> <N−> [<[DC]DC/TRAN value>] [<AC> [<ACMAG [<ACPHASE>]>]]

示例：VIN　2　0　0.001　AC　1　SIN(0　1　10MEG)

　　ISR　21　20　AC　0.5　45　SFFM(0　1　10K　5　1K)

备注：VIN 电源既有交流激励源又有正弦信号源；ISR 电源既有交流信号又有音频调频源。

4. 受控源

(1) 电压控制电压源 E(VCVS)

线性受控源格式：E<name> <N+> <N−> <NC+> <NC−> <value>

示例：EBUFF　1　2　10　11　1.0

备注：N+、N-为受控电压源的正、负节点号；NC+、NC-为控制电压源的正、负节点号；<value>为电压增益。实现函数如下式所示：

$$V = A_e \times V_c$$

式中：A_e 为电压增益<value>，V_c 为控制电压。

非线性多项式受控源格式：

E<name> <N+> <N-> POLY(<value>) <NC1+> <NC1-> <NC2+> <NC2->…<K0> <K1> <K2>…

示例：EAMP　1　2　POLY(1)　26　0　500　1.0　2.0　3.5

ENOLIN　100　101　POLY(2)　3　0　4　0　0.1　13.6　0.2　0.005　1.7　0.4

备注：POLY(1)描述节点 1 和 2 间多项式电压源由 $V(26,0)$控制。其值由下式给出：

$$V_{out} = 500 + 1.0V(26) + 2.0V(26)^2 + 3.5V(26)^3$$

POLY(2)描述节点 100 和 101 间多项式电压源 POLY(2)由 $V(3,0)$和 $V(4,0)$控制，其值可由下式表示为

$$V_{out} = 0.1 + 13.6V(3) + 0.2V(4) + 0.005V(3)^2 + 1.7V(3)V(4) + 0.4V(4)^2$$

(2) 电流控制电流源 F(CCCS)

线性受控源格式：F<name> <N+> <N-> <VNAM> <value>

示例：FIR1　5　6　VNN　60

备注：N+、N-为受控电流源的正、负节点号；VNAM 为控制电流流过的电压源名称；<value>为电流增益。实现函数如下式所示：

$$I = A_f \times I_c$$

式中：A_f 为电流增益<value>，I_c 为控制电流。

非线性多项式受控源格式：

F<name> <N+> <N-> POLY(<value>) <VNAM1> <VNAM2>…<K0> <K1> <K2>…

(3) 电压控制电流源 G(VCCS)

线性受控源格式：G<name> <N+> <N-> <NC+> <NC-> <value>

示例：G1　2　4　12　1　20

备注：N+、N-为受控电流源的正、负节点号；NC+、NC-为控制电压的正、负节点号；<value>为跨导值。实现函数如下式所示：

$$I = G \times V_c$$

式中：G 为跨导，单位为西门子(S)，V_c 为控制电压。

非线性多项式受控源格式：

G<name> <N+> <N-> POLY(<value>) <NC1+> <NC1-> <NC2+> <NC2->…<K0> <K1> <K2>…

(4) 电流控制电压源 H(CCVS)

线性受控源格式：H<name> <N+> <N-> <VNAM> <value>

示例：H2　5　7　V2　0.5K

备注：N+、N-为受控电压源的正、负节点号；VNAM 为控制电流流过的电压源名称；<value> 为互阻值。实现函数如下式所示：

$$V = h \times I_c$$

式中：h 为互阻，单位为欧姆，I_c 为控制电流。

非线性多项式受控源格式：

H<name> <N+> <N-> POLY(<value>) <VNAM1> <VNAM2>… <K0> <K1> <K2>…

注：非线性受控源除采用上述多项式源描述的方法外，也可以采用代数方程描述的方法或使用拉氏变换的系统函数描述。

5. 模型描述语句及模型调用语句

(1) 模型描述语句

格式：

.MODEL <(model)name> <TYPE> (PNAME1=<pval1> PNAME2=<pval2> …PNAMEn=<pvaln>[容差特征描述])

示例：.MODEL　MNOD1　NPN(BF=50　CJE=2P　VAF=50　IS=1E-16)

备注：(model)name 为模型名，应与元器件描述语句中的模型名相同，本例的器件描述语句为“Q1　1　2　3　MNOD1”；TYPE 为元器件类型名，后面括号中给出的是元器件参数。在 PSpice 中，元器件类型名如表 4.13 所列，共有 25 种。

表 4.13　元器件类型名

器件类型	器件名称	器件类型	器件名称	器件类型	器件名称
CAP	电容器	LPNP	横向 PNP 晶体管	VSWTTCH	电压控制开关
IND	电感器	NIF	N 沟道 JFET	ISWTTCH	电流控制开关
RES	电阻器	PIF	P 沟道 JFET	DINPUT	数字输入器件
D	二极管	NMOS	N 沟道 MOSFET	DOUTPUT	数字输出器件
NPN	NPN 双极型三极管	PMOS	P 沟道 MOSFET	UIO	数字 I/O 模型
PNP	PNP 双极型三极管	GASFET	N 沟道 GaAsFET	UGATE	标准门
UTGATE	三态门	UEEF	边沿触发的触发器	UGFF	门触发器
UWDTH	脉宽校验器	USUHD	复位和保持校验器	UDLY	数字延迟线
CORE	非线性磁芯(变压器)				

在一个电路中，当模型参数相同时，多个模型可以用同一个模型名称；当参数不同时，必须用不同的名称。[容差特征描述]可以附在每个参数后，目的是对电路进行容差分析，两种格式如下所示：

[DEV=<value>[%]]　和　[LOT=<value>[%]]

其中：DEC 表示参数在容差范围内是独立变化的，与其他参数无相关性；<value>表示容差范围，有“%”表示相对变化，无“%”表示绝对变化；LOT 表示相关变换，用 LOT 描述的参数都按同一规律变化。两种容差可单独使用，也可同时使用。

例如：R1　2　4　RMOD　1K

R2　6　7　RMOD　1K

.MODEL　RMOD　RES(R＝1　EDV＝5％　LOT＝10％)

语句表明 R1 和 R2，标称值 1K，独立变化 5％，相关变化 10％，R 是一个倍乘因子，变化以后的值乘以 R，得到一个新电阻值。

PSpice 中参数分布有高斯分布和均匀分布两种，也可以自定义分布函数，格式如下：

R1＝1　DEV　10％　调用缺省分布(在.OPTIONS 中定义)

R1＝1　DEV/GAUSS　10％　高斯分布

R1＝1　DEV/UNIFORM　10％　均匀分布

R1＝1　DEV/USER　10％　用户自定义

R1＝1　DEV/GAUSS　10％；LOT/UNIFORM　20％；独立变换按高斯分布，相关变换按均匀分布。

(2) 模型库调用语句

格式：.LIB FNAME

示例：Q1　3　2　1　TN234

.LIB　BIPOLAR.LIB

备注：FNAME 为模型库文件名，TN234 模型在用户建立的 BIPOLAR.LIB 模型库中，用上述语句可以将 TN234 的模型参数调出来。

6. 子电路语句和子电路调用语句

(1) 子电路描述语句

格式：.SUBCKT ＜SUBNAME＞ ＜N1＞ ＜N2＞…

……

.ENDS

示例：.SUBNAME　NAND2　11　12　3 (子电路名 NAND2，对外连接节点 11、12、3)

(子电路描述语句，子电路器件模型可在主电路进行描述)

.ENDS(子电路结束语句)

备注：与其他程序使用相似，PSpice 可以把相同的电路用一个子电路来进行描述，程序执行时，会自动将子电路描述语句插入到调用子电路的位置，且可以无限制嵌套调用，但此方法只是在编写输入文字时较方便，并不减少整个程序的内存和运算时间。

(2) 子电路调用语句

格式：X＜name＞　N1　N2…SUNAME

示例：X12　100　101　200　201　NAND2

备注：N1、N2 表示子电路接到主电路的节点号，可以与子电路中的节点不同，但节点数必须相同，子电路定义以后就可以当作一个器件被主电路调用。

4.2.3　电路特性分析描述语句

(1) 直流扫描分析语句.DC

功能：计算电路直流输出变量与某一个(或几个)输入变量之间的对应关系曲线(在指定范围内)，即直流扫描特性分析。

格式：.DC [LIN] ＜扫描变量名＞ ＜开始值＞ ＜终止值＞ ＜步长值＞ [(参变量描述)]

.DC [OCT][DEC] <扫描变量名> <开始值> <终止值> <步长值> [(参变量描述)]

.DC <扫描变量名>　LIST <value1> < value2> < value3>…[(参变量描述)]

示例：.DC　VIN　−0.25　0.25　0.05

.DC　LIN　I2　5MA　−2MA　−0.1MA

.DC　VA　0　5V　0.5V　IA　0MA　1MA　50UA

.DC　DEC　NPN　QFAST(IS)　1E−18　1E−14　5

.DC　TEMP　LIST　0　20　27　50　80　100

.DC　PARAM　Vsupply

备注：第三个示例是嵌套调用，IA 是内循环，VA 是外循环，IA 从 0MA 以 50UA 的增量变化到 1MA，产生每一个扫描电压值的输出表列或图形。

4 种直流扫描分析方式：LIN—线性扫描；OCT—倍频程扫描；DEC—数量级扫描；LIS—列表扫描。

4 种<扫描变量名>：独立电压/电流源；.MODEL 描述的模型参数；TEMP 表示进行不同温度下的直流扫描分析；PARAM 表示对总体参数进行扫描。

(2) 直流工作点分析语句.OP

功能：输出所有电压源的电流和功耗，以及所有非线性控制源和半导体器件的小信号参数，若省略该语句，则 PSpice 只打印出节点电压表。

格式：.OP

备注：.OP 控制偏置点的输出，不控制偏置点分析的方法和偏置计算的结果。

(3) 交流扫描分析语句.AC

功能：计算电路在一定频率范围内的响应，研究在小信号情况下，电路的电压增益、频率特性等性能。当工作在小信号情况下，电路中的非线性器件可以采用其工作点附近的线性化模型，整个电路可以按线性电路来处理。

格式：.AC <FUNNAME> <NP> <开始值> <终止值>

示例：.AC　LIN　201　100HZ　300HZ

备注：<NP>表示扫描点的数目。<FUNNAME>有 3 种方式：LIN—线性扫描；OCT—倍频程扫描；DEC—数量级扫描。扫描结果由.PRINT、.PLOT 或.PROBE 命令输出。

(4) 噪声分析语句.NOISE

功能：计算各个器件的噪声对输出节点的影响，并给出均方根和的输出。噪声分析与交流分析有关，针对所有频率进行分析，应先进行交流分析，然后再进行噪声分析。

格式：.NOISE <输出端><输入基准端> <打印间隔值>

示例：.NOISE　V(10)　VSRC　20

备注：<输出端>输出节点号，计算该节点处的总噪声电压；<输入基准端>是指电源，而不是噪声源，仅表示计算输入噪声的位置，本语句要计算指定输出端的噪声和输入电压到输出电压的增益，从而计算出等效输入噪声。<打印间隔值>指输出打印时间指定的噪声电压的频率间隔值，示例中表示在输出节点 10 处打印出每间隔 20 Hz 的噪声值，如果没有此项，则无细节打印。

(5) 瞬态分析语句.TRAN

功能：瞬态分析也称时域分析，可以在给定激励信号的情况下求电路输出的时间响应、延

迟特性,也可以在没有任何激励的条件下求振荡电路的振荡波形、振荡周期。

格式:.TRAN[/OP] <TSTEP> <TSTOP> [TSTART <TMAX>] [UIC]

示例:.TRAN/OP 1NS 100NS 0.1NS UIC

备注:[/OP]的引入可打印出偏置工作点的细节;<TSTEP>为打印结果的时间步长;<TSTOP>为终止时间;<TMAX>是内时间步长的最大值,缺省值是终止时间的 1/50;瞬态分析通常从时间 $t=0$ 开始打印,也可以从时间 TSTART 开始打印结果;[UIC]表明在瞬态分析前将不再计算静态工作点,而直接使用.IC 命令中所设置的节点电压值和加在各器件上的初始值作为瞬态分析的初始条件。

(6) 傅里叶分析语句.FOUR

功能:傅里叶分析用瞬态分析的结果进行直流分量和 9 次谐波的计算。一个周期波形可以用如下的傅里叶级数表示:

$$v(\theta) = C_0 + \sum_{n=1}^{\infty} C_n \sin(n\theta + \phi_n)$$

其中 C_0 是直流分量,C_n 为 n 次谐波分量。

格式:.FOUR <基频> <输出量 1> <输出量 2>…

示例:.FOUR 100KHZ V(2) V(5,6)

备注:傅里叶分析所用瞬态分析是在一个区间(TSTOP-PERIOD)到 TSTOP 内进行的,其中 TSTOP 是瞬态分析的终止时间,PERIOD 确定直流分量和 9 次谐波分量的数值。PSpice 可以将自动分析结果输出到制表和绘图,不需要.PRINT、.PLOT 或.PROBE 命令。

(7) 小信号传递函数语句.TF

功能:用来分析和确定电路的输入和输出关系,通过工作点附近把电路线性化来计算直流传递函数。

格式:.TF <输出变量> <输入源>

示例:.TF V(5,4) VIN

备注:通过此分析可以计算电路的直流小信号增益、输入电阻和输出电阻。

(8) 小信号灵敏度分析语句.SENS

功能:分析输出电压或电流相对于每一个元器件参数变化的灵敏度。

格式:.SENS <输出量 1> <输出量 2>…<输出量 n>

示例:.SENS V(9) V(4,3) I(VCC)

备注:此命令用于计算偏置点及偏置点附近的线性参数,在分析中,电感器看成短路,电容器看成开路;若输出变量是电流,则表示通过电压源的电流;此命令会计算输出量相对于所有元件值和模型参数的灵敏度,且自动打印结果,如果输出多个量,则会产生大批数据。

(9) 温度分析语句.TEMP

功能:对电路可在任何温度下分析其性能。

格式:.TEMP T1 T2 T3…

示例:.TEMP -10 0 10 20

备注:温度分析默认是在 27 ℃时进行的。

(10) 蒙特卡罗(Monte Carlo)统计分析语句.MC

功能:又称为容差分析,考虑元器件参数值分布在容差范围内随机起伏的情况,分析其对电路特性的影响；蒙特卡罗分析是一种统计分析，对电路所选择的分析（直流扫描分析、交流分析、瞬态分析等）进行多次分析，第一次是所有元器件的标称值进行运算，而后根据每个模型语句中对各个元器件模型参数的容差规定，随机选取在容差限内的不同值进行运算，同第一次运行结果进行比较，得出由于元器件的容差而引起输出结果偏离的统计分析。

格式：.MC <运行次数> [DC][AC][TRAN] <输出变量> YMAX [LIST] [OUTPUT <输出规范>]

示例：.MC　50　DC　LIST

备注：<运算次数>指对选择的分析需要运行的次数，上限是 1 000 次；[DC][AC][TRAN]三种分析类型每次至少选择一种；YMAX 表示在指定的运行次数中，同第一次运行结果相比，每次波形的最大差异值；[LIST]表示要显示出每次运行中的有关模型和相应模型参数的说明。<输出规范>有以下几种形式：

ALL：产生所有的输出数据。

FIRST <VALUE>：只产生前 N 次运行的输出数据。

EVERY <VALUE>：只产生第 N 次运行的输出数据。

RUNS <VALUE1、VALUE2…>：仅产生所列出运行次数的输出数据。

RANG <(LOW VALUE)，(HIGH VALUE)>：确定扫描变量的范围。

（11）最坏情况分析语句.WCASE

功能：在给定电路中元器件参数容差的情况下，计算电路性能相对于元器件参数标称值的最大偏差。

格式：.WCASE <ANALYSIS> <输出变量> YMAX <补充项> [OUTPUT <输出规范>]

示例：.WCASE　AC　VP(10,12)　YMAX　DEVICES　RQ　OUTPUT　ALL

备注：<ANALYSIS>分析类型——可选 DC、AC 或 TRAN。

YMAX 为输出功能项，有以下 5 种形式：

YMAX：输出每一种波形与标称值执行结果之间的最大差值。

MAX：输出每一种波形的最大值。

MIN：输出每一种波形的最小值。

RISE－EDGE<value>：输出高于阈值<value>的第一个波形；在多次分析中，必须至少有一次大于或等于此阈值，否则会发生输出错误。

FALL－EDGE<value>：输出低于阈值<value>的第一个波形；在多次分析中，必须至少有一次小于或等于此阈值，否则会发生输出错误。

<输出规范>有以下 6 种方式：

ALL：输出所有计算结果，包括每个变量的灵敏度计算、标称值电路特性和电路最坏情况的计算，没有此项时，仅输出电路标称值和最坏情况结果。

RANGE(上限，下限)：限制扫描变量的变化范围。

VARY　DEV：变量独立按随机分布变化。

VARY　LOT：不同变量按同一随机分布函数变化。

VARY　BOTH：运行指定变量的一部分按独立变化，一部分按相关变化，没有此项时，默认值为 VARY　BOTH。

DEVICES(类型名)：列出需要进行分析的元器件类型，示例中将对电阻和双极型晶体管进行分析；如果不指定此项，程序将对所有元器件进行灵敏度分析和最坏情况分析。

(12) 参数及表示式定义语句.PARAM

功能：设置变量参数或表达式代替具体参数值。

格式：.PARAM ＜参数 1＞＝＜value＞　＜参数 2＞＝＜value＞

示例：.PARAM　VCC＝15V　VEE＝－15V

(13) 参数扫描分析语句.STEP

功能：与其他分析类型配合使用，对电路执行的分析类型进行参数扫描。

格式：.STEP [LIN] ＜扫描参数名＞＜开始值＞＜终止值＞＜步长值＞

　　.STEP [OCT][DEC] ＜扫描参数名＞＜开始值＞＜终止值＞＜ND＞

　　.STEP ＜扫描参数名＞ LIST ＜ value 1＞＜ value 2＞…

示例：.STEP　LIN　Ic　5MA　－5MA　0.1MA　；线性扫描时＜LIN＞可省略

　　.STEP　RES　RMOD　1K　2K　5.1K　12K　；列表扫描

　　.STEP　OCT　IB　20UA　80UA　2　；一倍扫描

　　.STEP　DEC　NPN　IS　1E－15　1E－12　12；十倍扫描

备注：＜ND＞是 DEC 或 OCT 扫描中取点的数目。

4.2.4　输出控制及其他功能语句

(1) 打印语句.PRINT

格式：.PRINT[/DGTLCHG] ＜输出类型＞＜输出变量 1＞＜输出变量 2＞…

示例：.PRINT　DC　V(3)　V(R1)　I(RL)

备注：＜输出类型＞包括 DC、AC、TRAN、NOISE。只能对直流分析、交流分析和噪声分析的结果以列表形式输出，可通过选择 View 菜单的 Output File 项进行查看。

(2) 绘图打印语句.PLOT

格式：.PLOT [AC][TRAN][NOISE] ＜输出量 1＞ [＜下限值＞，＜上限值＞]＜输出量 2＞[＜下限值＞，＜上限值＞]

示例：.PLOT　TRAN　V(5)　V(4,7)　(0,10V)　IB(Q1)　(0,50MA)　IC(Q1)　(－50MA,50MA)

备注：电压 $V(5)$ 和 $V(4,7)$ 的变化范围为 0～10 V，电流 IB(Q1)的变化范围为 0～50 mA，IC(Q1)的变化范围为－50～50 mA。使用此语句，可以通过选择 PSpice A/D 软件 View 菜单的 Output File 项进行查看，是用绘图打印的方式输出的。

(3) 屏幕图形显示语句.PROBE

格式：.PROBE

　　.PROBE ＜Output Variable＞

示例：.PROBE　V(3)

备注：第一种格式没有指明输出哪个变量，此命令将所有节点电压和元件电流写入.DAT 文件，PSpice A/D 软件中通过单击 Add Trace 选择输出哪一个变量到当前屏幕中。

第二种格式确定了输出变量，只把指明的输出变量写到.DAT 文件中。

PROBE 是附属的波形观测程序，能将仿真结果快速而精确地以窗口形式显示出来，相当

于实际使用的曲线跟踪仪、示波器、网络分析仪、逻辑分析仪等观察仪器。

(4) 选择项语句.OPTIONS

格式：.OPTIONS [<选项名>…<选项名=<value>]…

示例：.OPTIONS　ACCT　LIST　RELTOL=0.05

备注：此语句用于使用不同的选项去控制和限制电路分析的参量，在运行结束时打印相关统计信息。

(5) 初始值设置语句

① 初始化语句.IC

格式：.IC　V(节点号)=<值>…

示例：.IC　V(4)=5V　V(10)=−1V

② 节点设置语句.NODESET

格式：.NODESET V(节点号)=<值>…

示例：.NODESET　V(2)=3.6　V(10)=0

备注：在分析振荡电路、触发器电路以及进行一些非线性电路的直流分析、瞬态分析时，为了避免出现数值迭代不收敛的情况，需要在分析之前对电路的特性进行初始值设定。初始化语句用于瞬态分析量偏置工作点的计算；节点设置语句用于对某几个节点电压的初始值进行设定。

③ 宽度语句.WIDTH

格式：.WIDTH　IN=输入宽度　OUT=输出打印宽度

示例：.WIDTH　IN=100　OUT=100

备注：输入、输出宽度是指每行的字符数，输入宽度值范围为 10～120，默认为 80，输出宽度范围为 20～132，默认为 80。

④ 包括语句.INC

格式：.INC[(文件名)]

示例：.INC　SETUP.CIR

备注：包含语句是将其他 CIR 文件内容插入到由此语句描述的输入描述语句中，对一些重复使用较多的描述语句，用.INC 语句调用可以省去重复描述。

4.3　用 PSpice A/D 软件仿真

通过上节对 SPICE 语言的学习，结合第 3 章 Multisim 软件的介绍，我们马上可以领会到，类似于 Multisim 的电路仿真 EDA 软件，其实都是基于 SPICE 实现的，只是为了便于用户使用，采取了原理图输入、仿真参数通过图形界面设置、结果通过虚拟仪表或图形曲线直观显示等一系列的措施，而真正电路仿真的核心 SPICE 在“后台”进行。对模拟 EDA 技术而言，掌握 SPICE 语言是非常必要的，因为很多专业 EDA 软件，如 HSpice，只接受 SPICE 语言输入，并没有图形输入接口，无法用原理图输入。对 SPICE 语言的学习，在常用的 Windows 平台下，一个很方便的仿真软件就是 OrCAD 中的 PSpice A/D，本节结合实例，对其使用进行简要介绍。

在安装完 OrCAD 16.3 后，可直接运行 PSpice A/D 软件，首先弹出产品选择对话框，如

图 4.11 所示。选择默认的 PSpice A/D 项，然后单击 OK 按钮即可。

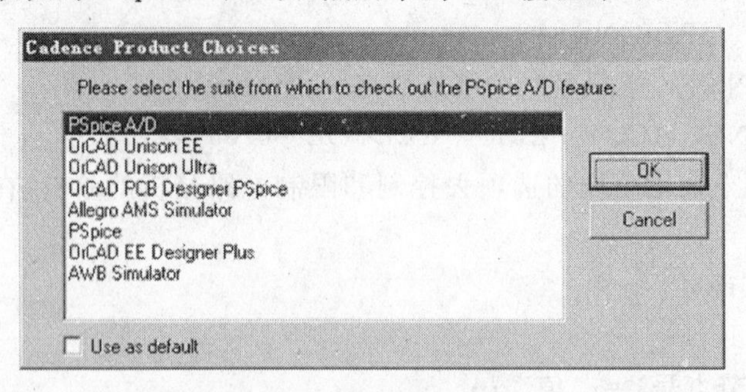

图 4.11　产品选择对话框

PSpice A/D 软件主界面如图 4.12 所示，选择 File 菜单或直接单击 打开一个用文本编辑软件已经写好的 SPICE 程序，扩展名必须是 *.cir。PSpice A/D 本身也自带文本编辑器，可以编写 SPICE 代码，单击 或选择 File 菜单中的 New Text File 选项，出现如图所示的文本编辑区，输入 SPICE 代码后，将文件保存为 *.cir。要注意的是，如果用 PSpice A/D 自带编辑器，则必须先关闭写好的 *.cir 文件，再打开，才可以进行后续的仿真操作。

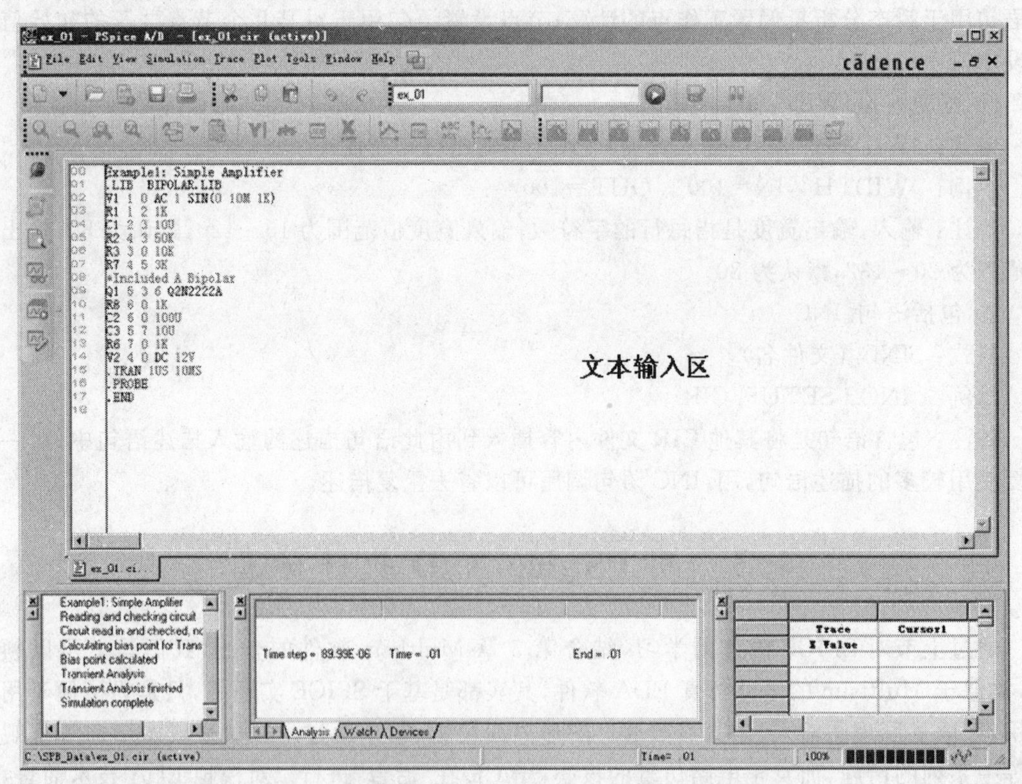

图 4.12　PSpice A/D 软件界面

单击 仿真按钮，若程序有错误，则会在界面左下角的显示框中给出提示。若程序无误，将出现如图 4.13 所示的仿真结果绘图界面。

初始的绘图界面是空的，需要用户自己添加选择哪些仿真分析结果进行显示，用 Trace 菜

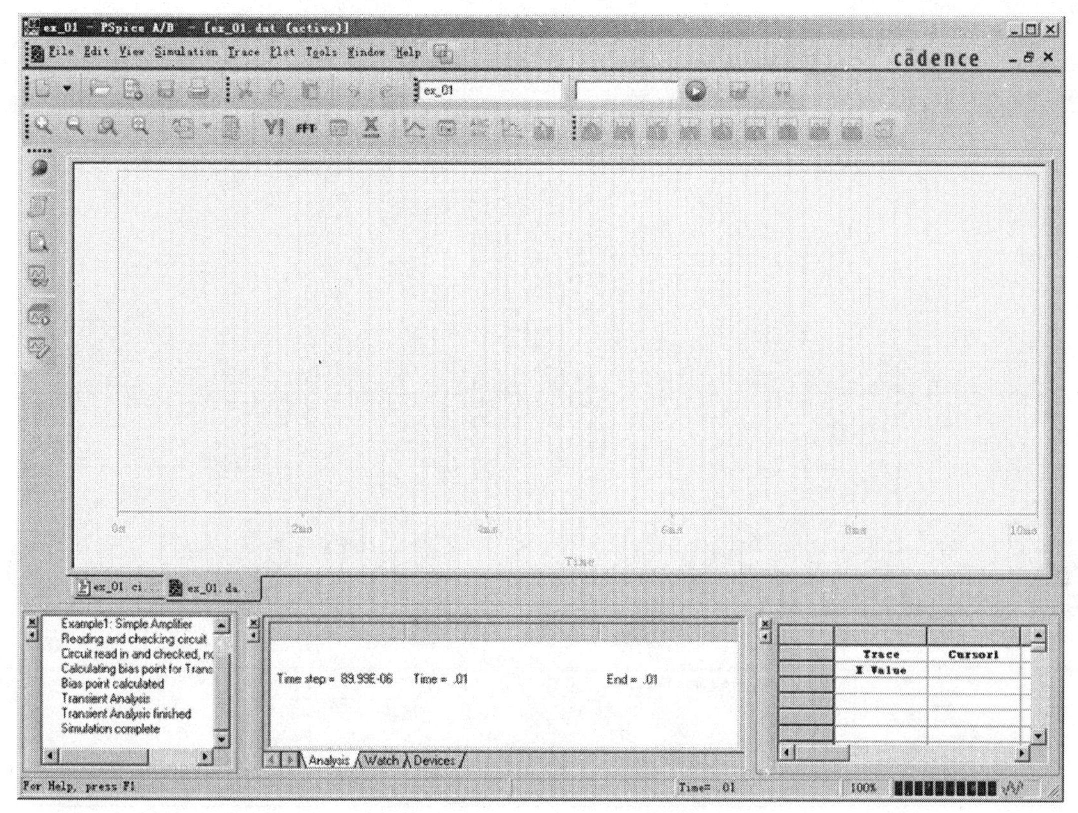

图 4.13　PSpice A/D 仿真结束界面

单里的 Add Trace，或直接单击 按钮，弹出如图 4.14 所示的对话框。

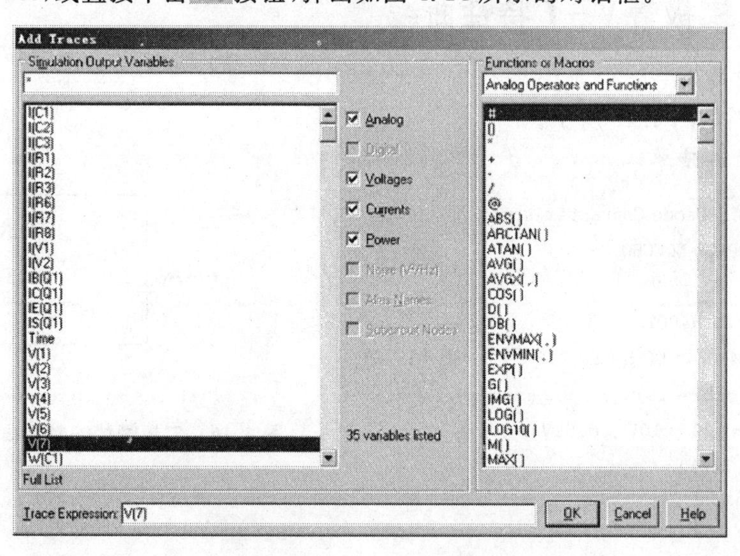

图 4.14　Add Traces 对话框

添加节点输出，V(7)指节点 7 的电压输出，单击 OK 按钮后，仿真结果绘图区将显示如图 4.15所示的曲线。

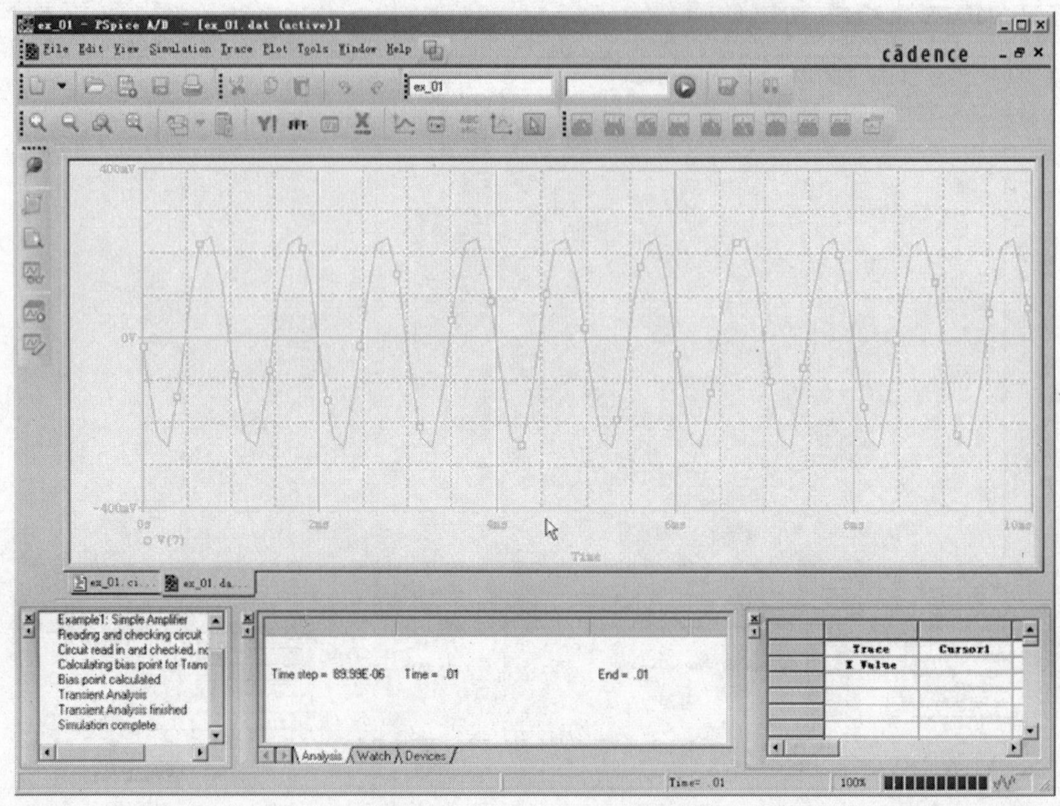

图 4.15 PSpice A/D 仿真结果输出

4.3.1 二极管 *V*－*I* 特性曲线

(1) 示例电路图

示例电路图如图 4.16 所示。

(2) 电路文件清单

```
Example 4.3.1 Diode Characteristic
.OPTIONS NOPAGE NOECHO
V1   1   0   DC   0V
D1   1   0   D1N4002
.MODEL  D1N4002   D(IS = 14.11E - 9    RS = 33.89E - 3
BV = 100.1   IBV = 10)
.DC  V1   - 120   10V   0.01V
.PLOT  DC  I(D1)
.PROBE
.END
```

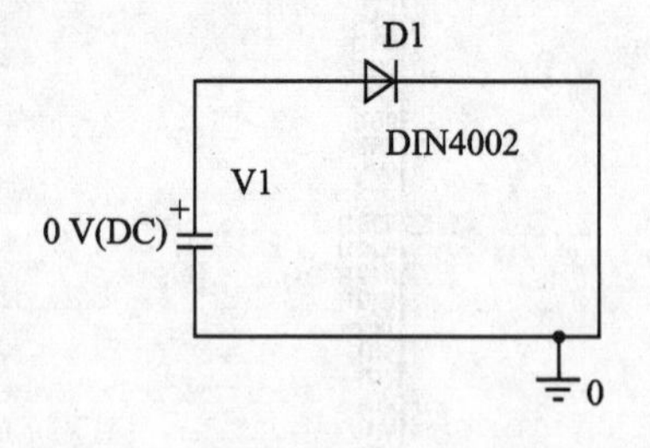

图 4.16 二极管伏安特性曲线测量电路图

(3) 仿真结果

单击按钮启动仿真，选择输出节点为 I(D1)，仿真结果如图 4.17 所示。

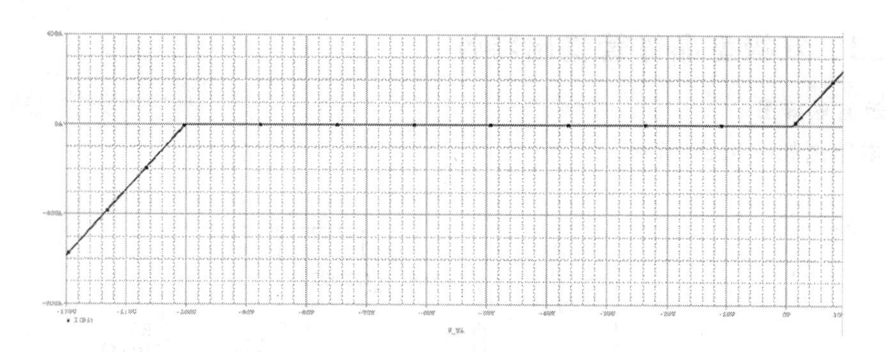

图 4.17　二极管伏安特性曲线

① 门槛电压值的确定

打开 Plot→Axis Settings 功能菜单，设置 X Axis 和 Y Axis 的 User Defined 值为 0～5 V（A），单击“确定”按钮，Probe 窗口如图 4.18 所示，可以看出门槛电压为 0.75 V。

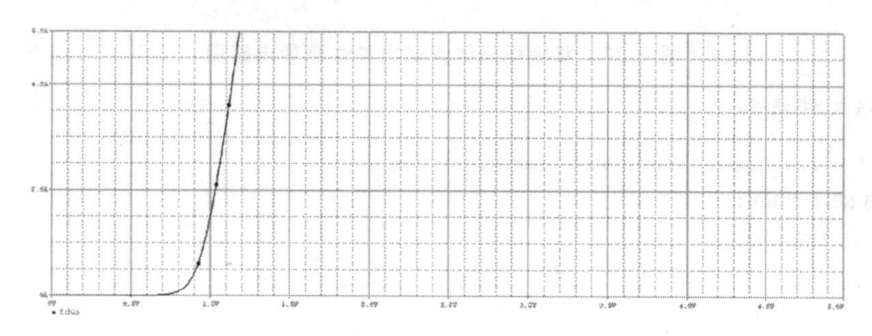

图 4.18　二极管门槛电压

② 雪崩电压值的确定

将 X Axis 设置为－105～95 V，Y Axis 设置为－5～5 A，单击 OK 按钮，如图 4.19 所示，可以看出雪崩电压为 100 V。

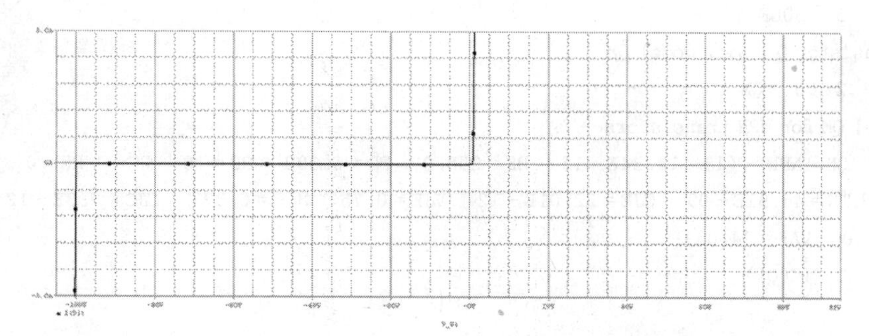

图 4.19　二极管雪崩电压

4.3.2 双极型晶体管输出特性

(1) 示例电路图

示例电路图如图 4.20 所示。

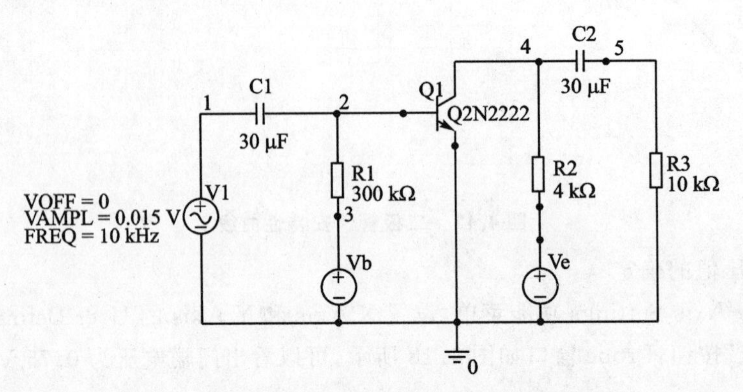

图 4.20 双极型晶体管输出特性测量电路图

(2) 电路文件清单

```
Example 4.3.2.3 Bipolar Transistor Characteristic
.OPTIONS NOPAGE NOECHO
. AC DEC 15 1HZ 10KHZ
V1   1   0   AC   15MV   SIN (0   15MV   1KHZ)
     Vb   3   0   DC   0V
Ve   6   0   DC   0V
R1   2   3   300K
R2   4   6   4K
R3   5   0   10K
C1   1   2   30UF
C2   4   5   30UF
 * Transistor Q 1 with model QM
Q1   4   2   0   QM
 * Model QM for NPN transistors
.MODEL   QM   NPN   (IS = 14.34E - 15   BF = 255.9   BR = 6.092   RB = 10   RC = 1 RE = 0   + TF =
411.10E - 12 TR = 46.91E - 09   CJE = 22.01E - 12   VJE = 0.75   MJE = 0.377   CJC = 7.3E - 12   + VJC =
0.75   CJS = 0   VAF = 74.03)
.PLOT   AC   IC(Q1)
.PROBE
.END
```

(3) 仿真结果

单击按钮启动仿真，选择输出节点为 IC(Q1)，仿真结果如图 4.21 所示。

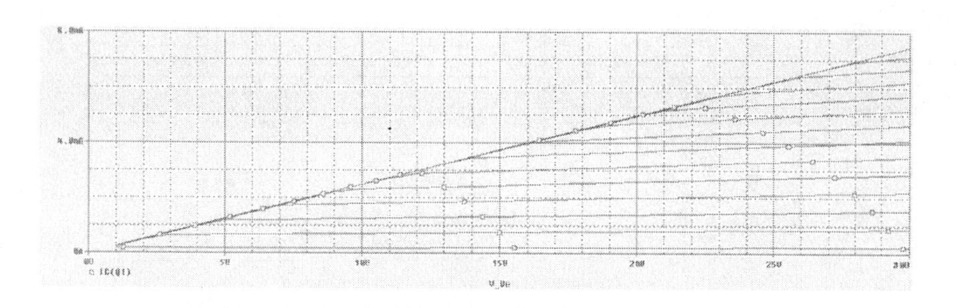

图 4.21 双极型晶体管输出特性曲线

4.3.3 金属氧化物半导体场效应管输出特性

(1) 示例电路图

示例电路图如图 4.22 所示。

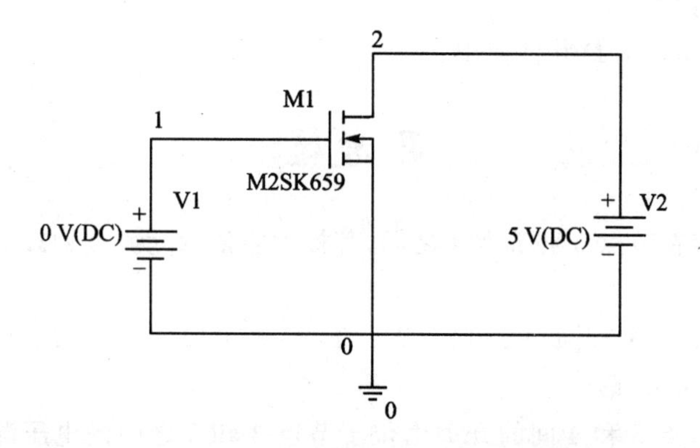

图 4.22 金属氧化物半导体场效应管曲线测量电路图

(2) 电路文件清单

```
Example 4.3.3 MOSFET Characteristic
.OPTIONS NOPAGE NOECHO
V1   1   0   DC   0V
V2   2   0   DC   5V
* MOSFFT M1 with model MQ is connected to 2 (drain), 1 (gate), 0 (source) and 0(substrate).
M1   2   1   0   0   MQ
* Model for MQ
. MODEL MQ NMOS (VTO = 1   KP = 6.5E- 3   CBD = 5PE   CBS = 2PF   RD = 5   RS = 2   RB = 0
+ RG = 0   RDS = 1MEG   CGSO = IPF   CGDO = I PF   CGBO = 1P F)
.PLOT   DC   ID(M1)
.PROBE
.END
```

(3) 仿真结果

单击按钮启动仿真,选择输出接点为 ID(M1),仿真结果如图 4.23 所示。

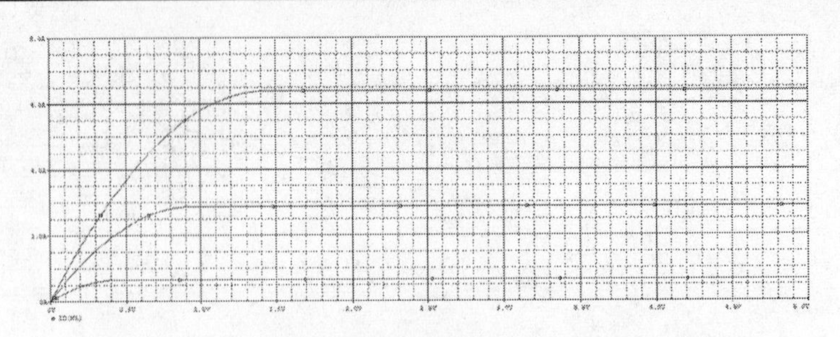

图 4.23 金属氧化物半导体场效应管输出特性曲线

本章重点

1. SPICE 语法要点。
2. 电路与器件的 SPICE 语言描述。
3. OrCAD PSpice A/D 软件使用。

思考题

1. 某一电阻器接在节点 3 和节点 4 之间，其标称阻值 R_1 为 10 kΩ，工作温度为 40 ℃，且具有如下的形式：

$$R_1 = R \times [1 + 0.2 \times (T - T_0) + 0.002 \times (T - T_0)^2]$$

请写出此题的 PSpice 语句。

2. 一个连接在节点 5 和 4 间的开关由位于节点 3 和 0 之间的电压源控制。控制电压为 0.5 V 时开关导通。闭合电阻为 0.5 Ω，断开电阻为 3×10^6 Ω。请写出此题的 PSpice 语句。

3. 在.TRAN 点命令中包含 UIC 的描述时，对储能元件初始值应如何设置?.IC 点命令与它有什么区别？若在同一个文本文件中两种设置的描述皆存在，那么在分析时谁起作用？

4. 如图 4.24 所示的二极管电路，打印二极管的直流偏置参数和小信号参数。使用模型参数的缺省值。

5. 对于如图 4.25 所示的 n 沟道耗尽型 MOSFET，当 VDS 以 0.1 V 为增量从 0 V 变化到 15 V，VGS 以 1 V 为增量从 0 V 变化到 6 V 时绘制输出特性。模型参数为 L=10U，W =20U，VTO =2.5V，KP =6.5E−3，RD =5Ω，RS =2Ω，RB =0Ω，RG =0Ω，RDS =1MEG。

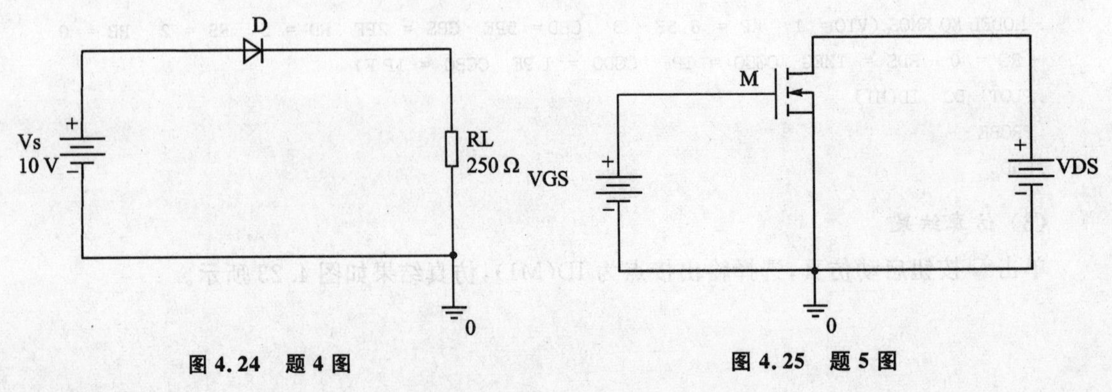

图 4.24 题 4 图 **图 4.25 题 5 图**

第5章　原理图输入与仿真

如前面几章所述，在选定 EDA 平台之后，电路设计首先面临的是电路输入问题，最常用的就是电路原理图输入与 HDL 文本输入，电路原理图输入优点是方便、直观，在模拟 EDA 设计中经常用到，它是电路设计的基础。这里主要介绍 Multisim 和 OrCAD 的原理图输入。

5.1　利用 Multisim 软件

5.1.1　工作界面的设置

首先创立新建电路，有以下几种方法：

① 当启动 Multisim 时，它会自动打开一个名为“Design 1”的空白电路文件，并打开一个新的无标题的电路窗口，在关闭当前电路窗口前将提示是否保存它。

② 选择 File→New 选项或用 Ctrl＋N 快捷键操作，打开一个无标题的电路窗口，可用它来创建一个新的电路。

③ 单击工具栏中的“新建”图标。

新建电路文件后，如图 5.1 所示，电路的绘图区没有任何元器件和导线。

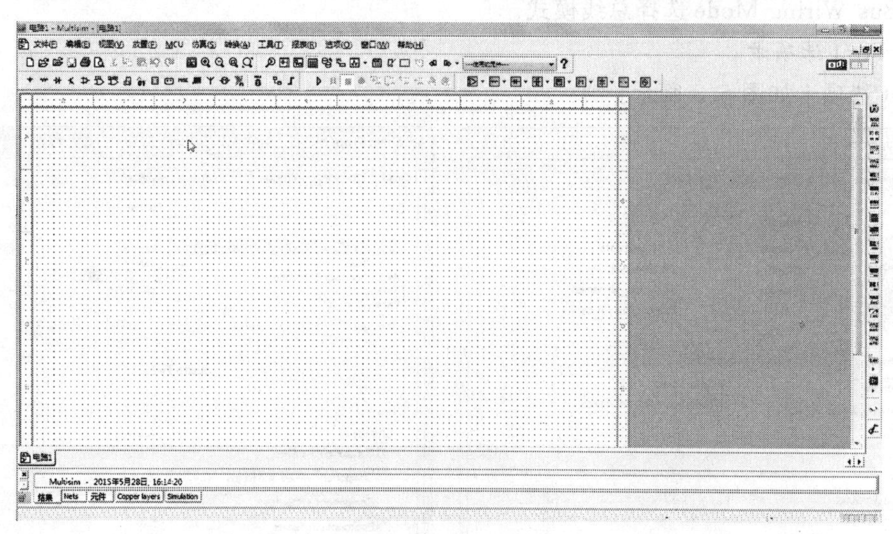

图 5.1　新建电路图

接着定制电路文件工作界面，采取以下两种方法：

1. 由 Edit 菜单定制

打开菜单栏中的 Edit 菜单，选择 Properties 命令，弹出 Sheet Properties 对话框，如图 5.2 所示。在对话框中会用不同的选项卡，不同的选项卡用来设置不同的属性。例如，Circuit 选项卡可以设置在电路图显示的参数、标识等文本内容，也可以设置电路图形和背景的颜色等；Workspace 选项卡可以设置电路图的尺寸和格式；Wiring 选项卡可以设置需要在电路图显示

的电路连线的路径；Font 选项卡可以设置在电路图上显示的参数、标识等文本的字体和字型。

2. 由快捷菜单定制

在电路窗口内打开快捷菜单，选择 Properties 命令，在弹出如图 5.2 所示的对话框内进行操作。

(1) Circuit 选项卡

如图 5.2 所示，在 Show 选项区域中可选择电路的各种参数，如 Labels 选项用于选择是否显示元器件的标志，RetDes 选项用于选择是否显示元器件编号，Values 选项用于选择是否显示元器件数值，Initial Conditions 选项用于选择初始化条件，Tolerance 选项用于选择公差。Color 选项区域中的 5 个按钮用来选择电路工作区的背景、元器件、导线等的颜色。

(2) Workspace 选项卡

- Show Grid 选择电路工作区是否显示栅格；
- Show Page Bounds 选择电路工作区是否显示页面分隔线；
- Show border 选择电路工作区是否显示边界；
- Sheet size 选项区域用于设定图纸大小，并可选择尺寸单位为英寸(inches)或厘米(centimeters)，以及设定图纸方向是 Portrait(纵向)或 Landscape(横向)。

(3) Wiring 选项卡

- Wire Width 选择线宽；
- Bus Width 选择总线线宽；
- Bus Wiring Mode 选择总线模式。

(4) Font 选项卡

Font 选项卡如图 5.3 所示。

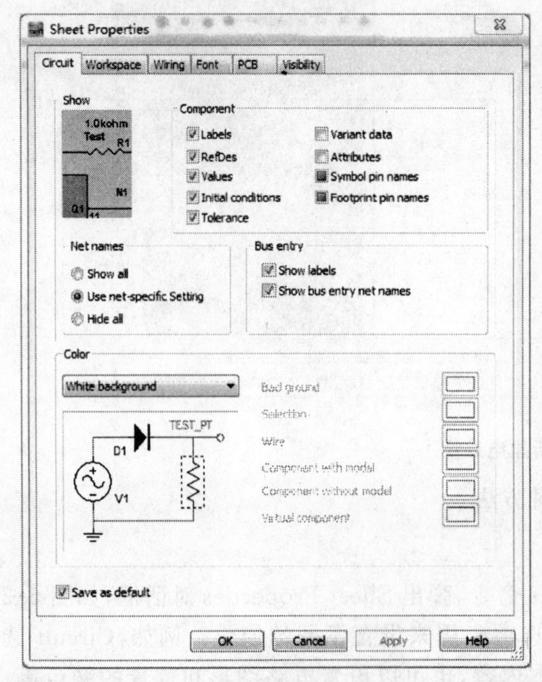

图 5.2 Sheet Properties 对话框中的 Circuit 选项卡

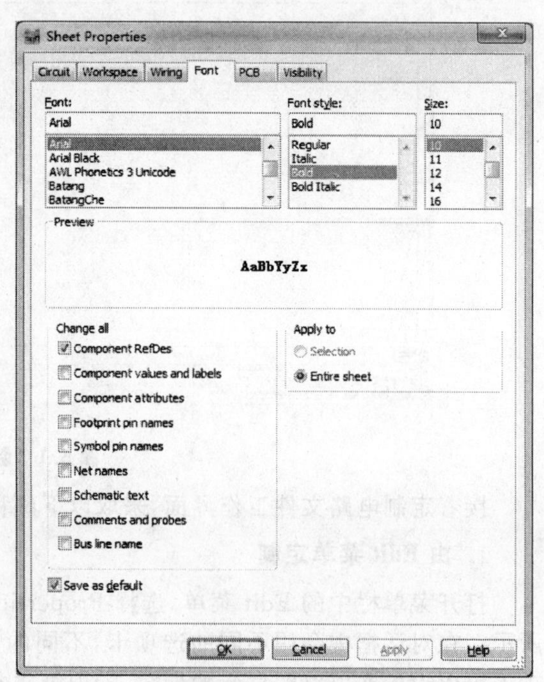

图 5.3 Sheet Properties 对话框中的 Font 选项卡

① 选择字型

- Font 选项区域用于选取所要采用的字体；
- Font style 选项区域用于设置字型为粗体字(Bold)、粗斜体字(Bold Italic)、斜体字(Italic)或正常字(Regular)；
- Size 选项区域用于选择字型大小；
- Sample 选项区域显示的是所设定的字型。

② 选择字型的应用项目

Change all 选项区域用于选择所设定字型的应用项目，其具体设置如下：

- Component values and labels 选择元器件标注文字和数值采用所设定的字型；
- Component RefDes 选择元器件编号采用所设定的字型；
- Component attributes 选择元器件属性文字采用所设定的字型；
- Footprint pin names 选择引脚名称采用所设定的字型；
- Symbol pin names 选择符号引脚采用所设定的字型；
- Net names 选择网络表名称采用所设定的字型；
- Schematic texts 选择电路图里的文字采用所设定的字型；
- Comments and probes 选择注释和探针所用的字型；
- Busline name 选择总线名称所用的字型。

③ 选择字型的应用范围

Apply to 选项区域用于选择所设定字型的应用范围，其具体设置如下：

- Entire sheet 应用于整个电路图；
- Selection 应用于所选取的项目。

5.1.2　元件操作

有了工作窗口后，需要在窗口内设计电路，放置元器件。

1. 放置元件

(1) 向工作区添加元器件

① 通过菜单栏来添加元器件

在 Multisim 中，在 Place 菜单下选择 Component 项，就会弹出元器件选择对话框，如图 5.4 所示。

② 通过元器件工具栏来添加元器件

在元器件工具栏中选择要放置的元器件，单击元器件库的图标，就可以打开元器件选择对话框，如图 5.4 所示。

③ 通过右键进行选择

在工作区右击，选择 Place Component 项，就可以打开如图 5.4 所示的元器件对话框。

④ 通过快捷键添加元器件

按 Ctrl＋W 快捷键，同样可以打开如图 5.4 所示的元器件对话框。

(2) 元件的基本操作

① 选　中

要选中某个元器件，可单击该元器件，被选中的元器件的四周出现蓝色虚线方框，便于识

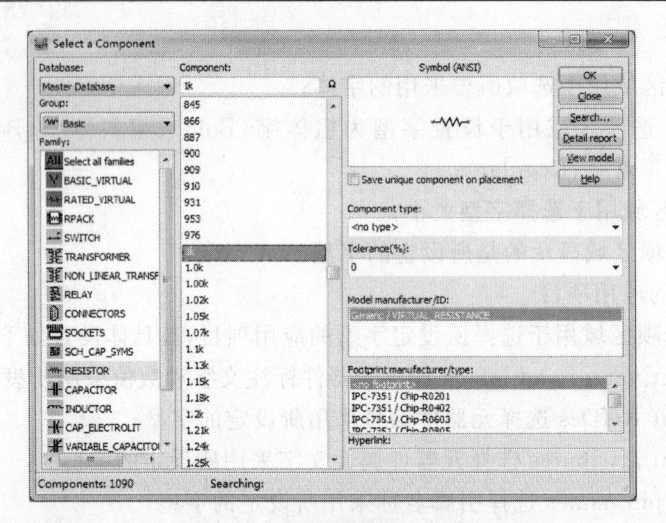

图 5.4　元器件选择对话框

别。对选中的元器件可以进行移动、旋转、删除、设置参数等操作。用鼠标拖曳形成一个矩形区域，可以同时选中在该矩形区域内包围的一组元器件。要取消某一个元器件的选中状态，只需单击电路工作区的空白区域。

② 移　动

用鼠标按住元器件不放并拖曳即可移动该元器件。要移动一组元器件，则必须先用前述的矩形区域方法选中这些元器件，然后用鼠标左键拖曳其中的任意一个元器件，所有选中的部分就会一起移动。元器件被移动后，与其相连接的导线就会自动重新排列。选中元器件后，也可使用键盘上的上、下、左、右方向键使之作微小的移动。

③ 旋　转

选中要旋转的元件，右击，弹出快捷菜单，从菜单中选择 90 Clockwise(顺时针旋转 90°)或 90 CounterCW (逆时针旋转 90°)；也可以用菜单栏 Edit 中的 Orientation 项找到 90 Clockwise (顺时针旋转 90°)或 90 CounterCW(逆时针旋转 90°)；或者使用快捷键 Ctrl＋R(顺时针旋转 90°)或 Ctrl＋Shift＋R(逆时针旋转 90°)。

④ 删　除

选中要删除的元件，按 Delete 键即可，或可右击，从弹出的菜单中选择 Delete 菜单项。

⑤ 复制、剪切和粘贴

选中要编辑的元件，右击，从弹出的菜单中选择相应的菜单项，Cut(剪切)、Copy(复制)和 Paste(粘贴)。

⑥ 替　换

双击元件打开相应的元件属性对话框，单击 Replace 按钮，弹出 Select Component 窗口，选择需要的元件，单击 OK 按钮即可。

(3) 设置元器件参数

双击元器件，或者选中元件，从菜单栏的 Edit 中选择 Properties 项，会弹出相关的元件属性对话框，电阻属性对话框如图 5.5 所示。

在属性对话框中，有 Label(标识)、Display(显示)、Value(数值)、Fault(故障设置)、Pins (引脚)、Variant(变量)等选项卡。Label 选项卡用于设置元器件的 Label(标识)和 REfDes(编

号)。编号由系统自动分配,必要时可以修改,但必须保证编号的唯一性。Display 选项卡用于设置标识、编号的显示方式。Fault 选项卡可供人为设置元器件的隐含故障。Value 选项卡可以设置元件的参数和误差。设置完毕后,单击 OK 按钮。

2. 放置虚拟仪器

(1) 向工作区添加虚拟仪器

虚拟仪器工具栏显示在电路图工作区的右边。如果没有,可以从菜单栏中选择 View→Toolbars→Instruments 菜单项,或者在菜单栏下方工具栏的空白区右击,从弹出的菜单中选择 Instruments 菜单项,虚拟仪器工具就会显示出来了。单击所需的仪器,然后移动光标到工作区合适的位置,再次单击,仪器就会放置到工作区中。

(2) 设置虚拟仪器

虚拟仪器的设置要根据其具体的性质而定,可以双击虚拟仪器,打开属性对话框,设置相关的参数。波形发生器的属性对话框如图 5.6 所示。

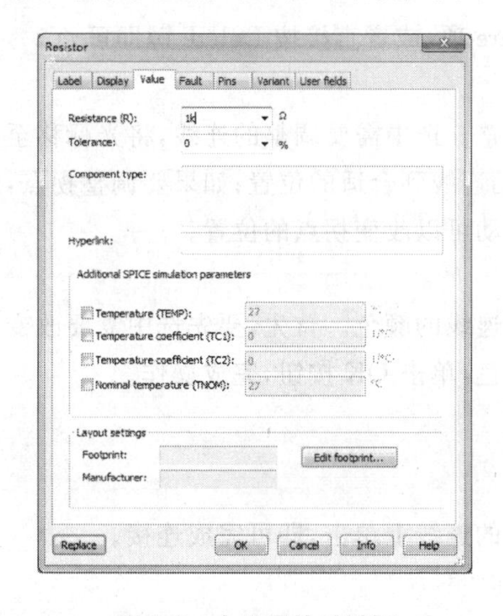

图 5.5 电阻属性对话框

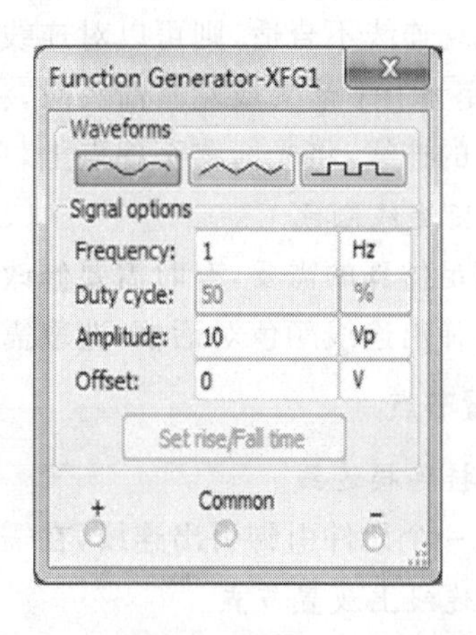

图 5.6 波形发生器的属性对话框

3. 查找所需的元件

如果对所需的元件并不能确定在哪个元件库里,则可以通过搜索来添加元件。在元器件选择对话框中,单击 Search 按钮,弹出如图 5.7 所示的对话框,可以按照要求进行搜索。

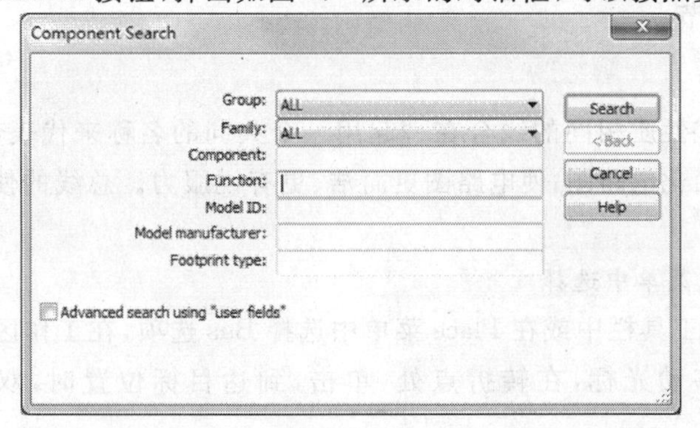

图 5.7 Component Search 对话框

5.1.3 放置连线

1. 元件的连接

(1) 自动连线

所谓自动连线，就是用户按线路方向将光标指向需连接元器件的引脚，依次单击要连线的两个元器件的引脚，由 Multisim 选择引脚间最好的路径自动完成连线操作。它可以避免连线通过元器件时与元器件重叠。

(2) 手动连线

手工连线由用户控制线路走向，操作时通过拖动连线，按用户自己设计的路径，在需要拐弯处单击固定拐点，以确定路径转向来完成连线。手动连线固定了连线起点后，并不直接固定连线的终点，而是在需要拐弯处单击固定拐点。

(3) 连线的删除

可右击连线，从弹出的快捷菜单中选择 Delete 项，或者直接按 Delete 键即可。

(4) 调整连线

如果发现连线不合适，则可以对连线进行调整。选中需要调整的连线，将光标移至目标连线上，光标变为上下箭头或左右箭头时，将其拖动连线到合适的位置；如果要调整拐点，则选中要调整拐点的连线，将光标移至拐点上，单击，拖动可以改变拐点的位置。

(5) 改变连线颜色

为了满足仿真的需要，有时需要修改某一条连线的颜色。首先，要先选中需要改变颜色的连线，右击，弹出连线颜色对话框，选取需要的颜色，单击 OK 按钮，完成操作。

2. 放置节点

(1) 直接连接连线

可以从一个元件引脚引出连线，在需要连接的连线上单击，即可完成连接。

(2) 在连线上放置节点

在 Place 菜单中或者在工作区右击，选择 Junction 光标会变成点状，在连线上单击可放置一个节点。

(3) 利用快捷键放置节点

将光标放在工作区，按 Ctrl+J 组合键，光标会变成点状，在导线需要放置节点的位置单击，就可以放置一个节点。

3. 放置总线

总线就是将一些性质相同的线合在一起用一个共同的名称来代表，例如数据线、地址线等。使用总线可以简化电路图，使电路图更简洁、更有说服力。总线的使用实际是一种单线-总线-单线方式。

(1) 从工具栏或菜单中选择

在 Components 工具栏中或在 Place 菜单中选择 Bus 选项，在工作区中，先单击需要放置总线的第一个点，移动光标，在转折点处，单击，到达目标位置时，双击就可以放置一条总线。

(2) 快捷菜单中选择

在工作区中右击,选择 Place on Schematic 选项卡中的 Bus 选项,就可以把总线放置到工作区了。

(3) 快捷键中选择

在工作区中,按 Ctrl+U 组合键,就可以开始在工作区中放置总线了。

4. 放置注释标记

在绘制原理图时,常常需要对具体的操作进行说明,这时可以对原理图添加注释标记。

可以通过菜单栏 Place 中的 Comment 来添加注释,如图 5.8 所示。同样也可以右击工作区,在菜单中找到 Comment。找到 Comment 后,选择它,回到工作区,在需要注释的地方单击,输入要写的内容即可。添加完注释后,可以双击注释,对注释属性进行设置,如图 5.9 所示。

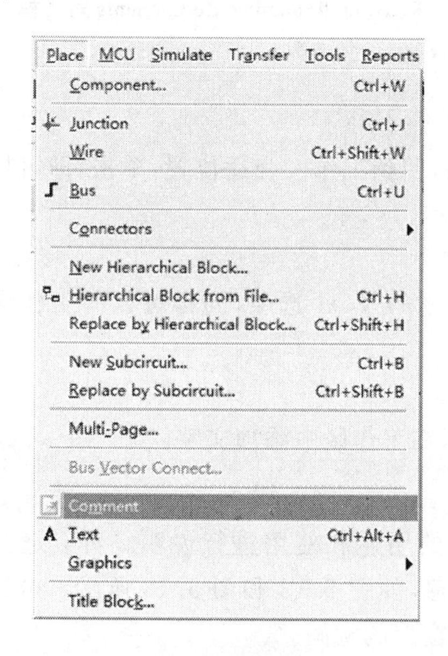

图 5.8　Place 菜单栏选项

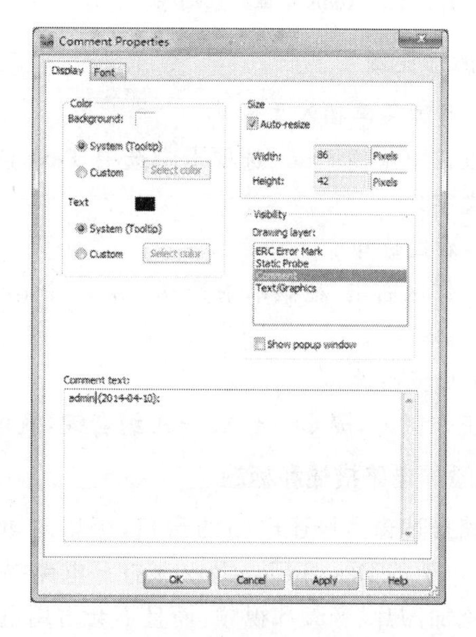

图 5.9　注释属性对话框

5.1.4　绘图后续处理

1. 添加元器件标识

在绘制好原理图后,元件的参考注释编号可能不太合适,这时需要修改元件的注释编号。只需双击元件,打开元件属性对话框,找到 Label 标签。修改元件的参考系列号和标识文本以及添加元件的属性。

如果要批量修改元器件的参考注释编号,则可以从菜单栏的 Tools 中选择 Rename /Renamber Components,打开对话框,对元件的注释编号进行设置,如图 5.10 和图 5.11 所示。

2. 显示网络节点编号

在连接完电路元件后,系统会自动给每个节点分配一个网络编号,有时需要查看甚至修改这些编号。可以通过 Sheet Properties 对话框来设置,在 Circuit 选项卡的 Net Names 中选择 Show

All,选择完成后,单击 OK 按钮。回到工作区,会看到节点的编号。若要修改节点编号,则可以单击电路图的连线,就会弹出“节点标号”对话框,通过 Node Name 文本框即可修改节点号。

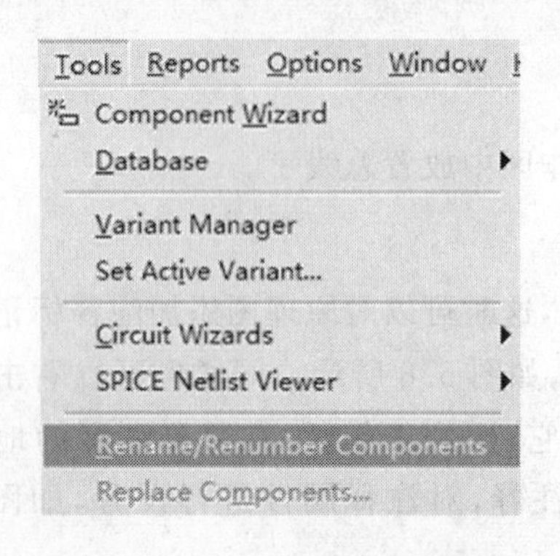

图 5.10 Tools 菜单栏选项卡

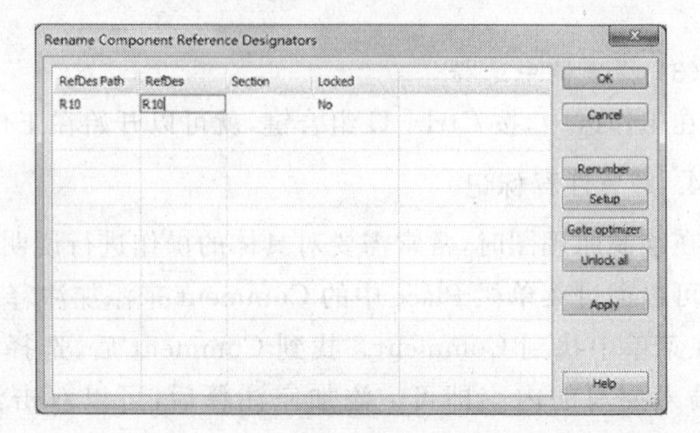

图 5.11 Rename/Renamber Components 对话框

3. 添加文本

(1) 通过菜单插入文本

可以在菜单栏 Place 选项卡中选中 Text 选项,回到工作区合适位置,单击,即可以在单击处添加文字。

(2) 右键选择

在工作区右击,在菜单中选择 Place Graphic 中的 Text 选项,同样可以向工作区中添加文字。

(3) 快捷键选择

在工作区内,按 Ctrl+Alt+A 组合键,就可以在工作区中添加文字。

4. 添加电路描述和标题

电路描述窗是描述电路的窗口,可以对电路的用途和使用进行说明。可以通过菜单栏 View 菜单下的 Description Box 来打开电路描述窗,如图 5.12 和图 5.13 所示。电路描述窗中可以添加图片、音频和视频,而且不会占用电路窗口的空间。

电路完成后,常常要为电路添加一个标题栏,对电路的作者、创建日期、校对人、图纸编号等信息进行说明。可以在 Place 菜单中选择 Title Block 选项,弹出“打开”对话框,可以任选一种标题,添加到工作区,然后可以对标题栏进行设置。

5. 导出元件列表

在完成电路设计后,常常需要导出元器件,以便后期制作实际电路。可以在 Reports 菜单中选择 Cross Reference Report 选项,打开如图 5.14 所示的对话框,从图中可以看到各个元器件的标签、属性值、元器件类型等信息,也可以通过界面上方的图标按钮存储、打印元器件列表。

有时,还希望知道原理图的构成及相关信息。这时可以通过选择 Reports 菜单下的 Schematic Statistics 选项,弹出如图 5.15 所示的对话框,从中可以找到原理图电路中的一些相关信息。

图 5.12　View 菜单栏选项

图 5.13　Description Box 电路描述窗

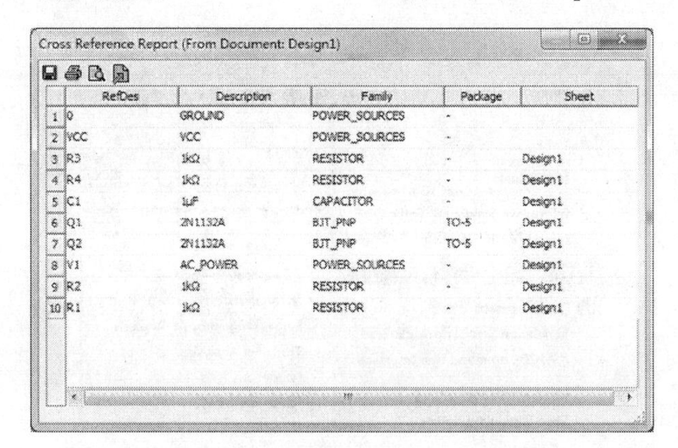
Cross Reference Report (From Document: Design1)

	RefDes	Description	Family	Package	Sheet
1	0	GROUND	POWER_SOURCES	-	
2	VCC	VCC	POWER_SOURCES	-	
3	R3	1kΩ	RESISTOR	-	Design1
4	R4	1kΩ	RESISTOR	-	Design1
5	C1	1uF	CAPACITOR	-	Design1
6	Q1	2N1132A	BJT_PNP	TO-5	Design1
7	Q2	2N1132A	BJT_PNP	TO-5	Design1
8	V1	AC_POWER	POWER_SOURCES	-	Design1
9	R2	1kΩ	RESISTOR	-	Design1
10	R1	1kΩ	RESISTOR	-	Design1

图 5.14　Cross Reference Report 对话框

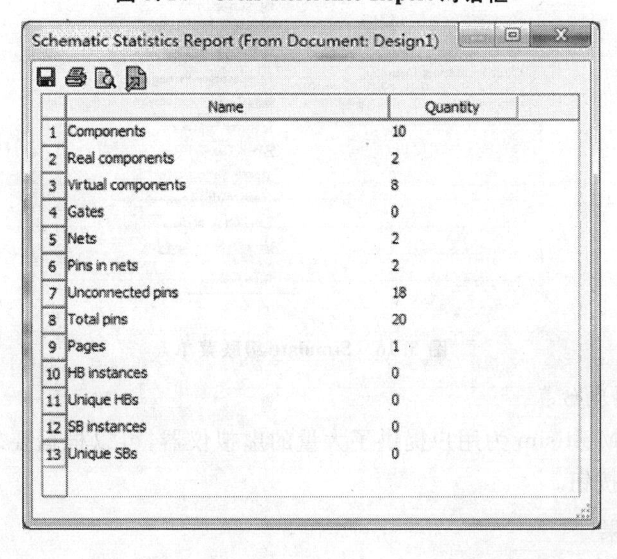
Schematic Statistics Report (From Document: Design1)

	Name	Quantity
1	Components	10
2	Real components	2
3	Virtual components	8
4	Gates	0
5	Nets	2
6	Pins in nets	2
7	Unconnected pins	18
8	Total pins	20
9	Pages	1
10	HB instances	0
11	Unique HBs	0
12	SB instances	0
13	Unique SBs	0

图 5.15　Schematic Statistics Report 对话框

6. 保存原理图文件

在完成原理图的过程中，常常需要对原理图进行保存。单击工具栏中的 Save 按钮，或选择 File 菜单下的 Save as 选项，设置保存的目录和文件名称。

5.1.5 电路仿真

1. 仿真分析

在完成原理图设计之后，需要对电路进行仿真，以确定电路是否符合要求。实现电路仿真的方法有两种：一种是利用 Multisim 提供的分析功能；一种是利用 Multisim 提供的仪表进行仿真分析。

(1) 利用分析方法实现仿真

Multisim 为用户提供了许多用于仿真的分析方法，可以从菜单栏 Simulate 的 Analyses 中找到，如图 5.16 所示。当需要利用分析方法实现仿真时，选择需要使用的分析方法，弹出相应分析方法的仿真设置对话框。图 5.17 所示为直流扫描分析方法的对话框，对分析参数进行设置后启动仿真。

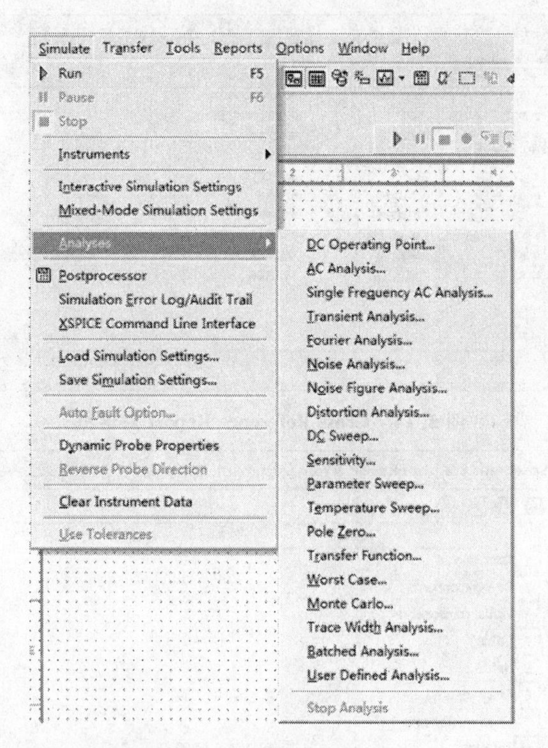

图 5.16 Simulate 级联菜单

(2) 利用仪器实现仿真

在工作区右侧，Multisim 为用户提供了大量的虚拟仪器，可以根据要求添加仪器，然后连接电路，单击“仿真”按钮。

2. 观察仿真结果

利用分析方法实现仿真，仿真开始后，会弹出 Grapher View 对话框，如图 5.18 所示。从

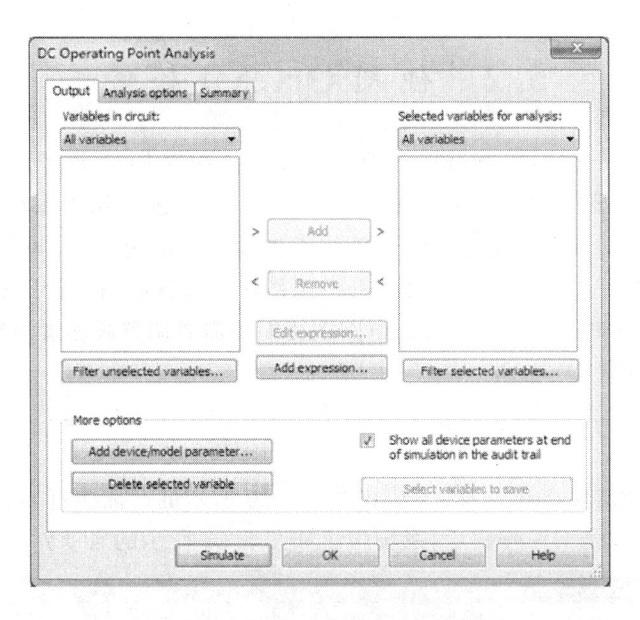

图 5.17　直流扫描分析方法对话框

图中可以观察结果，如果想要保存结果，可以利用对话框上方的保存按钮进行保存。

利用仪器实现仿真，可在仿真开始前后，双击仪器图标，打开仪器窗口，观察仿真结果，如图 5.19 所示(双踪示波器窗口)，同样如果需要保存结果，可以在仪器窗口中找到保存按钮，单击保存设置路径即可。

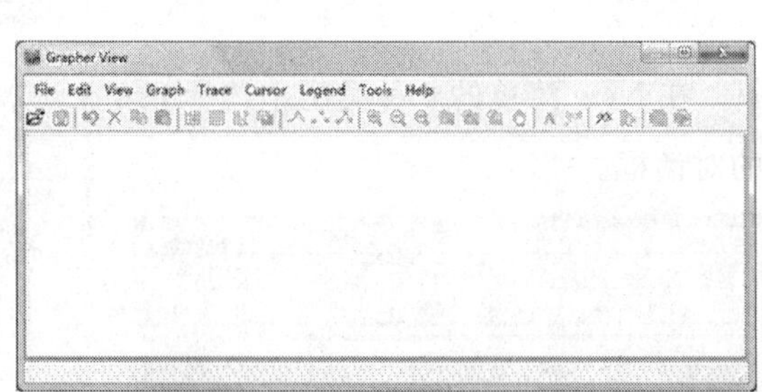

图 5.18　Grapher View 对话框

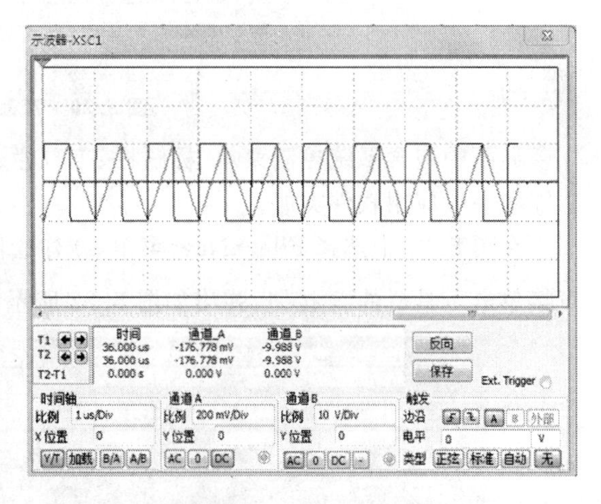

图 5.19　双踪示波器窗口

3. 停止电路仿真

对于用分析方法进行的仿真，根据设置的具体仿真参数，软件将自动完成并输出结果。用仪器实现的仿真，仿真开始后，要停止或暂停仿真，可以单击工具栏中的仿真开关 ，如果不停止，仿真将一直进行下去。

5.2 使用 OrCAD 软件

OrCAD 是 Cadence 公司在 Windows 环境下运行的一款 EDA 设计软件，在第 4 章中已经做了初步介绍，本节主要介绍基于 OrCAD 的 Capture 软件进行原理图输入的一些基本使用方法，以及用 PSpice A/D 进行电路特性分析仿真的操作。使用 OrCAD Capture 绘制原理图一般按照以下步骤进行：进入 OrCAD Capture 绘图区→放置电路元件(包括放置电源和接地元件)→连线→设置元件的属性等。有的电路图可能还需要调整画图页规格、放置网络标识及电路图的后处理等步骤。

5.2.1 工作界面的设置

启动 Capture，在出现欢迎界面后，弹出如图 5.20 所示的产品选择对话框，原理图输入选择 OrCAD Capture，单击 OK 按钮后，系统弹出如图 5.21 所示的启动界面。

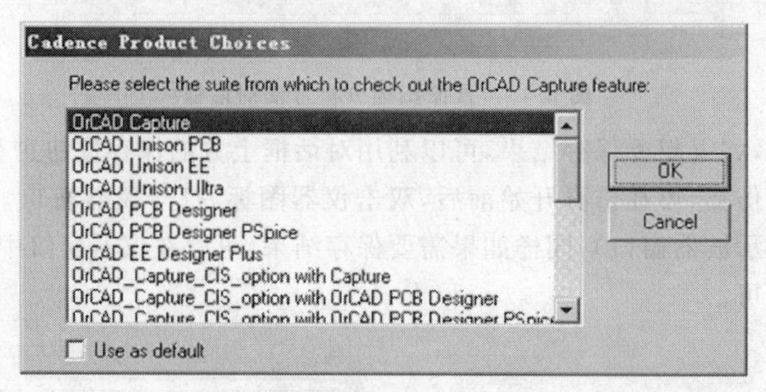

图 5.20 产品选择对话框

界面中包含系统控制菜单、标题栏、工具栏、菜单栏、阶段记录窗口、状态栏和工作区。其功能和一般应用软件类似。

在图 5.21 中选择 File→New 菜单，新建绘图。在 New 菜单的 6 种类型中选择 Project 或直接单击工具栏的按钮，弹出如图 5.22 所示的对话框。

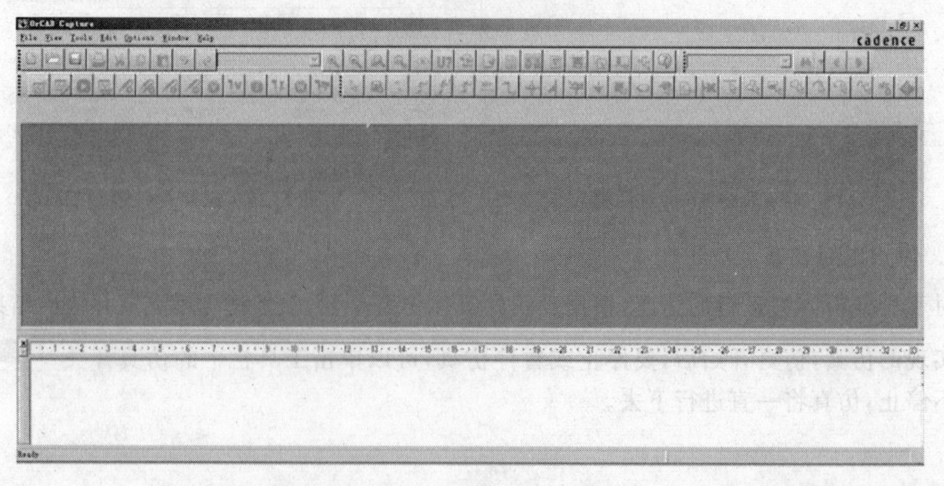

图 5.21 Capture 启动界面

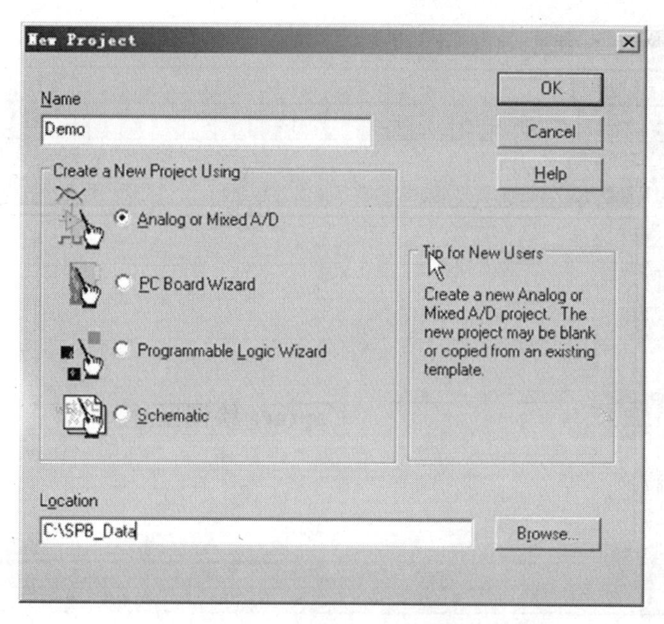

图 5.22　New Project 对话框

在图 5.22 所示对话框的 Name 文本框输入电路的 Project 名称，如 Demo，在 Location 文本框输入存盘路径或单击 Browse 按钮改变缺省的存盘路径。

在电路项目的类型选项中，如果只是画一张单纯的电路原理图，则选择 Schematic 选项；如果要进一步进行电路仿真，则选择 Analog or Mixed A/D（数模混合仿真）类型；PC Board Wizard 是系统级原理图设计，可以进行印制版图设计；Programmable Logic Wizard 可以进行可编程器件设计。这里选择 Analog or Mixed A/D 类型，单击 OK 按钮，程序弹出如图 5.23 所示对话框。

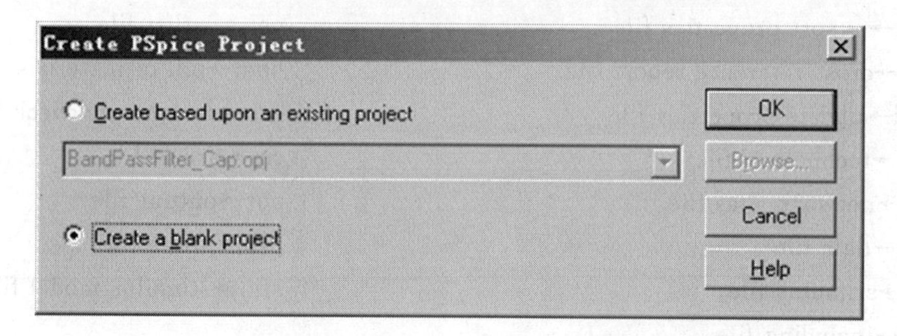

图 5.23　Create PSpice Project 对话框

如果要建立空项目，则在如图 5.23 所示的对话框中选择 Create a blank project，如果是在已有电路的基础上创建，则选择 Create based upon an existing project，单击 OK 按钮后进入 Capture 工作界面，如图 5.24 所示。

项目管理器是项目管理文件夹，列出了电路原理图设计文件及其相关文件，包含 Design Resource、Library、Design Cache、Outputs 及 PSpice Resource 等内容。可以看出，每个项目文件（扩展名是 .opj）都有一个唯一的原理图文件，即 .dsn，而每一个项目文件可以有多张电路原理图。

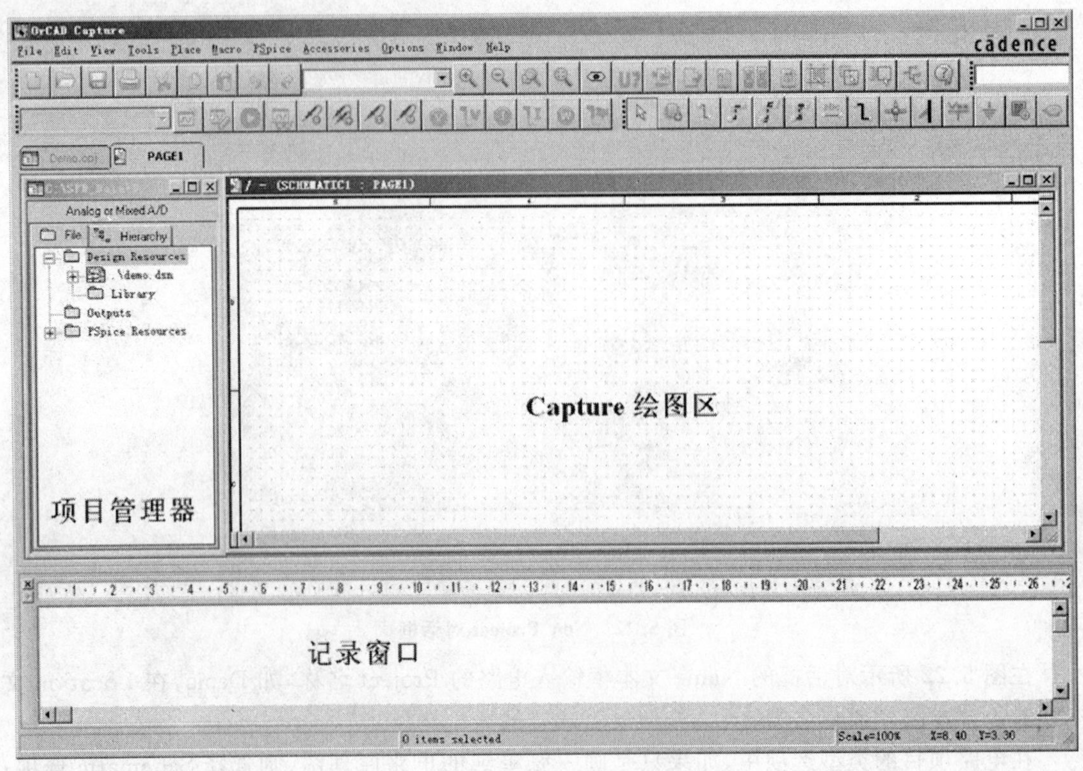

图 5.24 Capture 工作界面

常用 OrCAD 的文件类型如下：

.opj→OrCAD project file

.olb→OrCAD object library file

.exp→export properties file

.xrf→cross-reference report file

.upd→update properties file

.tch→technology file

.als→network alias file

.dat→data file

.stl→stimulus file

.inc→including file

.dsn→schematic design file

.mnl→multiple layout netlist file

.net→netlist file

.bom→bill-of-materials file

.drc→design rule check file

.cir→circuit file

.out→output file

.prb→probe file

.stm→stimulus model file

在 Capture 中，每一个设计(Design)文档都会存储在一个扩展名为.dsn 的文件中，.dsn 的文件是整个设计项目(Project)的一部分。OrCAD 在执行 PSpice 仿真之前，Capture 会根据电路图自动产生电路主文件(.cir)、网表文件(.net)以及别名文件(.als)，且 PSpice A/D 对电路中每个元件的参数、符号和模型都有明确的定义，其中符号定义主要指元件的几何图形，存储于文件.olb 内，而模型参数主要元件的特性参数值，存储于库文件.lib 内。同时，电路的激励源可以用 Stimulus Editor 来编辑，编辑后的输入数据文件就存储于.stl 文件内。如果使用模型编辑器 Model Editor 来生成文字输入信号，则存储在.stm 文件内。

如果要打开已存在的工程文件，则只要在如图 5.21 所示的界面中选择 File→Open 菜单，在弹出的 6 类文件中选择要打开的文件类型及文件名称，双击该文件即可。接着将项目管理器的 Design Resource 文件夹展开，再双击 PAGE1 即可出现 Capture 绘图区和已有的电路原理图。

如图 5.24 所示，Capture 绘图区的上边是绘图工具栏，可以调整其位置，用鼠标左键指向工具栏，然后拖曳到期望位置即可。

在图 5.24 所示绘图页中，绘图页的尺寸、背景等规格的设定参数都是系统的默认值，不一定符合实际需要，而绘图页规格的设置应视所设计电路图的复杂度而定，可通过选择 Option→Schematic Page Properties 菜单调出如图 5.25 所示的对话框进行调整。此对话框包含 3 个选项卡，其中 Page Size 页是绘图页的纸型设置页，可通过纸型 New Page Size 及单位 Units 来设定。Grid Reference 是网格属性设置页，如图 5.26 所示，可对绘图页的水平和垂直方向的网格及边界等属性进行设置。

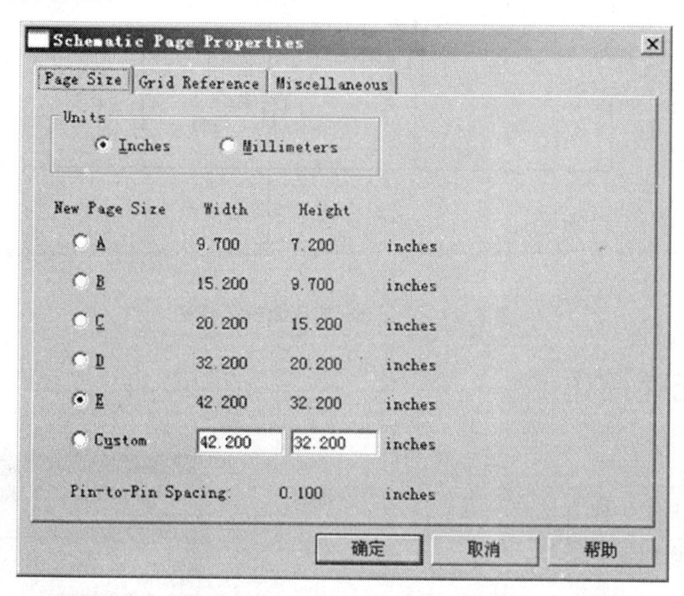

图 5.25　绘图页规格调整对话框

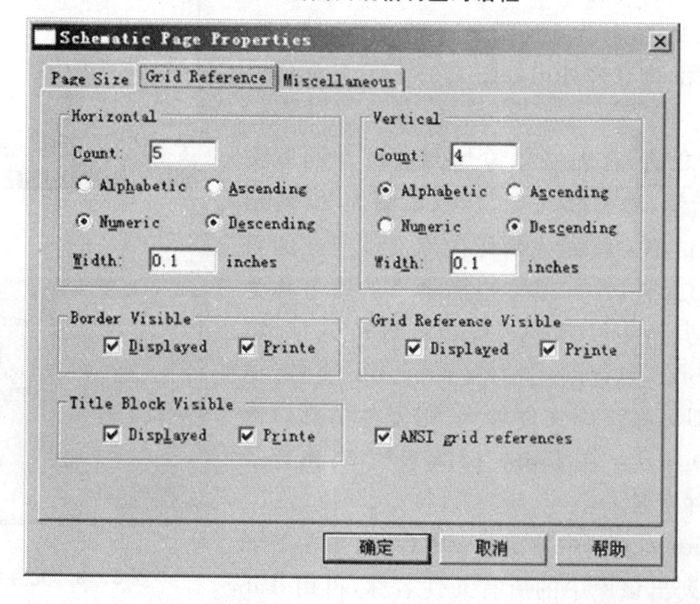

图 5.26　绘图页网格设置

下面以图 5.27 所示的一个典型晶体管放大电路为例，介绍利用 Capture 软件如何完成基本的原理图输入及电路特性仿真分析。

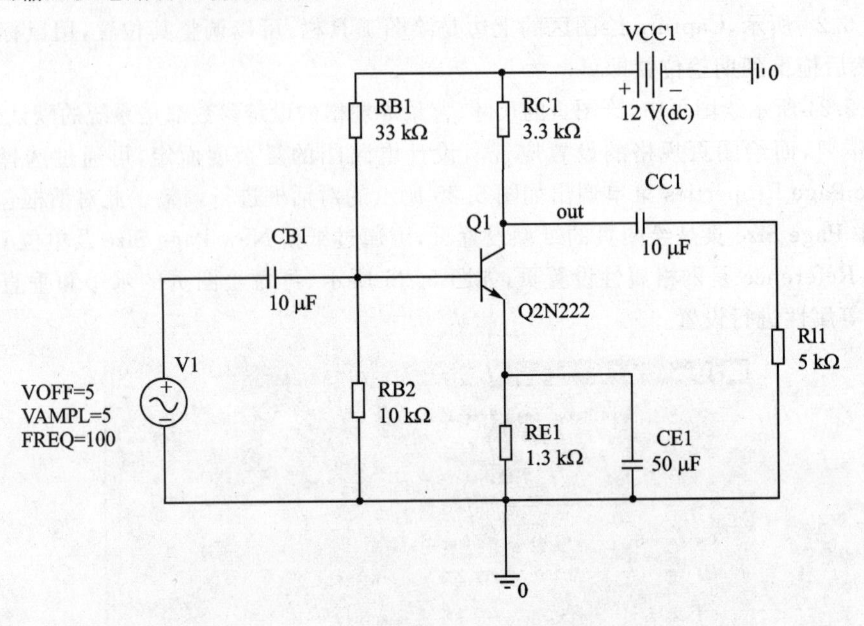

图 5.27　Capture 使用示例原理图

5.2.2　元件操作

1. 放置元件

放置电路元件有 3 种方法：

① 选择 Place→Part 菜单。

② 单击工具栏上的按钮。

③ 按快捷键 P。

若是初次使用，则软件弹出如图 5.28 所示的元件放置对话框。

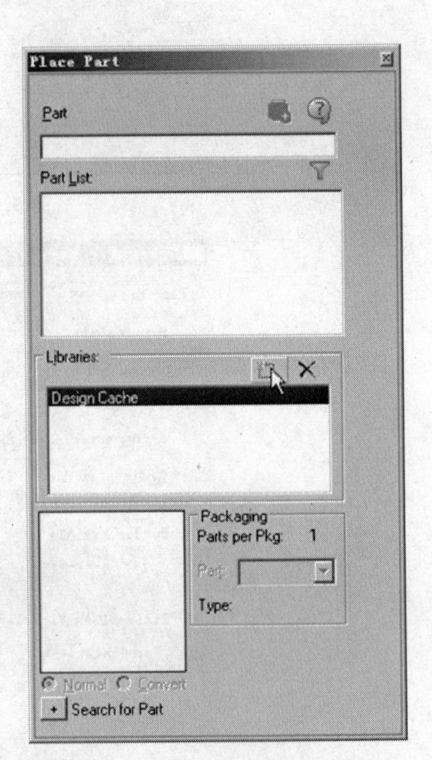

图 5.28　元件放置对话框

在选择元件之前，首先必须添加元件所在的库文件。按图 5.28 所示，单击按钮，出现如图 5.29 所示的库文件选择对话框。首先找到元件库文件所在的目录，如要放置电阻元件，已知基本电阻器件的库名称为 analog.olb，找到其所在目录 C：\Cadence\SPB_16.3\tools\capture\library\pspice，选择 analog.olb 文件，单击“打开”按钮，即可将该库文件加入，则元件仿真对话框变为如图 5.30 所示。在 Libraries 列表框中，出现了 ANALOG 的元件库名。

选择 Libraries 列表框中特定的元件库名，则在 Part List 列表框中会列出该库中的所有元件名称，再用 Tab

键和“↑”、“↓”键或直接用鼠标选择电路元件。当选好自己需要的元件后，界面左下方可看到此元件的外观符号。选择好所需元件后，双击该元件或单击按钮后直接回车，绘图页上会出现随光标移动的元件符号，移动鼠标到期望位置，单击鼠标左键或按空格键，该元件就放好了。此时可以继续在其他位置放置该元件，且程序会自动为放置的同类元件进行编号。如果要结束该型元件的放置，则直接按 Esc 键或者右击，在弹出的快捷菜单中选择 End Mode 即可。

图 5.29　元件库文件选择对话框

对图 5.27 所示的电路，放置电阻元件的对话框如图 5.30 所示，电容元件也在 ANALOG 库中，因此与之类似。直流源位于 SOURCE 库中，需添加 source.olb 库文件，放置对话框如图 5.31 所示。

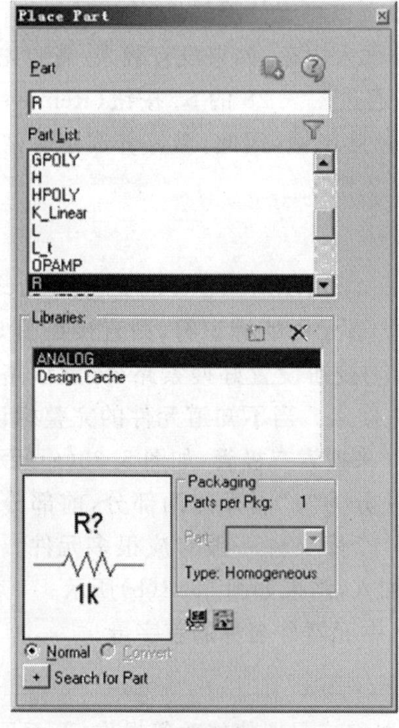

图 5.30　电阻元件放置对话框

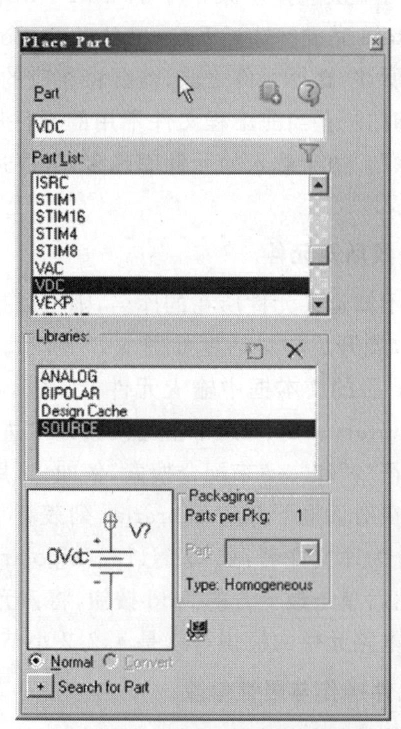

图 5.31　直流源放置对话框

电源激励和接地符号都是电路中不可或缺的部分,电源的放置方法是:选择 Place→Power 菜单或单击工具栏上的按钮。接地元件的放置和电源放置基本相同,选择 Place→Ground 菜单或单击工具栏上的按钮,弹出如图5.32所示的对话框,其中提供了常见的接地和电源符号,当需要进行PSpice仿真时,用图5.32所示的接地符号。

如果没有接地元件,则电路仿真和分析功能便没法进行下去,许多初学者经常忘记放置接地元件,应该引起注意。

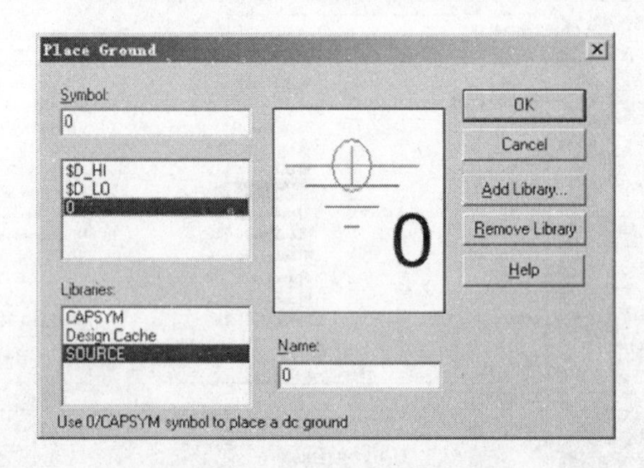

图5.32 接地元件放置对话框

在放置元件之前,还可以对元件进行旋转,操作非常简单:右击,在系统弹出的快捷菜单中选择 Mirror Horizontally 选项或直接按 H 键,可将元件左右翻转;选择 Mirror Vertically 项或按 V 键,可将元件上下翻转;选择 Rotate 项或按 R 键,可将元件逆时针方向旋转90°。上述操作也可一次选择主菜单中的 Edit→Mirror→Horizontally、Edit→Mirror→Vertically 及 Edit→Rotate 完成。选择 Edit→Mirror→Both 菜单可以将元件旋转180°。

如前所述,选择元件之前,需要将相应的元件库载入内存,如果没有载入,需要先添加元件库。但同时,一些当前工程文件不用的元件库应当通过图5.28的按钮(Remove Library)将其"删除"。由于载入的元件库越多,程序运行的速度越慢,因此,最好养成定时清理元件库的习惯。

2. 查找所需元件

如果不知道某元件所在的库名,则可以打开图5.28所示对话框下部的 Search for Part 进行搜索,展开后的对话框如图5.33所示。如果知道元件的标识符,则直接在图5.33中的 Search for 后的文本框中输入元件标识符,再单击按钮设置好搜索路径(默认路径后段为 Capture\library\PSpice),单击按钮即可进行元件搜索。当不知道元件的完整标识符时,可使用通配符"?"和"*"来配合搜索,例如,可用"Q*"来搜索三极管,如图5.33(a)所示,搜索结果将显示在对话框下部的 Libraries 列表框中,每项分为"/"隔开的两部分,前部分为元件名称,后部分为库文件名,如 Q2N1132/bipolar.olb,一个库文件一般对应很多元件。选择所需库文件,然后单击最下方的 Add 按钮,将该元件库加入,结果如图5.33(b)所示。

常见电路元件的标识符就是4.2.2小节表4.7中元器件名称的首字母。

3. 元件操作与属性修改

当元件放置好后,可以对元件进行选择、移动、复制或属性值修改等操作,下面具体介绍。

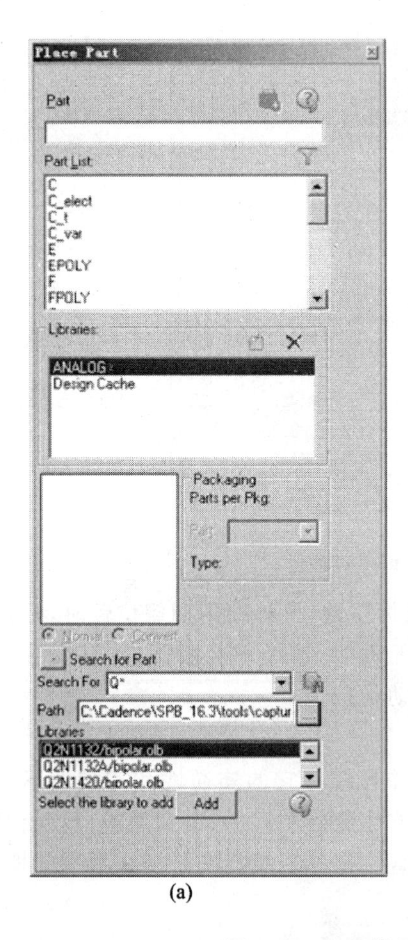

(a)

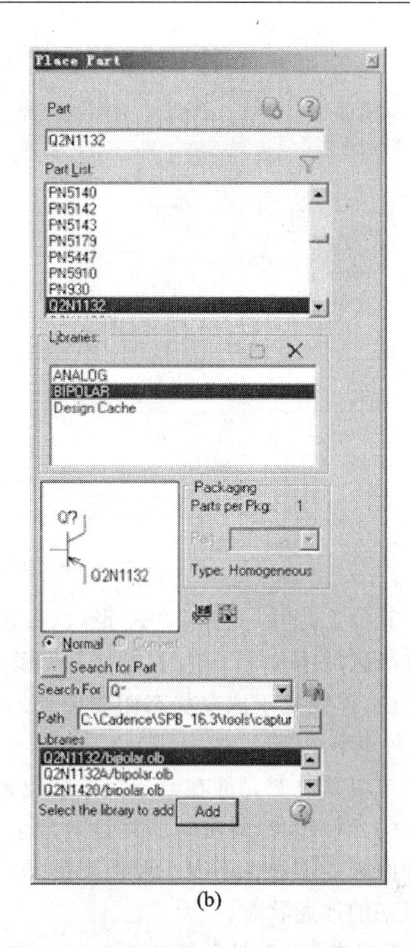

(b)

图 5.33　三极管元件的搜索及搜索结果

(1) 元件对象的选择

要选择单个元件时，单击该元件即可，此时被选中的元件对象呈紫红色。要选择一组元件时，按住鼠标左键，用鼠标拉出一个方框将待选择元件组圈住，此时，只要某元件的一部分落入所圈定的范围内，该元件即被选中，这是因为系统处于 Intersecting 模式。

当电路较复杂时，用上述元件对象选择模式往往难以选择到某些对象，从而影响绘图页的编辑。这时可切换到选择模式：选择 Option→Preferences 菜单打开 Preferences 对话框，如图 5.34 所示，切换到 Select 页，左右两边分别是绘图页和元件的模式设置。将 Area Select 改成 Fully Enclosed 后，只有当元件全部落入圈定区域时，该元件才被选中。

如果想对电路图进行局部缩放，可直接按快捷键 I、O 或选择 View→Zoom→In、View→Zoom→Out 菜单，也可单击工具栏中的、按钮。如果要按固定比例进行缩放，可选择 View→Zoom→Scale 菜单，再定义缩放比例即可。单击工具栏按钮或选择 View→Zoom→Area 菜单，表示将选定范围调整到整个绘图区大小；单击工具栏按钮或选择 View→Zoom→All 菜单，表示将全部电路图（包含标题块和绘图对象）调整到整个绘图区大小。

(2) 元件的移动

要移动单个元件对象时，可以先将鼠标指在该对象上，按住鼠标左键，将它拖到期望位置，松开，再按鼠标左键将元件的位置固定即可。要移动一组元件时，先选择该组元件，移动光标

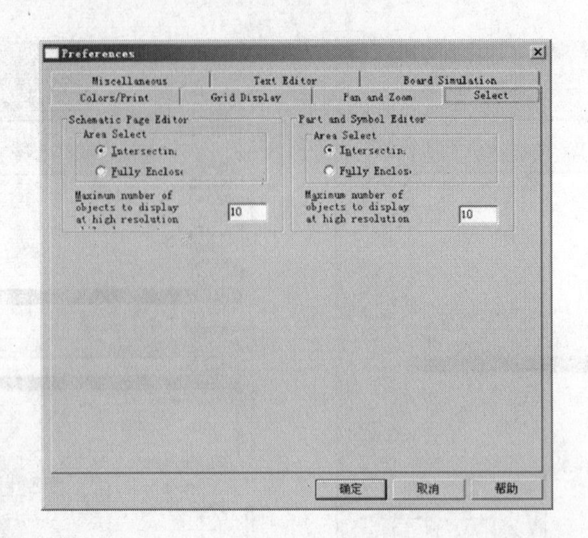

图 5.34　Preferences 对话框

到任意一个元件上，此时光标呈"✥"形状，按住鼠标左键，待移动到期望位置时，松开即可。

如果选择区域中包含了连线(总线)，则移动元件时，连线不会断开，一直维持原来的连通性。也就是说，连线处于拖曳状态而非单纯的移动状态。

(3) 元件的拖曳

元件的拖曳是改变元件在绘图页中的位置，并且维持它的连通性和完整性不变。首先选择好要拖曳的元件对象，将鼠标指在该对象上并按住鼠标左键，拖曳到期望位置松开即可。此时元件维持原来的连通性不变。要注意的是，当直接拖曳连线特别是连线两端的控制点时，有可能破坏原来的连通状态。

(4) 元件的剪切、复制和粘贴

当选择好要剪切、复制和粘贴的元件对象后，按 Ctrl＋X 键或单击工具栏上的按钮或选择 Edit→Cut 菜单可以执行剪切操作；按 Ctrl＋C 键或单击工具栏上的按钮或选择 Edit→Copy 菜单可以执行复制操作；按 Ctrl＋V 键或单击工具栏上的按钮或选择 Edit→Paste 菜单可以执行粘贴操作。

选择好要剪切、复制和粘贴的元件对象后，按住 Ctrl 键，同时单击选中的元件，再将它拖曳到需要的位置，也可复制该元件。

新粘贴的元件对象和原来元件的序号完全一样，这会为以后的仿真分析操作(主要是 DRC 检查和网络表格的产生)带来不便，因此，需要重新对新粘贴元件对象进行编号。

(5) 元件的删除

与元件的剪切不同，元件的删除是将选择对象永久删去。当选择好要删除的元件对象后，按 Delete 键或选择 Edit→Delete 菜单可以执行删除操作。如果出现误操作或此次操作不满足要求，则只要选择 Edit→Undo 菜单或者按 Ctrl＋Z 键或单击工具栏上的按钮还原即可。

(6) 元件属性编辑

元件放置好之后，其属性值都是缺省或自动编号的，需要按实际电路中的取值进行修改，例如电阻元件的名称和阻值等。元件属性的编辑方式(设置)有两种：属性的单个编辑方式和属性的批量编辑方式。

如果只有少数几个属性要编辑，则可以选择属性的单个编辑方式。单个属性的编辑方法是：直接双击要修改的元件属性或选择该属性后右击，选择 Edit Properties 选项，弹出 Display Properties 对话框，如图 5.35 所示，再填写该对话框即可。图 5.35 示例了对交流瞬态源 V1 元件的 VOFF(偏置电压)属性设置为 5 V 的过程。该元件的名称 V1，交流幅值 VAMPL 和频率 FREQ 都可以通过这种方式进行修改。

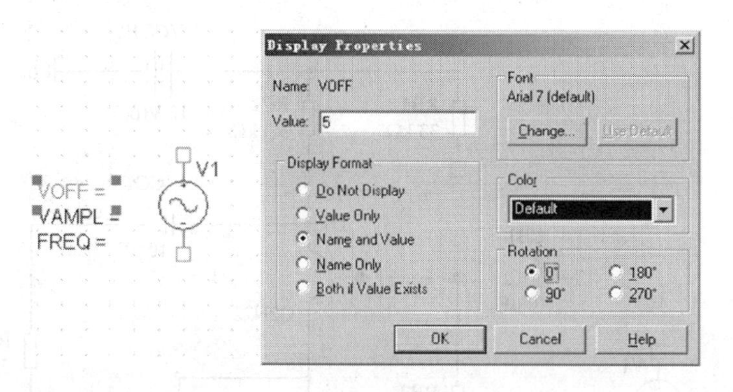

图 5.35　单个属性编辑的 Display Properties 对话框

元件值写法按 SPICE 语言的规定，如 33 kΩ 的电阻值直接写 33k 即可，单位后缀 OHM 可以忽略，10 μF 的电容值直接写 10u。

值得注意的是，SPICE 中的比例因子和国际单位制符号 SI 有些不一样。例如，SI 中的“M”表示“兆”，是 10^6，而在 PSpice 中表示“毫(milli)”，是 10^{-3}。因此，2 MΩ(2 兆欧)，应该写成 2MEG 或 2MEGOHM。

在元件放置于绘图页之前(即元件符号可以随着鼠标光标的移动而移动时)也可以编辑单个元件的属性。右击打开快捷功能菜单，选择 Edit Properties 选项，会弹出 Edit Part Properties 属性编辑器，如图 5.36 所示。这是一个表式编辑器，列出了该元件的所有属性值，有些不能编辑，有些能编辑。对于可由用户修改编辑的属性，直接在表格中输入指定的值即可。返回原理图后，若元件属性值显示已经改变，则表明修改成功。

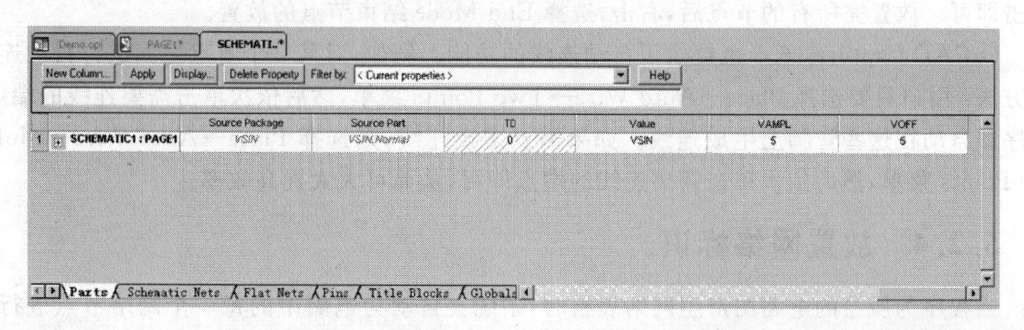

图 5.36　Property Editor 编辑元件所有属性

5.2.3　放置连线

当所有的电路元器件和接地符号放置好后，就可以开始连线了。选择 Edit→Place→Wire 菜单或单击工具栏的 按钮或直接按 W 快捷键，将编辑模式转化为连线模式，光标的形状变为十字形线。在欲连线的始端单击，即出现一条随光标移动的连线，每到连线的拐弯处就单击，到连线终点处双击，终止本次连线，此时可以继续下一条连线。如果要终止连线模式，则可按 Esc 键或右击，在弹出的快捷菜单中，选择 End Wire 选项即可。

当电气对象没有连接在一起时，它们的端点为空心小矩形。而当连接在一起时，它们的连接端点即变成实心小矩形，当所有端点连接好之后，小矩形消失，如图 5.37 所示。

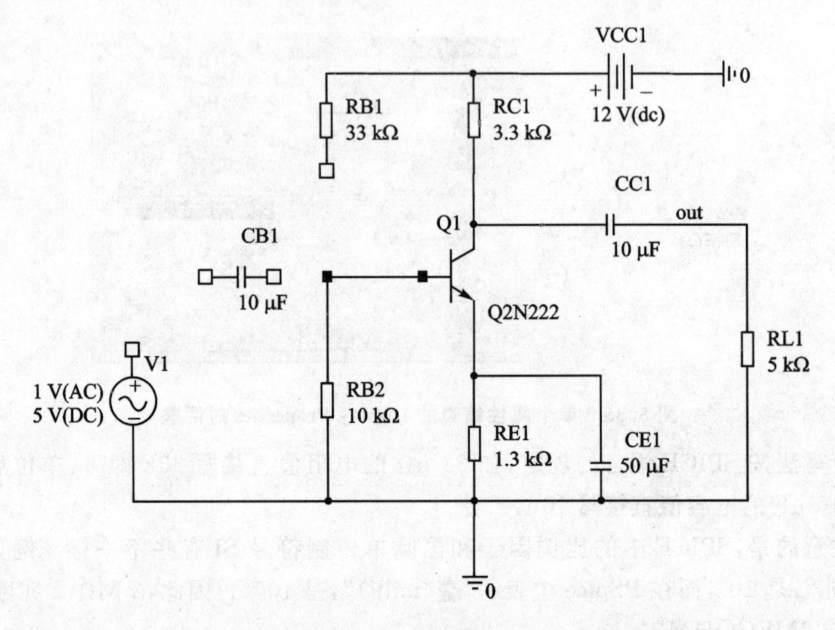

图 5.37　电气端点与连线

当某连线终端与其他连线的转角点或连线终端相连，形成 T 型连接时，其交叉点视为连接在一起，系统会自动在此位置放置一个 • ；当某连线与其他连线形成“十”线时，连线交叉，但并未连接在一起。如果要将此“十”线变成“┼”线，可在交叉点位置稍作停留，或者人工放置一个连接点：选择 Place→Junction 菜单或单击工具栏的 按钮或直接按 J 键，在此十字位置处单击即可。放置完所有的节点后，右击，选择 End Mode 结束节点的放置。

OrCAD Capture 16.3 也提供了自动连线的功能。例如，对某 2 个节点之间进行自动连线的方法：用户只要选择 Place→Auto Wire→Two Points 菜单，然后依次单击需要连线的端点，程序即自动在这些管脚上生成连线。如果需要多点连线，则选择 Place→Auto Wire→Multiple Points 菜单，然后依次单击需要连线的端点即可，从而可大大提高效率。

5.2.4　放置网络标识

当程序为所绘的电路图产生网络表格时，系统会自动为电路中的每一个网络节点进行标识。网络标识(Net Identifier)是网络对象独一无二的标识，包括 Net Alias(网络别名)、Off-page Connections(跨页连接口)、Hierarchial port(层次输入/输出端口)、Power Object name(电源对象名)、Hidden Pin(引脚隐藏)。最后两项具有全局性质，如电压源 VCC 和地 GND，一般场合无需另外命名。

网络别名的标志方法是选择 Place→Net Alias 菜单或按住 N 键或单击工具栏上的按钮，弹出如图 5.38 所示的 Place Net Alias 对话框，输入网络别名名称(Alias)、颜色(Color)和旋转角度(Rotation)，单击 OK 按钮，此时光标变成空心箭头带空心方框。将光标移动到要命名的连线上，单击，本次别名设置即完成。此时可以继续设置其他别名。如果网络别名最右边的字符是阿拉伯数字，系统会自动将网络别名的名称依次加“1”。

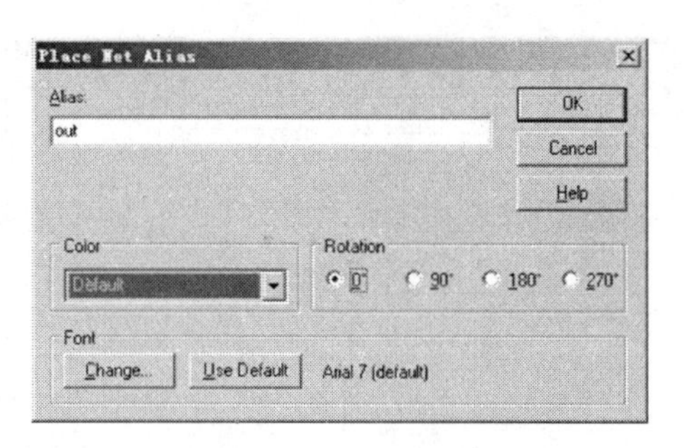

图 5.38　Place Net Alias 对话框

为了便于进行仿真参数的设置，以及查找仿真分析结果，最好在原理图中对要分析的输入/输出节点放置网络标识，如对图 5.27 所示的电路，要分析放大器的输出，故在 Q1 和 CC1 的连线(即节点)上放置标识“out”。

当选中某网络别名后，用拖曳的方法可以调整它的位置。当电路的连线较复杂时，可以用网络标识对电路进行无导线连接。

绘制好电路图后，还有一些后处理工作，如存盘和打印等操作，操作方法和 Windows 基本相同，这里不再赘述。

5.2.5　常用快捷键

在用 OrCAD Capture 软件输入电路原理图时，很多常用的菜单或工具栏编辑功能操作可以直接用快捷键实现，这在实际使用时能极大地提高工作效率。常用快捷键总结如下：

I：放大。

O：缩小。

C：以光标所指为新的窗口显示中心。

W：画线 On/Off。

P：快速放置元件。

R：元件旋转 90°。

N：放置网络标号。

J：放置节点 On/Off。

F：放置电源。

H：元件标号左右翻转。

V：元件标号上下翻转。

G：放置地。

B：放置总线 On/Off。

E：放置总线端口。

Y：画多边形。

T：放置 TEXT。

Ctrl+F：查找元件。

Ctrl+E：编辑元件属性。

Ctrl+C：复制。

Ctrl+E：粘贴。

Ctrl+Z：撤消操作。

5.2.6　电路仿真

在第 4 章中，学习了用 OrCAD 的 PSpice A/D 软件直接仿真 SPICE 源文件 *.cir，其中电路特性分析描述语句以代码形式直接写在 SPICE 源文件中。用 OrCAD Capture 以原理图形式输入电路后，可以直接启动 PSpice A/D 进行特性分析仿真，具体仿真参数则通过对话框输入，无需再编写第 4 章中的电路特性分析描述语句。

1. 建立仿真文件

在用 Capture 软件完成电路原理图之后，选择 PSpice→New Simulation Profile 菜单(见图 5.39)，或单击工具栏上的 按钮，系统弹出如图 5.40 所示的对话框，输入仿真描述文件的名称 Name 和参数设置调用文件名后，单击 Create 按钮，弹出如图 5.41 所示的对话框。

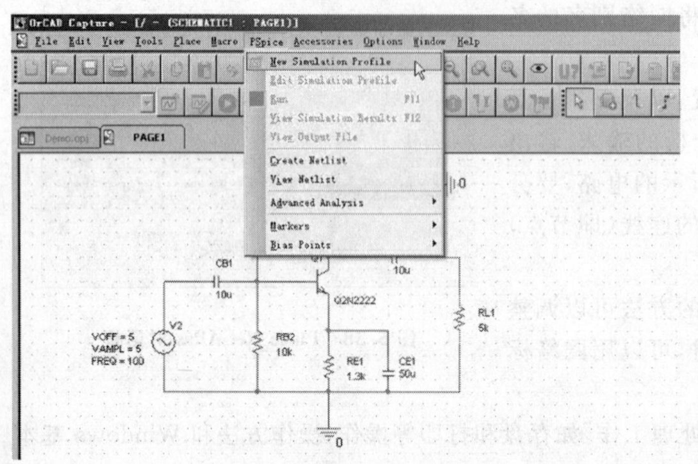

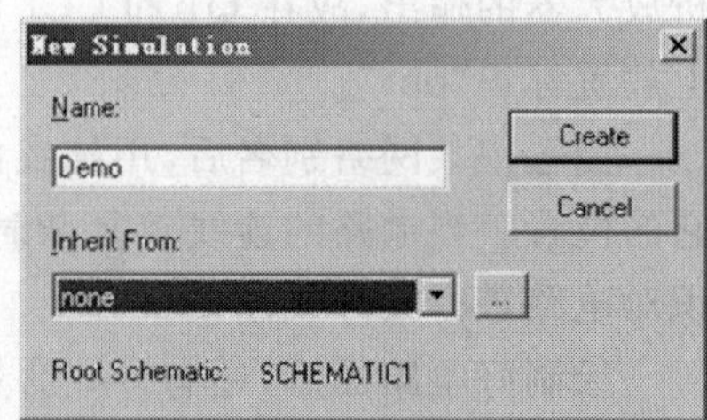

图 5.39　仿真文件建立菜单　　　　**图 5.40　仿真文件设置对话框**

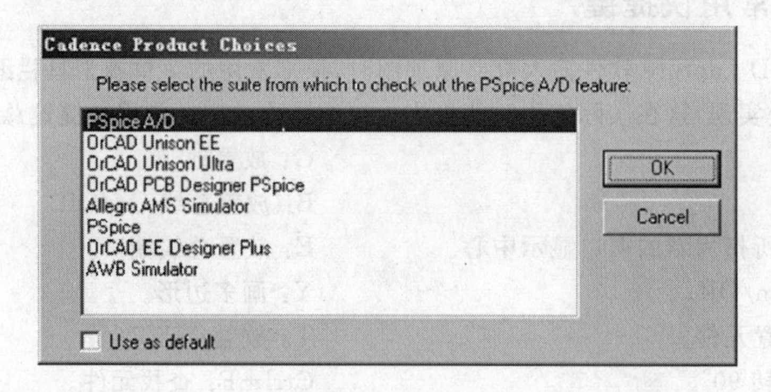

图 5.41　产品选择对话框

选择列表框中的 PSpice A/D 项后单击 OK 按钮，弹出如图 5.42 所示的仿真设置对话框。主要的仿真类型选择和参数设置在 Analysis 选项卡中完成。在 Analysis type 下拉列表框中，有 4 种基本分析类型：Time Domain(Transient)(时域(瞬态)分析)、DC Sweep(直流扫描分析)、AC Sweep/Noise(交流/噪声分析)、Bias point(基本偏置点分析)，在 Options 复选框中有每种基本分析类型的附加分析类型可供选择。设置完仿真参数后，单击“确定”按钮，系统将自动生成 *.sim 仿真文件并保存于用户工作目录。下面以直流工作点分析和交流分析为例，对具体仿真过程进行介绍。

2. 直流工作点分析

用 PSpice→New Simulation Profile 菜单或 PSpice→Edit Simulation Profile 菜单(仿真文件必须已创建)，打开仿真设置对话框。直流工作点分析的仿真参数设置如图 5.43 所示，单击“确定”按钮保存仿真文件。如果还要进行直流传递函数分析，则需选择 Calculate small - sig-

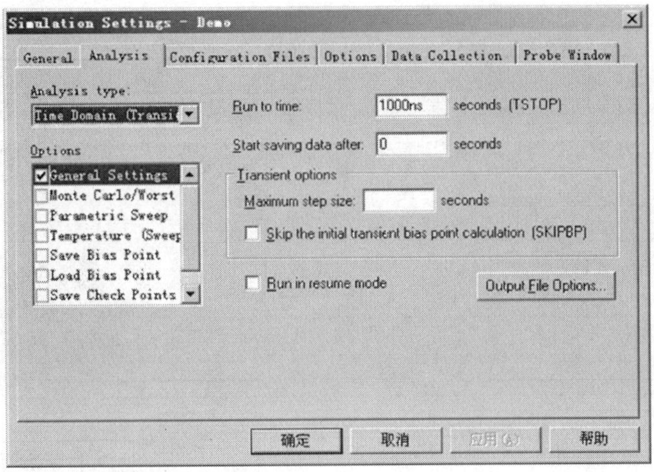

图 5.42　仿真参数设置对话框

nal DC gain (.TF)项，并输入直流源的名称和输出变量。

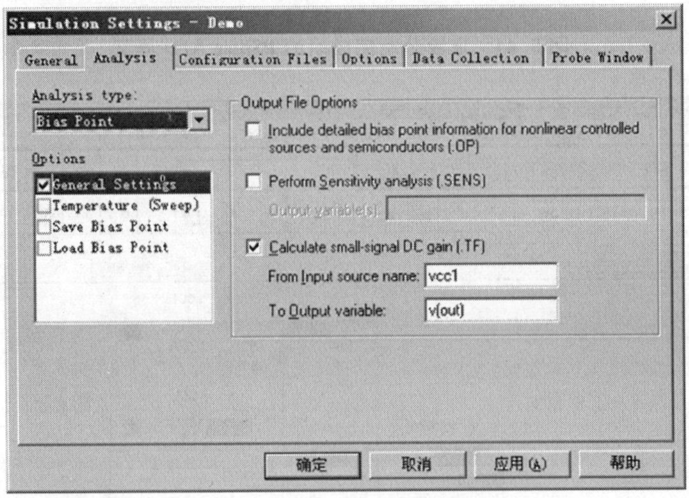

图 5.43　直流分析参数设置

选择 PSpice→Run 菜单，或直接单击按钮，OrCAD 将自动调用 PSpice A/D 软件进行电路仿真分析，出现如图 5.44 所示的 PSpice A/D 界面。若电路原理图及仿真参数设置无误，则界面左下的文本框将显示仿真完成的文字说明。若有误，则会报告具体的错误原因，用户根据错误报告再返回 Capture 软件进行修改。

直流工作点分析结果无需曲线显示，因此若仿真无误，结果将直接标注在 Capture 软件的原理图上，具体结果如图 5.45 所示。缺省标注为电压值，若用户想查看支路电流或元件功率情况，则可单击及开关按钮，通过、、按钮的开/关状态，可以在 Capture 原理图上显示/不显示直流分析结果。

3. 交流分析

在图 5.27 所示的原理电路中，输入的 V1 器件是交流瞬态源 VSIN 型，只能进行时域的

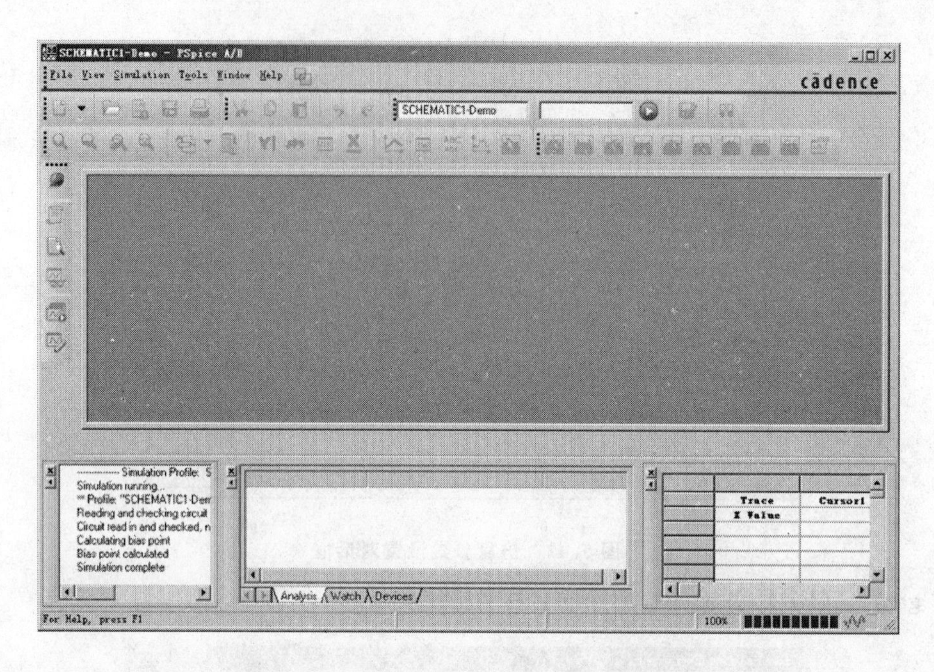

图 5.44　直流分析完成后的 PSpice A/D 界面

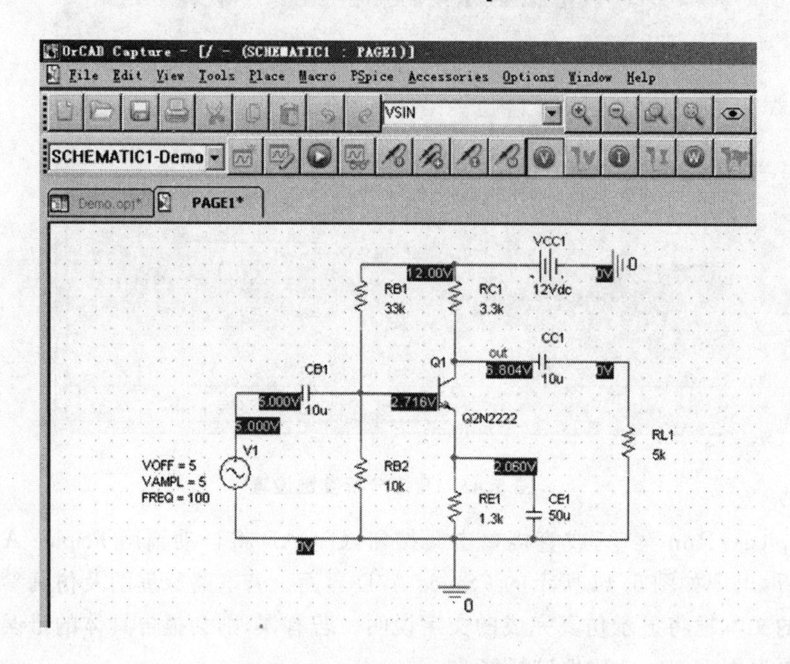

图 5.45　直流分析的结果显示

瞬态分析，为了进行电路的交流分析，将 V1 修改为交流源 VAC 型，并设置属性值，电路其他部分不变，结果如图 5.46 所示。

在 Capture 软件界面中选择 PSpice→Edit Simulation Profile 菜单，打开仿真设置对话框修改仿真参数，交流仿真的参数设置如图 5.47 所示。具体交流分析的输入参数与 SPICE 语言的规定相同，不再赘述。如果要进行噪声分析，则勾选 Noise Analysis 的 Enabled 选项，再设置噪声分析的参数，具体也与 SPICE 噪声分析语句的参数规定相同。

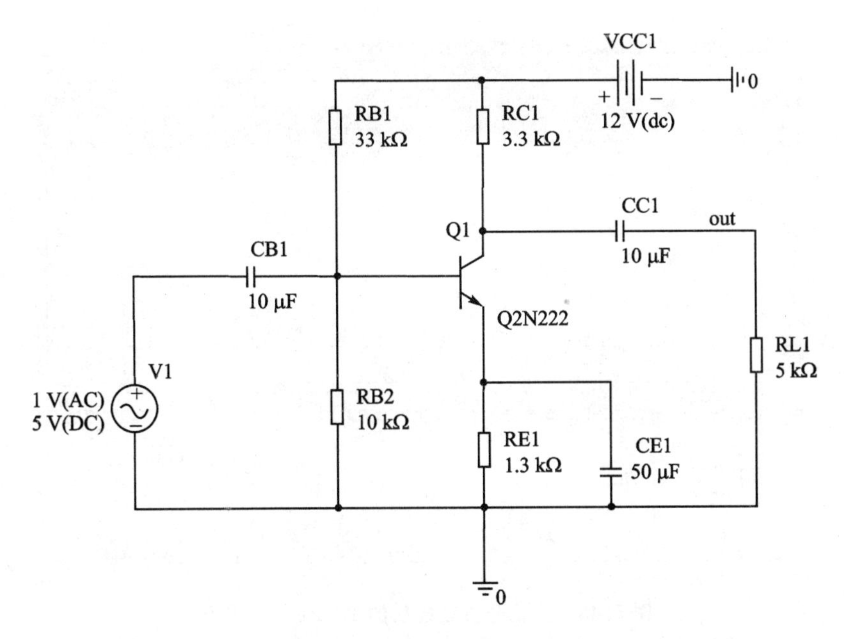

图 5.46　交流分析的示例原理图

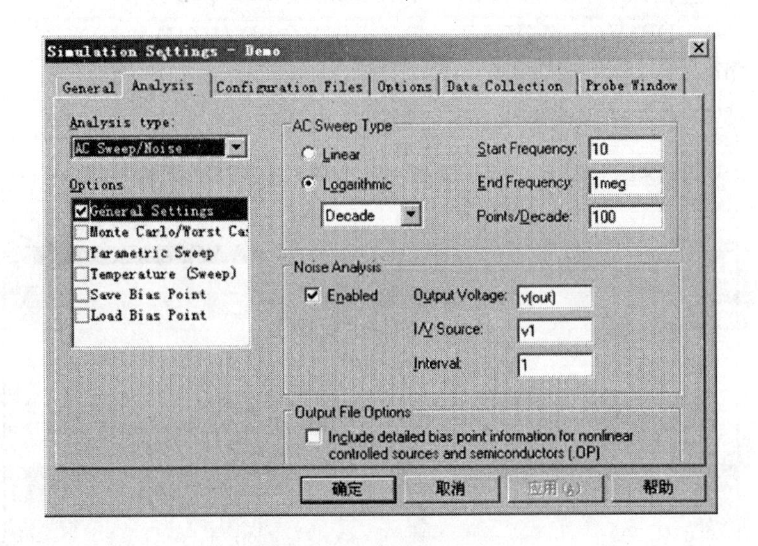

图 5.47　交流分析参数设置

选择 PSpice→Run 菜单，或直接单击按钮，OrCAD 自动调用 PSpice A/D 软件完成电路的交流分析，出现如图 5.48 所示的 PSpice A/D 界面。

初始的绘图界面是空的，需要用户自己添加选择哪些仿真分析结果进行显示，在 PSpice A/D 软件中用 Trace 菜单里的 Add Traces，或直接单击按钮，弹出如图 5.49 所示的对话框。如果要显示输出节点 out 上电压随频率的变化情况，则选择 V(out)或直接在 Trace Expression 文本框中输入即可。单击 OK 按钮后，PSpice A/D 的仿真结果绘图区将显示如图 5.50(a)所示的曲线。

用 PSpice A/D，可以直接显示对输出变量进行各种函数运算后的结果，具体提供的函数名称可在图 5.49 右侧的 Function or Macros 下拉列表框中查找。例如，为了显示示例电路的

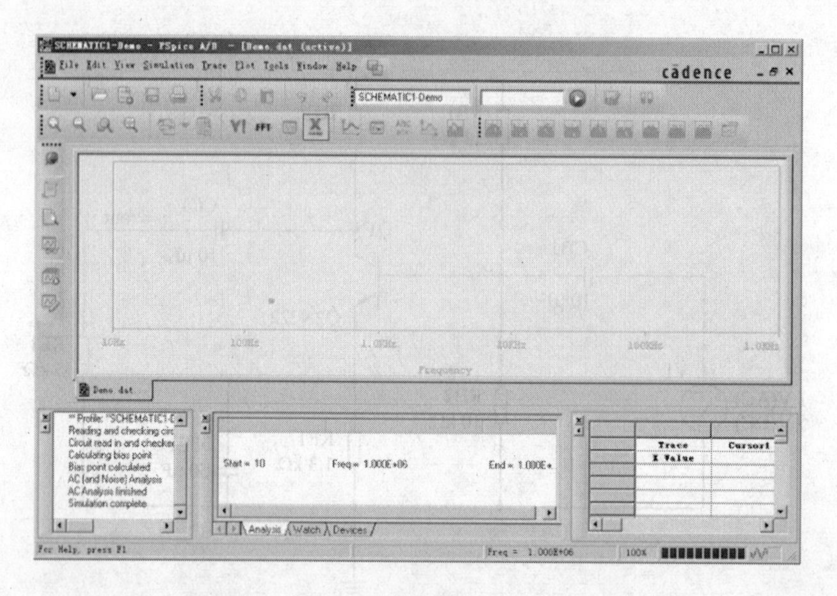

图 5.48　交流分析完成后的 PSpice A/D 界面

幅频响应和相频响应曲线，可以在 Trace Expression 文本框中输入：

DB(V(out)/V(V1：＋))　P(V(out)/V(V1：＋))

则得到如图 5.50(b)所示的结果曲线。

图 5.50(c)是直接选择 V(ONOISE)变量的输出结果。

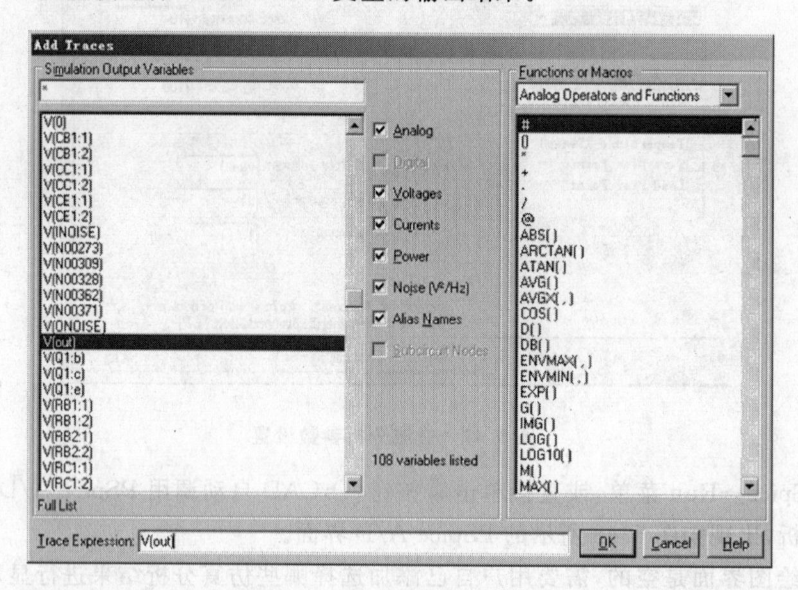

图 5.49　Add Traces 对话框

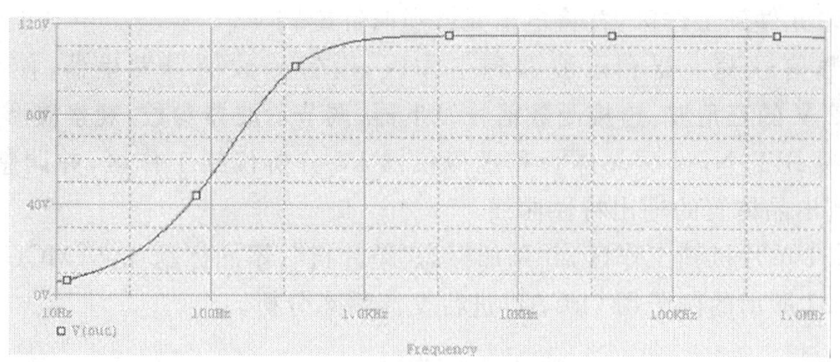

(a) 交流扫频输出曲线

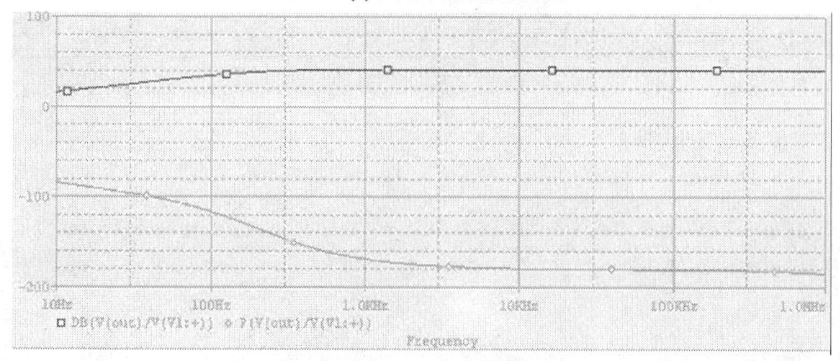

(b) 幅频响应和相频响应曲线

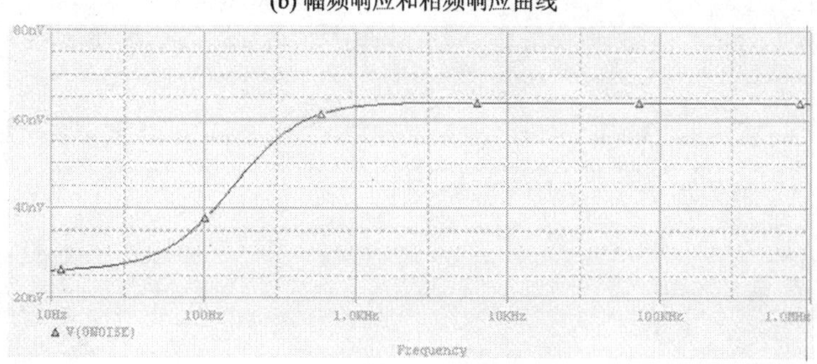

(c) 输出噪声曲线

图 5.50　三极管放大电路交流分析结果显示

本章重点

1. 结合 Multisim 和 OrCAD Capture 掌握电路原理图输入。
2. 原理图输入的基本仿真步骤。
3. Multisim 平台上各种虚拟仪表及测试方法的运用。
4. OrCAD 平台 PSpice A/D 仿真分析的过程。

思考题

1. 将元器件的符号标准改为 ANSI。
2. 添加虚拟放大器和示波器到工作区。

3. 添加电阻元件到工作区，并将电阻元件逆时针旋转 90°。

4. 添加函数信号发生器和示波器到工作区，设置函数信号发生器，使它产生频率为 1 kHz、幅值为 2 V 的三角波，连接函数信号发生器，调节示波器参数，观察波形。

5. 添加虚拟 BJT_NPN 型晶体管和虚拟仪器 IV 分析仪到工作区，并调整 IV 分析仪参数，连接电路，测出晶体管的输出特性曲线。

6. 添加 8051 单片机到工作区，并添加标识“单片机”，添加标题“8051MCU”。

7. 对图 5.27 所示的例子用 OrCAD 进行交流瞬态分析。

第6章　数字EDA基础

数字电路通常采用硬件描述语言(HDL)方式进行电路设计输入，本章主要简单介绍两种HDL特点，并以Verilog HDL为基础，简单介绍数字EDA设计基础，关于深入的理论，将在后继课程中有详细叙述。

6.1　数字电路EDA设计

6.1.1　Verilog HDL和VHDL比较

Verilog HDL和VHDL都是用于逻辑设计的硬件描述语言，是当前最流行并都已成为IEEE工业标准的硬件描述语言，在电子工程领域已成为事实上的通用硬件描述语言。目前，Verilog HDL和VHDL将承担起几乎全部的数字系统设计任务。

1. VHDL语言

VHDL英文全名为VHSIC Hardware Description Language，而VHSIC则是Very-High Speed Integerated Circuit的缩写词，意为甚高速集成电路，故VHDL准确的中文译名为甚高速集成电路的硬件描述语言。

VHDL语言可以用于描述任何数字逻辑电路与系统，可以在各种开发平台上使用，它支持自顶向下设计和自底向上设计，具有多层次描述系统硬件功能的能力。VHDL的语言形式和描述风格与句法类似于一般的计算机高级语言，应用VHDL进行工程设计时具有多方面的优点：

- VHDL具有强大的行为描述能力，从而保证了它可以从逻辑行为上描述和设计大规模电子系统，这一特点使它成为系统设计领域最佳的硬件描述语言。
- VHDL既是一种硬件电路描述与设计语言，也是一种标准的网表格式，还是一种仿真语言，具有丰富的仿真语句和库函数。
- VHDL的行为描述能力和程序结构决定了它具有支持大规模设计和分解已有设计的再利用功能，满足了大规模系统设计要有多人甚至多个开发组共同并行工作来实现的这种市场需求。
- 可以利用EDA工具对用VHDL完成的一个确定设计进行逻辑综合和优化，并自动地将VHDL描述转变成门级网表，生成一个更高效、更高速的电路系统。此外，设计者还可以容易地从综合优化后的电路获得设计信息，返回去重新修改VHDL设计语言，使之更完善。这种方式突破了门级设计的瓶颈，极大地减少了电路设计的时间和可能发生的错误，降低了开发成本。
- VHDL的硬件描述与具体的工艺技术和硬件结构无关，对设计的描述具有相对独立性，VHDL设计程序的硬件实现目标器件有更宽的选择范围。
- 对于用VHDL完成的设计，在不改变源程序的条件下，只需改变端口类属参量或函数，就能轻易地改变设计的规模和结构，这要归因于VHDL具有类属描述语句和子程序调用等功能。

2. Verilog HDL 语言

Verilog HDL是在用途最广泛的C语言的基础上发展起来的一种硬件描述语言，具有简洁、高效和易学易用的特点，编程风格灵活，使用者众多，在ASIC领域特别流行。用它可以表示逻辑电路图、逻辑表达式，还可以表示数字逻辑系统所完成的逻辑功能。

Verilog HDL适合算法级（Algorithm - Level）、寄存器传输级（Register Transfer Level，RTL）、门级（Gate - Level）和版图级（Layout - Level）等各层次的设计和描述，如表6.1所列。

表6.1　不同层次的描述方式

设计层次	行为描述	结构描述
算法级	系统算法	系统逻辑框图
RTL级	数据流图、真值表、状态机	寄存器、ALU、ROM等分模块描述
门级	布尔方程、真值表	逻辑门、触发器、锁存器构成的逻辑图
版图级	几何图形	图形连接关系

Verilog HDL语言具有下述描述能力：设计的行为特性、设计的数据流特性、设计的结构组成以及包含响应监控和设计验证方面的时延和波形产生机制。所有这些都使用同一种建模语言。此外，Verilog HDL语言提供了编程语言接口，通过该接口可以在模拟、验证期间从设计外部访问设计，包括模拟的具体控制和运行。

由于采用Verilog HDL进行系统设计具有与工艺技术无关的优点，这使得工程师在功能设计、逻辑验证阶段可以不必过多地考虑门级及工艺实现细节，只需要利用系统设计时对芯片的需要，施加不同的约束条件，即可设计出电路。

3. Verilog HDL 和 VHDL 的比较

一般的硬件描述语言可以在行为级、RTL级和门电路级这三个层次上进行电路描述。与Verilog HDL语言相比，VHDL语言是一种高级描述语言，适用于电路高级建模，比较适合于FPGA/CPLD目标器件的设计或间接方式的ASIC设计，更适于行为级（也包括RTL级）的描述，故有时称它为行为描述语言；而Verilog HDL语言则是一种较低级的描述语言，通常只适合进行RTL级和更低层次的门电路级描述，易于控制电路资源，因此更适合于直接的集成电路或ASIC设计。

Verilog HDL和VHDL作为描述硬件电路设计的语言，其共同的特点在于：能形式化地抽象表示电路的结构和行为；支持逻辑设计中层次与领域的描述；可借用高级语言的精巧结构来简化电路的描述；具有电路仿真与验证机制以保证设计的正确性；支持电路描述由高层到低层的综合转换；硬件描述与实现工艺无关（有关工艺参数可通过语言提供的属性包括进去）；便于文档管理；易于理解和设计重用。

但是Verilog HDL和VHDL又各有特点。目前版本的Verilog HDL和VHDL在行为级抽象建模的覆盖范围方面也有所不同。一般认为Verilog HDL在系统级抽象方面比VHDL略差一些，而在门级开关电路描述方面比VHDL强得多。Verilog HDL语言的描述风格接近于电路原理图，是电路原理图的高级文本表示方式；VHDL语言最适于描述电路的行为，然后由综合器根据功能要求来生成符合要求的电路网表。图6.1所示是Verilog HDL和VHDL建模能力的比较图示，供读者参考。

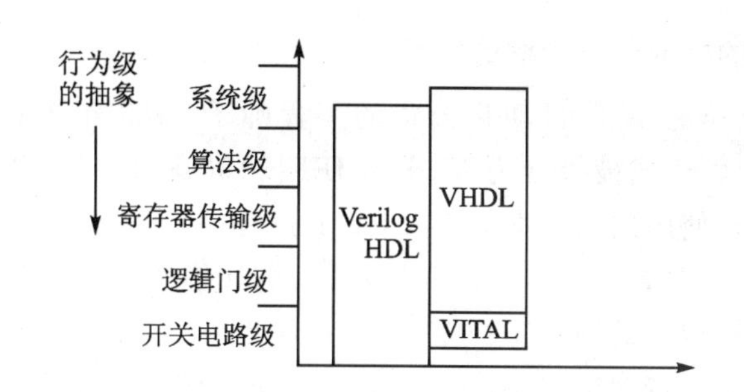

图 6.1　Verilog HDL 和 VHDL 建模能力的比较

由于 Verilog HDL 早在 1983 年就已推出，至今已有 30 多年的应用历史，因而 Verilog HDL 拥有更广泛的设计群体，成熟的资源也远比 VHDL 丰富。与 VHDL 相比，Verilog HDL 的最大优点是：它是一种非常容易掌握的硬件描述语言，只要有 C 语言的编程基础，设计者便可在二三个月内掌握这种设计技术。而掌握 VHDL 设计技术就比较困难。这是因为 VHDL 不很直观，需要有 Ada 编程基础，一般认为至少需要半年以上的专业培训，才能掌握 VHDL 的基本设计技术。因此，Verilog HDL 作为学习 HDL 设计方法的入门和基础是比较合适的，学习掌握 Verilog HD 建模、仿真和综合技术不仅可以使同学们对数字电路设计技术有更进一步的了解，而且可以为以后学习高级的系统综合打下坚实的基础。后面将详细介绍 Verilog HDL 语言。

目前，大多数高档 EDA 软件都支持 VHDL 和 Verilog HDL 混合设计，因而在工程应用中，有些电路模块可以用 VHDL 设计，其他电路模块则可以用 Verilog HDL 设计，各取所长。这种混合设计模式已成为 EDA 应用技术发展的一个重要趋势。

6.1.2　采用 Verilog HDL 设计复杂数字电路的优点

1. Verilog HDL 设计法与传统的电路原理图输入法的比较

采用传统的设计方法——电路原理图输入法进行设计时，为了满足设计性能指标，工程师往往需要花好几天或更长的时间进行艰苦的手工布线，而且需要专门的设计工具，这种低水平的设计方法大大延长了设计周期。近年来，FPGA 和 ASIC 的设计在规模和复杂度方面不断取得进展，同时对逻辑电路及系统设计的时间要求越来越短。这些因素促使设计人员采用高水准的设计工具，如硬件描述语言（Verilog HDL 或 VHDL）来进行设计。相对于电路原理图输入法，采用 Verilog HDL 输入法进行设计具有以下很多优点：

- 开发效率高。由于 Verilog HDL 是高层次设计语言，它可以通过描述电路的 RTL 状态、算法甚至行为就可以通过综合器得到实际的电路，所以很多时候设计者可以不关心电路具体是通过怎样的逻辑门得到的。
- 便于移植。由于 Verilog HDL 描述与工艺无关，从而与厂商无关，因此一个在某一厂商器件中实现的 HDL 设计可以很方便地移植到另外的厂商器件中。
- 便于文档管理，便于理解。
- 便于仿真。Verilog HDL 设计不但可以进行实际电路的描述，还可以进行一个系统的行为仿真描述，大大提高了电路仿真的效率和手段。
- 可以开发出非常复杂的数字系统。

2. Verilog HDL 的标准化与软核的重用

Verilog 是由 Gateway 设计自动化公司的工程师于 1983 年末创立的，经过诸多改进，Verilog 于 1995 年 11 月正式被批准为 Verilog IEEE 1364—1995 标准，即通常所说的 Verilog—1995。设计人员在使用这个版本的 Verilog 的过程中发现了一些可改进之处，对 Verilog 进行了修正和扩展，使它具备了一些新的实用功能，例如敏感列表、多维数组、生成语句块、命名端口连接等。这个扩展后的版本于 2001 年 3 月成为 Verilog IEEE 1364—2001 标准，即通常所说的 Verilog—2001。2005 年 10 月又对 Verilog 再次进行了更新，即 System Verilog (IEEE 1800—2005)语言，这使得 Verilog 语言在综合、仿真验证和 IP 核重用等性能方面都有大幅度的提高，更加拓宽了 Verilog 的发展前景。2009 年，IEEE 1364—2005 和 IEEE 1800—2005 两个部分合并为 IEEE 1800—2009，成为了一个新的、统一的 System Verilog 硬件描述验证语言(Hardware Description and Verification Language，HDVL)。

Verilog HDL 的标准化大大加快了 Verilog HDL 的推广和发展。由于 Verilog HDL 设计方法的可移植性与工艺无关性，因而大大提高了 Verilog 模型的可重用性。把功能经过验证的、可综合的、实现后电路结构总门数在 5 000 门以上的 Verilog HDL 模型称之为“软核”(Soft Core)。而把由软核构成的器件称为虚拟器件，在新电路的研制过程中，软核和虚拟器件可以很容易地借助 EDA 综合工具与其他外部逻辑结合为一体。这样，软核和虚拟器件的重用性就可大大缩短设计周期，加快了复杂电路的设计。

3. 软核、固核、硬核的概念及其重用

前面已经介绍了软核的概念，下面再介绍固核(Firm Core)和硬核(Hard Core)的概念。

“固核”是指把在某一种现场可编程门阵列(FPGA)器件上实现的、经验证是正确的、总门数在 5 000 门以上的电路结构编码文件。

“硬核”指把在某一种专用半导体集成电路工艺的(ASIC)器件上实现的、经验证是正确的、总门数在 5 000 门以上的电路结构板图掩膜。

显而易见，在具体实现手段和工艺技术尚未确定的逻辑设计阶段，软核具有最大的灵活性，它可以很容易地借助 EDA 综合工具与其他外部逻辑结合为一体，根据不同的半导体工艺设计成具有不同功能的器件，可重定目标于多种制作工艺，在新功能级中重新配置。相比之下固核和硬核与其他外部逻辑结合为一体的灵活性要差得多，特别是电路实现工艺技术改变时更是如此。而近年来电路实现工艺技术的发展是相当迅速的，为了逻辑电路设计成果的积累，以及更快、更好地设计更大规模的电路，发展软核的设计和推广软核的重用技术是非常必要的。新一代的数字逻辑电路设计师必须掌握这方面的知识和技术。Verilog 语言以及它的扩展 System Verilog 是设计可重用的 IP 核，即软核、固核、硬核和验证虚拟核所必需的语言。

6.1.3 Verilog HDL 的设计流程简介

IC 电路系统的设计可以采用不同的设计方法，具体选择哪一种设计方法取决于设计者的设计经验、设计的规模和复杂程度、设计采用的工具及选定的 IC 生产厂家或选用的可编程器件。在今天复杂的 IC 设计环境下，主要有两种设计方案可供选择。

- 自顶向下(Top - Down)的设计：先对所要设计的系统进行功能描述，然后逐步分块细化，直至结构化最底层的具体实现。

● 自底向上(Bottom - Up)的设计：从结构层开始，采用结构化单元和由少数行为级模块构成的层次式模型，逐级向上搭建出符合要求的系统。

1. 自顶向下(Top - Down)的设计

随着半导体工艺的快速发展，数字电路系统的规模越来越大，使用传统方法设计出整个系统是非常困难的，甚至是不可能的。利用层次化、结构化的设计方法，系统总设计师将一个大规模的数字电路系统从功能上划分为若干个可操作的子模块，编制出相应的模型(行为的或结构的)，通过仿真加以验证后，再把这些模块分配给下一层的设计师，这就允许多个设计者同时设计一个硬件系统中的不同模块，其中每个设计者负责自己所承担的部分；而由上一层设计师对其下层设计者完成的设计用行为级上层模块对其所做的设计进行验证。对于系统设计中的部分模块，用户可以通过商业渠道来购买其知识产权的使用权(IP 核的重用)，以节省时间和开发经费。图 6.2 所示为自顶向下设计的示意图。

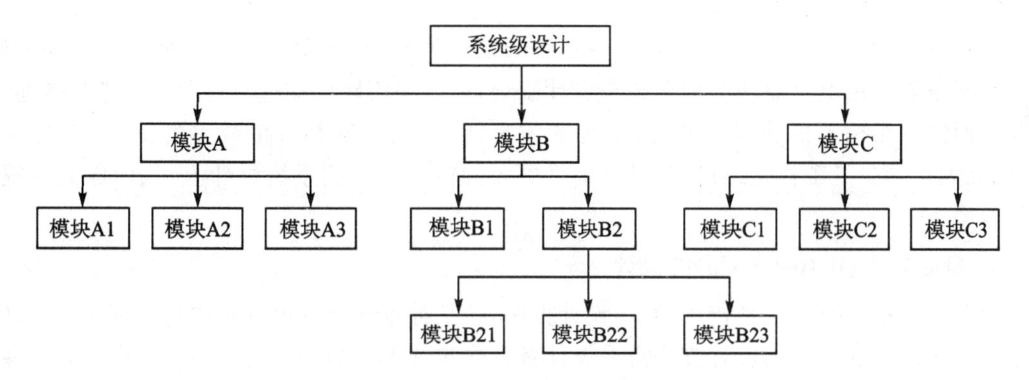

图 6.2　自顶向下设计思想框图

自顶向下的设计首先在高层次上定义一个系统，然后将该系统划分为基本的逻辑单元，再把每个基本单元划分为下一层次的基本单元，最后才去实现划分后的低层次的逻辑，直到可以直接用 EDA 元件库中的元件来实现为止。

由于设计工程师可以将更多的精力和时间花费在高层次对系统进行功能定义和设计上，因此自顶向下的设计方法具有很多优点：

(1) 提高设计生产的效率

由于 Verilog HDL 设计方法的工艺无关性，自顶向下的设计方法允许设计者在一个高层次上对系统的功能进行定制，而不需要考虑门级的具体实现方法。设计者只需要写出设计中所需部件的硬件设计语言代码或者其他类型的模型，设计工具就会根据编写的高层描述生成门级的实现，这大大缩短了设计周期。

(2) 增加设计的重用性

在大多数自顶向下的设计过程中，由于设计是与工艺无关的，在实现设计时不必使用某一特定厂商的工艺，这样就极大地提高了设计的可重用性。如果需要修改设计所使用的工艺，则只需将设计在需要的工艺库上重新映射即可。

(3) 易于早期发现设计错误

由于数字电路系统的规模越来越大，很难想象仅由一个设计师独立设计出整个大规模系统而不出现错误。采用自顶向下的设计方法允许设计师将更多的精力和时间投入到高层次对

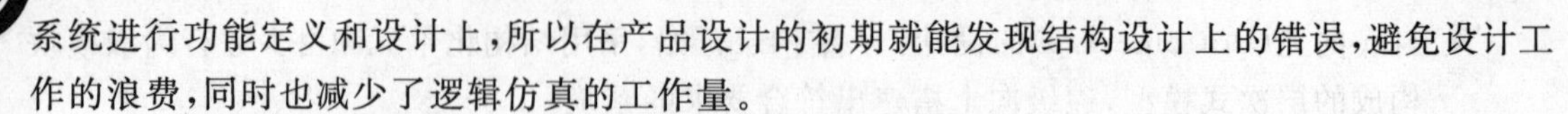

系统进行功能定义和设计上，所以在产品设计的初期就能发现结构设计上的错误，避免设计工作的浪费，同时也减少了逻辑仿真的工作量。

① 缩短产品开发周期

一般情况下，在电路设计的后期发现的错误远比早期发现的错误更难以修改，因而在设计初期发现和修改设计错误可以在很大程度上降低设计的反复性。

② 降低开发成本

因为在设计初期发现和修改错误相对简单，并且可以消除由该错误引起的连带错误，从而可以降低开发成本。

③ 提高一次设计的成功率

自顶向下的设计方法方便了从系统级划分和管理整个项目，使得大规模的复杂数字电路系统的设计成为可能，在设计的初期发现的错误越少，在仿真验证时一次成功通过的可能性就越大。

综上所述，自顶向下的设计方法是系统级的设计技术，从顶层进行功能划分和结构设计。设计者不需要再用电路原理图的形式来设计系统，而是采用硬件描述语言对系统进行描述，能够在早期发现结构上的错误。同时，系统的仿真、综合和调试都可由成熟的 EDA 软件来完成，因此大大减少了工作量，可以使设计师将更多的精力投入到系统设计上，从而极大地提高工作效率。

2. 自底向上(Bottom - Up)的设计

自底向上的设计方法是传统的 IC 设计方法，在某种意义上讲可以看作是自顶向下设计的逆过程。采用自底向上的设计方法需要设计者首先定义和设计每个基本模块，然后对这些模块进行连线以完成整体设计，逻辑单元组成各个独立的功能模块。在设计的复杂度较低时，自底向上的设计方法是相当有效的；但随着设计复杂度的增加，设计者就很难处理其层次化的细节了。由于设计是从最底层开始的，所以难以保证总体设计的最佳性，例如对于大规模数字电路，就会导致电路结构不优化、生产周期长、可靠性差等问题。

3. 综合设计方法

复杂数字逻辑电路和系统的设计过程通常是以上两种设计方法的综合。在高层系统使用自顶向下的设计方法来实现，而在低层系统使用自底向上的设计方法从库元件或数据库中调用已有的单元设计。这种设计方法兼具二者的优点，而且可以使用矢量测试库进行测试。

自顶向下的设计方法在每一层次划分时都要对某些目标进行优化，其设计过程是理想的设计过程。它的缺点是得到的最小单元不标准，制造成本可能很高。自底向上的设计方法全采用标准基本单元，通常比较经济，但有时可能不能满足一些特定的指标要求。复杂数字逻辑电路和系统的设计过程通常是这两种设计方法的结合，设计时需要考虑多个目标的综合平衡，它既能保证实现系统化的、可靠性高的设计，又能减少设计的重复工作量，提高设计效率。

4. 开发流程

通常 Verilog HDL 的开发过程分为三个层次进行，如图 6.3 所示。

(1) 行为描述

行为描述指使用数学模型对整个系统进行描述。一般来说，对系统进行行为描述是为了在系统设计的初始阶段，通过对系统行为的仿真来发现设计中存在的问题。在行为描述阶段并不真正考虑实际的算法和操作用什么方法来实现，重点关注系统的结构和工作过程能否达到设计要求。在进行行为描述之后，通常要把它转换为 RTL 级的描述。之所以这么做，是因为现有的 EDA 工具只能接受 RTL 描述的 HDL 文件进行自动逻辑综合。

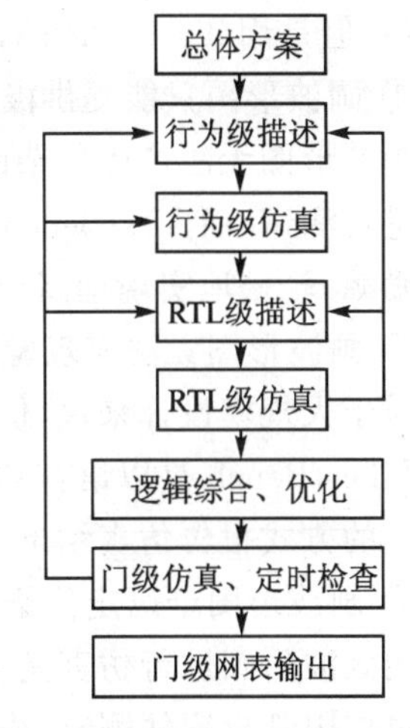

图 6.3　Verilog HDL 开发流程

(2) RTL 方式描述

用行为描述的方式描述系统结构的程序抽象程度很高，很难直接映射到具体逻辑元件的实现。要想得到硬件的具体实现，必须将行为方式的 Verilog HDL 程序改写成 RTL 方式的程序。在编写完 RTL 方式的程序之后，就可以利用仿真工具对程序进行仿真了。如果仿真通过，就可以利用逻辑综合工具进行综合了。

(3) 逻辑综合

在这一阶段，利用逻辑综合工具，将 RTL 级的程序转换成用基本逻辑元件表示的文件（门级网表），并且综合结果也可以按原理图的方式输出。得到网表之后，还需要进行门级仿真和定时检查。如果一切正常，则设计工作到此结束。

6.1.4　TestBench 测试

1. TestBench

TestBench 是一种验证手段，又称为测试基准。TestBench 是一种“虚拟平台”，用来模拟实际环境的输入激励和输出校验。在这个平台上可以对系统设计从软件层面上进行分析和校验。它通常是这样的代码：对输入产生预定的激励，然后有选择地观察响应，从而判断其逻辑功能时序关系的正确与否，发现问题及时修改。典型示意图如图 6.4 所示。

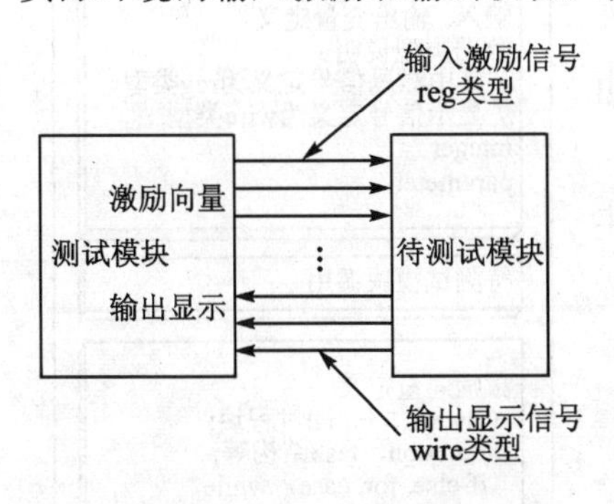

图 6.4　TestBench 示意图

从图中可以看出，测试模块向待测试模块施加激励信息，激励信号必须定义成 reg 类型，以保持信号值。待测试模块在激励信号的作用下产生输出，输出信号必须定义为 wire 类型。测试模块中将待测试模块在激励向量作用下产生的输出信息，以规定的格式用文本或图形的方式显示出来，供用户体验。

2. 编写 TestBench 的目的

编写 TestBench 的主要目的是对使用硬件描述语言设计的电路进行仿真验证，测试设计电路的功能、部分性能是否与预期目标相符，从而对设计的正确性进行验证。Testbench 的设计是仿真和验证数字逻辑设计的标准方法，也是设计过程中的必要环节，简单高效的 Testbench 可以帮助设计者完成复杂的设计工作。

功能验证也可以通过画波形图的方式实现，两种方式相比，画波形图的方法更加直观和易于入门，但是用 TestBench 有以下 5 个优点：

① 画波形图只能提供极低的功能覆盖率

画波形图无法产生复杂的激励，因此它只产生极其有限的输入，从而只能对电路的极少数功能进行测试；而 TestBench 以语言的方式描述激励源，容易进行高层次的抽象，可以产生各种激励源，轻松地实现远高于画波形图所能提供的功能覆盖率。

② 画波形图无法实现验证自动化

对于大规模设计来说，仿真时间很长，长时间通过波形图来观测将几乎不能检查出任何错误；而 TestBench 是以语言的方式进行描述的，能够很方便地实现对仿真结果的自动比较，并以文字的方式报告仿真结果。

③ 画波形图难以定位错误

用画波形图进行仿真是一种原始的黑盒验证法，无法使用新的验证技术；而 TestBench 可以通过在内部设置估测点，或者使用断言等技术，快速地定位问题。

④ 画波形图的可重用性和平台移植性极差

如果有一个设计要升级，这时原来画的波形图将不得不重新设计，耗费大量的人力、物力及时间；但若使用 TestBench，则只需要进行一些小的修改即可完成一个新的测试平台，极大地提高了验证效率。

⑤ 通过画波形图的验证速度极慢

TestBench 的仿真速度比画波形图的方式快几个数量级，在 Quartus 中通过画波形图需半个小时才能得到仿真结果，在 ModelSim 下使用 TestBench 可能只需要几秒钟就可以完成。所以，在设计中除了那些极简单的设计外，推荐通过写 TestBench 的方法来做功能验证。

编写 TestBench 进行功能测试的过程如下：

① 实例化需要测试的设计（DUT，Design Under Test）；

② 产生模拟激励（波形）；

③ 将产生的激励加入到被测试模块并观察其输出响应；

④ 将输出响应与期望进行比较，从而判断设计的正确性。

3. 基本的 TestBench 结构

一个简单的 TestBench 程序编写格式如图 6.5 所示。

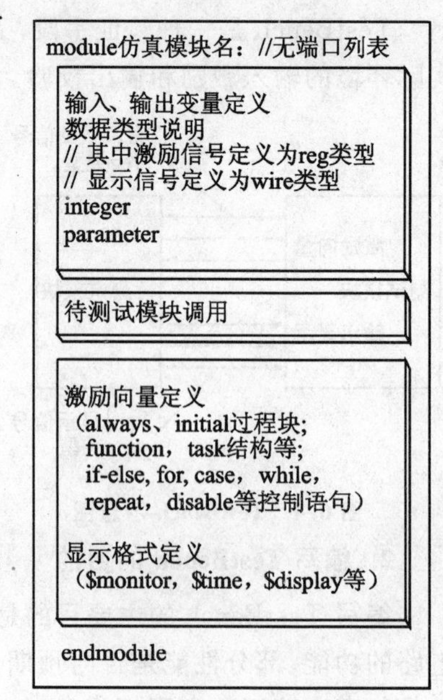

module仿真模块名：//无端口列表
输入、输出变量定义
数据类型说明
// 其中激励信号定义为reg类型
// 显示信号定义为wire类型
integer
parameter
待测试模块调用
激励向量定义
（always、initial过程块；
function，task结构等；
if-else, for, case，while，
repeat，disable等控制语句）
显示格式定义
（$monitor，$time，$display等）
endmodule

图 6.5 TestBench 的一般结构

下面通过一个简单的例子来说明 TestBench 的结构。先看一个 Verilog HDL 的待测试模块。

例 6-1 图 6.6 所示为带有“与非”门的二选一数据选择器，其 Verilog HDL 程序如下：

```
module muxtwo(out,a,b,sl);
input a,b,sl;
output out;
```

```
        not      u1(nsl,sl);
          and #1   u2(sela,a,nsl);
          and #1   u3(selb,b,sl);
            or   #1   u4(out,sela,selb);
endmodule
```

输出 out 与输入 a 一致，还是与输入 b 的一致，由控制信号 sl 的电平决定。当 sl 为低电平时，输出 out 与输入 a 相同；否则与 b 相同。其中#1 表示门输入到输出的延迟为 1 个单位时间，模块程序中的 u1、u2、u3、u4 与逻辑图中的逻辑元件对应，表示逻辑元件的实例名称。模块表示的是电路结构，跟程序右面的电路原理图表示完全一致。有关 Verilog HDL 的知识，本书 6.2 节将详细介绍。

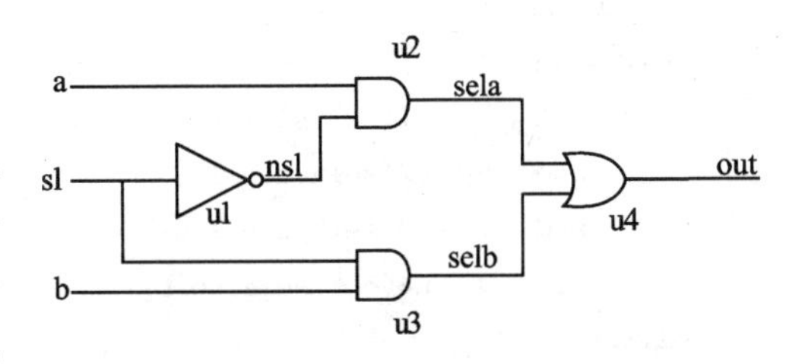

图 6.6　二选一数据选择器原理图

上例采用 Quartus 进行仿真的波形如图 6.7 所示。从图中可以看出，由于二选一数据选择器模块中对门元件的延时做了定义，因此输入 a、b、sl 的值变化了，输出 out 并没有立即改变，经过一段时间的门延时后，out 的值才发生改变。

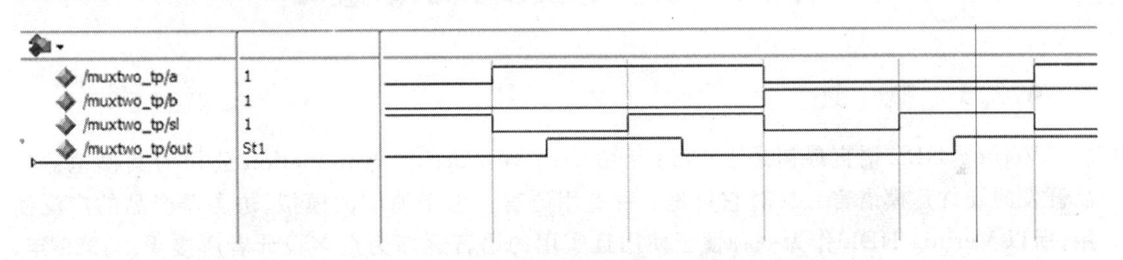

图 6.7　二选一数据选择器的仿真波形

下面来看一个 Verilog HDL 的测试模块，它可以对上述的二选一数据选择器进行逐步深入的测试。

例 6-2　二选一数据选择器的测试程序。

```
`timescale 1ns/1ns
module muxtwo_tp;                                   //测试模块的名字
reg a,b,sl;                                         //测试输入信号定义为 reg 类型
wire out;                                           //测试输出信号定义为 wire 类型
muxtwo m1(out,a,b,sl);                              //调用测试对象
initial begin    a = 1'b0;b = 1'b0;sl = 1'b0;       //激励波形设定
                 #5   sl = 1'b1;
                 #5   a = 1'b1;sl = 1'b0;
                 #5   sl = 1'b1;
                 #5   a = 1'b0;b = 1'b1;sl = 1'b0;
                 #5   sl = 1'b1;
                 #5   a = 1'b1;b = 1'b1;sl = 1'b0;
                 #5   sl = 1'b1;
```

```
        end
initial $montior($time,,,"a= %b b= %b sl= %b out= %b",a,b,sl,out);
                                              //定义结果显示格式
endmodule
module muxtwo(out,a,b,sl);                    //待测试的二选一数据选择器源程序
input a,b,sl;
output out;
        not     u1(nsl,sl);
        and  #1 u2(sela,a,nsl);
        and  #1 u3(selb,b,sl);
        or   #1 u4(out,sela,selb);
endmodule
```

简单的 Testbench 的结构通常需要建立一个顶层文件，顶层文件没有输入和输出端口。在顶层文件里，把被测模块和激励产生模块实例化进来，并且把被测模块的端口与激励模块的端口进行对应连接，使得激励可以输入到被测模块。端口连接的方式有名称和位置关联两种方式，常常使用"名称关联"方式。

6.2 Verilog HDL 语言基础

6.2.1 概 述

Verilog HDL 语言最初是于 1983 年由 Gateway Design Automation 公司为其模拟器产品开发的硬件建模语言。那时它只是一种专用语言。由于他们的模拟、仿真器产品的广泛使用，所以 Verilog HDL 作为一种便于使用且实用的语言逐渐为众多设计者所接受。1989 年，Cadence 收购了 GDA，1990 年，Cadence 公开发表了 Verilog HDL，并成立了 OVI(Open Verilog International)，专门负责 Verilog HDL 的发展。1995 年，Verilog HDL 成为 IEEE 标准，称为 IEEE Standard 1364—1995(Verilog—1995)。2001 年，通过了新的标准，即 IEEE Standard 1364—2001(Verilog—2001)，目前多数的仿真器、综合器都已经支持 Verilog—2001 标准，如 Quartus II、Synplify Pro 等。2002 年，为了使综合器输出的结果和基于 IEEE Standard 1364—2001 标准的仿真和分析工具的结果相一致，推出了 IEEE Standard 1364.1—2002 标准，该标准为 Verilog HDL 的 RTL 级综合定义了一系列建模准则。

Verilog HDL 语言是在 C 语言的基础上发展而来的，与 C 语言有很多相似之处。但是，Verilog HDL 作为一种硬件描述语言，与 C 语言有本质上的区别。概括地说，Verilog HDL 语言具有下述特点：

- 既适于可综合的电路设计，又能胜任电路与系统的仿真。
- 能在多个层次上对所设计的系统加以描述，从开关级、门级、寄存器传输级(RTL)到行为级，都可以胜任，同时 Verilog HDL 语言不对设计规模施加任何限制。
- 灵活多样的电路描述风格，可进行行为描述，也可进行结构描述；支持混合建模，即在一个设计中，各模块可以在不同的设计层次上建模和描述。
- Verilog HDL 的行为描述语句，如条件语句、赋值语句和循环语句等，类似于软件高级

语言，便于学习和使用。

- 内置各种基本逻辑门，如 and、or 和 nand 等，可方便地进行门级结构描述；内置各种开关级元件，如 PMOS、NMOS 和 CMOS 等，可进行开关级的建模。
- 用户定义原语（UDP）创建的灵活性。用户定义的原语既可以是组合逻辑，也可以是时序逻辑；可通过编程语言接口（PLI）机制进一步扩展 Verilog HDL 语言的描述能力。

另外，Verilog HDL 语言更易掌握和理解，可使设计者更快、更好地掌握并用于电路的设计；Verilog HDL 语言的功能强大，可满足各层次设计人员的需要，正是以上优良的性能使得它广泛流行。在 ASIC 设计领域，Verilog HDL 语言已成为事实上的标准。

用 Verilog HDL 语言描述的电路设计就是该电路的 Verilog HDL 模型，也称为模块。Verilog HDL 既是一种行为描述的语言，也是一种结构描述的语言。也即无论描述电路功能行为的模块或描述元器件或较大部件互联的模块，都可以用 Verilog HDL 语言建立电路模型。Verilog HDL 模型可以是实际电路的不同级别的抽象，这些抽象的级别和它们所对应的模型类型共有以下 5 种：

- 系统级（System Level）：用语言提供的高级结构能够实现待设计模块的外部性能的模型。
- 算法级（Algorithm Level）：用语言提供的高级结构能够实现算法运行的模型。
- RTL 级（Register Transfer Level）：描述数据在寄存器之间的流动和如何处理、控制这些数据流动的模型。

以上 3 种都属于行为描述，只有 RTL 级才与逻辑电路有明确的对应关系。

- 门级（Gate Level）：描述逻辑门以及逻辑门之间连接的模型。
- 开关级（Switch Level）：描述器件中晶体管和存储节点以及它们之间连接的模型。

Verilog HDL 允许设计者用以下 3 种方式来描述逻辑电路：

- 结构描述（Structural）；
- 行为描述（Behavioural）；
- 数据流描述（Date Flow）。

结构描述是调用电路元件（如逻辑门，甚至晶体管）来构建电路，行为描述则通过描述电路的行为特性来设计电路，数据流描述多用于描述组合逻辑电路，也可以采用上述方式的混合来描述设计。

6.2.2　代码书写风格

设计的最终目标是为了将用 Verilog 所描述的电路设计能通过 EDA 工具映射到具体的物理器件上。Verilog HDL 是功能强大的仿真语言，其中只有一部分子集描述的电路是可以通过 EDA 工具综合的，把这部分子集称为可综合子集。EDA 界普遍认为有效的建模风格是控制综合结果最有力的手段，设计（建模）风格的不同，最终会收到不同的综合效果。为了帮助 FPGA 初学者编写良好的可综合代码，以下给出一些编写 Verilog 可综合代码的建议。

1. 代码的顶部

顶部要有版权说明（COPYRIGHT）、文件名（File Name）、文件版本号（File Revision）、发布信息（Release Information）、修改记录（Revise Record）等说明。

示例如下：

```
//==========================================================================
//This confidential and proprietary software may be used only as authorized by a licensing from
//    YYY  Limited   (C)COPYRIGHT 1999 YYY Limited
//       ALL RIGHTS RESERVED
//The entire notice above must be reproduced on all authorized copies and copies may only be made
//to the extent permitted
//by a licensing agreement from YYY  Limited.
//--------------------------------------------------------------------------
//Version and Release Control Information:
//File Name              : Ebi.v,v
//File Revision          : 4.2
//File Revise            : **month**day: Add ** signal for C module
//Release Information    : PL090 - REL1v0
//--------------------------------------------------------------------------
```

2. 源代码简要功能说明

示例如下：

```
//--------------------------------------------------------------------------
//Purpose: This block implements the External Bus Interface(EBI)
//--------------------------------------------------------------------------
//定义模块端口信号时根据信号的方向分为输入、输出和双向三大部分，用于测试的信号另归
// 为一部分，示例如下：
module Ebi1(//Inputs  HCLK,HRST_Nn,BusReq1,…
        //Outputs BusGnt1, BusGnt2, BusGnt3,…
        //Scan Signals  SCANENABLE,SCANIN,SCANOUT,…
        //Inouts exp);
//进行 I/O 说明时，根据信号的方向进行分类，并对信号的功能进行简要的注释，示例如下：
//Inputs
input  HCLK;           //Bus Clock
input  HRST_Nn;        //Bus Rst_n
input  BusReq1;        //Bus Request 1
…
// Outputs
output  BusGnt1;       //Bus Grant 1
output  BusGnt2;       //Bus Grant 2
output  BusGnt3;       //Bus Grant 3
…
//Inouts
inout  Exp;            //Example
//结合代码中主要功能块的功能进行功能概述，示例如下：
//--------------------------------------------------------------------------
//       Ebi
//--------------------------------------------------------------------------
// Overview
//--------------------------------------------------------------------------
```

```
//The External Bus Interface implements the following functions:
//# Multiplexes the Address and Data //lines from 3 separate controllers on to the common Address
//  and Data pins of the chip.
//# Implements the Arbiter state machine to regulate access requests from the Memory/Tic
//  controllers.
//# Re-circulates the data input from the pads to minimize toggling of nets to reduce
//  power-dissipation.
//------------------------------------------------------------------
//定义各参数,并对该参数的意义和功能进行说明,示例如下:
//------------------------------------------------------------------
//        Parameters 变量
//------------------------------------------------------------------
Parameter CLOCKEDGNT = 0;
//This parameter controls the smallest delay between BusReq* assertion and BusGnt* assertion
//------------------------------------------------------------------
//        Constant declarations   常量
//------------------------------------------------------------------
//------------------------------------------------------------------
//        State encoding for the EBI1 state machine 状态编码
//------------------------------------------------------------------
'define ST_EBI1_IDLE     4'b0001              //Idle state
'define ST_EBI1_GNT1    4'b0001              // Grant 1 state
'define ST_EBI1_GNT2    4'b0001              // Grant 2 state
'define ST_EBI1_GNT3    4'b0001              // Grant 3 state
//进行变量声明时,根据变量类型进行分类说明,将同一类方向的信号放在一起,示例如下:
//------------------------------------------------------------------
//        Interger declarations 变量声明
//------------------------------------------------------------------
//------------------------------------------------------------------
//        Wire declarations   线网声明
//------------------------------------------------------------------
wire  HCLK.;
//Bus Clock (Module input)
wire  HRST_Nn;
//Bus Rst_n(Module input)
wire  BusReq1;
//Bus BusReq1 (Module input)
//------------------------------------------------------------------
//        Register declarations   寄存器声明
//------------------------------------------------------------------
reg  BusGnt1;
//Bus Grant 1(Module output)
reg  BusGnt2;
//Bus Grant 2(Module output)
reg  BusGnt3;
```

```
//Bus Grant 3(Module output)
Reg [31:0]  LatchedDataIn;
//Latched ExtDataIn
//在主程序体开始的地方给出标注,示例如下:
//----------------------------------------------------------------------
//        Main body of code
//----------------------------------------------------------------------
//建议根据信号的功能来对信号进行命名(即标识符),示例如下:
//信号为高表示正在进行存储器写操作:MemWrite;
///对上述信号进行锁存后的信号:MemWritelat;
//总线仲裁状态机信号:ArbState[4:0];
//上述状态机的后状态信号:NextArbState[4:0];
//表示寄存器写状态:ST_REGWR;
//模块与模块之间的信号互连方式:显示、隐式,建议使用显示关联方式关联模块之间的信号
```

3. 可综合代码的编码风格

在Verilog中有两种赋值语句:阻塞赋值和非阻塞赋值。以下用三位寄存器设计的一组例子说明这两种方式的区别。

实现1:

```
module pipeb1(q3,d,clk);
output[7:0] q3;
input[7:0] d;
input clk;
reg[7:0] q3,q2,q1;
always@(posedge clk)
begin
   q1 = d;
   q2 = q1;
   q3 = q2;
end
endmodule
```

实现1移位寄存器如图6.8所示。

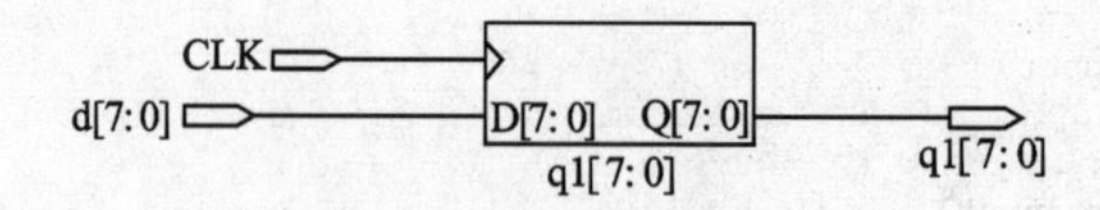

图6.8 实现1移位寄存器

实现2:

```
module pipeb1(q3,d,clk);
output[7:0] q3;
input[7:0] d;
input clk;
reg[7:0] q3,q2,q1;
```

```
always@(posedge clk)
begin
    q1<=d;
    q2<=q1;
    q3<=q2;
end
endmodule
```

实现 2 移位寄存器如图 6.9 所示。

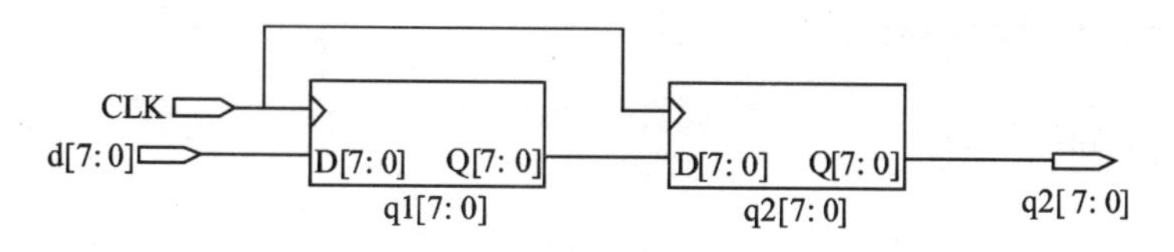

图 6.9　实现 2 移位寄存器

实现 3：

```
module pipeb1(q3,d,clk);
output[7:0] q3;
input[7:0] d;
input clk;
reg[7:0] q3,q2,q1;
always@(posedge clk)
begin
    q3 = q2;
q2 = q1;
q1 = d;
end
endmodule
```

实现 3 移位寄存器如图 6.10 所示。

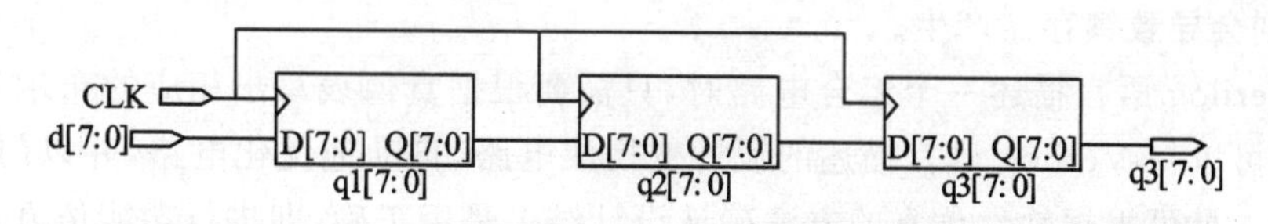

图 6.10　实现 3 移位寄存器

从上述实现 1、实现 2 和实现 3 的例子中，对比实现 1 和实现 3 可以看出，阻塞赋值的次序非常重要，但在实现 2 的非阻塞赋值中，赋值次序并不重要。实现 1 和实现 2 使用相同的赋值次序，但结果不同，区别在于使用了不同的赋值方式。实现 3 和实现 2 结果相同，实现 3 使用了阻塞赋值，但在实现 3 中明确了移位寄存器的移位次序。

我们已经知道，在 always 语句中的“=”赋值称为阻塞性过程赋值，在下一句执行前该赋值语句完成；而非阻塞赋值语句被执行时，计算表达式右端的值赋给左端，并继续执行下一条语句，在当前的时间步结束时或时钟的有效沿到来时，更新左端的值。非阻塞语句的执行分为以下两步：在仿真周期的开始，计算赋值号右边表达式(RHS)的值；在仿真周期结束时，更新

赋值号左边变量(LHS)的值。

关于阻塞语句和非阻塞语句,有以下使用建议:

① 在描述组合电路时,使用阻塞赋值语句。当在 always 过程中建立组合电路时,许多人也喜欢用非阻塞赋值。如果在 always 语句中有一个赋值语句,那么使用两种赋值方式的结果是一样的。但是如果使用多条赋值语句,写法不当,可能会导致仿真结果不正确。

② 用一个过程(always)描述时序电路时,使用非阻塞赋值语句。当组合电路和非组合电路在一个过程中描述时,应该将组合电路和非组合电路分别描述。示例如下:

```
module  nbex1(rst_n,clk,a,b,q);
output  q;
input  rst_n,clk;
input  a,b;
reg  q;
wire  y;
assign  y = a^b;                   //阻塞赋值
always@(posedge clk or negedge rst_n)
if(! rst_n)  q< = 1'b0;            //非阻塞赋值
else  q< = y;
endmodule
```

4. 可综合组合电路的描述形式

用 Verilog 语言可以有多种方式描述组合电路,但是有些综合工具并不支持每一种描述方式。大多数综合工具可综合下面三种形式描述的组合电路:

① 通过结构原语描述电路(即门级电路描述),经过综合器综合后,删除冗余的逻辑,可以保证逻辑设计的最小化。

② 通过连续赋值的方式描述电路,综合器可以把用连续赋值描述的电路翻译成布尔等式并优化。

③ 用 always 语句描述组合逻辑,在这种描述中,对每种输入组合输出都必须有一个值与之对应,否则会导致锁存器产生。

在用 Verilog 语言描述一个组合电路时,只需要根据真值表写出相应的布尔表达式,逻辑综合工具就可以将 Verilog 语言描述的设计变换成电路,自动地优化电路,并以门级网表形式存储。设计人员可根据软件仿真的方法确认设计结果是否正确,即进行功能仿真,最好将设计下载到 FPGA 器件中,通过 FPGA 器件和其他器件构成的实际系统确认设计是否正确。

6.2.3 Verilog HDL 语法

1. Verilog HDL 模块的结构

模块(module)是 Verilog HDL 语言最基本的概念,也是 Verilog HDL 设计中的基本描述单元,用于描述某个设计的功能或结构及其与其他模块通信的外部接口。每个 Verilog HDL 设计的系统都是由若干个模块组成的。

模块代表硬件上的逻辑实体,其范围从简单的门到整个大的系统。一个模块可以包括整个设计模型或设计模型的一部分。

一个复杂电路系统的完整 Verilog HDL 模型是由若干个 Verilog HDL 模型构成的，每一个模块又可以由若干个子模块构成。其中有些模块需要综合成具体电路，而有些模块只是与用户所设计的模块有交互联系的现存电路或激励信号源。利用 Verilog HDL 语言结构所提供的这种功能就可以构造一个模块间的清晰层次结构，以此来描述极其复杂的大型设计，并对所作设计的逻辑电路进行严格的验证。

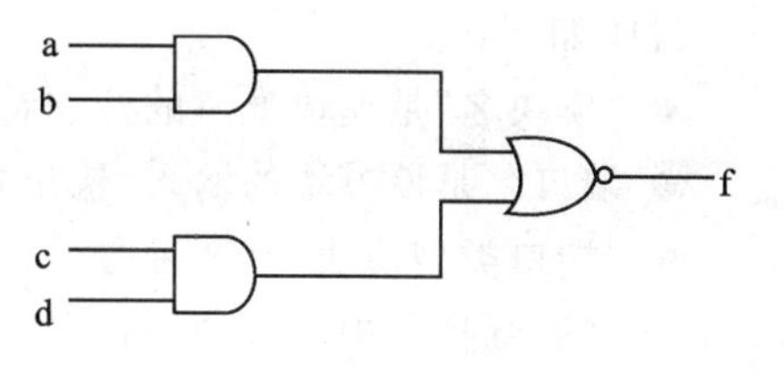

图 6.11　一个简单的“与或非”门电路

下面通过一个具体的实例对模块的基本结构进行剖析。图 6.11 所示为一个简单的“与或非”门电路。

该电路表示的逻辑函数可表示为 $f=\overline{ab+cd}$，用 Verilog HDL 语言对该电路进行描述如下：

例 6-3　“与或非”门电路的 Verilog HDL 程序。

```
module aoi(a,b,c,d,f);                 /*模块名为aoi,端口列表为a、b、c、d、f */
input a,b,c,d;                         //模块的输入端口为a、b、c、d
output  f;                             //模块的输出端口为f
wire a,b,c,d,f;                        //定义信号的数据类型
assign f = ~((a&b)|(~(c&d)));          //逻辑功能描述
endmodule
```

从上面的例子可以发现，从书写形式上看，Verilog HDL 程序具有以下一些特点：

- Verilog HDL 程序是由模块构成的，每个模块的内容嵌在 module 和 endmodule 两个关键字之间，每个模块实现特定的功能。
- 每个模块首先进行端口定义，并说明输入端口和输出端口，然后对模块的功能进行定义。
- Verilog HDL 程序书写自由，一行可以写几个语句，一个语句也可以分多行写。
- 除了 endmodule 等少数语句外，每个语句的最后必须有分号。
- 可以用/*…*/和//…对 Verilog HDL 程序做注释。好的源程序都应当加上必要的注释，以增强程序的可读性和可维护性。

通过上面的例子，可以对 Verilog HDL 程序的书写形式有直观的认识，其模块定义的一般模式如下所示：

```
module 模块名(端口名1,端口名2,端口名3,…);
端口类型说明(input,output,inout);
参数定义(可选);
数据类型定义(wire,reg 等);
实例化低层模块和基本门级元件;
连续赋值语句(assign);
过程块结构(initial 和 always)
行为描述语句;
endmodule
```

说明如下：

- “模块名”是模块唯一的标识符。
- 端口名是该模块的输入、输出端口。
- “端口类型说明”有 3 种方式，即 input(输入)、output(输出)、inout(双向端口)，在模块名后圆括号中出现的端口名必须明确说明其端口类型。
- “参数定义”是将常量用符号常量代替，以增加程序的可读性和可修改性，它不是必需的。
- “数据类型定义”部分用来指定模块内所用的数据对象是寄存器类型(reg 等)还是连线类型(wire 等)。
- 数据流描述方式：“连续赋值语句(assign)”是用数据流描述方式对一个设计建模的最基本机制，在连续赋值语句中，逻辑表达式右边的变量受到持续监控，一旦这些变量中任何一个发生变化，整个表达式将被重新计算，并将变化赋值给左边的线网变量。对组合逻辑电路建模使用该方式非常方便。
- 行为型描述方式：侧重于描述模块的逻辑行为(功能)，不涉及实现该模块逻辑功能的详细硬件电路结构。行为型描述使用过程块语句结构和比较抽象的高级程序语句对逻辑电路建模，它与软件编程语言描述有些相似。其中，过程语句的结构包括 initial 语句结构和 always 语句结构 2 种。

  - initial 语句：执行一次，主要用于仿真测试，进行初始化赋值，不能进行逻辑综合。
  - always 语句：总是循环执行，在仿真和逻辑综合中可以使用。

  只有寄存器类型变量能够在这 2 种语句中被赋值，寄存器类型变量在被赋值以前保持原有值不变。所有的 initial 语句和 always 语句都从 0 时刻并行执行。
- 结构型描述方式：直接调用 Verilog HDL 语言预定义的基本元件描述电路的结构，或使用实例化低层次模块的方法，即调用其他已定义好的低层次模块对整个电路的功能进行描述，从而创建层次结构。

比较以上 3 种描述方式，行为描述方式是重点学习内容，设计人员可以使用 3 种方式中的任意一种或几种来描述电路的逻辑功能，即模块描述中可以包含连续赋值语句、always 语句、initial 语句和结构型描述方式，并且这些描述方式在程序中排列的先后顺序是任意的。

每个 Verilog HDL 程序包含 4 个主要部分：模块声明、端口定义、信号类型声明和逻辑功能定义。

(1) 模块声明

模块声明包括模块名字、模块输入、输出端口列表，其格式如下：

```
module 模块名(端口名1,端口名2,端口名3,…);
```

模块结束的标志是关键字 endmodule。

(2) 端口定义

对模块的输入、输出端口要明确说明，其格式如下：

```
input   端口名1,端口名2,…,端口名n;          //输入端口
output  端口名1,端口名2,…,端口名n;          //输出端口
inout   端口名1,端口名2,…,端口名n;          //输入/输出端口
```

定义端口时应注意如下几点：

① 每个端口除了要声明是输入、输出还是双向端口外，还要声明其数据类型是 wire 型、reg 型，还是其他类型。

② 输入和双向端口不能声明为 reg 型。

③ 在测试模块中不需要定义端口。

(3) 信号类型声明

对模块所用到的所有信号，包括端口信号、节点信号等，都必须进行信号类型的声明。Verilog HDL 语言中提供了各种信号类型，分别模拟实际电路中的各种物理连接和物理实体。下面是定义信号类型的例子。

```
reg   cout;                      //定义信号 cout 的数据类型为 reg 型
reg [3：0]   out;                //定义信号 out 的数据类型为 4 位 reg 型
wire a,b,c,d,f;                  //定义信号 a、b、c、d、f 为 wire 型
```

如果信号的数据类型没有定义，则默认为 wire 型。

还可以将端口定义和信号类型声明放在模块列表中，而不是放在模块内部，例 6-3 也可以写成如下的形式：

```
module  aoi(input  wire a,b,c,d,output wire f);
assign  f = ~((a&b)|(~(c&d)));
endmodule
```

上述表达形式与例 6-3 功能上无区别，但书写形式上更简洁。端口类型和信号类型放在模块列表中声明后，在模块内部就不需要重复声明。

(4) 逻辑功能定义

模块中最核心的部分是逻辑功能定义。有多种方法可在模块中描述和定义逻辑功能。下面介绍常用的定义逻辑功能的几种基本方法。

① 用 assign 持续赋值语句定义

```
assign  f = ~((a&b)|(~(c&d)));
```

assign 一般用于组合逻辑的赋值，称为持续赋值方式。在赋值时，只需将逻辑表达式放在关键字 assign 后。

② 用 always 过程块定义

例 6-4　也可以用 always 过程块进行定义，其形式如下：

```
module aoi_a(a,b,c,d,f);             /* 模块名为 aoi，端口列表为 a、b、c、d、f */
input a,b,c,d;                       //模块的输入端口为 a、b、c、d
output  f;                           //模块的输出端口为 f
reg  f;                              //在 always 过程块中赋值的变量应定义为 reg 型
always @( a or b or c or d)          //always 过程块及敏感信号列表
    begin
    f = ~((a&b)|(~(c&d)));           //逻辑功能描述
endmodule
```

同样的电路可以采用不同的描述方法，其功能是相同的。always 过程块既可以用来描述

组合电路,也可以用来描述时序电路。

③ 调用元件(元件例化)

调用元件的方法类似于在电路图输入方式下调入图形符号来完成设计,这种方法侧重于电路的结构描述。在 Verilog HDL 语言中,可通过调用如下元件的方式来描述电路结构。

● 调用 Verilog HDL 的内置门元件(门级结构描述);

● 调用开关级元件(开关级结构描述);

● 在多层次结构电路设计中,高层次模块调用低层次模块。

下面是内置门元件调用的简单例子。

```
and  a3(out,a,b,c);                    //调用 3 输入"与"门
nor  c2(out,in1,in2);                  //调用 2 输入"或非"门
```

2. Verilog HDL 的词法约定

Verilog HDL 的源程序是由一串词法标识符构成的,一个词法标识符包含一个或若干个字符。这些词法标识符包括空白符(White Space)、注释(Comments)、标识符(Identifers)、关键字(Key Words)、数值(Numbers)、字符串(Strings)和运算符(Operators)等,下面分别予以介绍。

(1) 空白符

空白符包括空格、制表符、换行以及换页符。这些字符除了起到与其他词法标识符相分隔的作用外可以被忽略,但是在字符串中空白和制表符会被认为是有意义的字符。空白符使代码错落有致,阅读起来更方便。

例如,以下两段程序是等价的,Verilog HDL 程序可以分行写,也可以加入空白符采用多行书写。

```
initial begin ina = 3'b001;inb = 3'b011;end
```

这段程序等同于下面的书写格式:

```
initial
        begin                          //加入空格、换行等,使代码错落有致,提高可读性
               ina = 3'b001;
               inb = 3'b011;
     end
```

(2) 注释、标识符和关键字

① 注　释

不仅增加程序的可读性,而且有利于文档的管理。Verilog HDL 语言支持两种注释方式:单行注释和多行注释。单行注释以"//"开始,直到行末结束,不允许换行;多行注释以"/ * "开始,以" * /"结束。

② 标识符

程序代码中对象的名称,使用标识符可以来访问对象。它可以是任意一组字母、数字、$符号和_(下划线)符号的组合,但标识符的第一个字符必须是字母或下划线,标识符最长可以包含 1 023 个字符,且标识符区分大小写。以下是标识符的例子。

合法标识符：count
　　　　　　COUNT　　　　　//COUNT 和 count 是不同的标识符
　　　　　　_A1_d2　　　　　//以下划线开头
非法标识符：30count　　　　　//标识符不允许以数字开头
　　　　　　out *　　　　　　//标识符中不允许包含字符 *

还有一类标识符称为转义标识符(Escaped Identifers)，转义标识符以符号"\"开头，以空白符结尾，可以包含任何字符。

③ 关键字

关键字指 Verilog HDL 语言中定义的一系列保留字，用户不能随便使用这些保留字。仅用于上下文中，不能用做标识符。所有的关键字都是小写的，下表给出了 Verilog HDL 语言中所有的关键字。

Verilog HDL 语言中的关键字

always	and	assign	begin	buf	bufif0	bufif1	case
casex	casez	cmos	deassign	default	defparam	disable	edge
else	end	endcase	endmodule	endfunction	endprimitive	endspecify	endtable
endtask	event	for	force	forever	fork	function	highz0
highzl	if	ifnone	initial	inout	input	integer	join
large	macromodule	medium	module	nand	negedge	nmos	nor
not	notif0	notif1	or	output	parameter	pmos	posedge
primitive	pull0	pull1	pullup	pulldown	rcmos	real	realtime
reg	release	repeat	rnmos	rpmos	rtran	rtranif0	rtranif1
scalared	small	specify	specparam	strong0	strongl	supply0	supplyl
table	task	time	tran	tranif0	tranif1	tri	tri0
tril	triand	trior	trireg	vectored	wait	wand	Weak0
weak1	while	wire	wor	xnor	xor		

(3) 数值和字符串

在程序运行过程中，其值不能被改变的量称为常量。在 Verilog HDL 语言中主要有 3 种类型的常量：整数、实数和字符串。

Verilog HDL 语言中有 4 种基本的逻辑状态：0 表示低电平、逻辑 0 或假状态；1 表示高电平、逻辑 1 或真状态；x 或 X 表示不确定或未知状态；z 或 Z 表示高阻态。这 4 种值都内置于语言中；在门的输入或一个表达式中"z"通常解释成"x"，且不区分大小写。

① 整数(Integer)

整型常量有以下 4 种进制表示形式：

- 二进制(b 或 B)；
- 十进制(d 或 D)；
- 十六进制(h 或 H)；
- 八进制(o 或 O)。

整数按如下方式书写：

+/− <size>'<base><value>

其中，+/−表示正负号，size 是对应的常量的位宽，是可选项；base 为进制；value 是一个数字序列，其形式应与 base 定义的形式相符。这个数字序列中出现的值 x 和 z 以及十六进制中的 a～f 不区分大小写，“?”字符可以代替值 z。

下面是一些合法的整数的例子：

```
8'b10101100          //位宽为 8 位的二进制数 10101100
8'ha2                //位宽为 8 位的十六进制数 a2
5'Hx                 //5 位 x(扩展的 x)，即 xxxxx
8□'h□2A              /* 在位宽和'之间及进制和数值之间允许出现空格，但'和进制之间及数值之间
                        是不允许出现空格的，如 8'□h2A、8'h2□A 都是非法的形式 */
```

下面是一些不合法的书写整数的例子：

```
3' □b001             //非法：'和基数 b 之间不允许出现空格
(2 + 3)'b10          //非法：位宽不能为表达式
```

一个数字可定义为负数，只需在位宽表达式前加上负号，负号必须写在数字表达式的最左边，而不可以放在位宽和进制之间，也不可以放在进制和具体的数字之间。负数通常表示为二进制补码的形式。例如：

```
- 8'd5               //代表 5 的补数(用八位二进制数表示)
8'd - 5              //非法：负号不能放在进制和数字之间
```

在较长的数之间可用下划线分开以提高程序的可读性，但数字的第一个字符不能是下划线，下划线也不能用在位宽和进制处，只能用在具体的数字之间。例如：

```
16'b1010_1011_1111_1001      //合法格式
8'b_0011_1010                //非法格式
```

一个 x(或 z)可以用来定义十六进制数的 4 位二进制数的状态，八进制数的 3 位，二进制数的 1 位。z 的表示方式与 x 类似。此外，z 的另一种表达方式是写作“?”，二者完全等价。

如果没有定义一个整数的位宽，则其宽度为相应值中定义的位数。例如：

```
'o721                //9 位八进制数
'hAF                 //8 位十六进制数
```

如果定义的位宽大于数字序列的实际长度，则通常在数据序列的高位(左侧)补 0。但是如果这个数字序列最左边一位为 x 或 z，就相应地要用 x 或 z 在左边补位。例如：

```
10'b10               //左边补 0,0000000010
10'bx0x1             //左边补 x,xxxxxxx0x1
```

如果定义的位宽小于数字序列的实际长度，则这个数字序列最左边超出的位将被截断。例如：

```
3'b1001_0011         //与 3'b011 相等
5'H0FFF              //与 5'H1F 相等
```

当位宽与进制省略时表示的是十进制数。例如：

```
32                                   //代表十进制数32
-15                                  //代表十进制数-15
```

在位宽和'之间，以及进制和位宽之间允许出现空格，但和进制之间以及数值之间不允许出现空格。

② 实　数

在 Verilog HDL 语言中，实数就是浮点数，有以下两种表示方法。

● 十进制表示法——由数字和小数点构成（必须有小数点）。例如：

```
2.0
5.678
11572.12
0.1                                  //以上都是合法的实数表示形式
2.                                   //非法：小数点两侧都必须有数字
```

● 科学计数法——采用指数格式书写，由数字和字符e(E)组成，e(E)的前面要有数字而且后面必须为整数。例如：

```
23_5.1e2                              //其值为23 510.0，忽略下划线
3.6E2                                 //其值为360.0(e与E相同)
5E-4                                  //其值为0.000 5
```

Verilog HDL 语言定义了实数转换为整数的方法，即实数通过四舍五入转换为最相近的整数。例如：

```
42.446,42.45                          //转换为整数都是42
92.5,92.699                           //转换为整数都是93
-25.22                                //转换为整数是-25
```

③ 字符串

字符串是由一对双引号括起来的字符序列。出现在双引号内的任何字符（包括空格、下划线）都将被作为字符串的一部分，字符串不能分成多行书写。例如：

```
"INTERNAL  ERROR"
"R E A C H E D ->H E R E"          //空格出现在双引号内，所以是字符串的组成部分
"12345_6789_0"                      //下划线出现在双引号内，所以是字符串的组成部分
```

实际上，字符都会被转换成二进制数，而且这种二进制数是按特定规则编码的。现在普遍采用ASCII码，这种代码把每个字符用一个字节（8位）的二进制数表示。所以字符串实际上就是若干个8位ASCII码的序列。例如，字符串"INTERNAL ERROR"共有14个字符，存储这个字符串的变量就需要8×14位的存储空间，如下：

```
reg [1:8*14] Message;               //定义变量Message并分配存储空间
...
Message = "INTERNAL  ERROR"         //给变量Message赋值为字符串常量
```

字符串中有一类特殊的字符，特殊字符必须用字符"\"来说明，表6.2给出特殊字符的表

示及其意义。

(4) 数据类型

数据类型用来表示数字电路中的物理连线、数据存储和传输单元等物理量。Verilog HDL 中的变量分为线网型(Net Tpye)和寄存器型(Register Type)两大类。

线型数据是物理连线的抽象,包括 wire、tri、wand 和 wor 等几种类型。使用 assign 语句进行连续赋值的必须是线型数据。寄存器类型表示一个抽象的数据存储单元。在 always 或 initial 程序块(行为模块)中用来赋值的变量必须是寄存器型的。

寄存器型数据与线型数据的区别在于:寄存器型数据保持最后一次的赋值,而线型数据需要有持续的驱动。

① 线　型

线型数据表示结构实体之间的物理连接,其特点是输出的值紧随输入值的变化而变化。它不能存储值,必须受到驱动器的连续驱动。如果没有驱动器连接到线型数据上,则该变量就是高阻态的。对线型数据有两种驱动方式:一种方式是在结构描述中将其连接到一个门元件或模块的输出端;另一种方式是用持续赋值语句 assign 对其赋值。

线型数据有多种类型,如表 6.3 所列。其中常用的线型数据有 wire 和 tri 两种。

表 6.2　特殊字符的表示及其意义

特殊字符	含　义
\n	换行符
\t	Tab 键
\\	符号\
*	符号 *
\ddd	3 位八进制数表示的 ASCII 值
\%	符号%

表 6.3　常用的线型数据

类　型	功能说明	可综合性说明
wire,tri	连续类型	可综合
wor,trior	具有线"或"特性的多重驱动连线	
wand,triand	具有线"与"特性的多重驱动连线	
tri1,tri0	分别为上拉电阻和下拉电阻	
supply1,supply0	分别为电源(逻辑 1)和地(逻辑 0)	可综合
trireg	具有电荷保持作用的连线,可用于电容的建模	

wire 通常用来表示单个门驱动或连续赋值语句驱动的线型数据,Verilog HDL 模块中的输入/输出信号没有明确指定数据类型时都默认为 wire 型。wire 型信号可做任何表达式的输入,也可用做 assign 语句和实例元件的输出。wire 的真值表如表 6.4 所列。

wire 型数据的定义格式如下:

wire [n-1: 0] *数据名* 1,*数据名* 2,…,*数据名* m;

wire [n: 1] *数据名* 1,*数据名* 2,…,*数据名* m;

它表示共有 m 条总线,每条总线内有 n 条线路,其中 n 表示数据名的宽度。例如:

```
wire a,b;            //定义了两个 wire 型变量 a 和 b
wire [7: 0] b        //定义了一个 8 位的 wire 型变量 b
```

tri 型表示受到多驱动源驱动的线型数据,其用法和功能与 wire 完全相同。将信号定义为 tri 型只是为了增加程序的可读性,可以更清楚地表示该信号综合后的电路连线具有三态的功能。

② 寄存器型

寄存器表示一个抽象的数据存储单元,可以通过赋值语句改变寄存器内存储的值。寄存器只能在 always 语句和 initial 语句中赋值，always 语句和 initial 语句是 Verilog HDL 提供的功能强大的结构语句，设计者可以在这两个结构语句中有效地控制对寄存器的赋值是否进行。在未被赋值时，寄存器的缺省值为 x。

寄存器型数据有 4 种类型，如表 6.5 所列。

表 6.4　wire 的真值表

wire	0	1	x	z
0	0	x	x	0
1	x	1	x	1
x	x	x	x	x
z	0	1	x	z

表 6.5　常用的寄存器型数据

类　型	功能说明	可综合性说明
reg	常用的寄存器型变量	可综合
integer	32 位带符号的整型变量	可综合
real	64 位带符号实型变量	
time	64 位无符号时间变量	

表 6.5 中的 integer、real 和 time 三种寄存器型变量都是纯数学抽象的描述，不对应任何具体的硬件电路。time 主要用于对模拟时间的存储和处理，real 表示实数寄存器，主要用于仿真。reg 型变量是最常用的一种寄存器型数据，下面着重对其进行介绍。

reg 型变量的定义格式类似于 wire 型，如下所示：

reg [n－1：0] 数据名 1，数据名 2，…，数据名 m；
reg [n：0] 数据名 1，数据名 2，…，数据名 m；

其中 n 表示数据名的位宽。例如：

```
reg a,b;                //定义了两个一位的 reg 型变量 a 和 b
reg [7：0]  qout;       //定义了一个 8 位的 reg 型变量 qout
```

注意，reg 型只表示被定义的信号将用在 always 模块内，并不是说 reg 型信号一定是寄存器或触发器的输出，虽然 reg 型信号常常是寄存器或触发器的输出，但不一定总是这样。

(5) 参　数

参数用来定义在程序内部仿真时保持不变的常数，常常用来定义时延和变量的宽度。有时(如调用任务或实例化模块时)可能要改变这些值，这种情况下经常要用到参数。参数一经声明，就视其为一个常量，在整个仿真过程中不再改变。在 Verilog HDL 语言中用 parameter 来定义符号常量，即用 parameter 定义一个参数名来代表一个常量，使用参数说明的常量只能被赋值一次。

在模块中使用参数有两个好处：一是可以增加程序的可读性和可维护性；二是将有些变量定义为参数以后，只要在调用时赋予不同的值就可以构建不同的模型，如将 RAM 的地址线位宽、数据线位宽定义为参数，那么仅需改变参数值就可以表示不同的 RAM 模型。

参数声明格式如下：

parameter 参数名 1＝表达式 1，参数名 2 表达式 2，…，参数名 n＝表达式 n；

例如：

```
parameter sel = 8, code = 8'ha3;
        //分别定义参数 sel 为十进制常量 8,参数 code 为十六进制常量 a3
parameter DATAWIDTH = 8, ADDRWIDTH = DATAWIDTH * 2;
```

```
            //为参数 DATAWIDTH 赋值 8,为参数 ADDRWIDTH 赋值 16(8 * 2)
```

例 6-5 是采用参数 parameter 定义加法器操作数的数据宽度,如果要改变加法器的规模,则只需改变参数 MSB 的赋值即可。

例 6-5 用参数声明设计加法器。

```
module add_w(a,b,sum);
parameter MSB = 15;                     //参数定义
input [MSB: 0] a, b;
output [MSB + 1: 0] sum;
assign sum = a + b;
endmodule
```

(6) 存储器

Verilog HDL 通过对 reg 型变量建立数组来对存储器建模,可以描述 RAM 存储器、ROM 存储器和 reg 文件。若干个相同宽度的寄存器向量构成的阵列即构成一个存储器。

存储器是通过扩展 reg 型变量地址范围来生成的,其格式如下:

reg [*n*-1: 0] *存储器名*[*m*-1: 0];

reg [*n*-1: 0]定义了存储器中每个单元的宽度,存储器名[*m*-1: 0]定义了存储器的容量,即单元的个数。例如:

```
reg [7: 0] mema [255: 0];               //mema 是容量为 256、字长为 8 位的存储器
reg [0: 3] Amem [64: 1]                 //Amem 是容量为 64、字长为 4 位的存储器
```

也可以用参数定义存储器的尺寸,更便于修改,例如:

```
parameter wordwidth = 8, memsize = 1024;
reg [wordwidth - 1: 0] mymem [memsize - 1: 0];
            //字长为 8 位、1 024 个存储单元的存储器 mymem
```

尽管存储器的定义形式和 reg 型数据很相似,但需要注意二者的区别,如下面的声明语句:

```
reg [n - 1: 0] rega;                    //定义了一个 n 位的寄存器
reg  mema [1: 8];                       //定义了一个字长为 1、容量为 n 的存储器
```

寄存器和存储器在赋值时是有区别的,所表示的意义也不相同,如下所示:

```
rega [3] = 1'b1;                        //对寄存器 rega 的第 2 位赋值 1,合法赋值语句
rega = 8'b10110101;                     //对寄存器 rega 整体赋值,合法赋值语句
mema [3] = 1'b1;                        //对存储器 mema 的第 2 个单元赋值 1,合法赋值语句
mema = 8'b10110101;                     //不允许对存储器进行整体赋值,非法赋值语句
```

进行寻址的地址索引可以是表达式,这样就可以对存储器中的不同单元进行操作。表达式的值可以取决于电路中其他寄存器的值,例如可以用一个加法计数器来做 RAM 的地址索引。

3. Verilog HDL 的运算符

Verilog HDL 提供了多种类型的运算符,这些运算符与 C 语言中的运算符类似,每个运

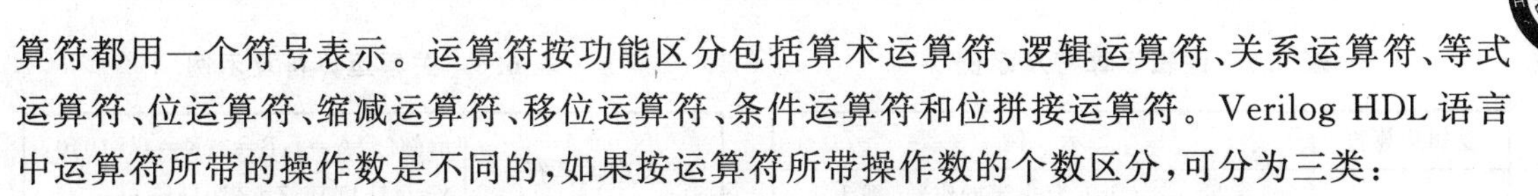

算符都用一个符号表示。运算符按功能区分包括算术运算符、逻辑运算符、关系运算符、等式运算符、位运算符、缩减运算符、移位运算符、条件运算符和位拼接运算符。Verilog HDL 语言中运算符所带的操作数是不同的，如果按运算符所带操作数的个数区分，可分为三类：

- 单目运算符——运算符只带一个操作数，操作数放在运算符的右边。
- 双目运算符——运算符可带两个操作数，操作数放在运算符的两边。
- 三目运算符——运算符可带三个操作数，这三个操作数用三目运算符分隔开。

下面对常用的运算符进行介绍。

(1) 算术运算符

在 Verilog HDL 语言中，算术运算符又称为二进制运算符，如表 6.6 所列。

表 6.6　算术运算符及示例

算术运算符		示例(A=4'b0011,B=4'b0100;　//A 和 B 是寄存器类型向量 D=6;E=4;F=2　//D,E,F 是整型数)
双目运算符	乘(*)	A*B　//A 和 B 相乘，等于 4'b1100
	除(/)	D/E　//D 被 E 除等于 1，余数部分取整
	加(+)	A+B　//A 和 B 相加，等于 4'b0111
	减(-)	B-A　//B 减去 A，等于 4'b0001
	求幂(**)	F=E**F;　//E 的 F 次幂等于 16
	取模(%)	-7%3　//结果为-1，取第一个操作数的符号，取模运算的结果是两数相除的余数部分
单目运算符	+ -	“+”、“-”可以作为单目运算符使用，表示操作数的正负，其优先级比双目运算符高

(2) 逻辑运算符

逻辑运算符是对操作数进行逻辑“与”、“或”、“非”操作，操作结果为 0(代表假)或 1(代表真)。逻辑运算符分类及示例如表 6.7 所列。

如果操作数不止一位，则应将操作数作为一个整体对待，即如果操作数全是 0，则相当于逻辑 0，但只要某一位是 1，则相当于逻辑 1。

例如，若 A=4'b0000,B=4'b0101,C=4'b0011,D=4'b0000，则有：

```
! A = 1;  ! B = 0;  A&&B = 0;  B&&C = 1;  A&&C = 0;  A&&D = 0;
A||B = 1;  B||C = 1;  A||C = 1;  A||D = 0.
```

(3) 关系运算符

关系运算符用于一个表达式中，如果表达式为真，则结果为 1，如果表达式为假，则结果为 0；如果操作数中某一位为未知或高阻抗 z，那么取表达式的结果为 x，如表 6.8 所列。

(4) 等价运算符

与关系运算符类似，等价运算符也是对两个操作数进行比较，如果比较结果为假，则为逻辑 0，否则为逻辑 1。等价运算符对两个操作数进行逐位比较，如果位宽不相等，则使用 0 来填充不存在的位，如表 6.9 所列。

表 6.7　逻辑运算符及示例

<table>
<tr><th>逻辑运算符</th><th>示　例</th></tr>
<tr><td>&&　逻辑“与”</td><td>in1＝2；　　//in1 为非零操作数，视为 1
in2＝0；
wire y＝in1&&in2；　//y＝0＝(1&&0)；</td></tr>
<tr><td>||　逻辑“或”</td><td>in1＝2；　　// in1 为非零操作数，视为 1
in2＝0；
wire y＝in1||in2；　　//y＝1＝(1||0)；</td></tr>
<tr><td>!　逻辑“非”</td><td>in1＝2；　　// in1 为非零操作数，视为 1
in2＝0；
wire y＝！in1；　　//y＝0＝(！1)；
wire y＝！in2；　　//y＝1＝(！0)；</td></tr>
</table>

表 6.8　关系运算符及示例

关系运算符	示例(//A＝4，B＝3；X＝4'b1010，Y＝4'b1101，Z＝4'b1xxx)
＞大于	A＞B　　//等于逻辑值 1
＜小于	Y＜Z　　//等于逻辑值 x
＞＝　大于或等于	Y＞＝X　　//等于逻辑值 1
＜＝　小于或等于	A＜＝B　　//等于逻辑值 0

表 6.9　等价运算符及示例

等价运算符		表达式	说　明	可能的逻辑值
＝＝	相等	a＝＝b	a 等于 b，若在 a 或 b 中有 x 或 z，则结果不定	0,1,x
!＝	不等	a!＝b	a 不等于 b，若在 a 或 b 中有 x 或 z，则结果不定	0,1,x
＝＝＝	全等	a＝＝＝b	a 全等于 b，包括 x 和 z，逐位精确比较	0,1
!＝＝	不全等	a!＝＝b	a 不全等于 b，包括 x 和 z，逐位精确比较	0,1

表 6.9 中，“＝＝”和“!＝”是把两个操作数的逻辑值做比较，由于操作数中某些位可能是 x 或 z，所以比较结果也有可能是 x。而“＝＝＝”和“!＝＝”是按位逐次进行比较，即便在两个操作数中某些位出现了 x 或 z，只要它们出现在相同的位，那么就认为二者是相同的，比较结果为 1，否则为 0，而不会出现结果为 x 的情况。例如，如果寄存器变量 a＝5'b11x01，b＝5'b11x01，在 a＝＝b 的结果为不定值 x，而 a＝＝＝b 的结果为 1。

(5) 位运算符

位运算，即将两个操作数按对应位分别进行“与”、“或”、“非”等逻辑运算。位运算符包括以下 5 种：

- ~　　　　按位取反，对一个操作数进行按位取反运算；
- &　　　　按位“与”，将两个操作数的相应位进行“与”运算；
- |　　　　按位“或”，将两个操作数的相应位进行“或”运算；
- ^　　　　按位“异或”，将两个操作数的相应位进行“异或”运算；
- ^~，~^　　按位“同或”，将两个操作数相应位进行“异或非”运算。

按位“与”、按位“或”、按位“异或”的真值表如表 6.10 所列。

表 6.10　按位“与”、按位“或”、按位“异或”的真值表

<table>
<tr><td>&</td><td>0 1 x</td><td>|</td><td>0 1 x</td><td>∧</td><td>0 1 x</td></tr>
<tr><td>0</td><td>0 0 0</td><td>0</td><td>0 1 x</td><td>0</td><td>0 1 x</td></tr>
<tr><td>1</td><td>0 1 x</td><td>1</td><td>1 1 1</td><td>1</td><td>1 0 x</td></tr>
<tr><td>x</td><td>0 x x</td><td>x</td><td>x 1 x</td><td>x</td><td>x x x</td></tr>
</table>

下面给出使用按位运算符的示例，如表 6.11 所列。

表 6.11　按位运算符及示例

按位操作符	示例(//X=4'b1010,Y=4'b1101,Z=4'b10x1)
取反	~X　　　//结果为 4'b0101
按位"与"	X&Z　　　//结果为 4'b10x0
按位"或"	X|Y　　　//结果为 4'b1111
按位"异或"	X^Y　　　//结果为 4'b0111
按位"同或"	X^~Y　　　//结果为 4'b1000

需要注意的是，两个不同长度的数据进行位运算时，会自动地将两个操作数按右端对齐，位数少的操作数会在高位用 0 补齐。例如：

```
'b0110 ^'b10000                //等价于运算：'b00110 ^'b10000，结果为'b10110
```

(6) 缩减运算符

缩减运算符只有一个操作数，对操作数的每一位逐位进行操作，产生一个一位的二进制数。其运算规则与位运算符相同，区别在于位操作符对两个操作数的对应位进行运算，而缩减运算符对一个操作数的所有位逐位从左至右进行运算，如表 6.12 所列。

表 6.12　缩减运算符及示例

缩减运算符		示例(//X=4'b1010)
&	缩减"与"	&X　　//相当于结果为 1&0&1&0，结果为 0
~&	缩减"与非"	~&X　　//结果和缩减"与"相反，结果为 1
|	缩减"或"	|X　　//相当于 1|0|1|0，结果为 1
~|	缩减"或非"	~|X　　//结果和缩减"或"相反，结果为 0
^	缩减"异或"	^X　　//相当于 1^0^1^0，结果为 0
~^,^~	缩减"同或"	~^X　　//结果和缩减"异或"相反，结果为 1

注意，位运算符、缩减运算符使用的符号相同，因此，区分这些运算符的重点在于分清操作数的数目和计算结果的规则。

(7) 移位运算符

在 Verilog HDL 语言中有两种移位运算符：<<(左移)和>>(右移)。其用法如下：

A<<*n*　或　A>>*n*

表示把操作数 A 左移或者右移 *n* 位。该移位是逻辑移位，移出的空位用 0 补位。下面举例说明：

```
module shift;
    reg [3: 0] a,b;
    initial
        begin
            a = 1;                //a 的值设为 0001
```

```
        b = (a<<2);        //移位后,a 的值为 0100,赋给 b
    end
endmodule
```

从此例可以看出,b 在移过两位后,用 0 来填补空出的位。进行移位运算时应注意移位前后变量的位数。下面给出一个例子:若 A=5'b11001,则

```
A<<2 的值为 5'b00100;          //将 A 左移 2 位,用 0 添补移出的位
A>>2 的值为 5'b00110;          //将 A 右移 2 位,用 0 添补移出的位
```

二进制数左移 1 位相当于乘以 2,右移 1 位相当于除以 2,所以建模时,可以使用移位运算符实现乘除运算。Verilog HDL 中没有指数运算符,而移位运算符可用于支持部分指数操作。例如要计算 2 的 *n* 次方的值,可以使用移位操作实现,如下所示:

```
32'b1 << n                //n 必须小于 32
```

移位运算符可以用来实现移位操作,实现乘法算法的移位相加以及其他许多有用操作,熟悉此操作符在具体设计中是很有用处的。

(8) 条件运算符

条件运算符的符号是?:,这是一个三目运算符,对三个操作数进行运算。形式如下:

信号=条件? 表达式 1: 表达式 2;

如果条件为真,则执行表达式 1;否则执行表达式 2。如果条件为 x 或 z,那么两个表达式都要计算,然后把两个计算结果按位进行运算得到最终结果。如果两个表达式的某一位都为 1,则这一位的最终结果是 1;如果都是 0,则这一位的结果是 0;否则这一位的结果是 x。

条件运算符经常用于数据流建模中的条件赋值,条件表达式的作用相当于控制开关。例如:

```
assign out = control? in1: in0;        //二选一多路选择器的功能建模
```

条件运算符可以嵌套使用,每个"真表达式"和"假表达式"本身也可以是一个条件表达式。例如:

```
assign out = (A == 3) ? (control ? x: y) : (control ? m: n);
// A == 3 和 control 是四选一多路选择器的两个控制输入,x、y、m 和 n 为输入,out 为输出
```

(9) 位拼接运算符

位拼接运算符的符号是{ },该运算符可以将两个或多个操作数的某些位拼接在一起,组成一个操作数,且每个操作数必须是有确定位宽的数,无位宽的数不能作为拼接操作符的操作数。其使用方法是把某些信号的某些位详细地列出来,中间用逗号分开,最后用大括号括起来表示一个整体信号,形式如下:

{信号 1 的某几位,信号 2 的某几位,……,信号 *n* 的某几位}

例如,若 A=1'b1,B=2'b00,C=2'b10,D=3'b110,则

```
Y = {B,C}                   //结果为 4'b0010
Y = {A,B,C,D,3'b001}        //结果为 11'b10010110001
```

```
Y = {A,B[0],C[1]}            //结果为 3'b101
```

位拼接运算符可以嵌套使用,还可以用重复法来简化书写。例如:

```
{3{a,b}}                     //等同于{{a,b}、{a,b}、{a,b}}或{a,b,a,b,a,b}
{3{2'b01}}                   //结果为 6'b010101
```

位拼接运算符可以用来实现移位操作,例如要实现移位操作"f=a * 4+a/8"。假如 a 的位宽 8 位,则可以采用下面的位拼接运算符来进行移位操作实现上面的运算:

```
f = {C[5: 0],2'b00} + {3'b000,C[7: 3]};
```

(10) 运算符的优先级

以上各部分讨论了运算符的用法和示例,对各运算符的优先级,如表 6.13 所列。不同的综合开发工具,在执行这些优先级时可能会有差别,因此在书写程序时建议使用括号来控制运算的优先级,这样既能有效地避免错误,又能增加程序的可读性。

表 6.13　运算符的优先级

<table>
<tr><th>运算符</th><th>优先级</th></tr>
<tr><td>!　~</td><td>高优先级</td></tr>
<tr><td>*　/　%</td><td></td></tr>
<tr><td>+　-</td><td></td></tr>
<tr><td><<>></td><td></td></tr>
<tr><td><<=　>>=</td><td></td></tr>
<tr><td>==　!=　===　!==</td><td></td></tr>
<tr><td>&　~&</td><td></td></tr>
<tr><td>^　^~</td><td></td></tr>
<tr><td>|　~|</td><td></td></tr>
<tr><td>&&</td><td></td></tr>
<tr><td>||</td><td></td></tr>
<tr><td>?:</td><td>低优先级</td></tr>
</table>

6.2.4　系统任务和函数结构

Verilog HDL 语言提供大量的系统功能调用,大致可分为两种:系统任务(任务型的功能调用)和系统函数(函数型的功能调用)。这两种方式是以字符"$"开头的标识符,主要区别是:系统任务可以没有返回值,或有多个返回值,而系统函数只有一个返回值;系统任务可以带有延迟,而系统函数不允许延迟,在 0 时刻执行。这两种方式都已内置于 Verilog HDL 中,用户可以随意调用。而且用户可根据自己的需要,利用仿真系统提供的编程接口(PLI),编制特殊的系统任务与系统函数。根据系统任务与系统函数实现的功能不同,可分为以下几类:标准输出任务、文件管理任务、仿真控制任务、时间函数和其他,以下详细介绍各任务和函数。

1. 标准输出任务

$display 和 $write 是两个系统任务,两者的功能相同,都用于显示模拟结果,区别在于 $display 任务在将特定信息输出到标准输出设备时,具有自动换行的功能,而 $write 则不带有行结束符。这两种标准输出任务的格式相同,具体如下:

```
$ display (<format_specifiers>, signal, signal,…);   //<format_specifiers>用来指定输出
                                                      //格式
$ write (<format_specifiers>, signal, signal,…);
```

例如：

```
$ display ( $ time,,,"a= %h c= %h",a,b,c);
      //以十六进制格式显示信号 a、b、c 的值，两个相邻的逗号“,,”表示加入一个空格
```

$display 可以用来输出字符串、表达式及变量值，语法格式与 C 语言中的 printf 函数相同，各种输出格式如表 6.14 所列。

除了这两种标准输出任务外，还有以下方式：

- $displayb 与 $writeb(输出二进制数)；
- $displayo 与 $writeo(输出八进制数)；
- $displayh 与 $writeh(输出十六进制数)。

表 6.14　输出格式符的说明

输出格式符	格式说明	输出格式符	格式说明
%d　%D	十进制格式	%c　%C	ASCII 码格式
%b　%B	二进制格式	%s　%S	字符串格式
%h　%H	十六进制格式	%v　%V	输出连续型数据的驱动强度
%m　%M	模块的分级名	\n	换行
%o　%O	八进制格式	\t	Tab 键
%t　%T	时间格式	\\	字符\
%e　%E	指数格式输出实数	*	字符 *
%f　%F	浮点格式输出实数	\ddd	3 位八进制数表示的 ASCII 码
%g　%G	以上两种格式较短的输出实数	%%	符号%

2. 文件管理任务

与 C 语言类似，Verilog HDL 语言中也提供了很多文件输出类的系统任务，可以将结果输出到文件中。这类任务有 $fopen、$fdisplay、$fwrite、$fmonitor、$fstrobe 和 $fclose 等。

(1) 打开文件

$fopen 用于打开某个文件并准备写入操作，其格式如下：

<file_handle>= $fopen(“<file_name>”)；

<file_name>指定被打开的文件名及其路径，如果路径与文件名正确，则返回一个 32 位的句柄描述符<file_handle>。这 32 位中，只有一位为高电平，否则就返回打开文件出错的信息。当第一次使用 $fopen 时，返回的 32 位句柄描述符中将次低位设置为高电平，当再次调用 $fopen 时，返回新句柄中的高电平在上一个句柄的基础上左移一位。例如：

```
integer  handleA, handleB;          //定义两个 32 位的整数
initial
```

```
    begin
        handleA = $ fopen("myfile.out");
        //handleA = 0000_0000_0000_0000_0000_0000_0000_0010
        handleB = $ fopen("anotherfile.out");
        //handleB = 0000_0000_0000_0000_0000_0000_0000_0100
    end
```

(2) 输出到文件

$ fdisplay、$ fwrite、$ fmonitor 等系统任务用于把文本写入到文件中，其格式如下：

<task_name>(<file_handles>,<format_specifiers>);

<task_name>是上述三种系统任务中的一种；<file_handles>是文件句柄描述，与打开文件不同的是，这里可以对句柄进行多位设置；<format_specifiers>用来指定输出的格式。Verilog HDL 会把输出写到与文件描述符中值为 1 的位相关联的所有文件中，下面举例说明 $ fdisplay 和 $ fmonitor 任务的使用。

```
//利用上面(1)中介绍的打开文件的例子的句柄
//写到文件中去
integer  channelsA;
initial
    begin
        channelsA = handleA;
        $ fdisplay(channelsA,"hello");
    end
```

(3) 关闭文件

$ fclose 用于关闭文件，其格式如下：

$ fclose(<file_handle>);

当使用多个文件时，为了提高速度，可以将一些不用的文件关闭。一旦某个文件被关闭，则不能再向它写入信息，且其他文件可以使用该文件的句柄。例如：

```
//关闭文件
$ fclose(handleA);
```

(4) 从文件中读出数据到存储器

$ readmemh 与 $ readmemb 两个系统任务用于从文本文件中读取数据并将数据加载到存储器中，两者的区别在于两者读取数据的格式不同：$ readmemh 要求以十六进制数据格式存放数据文件；$ readmemb 要求以二进制数据格式存放数据文件。其格式如下：

<task_name>(<file_name>,<register_array>,<start>,<end>);

<task_name>用来指定系统任务，可取两种系统任务的一个；<file_name>是读出数据的文件名；<register_array>为要读入数据的存储器；<start>和<end>分别为存储器的起始地址和结束地址。起始地址和结束地址均可以缺省，如果缺省起始地址，表示从存储器的首地址开始存储；如果缺省结束地址，表示一直存储到存储器的结束地址。下面是使用 $ read-

memb 的例子：

```
module  testmemory;
reg[7: 0]  memory[9: 0];            //声明一个容量为 10、宽度为 8 位的存储器
integer  index;
initial
    begin
        $ readmemb("mem.dat",memory);
        for(index = 0;index<10;index = index + 1)
            $ display("memory[ % d] = % b",index[4: 0],memory[index]);
    end
endmodule
```

3. 仿真控制任务

(1) 仿真监控任务

任务 $ monitor 具有监控和输出参数列表中的表达式或变量值的功能，即当指定的参数列表中任何一个或多个变量值发生变化时，$ monitor 命令立即打印显示一行文本。其格式如下：

$ monitor(<format_specifiers>, signal, signal, …);　　//<format_specifiers>用来指定输出格式

监控任务的格式定义与显示任务 $ display 相同，参数说明可参照 $ display 部分。在任意时刻对于特定的变量只有一个监控任务可以被激活。该任务用于连续监控指定的信号参数，如果发现其中任何一个信号发生变化，则系统按照调用 $ monitor 时所规定的格式，显示整个信号表。监控任务一旦开始执行，就将在整个仿真过程中监控参数，不过可以通过另外两个系统任务 $ monitoroff 和 $ monitoron 把监控任务关闭或开启。$ monitoroff 任务将关闭所有的监控任务，而 $ monitoron 任务则可以重新开启所有的监控任务。例如：

```
$ monitor ( $ time,,,"a= %d  b= %d  c= %d",a,b,c);
//只要 a、b、c 三个变量的值发生任何变化，都会将 a、b、c 的值输出一次
```

(2) 仿真结束任务

系统任务 $ finish 与 $ stop 用于对仿真过程进行控制，分别表示结束仿真和中断仿真。二者的用法相同，其格式如下：

$ finish;　　　$ finish(*n*);
$ stop;　　　　$ stop(*n*);

n 是 $ finish 与 $ stop 的参数，*n* 可以是 0、1、2 等值，分别表示如下含义：

- 0——不输出任何信息；
- 1——输出仿真时间和位置；
- 2——输出仿真时间和位置，还有其他一些运行统计数据。

如果不带参数，则默认 *n* 的值是 1。

这两个系统任务的的功能都是终止仿真，不过 $ finish 终止仿真进程后，会把控制返回到操作系统；而 $ stop 中断仿真进程后并没有返回操作系统，而是将控制返回给仿真器的命令

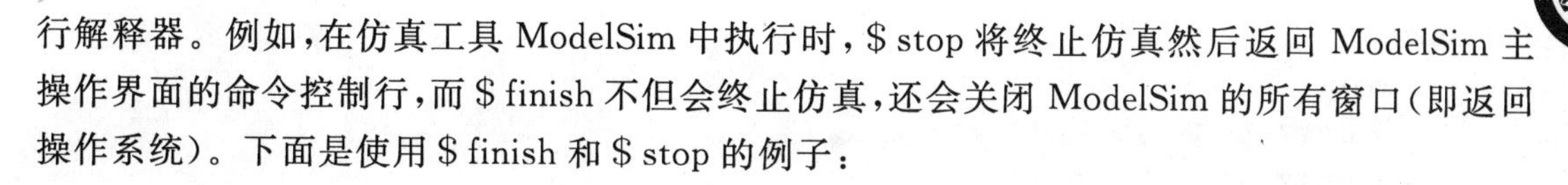

行解释器。例如，在仿真工具 ModelSim 中执行时，$stop 将终止仿真然后返回 ModelSim 主操作界面的命令控制行，而 $finish 不但会终止仿真，还会关闭 ModelSim 的所有窗口（即返回操作系统）。下面是使用 $finish 和 $stop 的例子：

```
initial
    begin
        clock = 1'b0;                      //需要完成的任务
        #200    $stop;                     //暂停仿真并进入交互方式
        #500    $finish;                   //结束仿真任务
    end
```

4. 时间函数

（1）时间标度函数

时间标度函数包括 $printtimescale 和 $timeformat。其中，$timeformat 用于指定时间信息的格式；$printtimescale 用于给出指定模块的时间单位和时间精度（时间单位和时间精度是由编译指令`timescale 定义或系统默认的）。其格式如下：

$timeformat(<unit>,<precision>,<suffix>,<min_field_width>);

$printtimescale(module_hierarchical_name);

<unit>指定时间单位，其取值范围为 0～15，各值代表的意思如表 6.15 所列；<precision>指定所要显示时间信息的精度；<suffix>为诸如 ms、ns 之类的字符；<min_field_width>说明时间信息的最小字符数。例如：

```
$timeformat(-9,2,"ns",10);
```

表 6.15 <unit>的取值及其代表的时间单位

取 值	时间单位	取 值	时间单位	取 值	时间单位	取 值	时间单位
0	1 s	−4	100 μs	−8	10 ns	−12	1 ps
−1	100 ms	−5	10 μs	−9	1 ns	−13	100 fs
−2	10 ms	−6	1 μs	−10	100 ps	−14	10 fs
−3	1 ms	−7	100 ns	−11	10 ps	−15	1 fs

(2) 时间显示函数

$time、$stime 和 $realtime 属于显示仿真时间标度的系统函数。这三个函数被调用时，都返回当前仿真时间，不同之处在于返回时间的形式不同：$time 将返回 64 位的整型时间，$stime 将返回 32 位的整型时间，$realtime 则以实型数据返回模拟时间。下面举例说明 $time 与 $realtime 的区别。

例 6-6 $time 与 $realtime 的区别。

```
`timescale 10ns/1ns
module time_dif;
reg ts;
parameter DELAY = 2.6;
```

```
initial
    begin
     # DELAY ts = 1;
     # DELAY ts = 0;
     # DELAY ts = 1;
     # DELAY ts = 0;
    end
initial $ monitor( $ time,,,"ts = % b",ts);            //使用函数 $ time
endmodule
```

将上面的例子用 ModelSim 仿真，其输出为

```
0      ts = x
3      ts = 1
5      ts = 0
8      ts = 1
10     ts = 0
```

每行中时间的显示采用整数形式。如果将上例中的 $ time 改为 $ realtime，则仿真输出为

```
0       ts = x
2.6     ts = 1
5.2     ts = 0
7.8     ts = 1
10.4    ts = 0
```

每行中时间的显示变为实数形式，从上面的例子中不难看出 $ time 与 $ realtime 的区别。

5. 随机函数

$ random 是产生随机数的系统函数，随机函数提供一种随机数机制。每次调用这个函数都可以返回一个新的随机数，返回的随机数是 32 位的带符号整数。其格式如下：

$ random [(seed)]

其中，(seed)被称为种子变量，它是可选项。种子变量必须是寄存器、整数或时间寄存器类型的变量，它的作用是控制函数返回值的类型，即不同类型的种子变量将返回不同类型的随机数，并且在调用 $ random 函数之前，必须为这个变量赋值。如果没有指定种子变量，则每次 $ random 函数被调用时将根据缺省种子类型产生随机数。例 6－7 是一个产生随机数的程序。

例 6－7 用 $ random 函数产生随机数。

```
`timescale 10ns/1ns
module random_tp;
integer data, i;
parameter DELAY = 10;
initial $ monitor( $ time,,,"data = % b",data);
initial
```

```
    begin
      for (i = 0;i< = 100;i = i + 1)
        # DELAY data = $ random;              //每次产生一个随机数
      end
endmodule
```

将例 6-7 的程序用 ModelSim 仿真，其输出大致如下所示，只不过每次显示的数据都是随机的。

```
0       data = xxxxxxxxxxxxxxxxxxxxxxxxxxxxxxxx
10      data = 11101001100000111101000000010000
20      data = 01000110001111001001111111111111
30      data = 11011111100110100101101000011001
40      data = 00100100001011000101101110101111
```

6. 变换函数

这类函数用于把实数转换成其他类型的数，或者把其他类型的数转换成实数。共有 4 种变换函数，如下：

- $ rtoi　　　　通过截断小数值将实数变换为整数；
- $ itor　　　　将整数变换为实数；
- $ realtobits　　将实数变换为 64 位的位向量；
- $ bitstoreal　　将位向量变换为实数(与 $ realtobits 相反)。

有关这类函数的详细信息请参阅 Verilog HDL 标准文档，这里不再详细介绍。

6.2.5　Verilog HDL 的行为描述

Verilog HDL 语言支持许多高级行为语句，使其成为结构化和行为性的语言。行为描述主要包括过程结构语句、语句块、时序控制、赋值语句、条件语句和循环控制语句等几个方面，主要用于时序逻辑功能的实现。

1. 过程结构语句

在 Verilog HDL 行为描述中，有两个必然出现的结构语句：initial 语句和 always 语句。initial 和 always 都不仅仅是单独一条语句，它们引导一个“过程”或者一个“结构”，跟在 initial 和 always 之后的都是一段程序，所有其他行为语句都必须包含在这段程序中。

一个程序可以包含多个 initial 和 always 语句，并且它们都是同时并行执行的，即这些语句的执行顺序与其在模块中书写的顺序无关。区别在于 initial 语句常用于仿真中的初始化，initial 过程块中的语句只执行一次，而 always 语句则是不断重复地运行，直到仿真过程的结束。

(1) initial 语句

在进行仿真时，一个 initial 语句从模拟 0 时刻开始执行，且在仿真过程中只执行一次，在执行完一次后，该 initial 就被挂起，不再执行。如果仿真中有两个 initial 语句，则同时从 0 时刻开始并行执行。其格式为

```
initial
    begin
```

```
        语句 1;
        语句 2;
        ⋮
        语句 n;
    end
```

initial 语句是面向仿真的，是不可综合的，通常被用来描述测试模块的初始化、监视、波形生成等功能。

下面举例说明 initial 语句的使用。

例 6-8 用 initial 语句对存储器变量赋初始值。

```
initial
    begin
        areg = 0;                                       //初始化寄存器 areg
        for(index = 0; index < size; index = index + 1)
            memory[index] = 0;                          //对 memory 存储器初始化
end
```

在这个例子中，用 initial 语句在仿真开始时对 memory 存储器进行初始化，将其所有存储单元的初始值都设置为 0。这个初始化过程不需要任何仿真时间，即在 0 ns 时间内，便可完成存储器的初始化工作。

例 6-9 用 initial 语句生成激励波形。

```
initial
    begin
            inputs = 'b000000;                  //初始时刻为 0
        # 10 inputs = 'b011001;
        # 10 inputs = 'b011011;
        # 10 inputs = 'b011000;
        # 10 inputs = 'b001000;
    end
```

从这个例子可以看出 initial 语句的另一个用途，即用 initial 语句来生成激励波形作为电路的测试仿真信号。

(2) always 语句

和 intial 语句不同，always 语句是重复执行的，并且可被综合。always 过程块有 always 过程语句和语句块组成的。其格式为

```
always @(敏感事件列表)
begin
块内变量说明
时序控制 1      行为语句 1
⋮
时序控制 n      行为语句 n
end
```

其中,敏感事件列表是可选项,但在实际工程中却很常用,而且是比较容易出错的地方。敏感事件表的目的就是触发 always 过程块的运行,而 intial 后面是不允许有敏感事件表的。

敏感时间列表由一个或多个时间表达式构成,事件表达式就是模块启动的条件。当存在多个事件表达式时,要使用关键词“or”或者使用逗号将多个触发条件结合起来。Verilog HDL 的语法规定:对于这些表达式所代表的多个触发条件,只要有一个成立,就可以启动块内语句的执行。

下面举例说明 always 语句的使用。例 6-10 描述了一个 3 输入“与”门,只要输入信号 a、b、c 中的任何一个改变,则输出改变。

例 6-10 3 输入“与”门。

```
module three_input_and(f,a,b,c);
input a,b,c;
output reg f;
always @(a or b or c)          //敏感信号列表
    begin
        f = a & b & c;
    end
endmodule
```

always 语句主要是对硬件功能的行为进行描述,也可以在测试模块中用来对时钟进行描述;利用 always 可以实现锁存器和触发器,也可以用来实现组合逻辑。利用 always 实现组合逻辑时,要将所有的信号放进敏感列表,而实现时序逻辑时却不一定要将所有的结果放进敏感信号列表。

(3) *initial 和 always 语句的混合使用*

一个模块既可以包含 initial 语句也可以包含 always 语句,而且可以包含多条 initial 语句和多条 always 语句,所有 initial 语句和 always 语句都是在 0 时刻开始执行的。

例 6-11 本例的模块内含有 1 条 initial 语句和 2 条 always 语句。

```
module TestxorBehavior;
reg Sa,Sb,Zeus;
initial                    //initial 语句开始
    begin                  //这个顺序语句块的作用是初始化并在 Sa 和 Sb 上产生波形
        Sa = 0;
        Sb = 0;
        # 5 Sb = 1;
        # 5 Sa = 1;
        # 5 Sb = 0;
    end
always @(Sa or Sb)         //always 语句开始
    Zeus = Sa^Sb;          //Sa 或 Sb 上有事件发生(值发生变化)时就执行这个赋值语句
always @(Zeus)             //always 语句开始
    $display ( $time,,,"Sa = %b Sb = %b Zeus = %b", Sa,Sb,Zeus);     /* Zeus 上有事件发生时
 就执行系统任务指令 $display,这个指令将向输出设备输出显示当前时刻及 Sa、Sb 和 Zenus 的值 */
endmodule
```

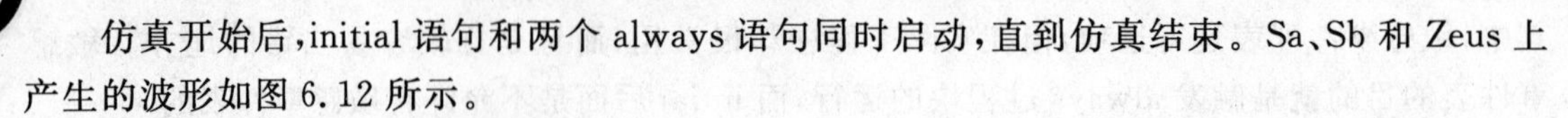

仿真开始后，initial 语句和两个 always 语句同时启动，直到仿真结束。Sa、Sb 和 Zeus 上产生的波形如图 6.12 所示。

下面是程序仿真时产生的输出：

5　　Sa=0 Sb=1 Zeus=1

10　　Sa=1 Sb=1 Zeus=0

15　　Sa=1 Sb=0 Zeus=1

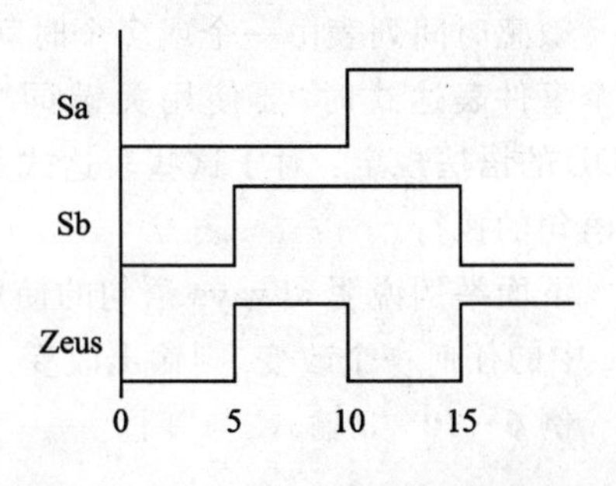

图 6.12　Sa、Sb 和 Zeus 上产生的波形

2. 语句块

语句块的作用是将多条语句合并成一组，如前面所讲的过程结构语句中，可使用关键字 begin 和 end 将多条语句合并成一组。语句块只能出现在行为描述模块中，但它不必非得出现在与过程语句 initial 或 always 的结合中，在高级程序语句中以及任务和函数中都可以出现语句块结构。

语句块主要有两种，即串行语句块(begin…end)和并行语句块(fork…join)。下面分别予以介绍。

(1) 串行块 begin - end

串行块中的语句按串行方式顺序执行，每条语句中的时延值与其前面的语句相关。串行块的语法格式如下：

```
begin [：标识符{说明语句}]
    过程语句组
end
```

标识符是可选的，如果有标识符，则寄存器变量可在语句块内部声明。带标识符的语句块可以被引用。例如，语句块可使用禁止语句来禁止执行，块标识符提供唯一标识寄存器的一种方式。

例如：

```
begin
    b = a;
    c = b;
end
```

由于 begin - end 块内的语句是顺序执行的，最后都将 b、c 的值更新为 a 的值。

在仿真时，begin - end 块中的每条语句前面的延时都是相对于前一条语句执行结束时的相对时间。例如，例 6 - 12 产生了一段周期为 10 个时间单位的信号波形。

例 6 - 12　用 begin - end 串行块产生信号波形。

```
`timescale 10ns/1ns
module wave1;
parameter CYCLE = 10;
reg wave;
initial
    begin                          wave = 0;
```

```
        #(CYCLE/2)         wave = 1;
        #(CYCLE/2)         wave = 0;
        #(CYCLE/2)         wave = 1;
        #(CYCLE/2)         wave = 0;
        #(CYCLE/2)         wave = 1;
        #(CYCLE/2)          $stop;
    end
initial $monitor($time,,,"wave = %b",wave);
endmodule
```

例 6-12 的程序用 ModelSim 编译仿真后，可得到一段周期为 10 个单位时间(100 ns)的信号波形，如图 6.13 所示。

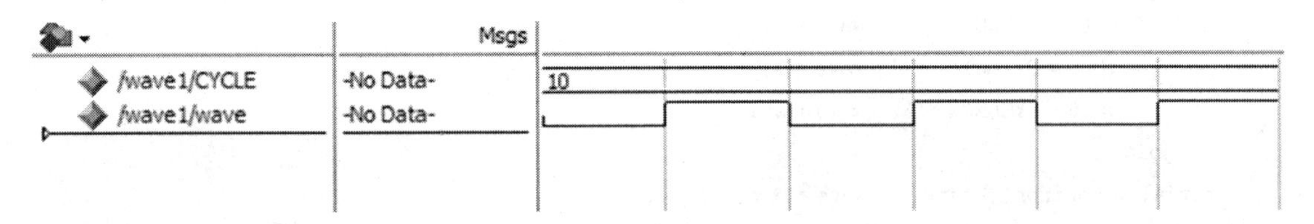

图 6.13　例 6-12 所描述的波形

串行块执行时有如下的特点：

- 串行块内的各条语句是按它们在块内出现的次序逐条顺序执行的，当前面一条语句执行完毕后下一条语句才能开始执行。
- 块中每条语句中的延时控制都是相对于前一条语句结束时刻的延时控制。
- 在进行仿真时，当遇到串行块时，块中第一条语句随即就开始执行；当串行块中最后一条语句执行完毕时，程序流程控制就跳出串行块，串行块结束执行。整个串行块的执行时间等于其内部各条语句执行时间的总和。

(2) 并行块 fork-join

与串行块 begin-end 不同的是，并行块用来组合需要并行执行的语句，块内的各条语句指定的时延值都与语句块开始执行时间相关。并行块的语法格式如下：

```
fork [：标识符{说明语句}]
    过程语句组；
join
```

例如：

```
fork
    b = a;
    c = b;
join
```

由于 fork-join 并行块中的语句是同时执行的，在上面语句块执行完后，b 的值更新为 a 的值，而 c 的值更新为没有发生改变时 b 的值，故执行完后，b 与 c 的值是不同的。

在进行仿真时，fork-join 并行块中的每条语句前面的延时都是相对于该并行块的起始执行时间的。例 6-13 采用 fork-join 并行块产生一段与例 6-11 相同的信号波形，该程序中

标注了延时。

例 6-13 用 fork-join 并行块产生信号波形。

```
`timescale 10ns/1ns
module wave2;
parameter CYCLE = 5;
reg wave;
initial
    fork                    wave = 0;
        #(CYCLE)            wave = 1;
        #(2 * CYCLE)        wave = 0;
        #(3 * CYCLE)        wave = 1;
        #(4 * CYCLE)        wave = 0;
        #(5 * CYCLE)        wave = 1;
        #(6 * CYCLE)        $finish;
    join
initial $monitor($time,,,"wave= %b",wave);
endmodule
```

例 6-13 的程序通过 ModelSim 编译仿真后,可得到与图 6.13 所示相同的信号波形。

并行块执行时有如下的特点:

- 并行块内各条语句是同时开始执行的,也就是说,当程序流程控制进入并行块后,块内各条语句都各自独立地同时开始执行。各条语句的起始执行时间都等于程序流程控制进入该并行块的时间。
- 块内各条语句中指定的延时控制都是相对于程序流程控制进入并行块的时刻的延时,也就是相对于并行块开始执行时刻的延时。
- 当并行块内所有的语句都已经执行完毕后,也就是当执行时间最长的那一条块内语句结束执行后,程序流程控制才跳出并行块,结束并行块的执行。整个并行块的执行时间等于执行时间最长的那条语句所需的执行时间。

3. 时序控制

Verilog HDL 时序控制与过程语句相关联,主要分为延时控制和事件控制两种。

(1) 延时控制

延时控制主要用在仿真语句中,属于不可综合语句。延时控制的语法格式如下:

```
#延时表达式[过程语句]      //延时控制语句表示在语句执行前的等待延时
```

例如:

```
initial
    begin
            a = 0;
        #10 a = 1;
    end
```

在初始时刻,a 的值为 0,延时 10 个时间单位后,a 的值为 1。

延时控制也可以用另一种形式定义：

```
#delay;
```

这一语句促使在下一条语句执行前等待给定的延时，下面是这种用法的实例：

```
always
begin
    #3;                //等待 3 个时间单位
    Clk = 0;
    #3;                //等待 3 个时间单位
    Clk = 1;
end
```

(2) 事件控制

事件控制就是把发生某个事件作为执行某个操作的条件。事件控制方式有两种：边沿触发事件和电平敏感事件。

① 边沿触发事件

边沿触发主要是指事件在指定信号的边缘跳变时发生指定的行为。其语法格式如下：

always @(<边沿触发事件 1> or <边沿触发事件 2>…<边沿触发事件 *n*>)

语句块；

其中，“@”是边沿事件使用的符号，带有事件控制的进程或过程语句的执行，必须等到指定事件发生。例如：

```
always @(posedge clk)   c = n;
//表示当 clk 信号从低电平变为高电平(上升沿)时就执行赋值语句，否则进程被挂起
always @(negedge reset)   count = 0;
//表示赋值语句 count = 0 只在 reset 的下降沿执行
```

关键词 posedge 和 negedge 表示上升沿和下降沿，信号的上升沿和下降沿的种类如表 6.16 所列。

表 6.16　信号上升沿和下降沿的种类

信号上升沿的种类	信号下降沿的种类
0—> x	1—> x
0—> z	1—> z
0—> 1	1—> 0
x—> 1	x—> 0
z—> 1	z—> 0

在边沿触发语法的定义中，边沿触发事件可以只有一个，最典型的就是基于时钟的边沿触发事件。例如：

```
reg[7: 0] data;
always @(posedge clk)                  //clk 上升沿触发
```

```
begin
    if(reset = = = 1'b1)
        data< = 8'b0;
    else
        data< = data + 1'bl;         //在每个时钟上升沿,数据 data 就会加 1
end
```

② 电平敏感事件

电平敏感事件主要是某一信号的电平发生变化时,发生指定的行为。电平敏感事件的语法格式如下:

always@(<电平触发事件 1> or <电平触发事件 2>…<电平触发事件 *n*>)

语句块;

其中,电平触发事件可以只有一个。例如:

```
reg[7: 0] data;
always @(a or b)
   begin
      if(reset = = = 1'b1)
         data< = 0;
      else
         data< = data + 1'bl;
   end
```

这样,如果 a 或者 b 电平发生变化,那么数据 data 将会加 1。

4. 赋值语句

Verilog HDL 有两种为变量赋值的方法:一种叫做连续赋值语句(Continuous Assignment);一种叫做过程赋值语句(Procedural Assignment)。过程赋值又分为阻塞赋值(Blocking Assignment)和非阻塞赋值(Nonblocking Assignment)两种。

(1) 连续赋值语句

连续赋值语句只能用来对线型变量进行驱动(赋值),而不能对寄存器型变量进行赋值,主要用于对 wire 型变量的赋值。关键词是 assign,其格式如下:

assign　目标=赋值表达式;

只要右端赋值表达式的操作数发生变化,表达式立即进行计算;如果表达式的结果值有变化,则新结果就赋给左边的目标。例如:

```
wire a,b;              //定义两个 1 位的输入信号
wire out;              //定义一个 1 位的输出信号
assign out = a&b;      //out 输出了 a 和 b 的"与"值
```

下面例 6-14 是采用连续赋值语句描述的 1 位全加器。

例 6-14　用连续赋值语句实现 1 位全加器。

```
module full_add(a,b,cin,sum,cout);
input a,b,cin;
```

```
output sum,cout;
assign sum = a^b^cin;
assign cout = (a&cin) | (b&cin) | (a&b);
endmodule
```

本例中的两个连续赋值语句是并发的，与书写顺序无关，只要连续赋值语句右端表达式中操作数的值有变化，连续赋值语句即被执行。

(2) 过程赋值语句

过程赋值语句是用于两种结构化过程块(initial 过程块和 always 过程块)中的赋值语句。在过程块中只能使用过程赋值语句(不能在过程块中出现连续赋值语句)，同时过程赋值语句也只能用在过程块中。过程赋值提供了为寄存器型变量赋值的方法，多用于对 reg 型变量进行赋值。过程赋值有阻塞赋值和非阻塞赋值两种方式。

① 非阻塞赋值

非阻塞赋值的赋值符号是“<=”。例如：

```
b< = a;
```

非阻塞赋值在整个过程块结束时才完成赋值操作，即 b 的值不是立刻就改变的。

下面是非阻塞赋值的例子。

例 6-15　非阻塞赋值。

```
module nonblock (a,b,c,clk);
input a,clk;
output reg b,c;
always @(posedge clk)
    begin
        b< = a;
        c< = b;
    end
endmodule
```

将上面的代码用 Quartus II 软件进行综合和仿真，得到如图 6.14 所示的仿真波形。

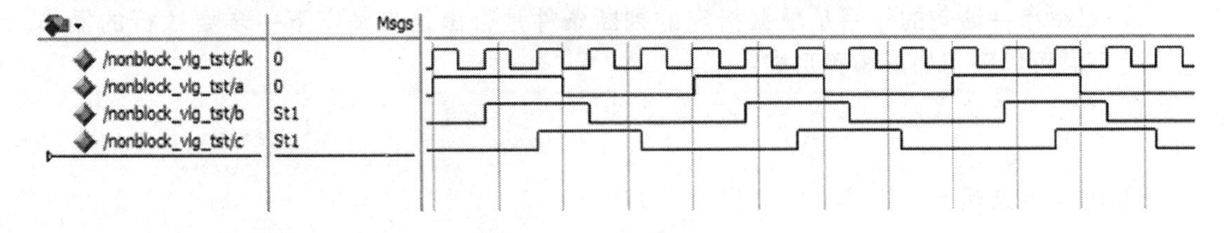

图 6.14　例 6-15 非阻塞赋值仿真波形图

② 阻塞赋值

阻塞赋值的赋值符号是“=”。例如：

```
b = a;
```

阻塞赋值在该语句结束时就立即完成赋值操作，即 b 的值在该条语句结束后立刻改变。

下面是非阻塞赋值的例子。

例 6-16 阻塞赋值。

```
module block (a,b,c,clk);
input a,clk;
output reg b,c;
always @(posedge clk)
    begin
        b = a;
        c = b;
    end
endmodule
```

将上面的代码用 Quartus II 软件进行综合和仿真，得到如图 6.15 所示的仿真波形。

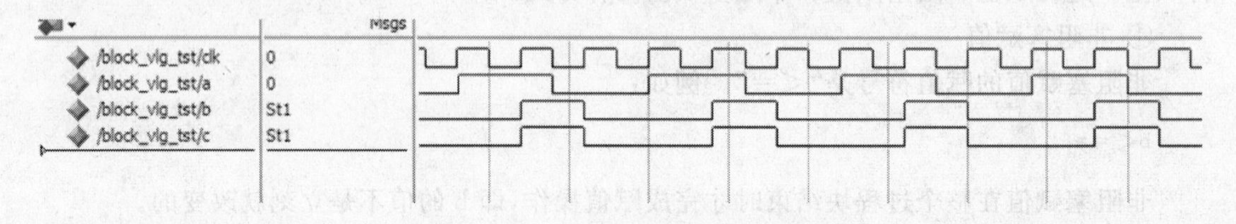

图 6.15 例 6-16 阻塞赋值仿真波形图

从图 6.14 和图 6.15 可以看出，对于非阻塞赋值，c 的值落后于 b 的值一个时钟周期，这是因为该 always 块中的两条语句是同时执行的，每次执行完成后 b 的值得到更新，而 c 的值仍是上一时钟周期的 b 值；对于阻塞赋值，c 的值和 b 的值一样，因为 b 的值是立即更新的，更新后又赋给了 c，因此 c 与 b 的值相同。

在 always 过程块中，阻塞赋值可以理解为赋值语句是顺序执行的，而非阻塞赋值的赋值语句是并发执行的。

5. 条件语句

Verilog HDL 语言中的条件语句包括 if-else 语句和 case 语句。它们都是顺序语句，应放在 always 块内。

(1) if-else 语句

if-else 条件语句的作用是根据指定的判断条件是否满足来确定下一步要执行的操作。它在使用时可以采用如下 3 种形式：

```
① if(条件表达式)
      语句 1;
② if(条件表达式)
      语句 1;
   else
      语句 2;
③ if(条件表达式 1)
      语句 1;
   else if(条件表达式 2)
      语句 2;
```

```
    ⋮
else if(条件表达式 n)
    语句 n;
else
    语句 n+1;
```

三种形式的 if - else 语句的条件表达式，一般为逻辑表达式或关系表达式。如果条件表达式的值为 0、x、z，则按逻辑“假”处理；若为 1，则按逻辑“真”处理，执行指定的语句。在 if 和 else 后面也可以是包含在 begin 和 end 内的多个语句构成的一个复合语句。

对于 if - else 条件语句的形式③，其执行过程是：如果条件表达式 1 成立，那么执行语句 1，否则不执行语句 1；然后判断条件表达式 2，如果成立，接着执行语句 2，……，直到条件表达式 n，如果满足，则执行语句 n，否则跳出 if 语句，整个模块结束；如果所有条件都不满足，则执行最后一个 else 分支。在实际应用时，根据实际情况决定 else if 分支的语句数目，else 分支也可以缺省，但有可能出现不可预期的结果，生成不可预期的锁存器。例如：

```
always @(a or b)
    begin
        if(a= =1)  m<=c;
end
```

if 语句只能保证当 a=1 时，m 取 c 的值，但对于 a=0 的情况，程序没有特别的语句，因此 m 会保持 a=1 的值，这样就综合成了一个锁存器。如果希望 a=0 时，m 的取值为确定的某值，那么 else 分支必不可少，因此示例应是：

```
always @(a or b)
    begin
        if(a= =1)
            m<=c;
        else
            m<=0;
    end
```

下例是用 if - else 语句描述的一个如图 6.16 所示的 8 位移位寄存器。

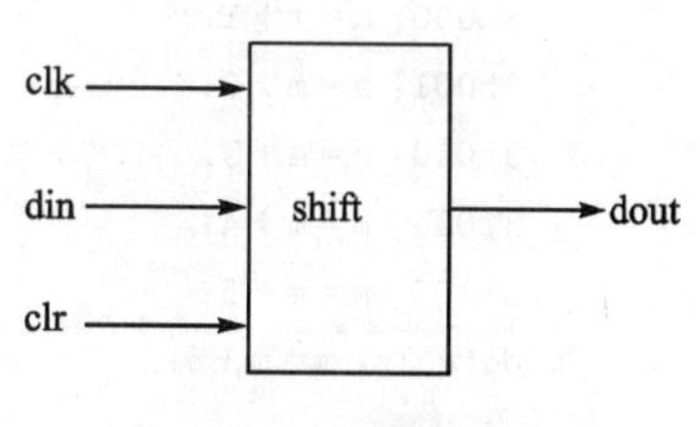

图 6.16　8 位移位寄存器

例 6-17　用 if - else 语句描述 8 位移位寄存器。时钟输入信号为 clk(上升沿有效)、数据输入信号为 din、清零输入信号为 clr(高电平有效)，8 位数据输出信号为 dout。程序如下：

```
module shifter (din, clk, clr, dout);
input din, clk, clr;
output [7: 0] dout;
reg [7: 0] dout;
always @(posedge clk)                //时钟信号 clk 的上升沿有效
    begin
```

```
    if (clr)
        dout = 8'b0;                //清零信号有效时，输出为全零
    else
        begin
            dout = dout<<1;         //左移一位
            dout[0] = din;          //将新数据加到最低位
        end
  end
endmodule
```

从 if 语句的代码执行过程可以看出，if 语句执行是有优先级顺序的，程序将按照设置好的顺序依次进行条件判断，优先级高的将先执行。

(2) case 语句

if 语句只有两个分支可以选择，case 语句则是一种多分支选择语句。所以在描述多条件译码电路和状态机时，经常采用 case 语句。case 语句的使用格式如下：

```
case(条件表达式)
    值 1：语句 1；
    值 2：语句 2；
    ⋮
    值 n：语句 n；
    default：语句 n+1；
endcase
```

判断条件表达式的值等于哪一个值，然后执行相应的语句，如果所有值都不符合，则执行 default 后面的语句。例如：

```
reg[2：0]  con;
case(con)
    3'b000：m = m + 1;
    3'b001：m = m + 2;
    3'b010：m = m + 3;
    3'b011：m = m + 4;
    3'b100：m = m + 5;
    default：m = m + 6;
```

case 语句是一个多路条件分支形式，与 if - else 不同的是，case 各分支属于并行的，没有先后顺序。其中 default 分支可以缺省，但一般情况下不要缺省，否则会和 if 语句缺省 else 分支一样，生成锁存器。

例 6 - 18　以下给出一个多路选择器的例子，同时使用 if 语句和 case 语句。

```
/*-----------------------------------------------------------------
模块名称：多路选择器
模块参数：EN—使能位，位宽为 1，高有效；IN0—输入 0 通道，位宽为 8；IN1—输入 1 通道，位宽为 8；
IN2—输入 2 通道，位宽为 8；IN3—输入 3 通道，位宽为 8；SEL—选择控制信号，位宽为 2；OUT—输出通道，位
宽为 8。
```

功能描述：如果 EN 为高电平，根据 SEL 从 IN0、IN1、IN2、IN3 四个输入中选择一个输出到 OUT；如果 EN 为低电平，则输出 0 到 OUT。

```
-----------------------------------------------------------------------------------------------*/
module mux(EN,IN0,IN1,IN2,IN3,SEL,OUT);
input EN;
input [7: 0] IN0,IN1,IN2,IN3;
input[1: 0] SEL;
output[7: 0] OUT;
reg[7: 0] OUT;
always @(SEL or EN or IN0 or IN1 or IN2 or IN3)
    begin
        if(EN = = 0)
            OUT = {8{1'b0}};        //重复拼接操作符,8'b000000000
        else
            case(SEL)
                0: OUT = IN0;
                1: OUT = IN1;
                2: OUT = IN2;
                3: OUT = IN3;
                default: OUT = {8{1'b0}};
            endcase
    end
endmodule
```

Verilog HDL 还提供了另外两种形式的 case 条件语句：casez 语句和 casex 语句。可以利用它们来实现这样的控制：由条件表达式和分支项表达式的一部分数位的比较结果来决定程序的流向。在 casez 语句中，如果分支项表达式某些位处于高阻态 z，那么对这些位的比较就不予考虑。而 casex 语句则将高阻状态 z 和不定状态 x 都不作考虑。利用这两种形式的条件控制语句，就可以通过对条件表达式和分支项表达式的灵活设定来实现由一部分数位取值决定的控制。表 6.17 所列是 case、casez 和 casex 的真值表。

表 6.17　case、casez 和 casex 的真值表

case	0	1	x	z	casez	0	1	x	z	casex	0	1	x	z
0	1	0	0	0	0	1	0	0	1	0	1	0	1	1
1	0	1	0	0	1	0	1	0	1	1	0	1	1	1
x	0	0	1	0	x	0	0	1	1	x	1	1	1	1
z	0	0	0	1	z	1	1	1	1	z	1	1	1	1

下面是采用 casez 语句描述的一个例子。

```
casez (ask)
4'b1??? : bus[4] = 0;
4'b01?? : bus[3] = 0;
4'b001? : bus[2] = 0;
4'b0001 : bus[1] = 0;
endcase
```

如果 ask 的第 1 位是 1(忽略其他位),那么将 bus[4]赋值为 0;如果 ask 的第 1 位是 0,并且第 2 位是 1(忽略其他位),那么 bus[3]被赋值为 0,并依次类推。

6. 循环语句

Verilog HDL 语言中有 4 种循环语句：forever 语句、repeat 语句、while 语句和 for 语句。

(1) forever 语句

forever 语句是连续执行语句,常用在 initial 块中,以生成周期性的输入波形。forever 语句的格式如下：

```
forever
    begin
        语句或语句块
    end
```

forever 循环语句常用于产生周期性的波形来作为仿真测试信号。

例 6-19 一个由 t=1 000 ns 时刻开始的周期为 50 ns 的时钟产生器。

```
module clk_gen (clk);
output clk;
initial
    begin
        clk = 0;
        #1000;                  //时间控制
        forever
        #25clk = ~clk;          //被指定循环执行的语句
    end
endmodule
```

上例所产生的时钟信号 clk 的波形是：在 t=0 时刻时钟信号首先被初始化为 0,并一直保持到 t=1 000 ns 时刻。此后每隔 25 ns,时钟信号 clk 的取值翻转一次。这样就产生了周期为 50 ns 的时钟波形。如果需要在某个时刻跳出 forever 循环语句所指定的无限循环,则可以通过在循环体语句块中使用中止语句(disable 语句)来实现这一目的。

(2) repeat 语句

repeat 循环语句实现的是一种循环次数预先指定的循环,这种循环语句内的循环体部分将被重复执行指定的次数。repeat 语句的格式如下：

```
repeat(表达式)
    begin
        语句或语句块
    end
```

在 repeat 语句中,表达式一般为常量,用来控制下面语句的执行次数。例 6-20 中使用 repeat 循环语句及加法和移位操作来实现一个乘法器。

例 6-20 用 repeat 循环语句实现一个 8 位乘法器。

```
module multiplier (result, opa, opb);
```

```
parameter size = 8, longsize = 16;
input [longsize: 1] result;
reg [size: 1] opa, opb;
reg [longsize: 1] result;
always @(opa or opb)
    begin: mult
        reg [longsize: 1] shift_opa, shift_opb;      //局部变量定义
        shift_opa = opa;
        shift_opb = opb;
        result = 0;
        repeat (size)                                 //repeat 循环语句
        begin                                         //循环体语句块
            if (shift_opb[1])
                result = result + shift_opa;
                shift_opa = shift_opa<<1;
                shift_opb = shift_opb>>1;
        end
    end
endmodule
```

在上例中，repeat循环语句内指定的"表达式"是一个参数size，它代表了数值8，于是后面的循环体将被重复执行8次；循环体部分由一个begin - end语句块构成，这个语句块每执行一次就进行一次移位相加操作，在重复执行8次后就完成了两个8位输入操作数的相乘运算。

(3) while语句

while语句执行一条语句直到某个条件不满足。repeat语句只能用于固定循环次数的情况，而while语句则灵活得多，它可以通过控制某个变量的取值来控制循环次数。while语句的语法格式如下：

```
while(条件表达式)
  begin
       语句或语句块
  end
```

while循环语句在执行时，首先判断条件表达式是否成立，如果成立，则执行后面指定的"语句或语句块"(循环体部分)，然后再次对条件表达式是否成立作出判断，只要其取值为"真"就再次重复执行循环体，直到在某一次循环后判断出条件表达式不成立，循环过程才结束，程序流程退出while循环语句。如果条件表达式在一开始就不成立，则循环体一次也不被执行。

下面是用while语句描述的加4操作的代码：

```
i= 0                        //用于控制循环次数的变量，赋初值0
while (i< 4)                //当满足 i<4 的条件时执行循环部分
   begin
      a= a+1;
      i=i+1 ;               //更新条件取值，使循环4次后退出循环
   end
```

(4) for 语句

Verilog HDL 中的 for 循环语句与 C 语言的 for 循环类似,语句中有一个控制执行次数的循环变量。for 语句可以实现所有循环结构,是最常用的表示循环结构的方法。for 语句的语法格式如下:

```
for (循环变量赋初值;条件表达式;更新循环变量)
语句或语句块
```

在使用 for 循环时,需要先定义一个用于控制循环次数的变量。for 语句在执行时,首先在循环变量赋初值处为定义好的变量赋初值,赋初值的操作仅执行一次;然后检查是否满足条件表达式的要求,如果满足,则执行循环,否则退出循环;在完成一次循环后,执行更新循环变量的操作,之后再检查是否满足条件表达式的要求,满足则执行循环,否则退出循环,依次循环。

下面是用 for 语句描述的加 4 操作的例子:

```
for (i= 0;i<4;i = i+1)
    begin
        a= a+1;
    end
```

下面通过两个 8 位二进制数的乘法操作来说明 for 语句的使用。

例 6-21 用 for 语句实现两个 8 位二进制数相乘。

```
module mult_for (outcome, a, b);
parameter SIZE = 8;
input [SIZE: 1] a,b;
output reg [2 * SIZE: 1] outcome;                    //结果
integer i;
always @(a or b)
    begin outcome< = 0;
        for (i = 1;i< = SIZE;i = i + 1)              //for 语句
            if (b[i])
                outcome< = outcome + (a<<(i-1));
    end
endmodule
```

7. 任务与函数

任务和函数分别用 task 和 function 语句来定义,其功能类似于 C 语言的子程序。在实际设计中,可以将一个大的程序块分解为几个较小的任务和函数。同时,对于可能在程序模块中需要被多次用到的程序,也可以定义成任务和函数。任务和函数有利于简化程序结构,便于理解。

task 和 function 主要有以下几点区别:

- 函数能调用另一个函数,但不能调用另一个任务;任务能调用另一个任务,也能调用另一个函数。
- 函数在 0 时刻开始执行,任务可以在非 0 时刻执行。

- 函数不能含有任何延迟、事件或者时序控制声明语句；任务可以包含延迟、事件或者时序控制声明语句。
- 函数至少有一个输入变量，而任务可以没有输入变量，也可以有一个或者多个输入变量。
- 函数至少有一个返回值，不能有输出或双向变量；任务不能返回任何值，但是可以通过输出或者双向变量传递值。

(1) 任　务

任务语句的语法格式如下：

```
task <任务名>;                    //注意无端口列表
    端口及数据类型声明语句;
    过程语句;
endtask
```

任务的调用格式如下：

```
<任务名>(端口 1,端口 2,…,端口 n);
```

下面的例子说明怎样定义任务和调用任务：

```
/*任务定义*/
task test_task;
input a;
inout c;
output d;
过程语句
c = a;
d = a;
endtask
```

当调用该任务时，可使用下面的语句：

```
test_task(m,x,y);
```

调用任务 test_task 时，变量 m、x 和 y 一一对应的传递到任务中。任务启动时，m 和 x 作为输入传递进去，在任务中经过相应语句执行后，通过 c、d 传递到 x、y。

在例 6－22 中，定义了一个完成两个操作数按位“与”操作的任务，然后在算术逻辑单元的描述中，调用该任务完成与操作。

例 6－22　任务定义与任务调用。

```
module alutask(code,a,c);
input[1: 0] code;
input[3: 0] a,b;
output reg[4: 0] c;
task my_and;                    //任务定义,注意无端口列表
input[3: 0] a,b;                //a、b、out 名称的作用域范围为 task 任务内部
output[4: 0] out;
```

```
integer i;
    begin
            for(i = 3;i> = 0;i = i - 1)
                out[i] = a[i]&b[i];            //按位“与”
    end
endtask
always @(code or a or b)
    begin
        case(code)
        2'b00: my_and(a,b,c);       /* 调用任务 my_and,需要注意端口列表的顺序应与任务
                                       定义时一致,这里 a、b、c 分别对应任务定义中的 a、b、out */
        2'b01: c = a|b;             //“或”
        2'b10: c = a - b;           //相减
        2'b11: c = a + b;           //相加
        endcase
    end
endmodule
```

在使用任务时,应注意以下几点:

- 任务的定义与调用必须在一个 module 模块内。
- 定义任务时没有端口列表,但需要紧接着进行输入/输出端口和数据类型的说明。
- 当任务被调用时,任务被激活。任务的调用与模块调用一样,都通过任务名调用实现,调用时,需要列出端口名列表,端口名的排序和类型必须与任务定义时相一致。
- 一个任务可以调用其他任务和函数,可以调用的任务和函数的个数不受限制。

(2) 函　数

函数与任务相似,唯一不同的是,函数的目的是返回一个值以用于表达式的计算。函数说明部分可在模块说明中的任何位置出现,函数的输入是由输入说明指定的。其语法格式如下:

```
function <返回值的类型或范围>(函数名);
/*返回值的类型或范围属于可选项,默认情况下返回值为1位寄存器类型数据*/
    端口说明语句;
    变量类型说明语句;
    过程语句;
endfunction
```

例 6-23　函数定义。

```
module function_exp;
function[7: 0] rev;
input[7: 0] d;
integer i;
    begin
        for (i = 0; i<8;i = i + 1)
        rev[8 - i] = d[i];
    end
```

```
endfunction
endmodule
```

rev 是函数名，也是一个寄存器变量，长度为 8，用来返回函数值。

与任务相似，函数定义中声明的所有局部寄存器都是静态的。函数调用是表达式的一部分，形式如下：

函数名(表达式 1，表达式 2，…，表达式 n)

以下是函数调用的例子：

```
reg[7：0] n, r;             //寄存器说明
n = rev (r);                //函数调用在右侧表达式内
```

例 6-24 定义了一个实现阶乘运算的函数，该函数返回一个 32 位的寄存器类型的值。采用同步时钟触发运算的执行，每个 clk 时钟周期都会执行一次运算。

例 6-24　利用函数实现阶乘运算。

```
module funct(clk,n,result,reset);
input reset,clk;
input[3：0] n;
output reg[31：0] result;
always @(posedge clk)                        //在 clk 的上升沿执行运算
    begin
        if(! reset)
            result< = 0;
        else
            begin
                result< = 2 * factorial(n);   //调用 factorial 函数
            end
    end
function[31：0] factorial;                   //阶乘运算函数定义(注意无端口列表)
input[3：0] opa;                             //函数只能定义输入端，输出端口为函数本身
reg[3：0] i;
    begin
        factorial = opa? 1：0;
        for(i = 2;i< = opa;i = i + 1)        //for 语句若要综合，opa 应赋具体的数值，如 9
            factorial =  i * factorial;      //阶乘运算
    end
endfunction
endmodule
```

在使用函数时，应注意以下几点：

- 函数的定义和调用必须在一个 module 模块内。
- 函数只允许有输入变量且必须至少有一个输入变量，输出变量由函数名本身担任。
- 定义函数时没有端口列表，但调用函数时，需列出端口名列表，端口名的排序和类型必须与定义时相一致，这一点与任务相同。

- 函数可以出现在持续赋值语句 assign 的右端表达式中。
- 函数不能调用任务，而任务可以调用其他的任务和函数，且调用任务和函数的个数不受限制。

函数在逻辑综合中扮演着一个重要的角色。因为函数是可组合，也是可综合的，而且可以用在描述系统中。在组织原代码并使其成为可维护和可读性方面，任务是一种非常重要的工具。一段被多次调用的代码应该放在一个任务中，这样可以使这段代码的任何变化局部化。如果希望代码能从终端交互式地使用，也应该把它们转换成任务以便分类保存。另外，任务也可以用来分割长的过程块，以便增加代码的可读性。

6.2.6 Verilog HDL 的结构级描述

通常认为，给硬件建模的模型可以分为 5 个层次：

- 系统级建模；
- 算法级建模；
- 行为级建模；
- 门级建模；
- 开关级建模。

这 5 个层次从高到低越来越接近硬件。系统级和算法级建模通常是软件工程师用 C 语言开发的软件模型，目的在于验证设计思想是否正确。虽然 HDL 也能做一些算法级建模的工作，但是这些 HDL 的算法描述很多不被综合工具支持；行为级模型是使用行为建模方法实现的，这种描述主要考虑一个模块的抽象功能描述，而不考虑其具体实现（具体电路结构由综合工具得到）；门级模型是对电路结构的具体描述，主要是描述“与”、“或”、“非”等基本门电路的连接方式；开关级建模则更加接近“底层”，它把最基本的 MOS 晶体管连接起来实现电路功能。

门级建模和开关级建模在 Verilog HDL 中都属于结构建模方法，因为它们的建模风格都是对电路结构的具体描述。结构建模说简单些就是把所需要的基本电路单元（逻辑门、MOS 开关等）调出来，再用连线把这些基本单元连接起来。这种描述是简单而又严格的，之所以这样说，一方面是因为这些语句只需要说明“某一个门电路（或 MOS 管）的某个端口”与“另一个门电路（或 MOS 管）的某个端口”相连就可以了，另一方面是因为这种建模方式要求设计者必须对基本门电路和 MOS 管的功能及连接方式熟悉，否则只要一个端口连接错误就会使整个模块无法工作。

用于结构建模的这些门电路和 MOS 开关是电路中的基本元件，称之为基元。Verilog HDL 已经内置 26 个基元的模型，可以直接调用这些基元进行建模。基元的调用又称为“实例化”，调用语句也称为实例语句，每次基元调用（实例化）都将产生这个基元的一个实例，应该为该实例命名，即实例名。

除了内置的 26 个基元，Verilog HDL 还允许用户自己定义基元，即 UDP（User Defined Primitive），这些 UDP 的用法和内置基元完全相同，定义起来也很方便，这给了设计者更多的设计空间。

结构描述方法还有一个非常重要的用途——调用子模块。在设计中，一个系统总是被划分成若干功能模块，每个功能模块又被划分为若干子模块，子模块下可能还会有更低层的模块。完成模块划分之后，一般是从最底层的模块做起，完成低层模块后再把它“嵌入”到高层模块中，这样一级级向上最终完成整个系统的设计。其中的“嵌入”过程就是调用子模块，它是通过“模块实例化”的方式实现的，这种模块实例化语句是用结构建模的方法描述的。

对于一个大的系统而言，根据功能进行子模块的划分，可以理清模块功能顺序，分解各模块对于整个系统的工作安排有很多好处。

1. 门级建模

在门级抽象层次上，电路是用表示门的术语来描述的，如用 and(“与”门)、nand(“与非”门)等来描述。这种设计方法对于具有数字逻辑设计基础知识的用户来说是很直观的，在 Verilog HDL 描述和电路的逻辑图之间存在着一一对应的关系。

Verilog HDL 内置的基本门包括多输入门、多输出门和三态门，如表 6.18 所列。

表 6.18　Verilog HDL 的内置门元件

类　别	关键字	符号示意图	门名称
多输入门	and	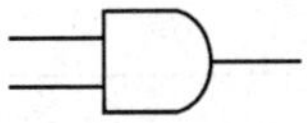	“与”门
	nand	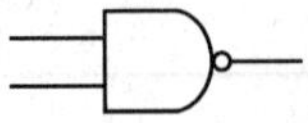	“与非”门
	or	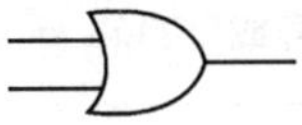	“或”门
	nor	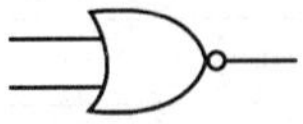	“或非”门
	xor	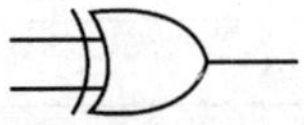	“异或”门
	xnor	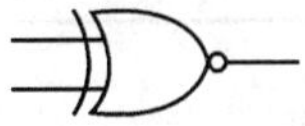	“异或非”门
多输出门	buf	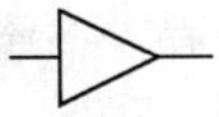	缓冲器
	not	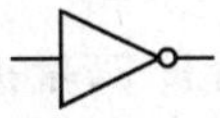	“非”门
三态门	bufif1	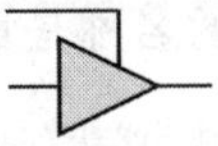	高电平使能三态缓冲器
	bufif0	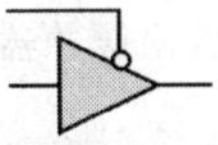	低电平使能三态缓冲器
	notif1	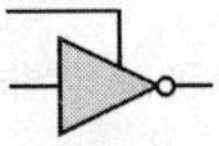	高电平使能三态“非”门
	notif0	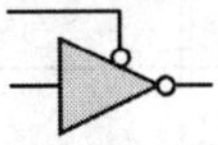	低电平使能三态“非”门

(1) 多输入门

多输入门有一个或多个输入,但是只有单个输出。Verilog HDL 内置的多输入门有 6 种:and、nand、or、nor、xor 和 xnor。其实例语句的语法形式如下:

门元件名称＜实例门的名称＞(输出,输入 1,输入 2,输入 3,…);

其中,门元件名称是上述 6 种多输入门之一,如 and、xor 等;实例门的名称是可选项。例如:

```
and a1(out,in1,in2);                //二输入“与”门,其名称为 a1
nand a2(out,in1,in2,in3);           //三输入“与非”门,其名字为 a2
```

表 6.19~表 6.20 给出了多输入门的真值表。

表 6.19 and(“与”门)、nand(“与非”门)和 or(“或”门)的真值表

and	0	1	x	z	nand	0	1	x	z	or	0	1	x	z
0	0	0	0	0	0	1	1	1	1	0	0	1	x	x
1	0	1	x	x	1	1	0	x	x	1	1	1	1	1
x	0	x	x	x	x	1	x	x	x	x	x	1	x	x
z	0	x	x	x	z	1	x	x	x	x	x	1	x	x

表 6.20 nor(“或非”门)、xor(“异或”门)和 xnor(“异或非”门)的真值表

nor	0	1	x	z	xor	0	1	x	z	xnor	0	1	x	z
0	1	0	x	x	0	0	1	x	x	0	1	0	x	x
1	0	0	0	0	1	1	0	x	x	1	0	1	x	x
x	x	0	x	x	x	x	x	x	x	x	x	x	x	x
z	x	0	x	x	z	x	x	x	x	x	x	x	x	x

(2) 多输出门

多输出门可以有一个或多个输出,但是只有一个输入。Verilog HDL 内置了两种多输出门:buf 和 not。多输出门的语法形式如下:

门元件名称＜实例门的名称＞(输出 1,输出 2,输出 3,…,输入);

门元件名称可以是 buf 或者 not;实例门的名称是可选项。例如:

```
not g1(out1,out2,in);               //二输出“非”门,其名称为 g1
buf g2(out1,out2,out3,in);          //三输出缓冲器,其名称为 g2
```

表 6.21 给出了多输出门的真值表。

表 6.21 buf(缓冲器)和 not(“非”门)的真值表

buf		not		buf		not	
输入	输出	输入	输出	输入	输出	输入	输出
0	0	0	1	x	x	x	x
1	1	1	0	z	x	z	x

(3) 三态门

三态门用于对三态驱动器建模,共有 3 个端口:一个数据输入端、一个控制信号输入端和一个数据输出端。只有在控制信号有效时才能传递数据,如果控制信号无效,则输出为高阻抗。Verilog HDL 内置了 4 种三态门:bufif1、bufif0、notif1 和 notif0。三态门的语法形式如下:

门元件名称<实例门的名称>(输出,输入,使能控制端);

其中,门元件名称是上述 4 种三态门之一,如 bufif1、notif0 等;实例门的名称是可选项。例如:

```
bufif1 g3(out,in,enable);          //高电平使能的三态门,其名称为 g3
notif0 g4(out,in,ctrl);            //低电平使能的三态门,其名称为 g4
```

表 6.22、表 6.23 给出了三态门的真值表,其中 L 代表 0 或 z,H 代表 1 或 z。

表 6.22　bufif1(高电平使能三态缓冲器)和 bufif0(低电平使能三态缓冲器)的真值表

bufif1		Enable(使能端)				bufif0		Enable(使能端)			
		0	1	x	z			0	1	x	z
输入	0	z	0	L	L	输入	0	0	z	L	L
	1	z	1	H	H		1	1	z	H	H
	x	z	x	x	x		x	x	z	x	x
	z	z	x	x	x		z	x	z	x	x

表 6.23　notif1(高电平使能三态非门)和 notif0(低电平使能三态非门)的真值表

notif1		Enable(使能端)				notif0		Enable(使能端)			
		0	1	x	z			0	1	x	z
输入	0	z	1	H	H	输入	0	1	z	H	H
	1	z	0	L	L		1	0	z	L	L
	x	z	x	x	x		x	x	z	x	x
	z	z	x	x	x		z	x	z	x	x

当一个信号由多个驱动源驱动时,可以利用控制信号的有效时间错开设计各驱动源,从而避免一条信号线同时被两个源驱动,这就需要使用带控制端的缓冲器和"非"门来搭建电路。

(4) 门级结构描述实例

图 6.17 所示为用基本门实现的 4 选 1 数据选择器(MUX)的原理图。对于该电路,Verilog HDL 语言的门级结构描述如例 6-25 所示。

例 6-25　调用门元件实现 4 选 1 MUX。

```
module mux4_1(out,in1,in2,in3,in4,s0,s1);
input in1,in2,in3,in4,s0,s1;
output out;
wire s0_n,s1_n,w,x,y,z;
not (sel0_n,s0),(s1_n,s1);
```

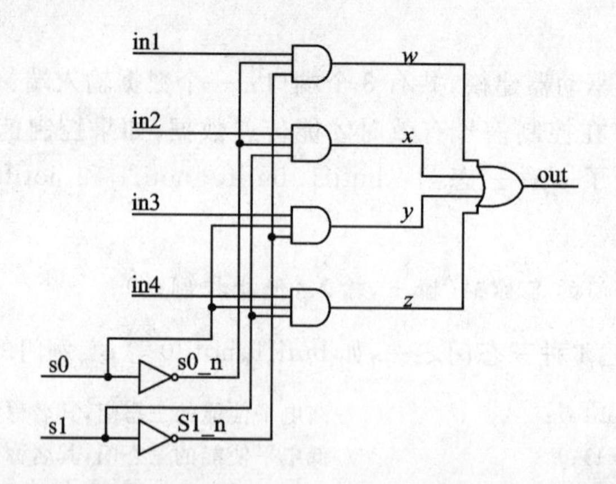

图6.17　用基本门实现的4选1数据选择器(MUX)原理图

```
and (w,in1,s0_n,s1_n),(x,in2,s0_n,s1),
    (y,in3,s0,s1_n),(z,in4,s0,s1);
or (out,w,x,y,z);
endmodule
```

(5) 门延迟问题

以上讨论的门结构都是无延迟的,然而在实际电路中,任何一个逻辑门都具有延迟。Verilog允许通过门延迟说明逻辑电路中的延迟,也可以指定端到端的延迟。

在门级原语中,上升、下降和关断延迟,是3种从输入到输出的延迟:

- 上升延迟指在门的输入发生变化时,门的输出从0、x、z变化为1所需要的时间;
- 下降延迟指门的输出从1、x、z变化为0所需的时间;
- 关断延迟指门的输出从0、1、x变化为高阻抗z所需的时间。

如果值变化到不确定值x,则所需时间是以上3种延迟值中的最小值。

另外,在Verilog中,用户可以使用3种不同的方法说明门的延迟:

- 如果用户只指定一个延迟值,那么对所有类型的延迟都使用这个延迟值;
- 如果用户指定了两个延迟值,则分别代表上升延迟和下降延迟,两者中的小者为关断延迟;
- 如果用户指定了三个延迟值,则分别代表上升延迟、下降延迟和关断延迟。

如果未指定延迟值,那么默认延迟值为0。

门延迟的使用示例如下:

```
and ＃(5) a1(out,in1,in2);                  //所有类型的延迟均为5
and ＃(4,6) a2(out,in1,in2);                //上升延迟为4,下降延迟为6,关断延迟也为4
bufif0 ＃(3,4,5) b1(out,in,control);        //上升延迟为3,下降延迟为4,关断延迟为5
```

除了可以指定门延迟外,还可以对每种类型的延迟指定其最小值、最大值和典型值。用户可以在仿真一开始就决定具体选择使用哪一种延迟值(最小值/最大值/典型值)。因为受到集成电路制造工艺过程的影响,真实器件延迟总是在最大值和最小值之间的范围内变化。3种定义方式如下:

- 最小值——设计者预期逻辑门所具有的最小延迟;

● 最大值——设计者预期逻辑门所具有的最大延迟；

● 典型值——设计者预期逻辑门所具有的典型延迟。

除了在仿真开始时，用户还可以在仿真过程中控制延迟值的使用。控制的具体方法与使用的仿真器和操作系统有关，默认使用典型延迟值。通过使用 3 个不同的具体数值，不必修改设计就可以使用不同的延迟值进行仿真，灵活设计各种类型的延迟。

下面是使用门延迟最小值、最大值和典型值的示例：

```
//一个延迟
//若最小延迟 = 4,最大延迟 = 6,典型延迟 = 5
and #(4,5,6) a1(out,in1,in2);
//两个延迟
//若最小延迟,上升延迟 = 3,下降延迟 = 5,关断延迟 = min(3,5)
//若典型延迟,上升延迟 = 4,下降延迟 = 6,关断延迟 = min(4,6)
//若最大延迟,上升延迟 = 5,下降延迟 = 7,关断延迟 = min(5,7)
and #(3: 4: 5,5: 6: 7) a2(out,in1,in2);
//三个延迟
//若最小延迟,上升延迟 = 2,下降延迟 = 3,关断延迟 = 4
//若典型延迟,上升延迟 = 3,下降延迟 = 4,关断延迟 = 5
//若最大延迟,上升延迟 = 4,下降延迟 = 5,关断延迟 = 6
and #(2: 3: 4,3: 4: 5,4: 5: 6) a2(out,in1,in2);
```

2. 开关级建模

开关级建模是设计者选择晶体管作为设计的底层模块，它把最基本的 MOS 晶体管连接起来实现电路功能。Verilog HDL 提供晶体管当做导通或截止开关的设计，提供用逻辑值 0、1、x、z 和与它们相关的驱动强度进行数字设计的能力，没有模拟设计能力。

Verilog HDL 提供多种语言结构，为开关级电路建立模型，MOS 晶体管级数字电路可以用这些最基本的电路模型原件描述。

(1) MOS 开关

MOS 晶体管可以说是集成电路最底层的元件，用 HDL 设计数字集成电路时，某些情况下也需要用到 MOS 开关模型作为单向开关。MOS 模型在仿真时表现为两种状态——开或关，即导通或截止，所以 MOS 晶体管可作为开关使用。对于 MOS 管来说，数据只能从输入端流向输出端，并且可以通过设置控制信号来关闭数据流，所以 MOS 管是单向的。

Verilog HDL 内置了 6 种 MOS 开关：cmos、pmos、nmos、rcmos、rpmos 和 rnmos。其中，pmos、nmos、rnmos 和 rpmos 都是三端口 MOS 开关，包括一个数据输出端、一个数据输入端和一个控制信号输入端。其语法形式如下：

```
开关类型<实例开关名称>(输出,输入,控制端);
```

其中，开关类型是上述 4 种三端口 MOS 开关之一；实例开关名称是可选项。图 6.18 所示是 nmos 开关和 pmos 开关符号。

nmos 开关和 pmos 开关使用示例如下：

```
nmos n1(out,data,control);                    //调用(实例引用)一个 nmos 开关
pmos p1(out,data,control);                    //调用(实例引用)一个 pmos 开关
```

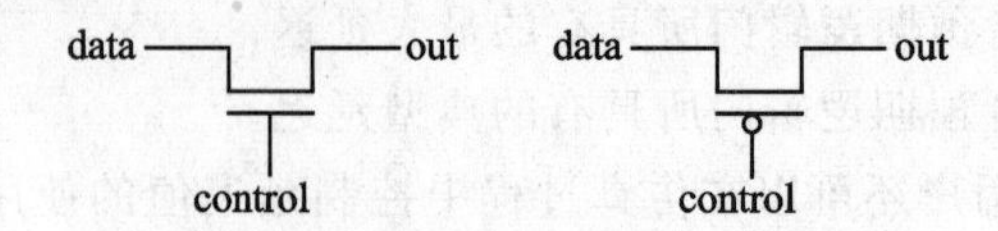

图 6.18 nmos 开关(左)和 pmos 开关(右)

因为开关是用 Verilog HDL 原语定义的，实例名称是可选项，调用开关时可以不给出实例名称，即省略 n1、p1；输出信号 out 值由 data 和 control 的值确定。表 6.24 所列为 nmos(rnmos)和 pmos(rpmos)的真值表。

表 6.24 nmos(rnmos)和 pmos(rpmos)的真值表

nmos(rnmos)		控制端				pmos(rpmos)		控制端			
		0	1	x	z			0	1	x	z
输入	0	z	0	L	L	输入	0	0	z	L	L
	1	z	1	H	H		1	1	z	H	H
	x	z	x	x	x		x	x	z	x	x
	z	z	z	z	z		z	z	z	z	z

由真值表可以看出，信号 data 和 control 的不同组合导致两个开关输出 0、1 或 x、z，符号 L 代表 0 或 z，H 代表 1 或 z。当 control 为 1 时，nmos 开关导通，为 0 时，输出为高阻态；当 control 为 0 时，pmos 开关导通，为 1 时，输出为高阻态。

与 nmos 和 pmos 相比，rnmos 和 rpmos 唯一的不同是其在输入端和输出端之间存在阻抗。因此对于 nmos 和 rpmos，当数据从输入端传输至输出端时，由于阻抗带来的损耗，使得数据的信号强度减弱。

cmos 开关有 4 个端口：1 个数据输出端，1 个数据输入端和 2 个控制信号输入端。其形式如下：

开关类型＜实例开关名字＞(输出，输入，N 通道控制端，P 通道控制端)；

其中，开关类型是 cmos 或 rcmos，实例开关名称是可选项。cmos 开关符号如图 6.19 所示。

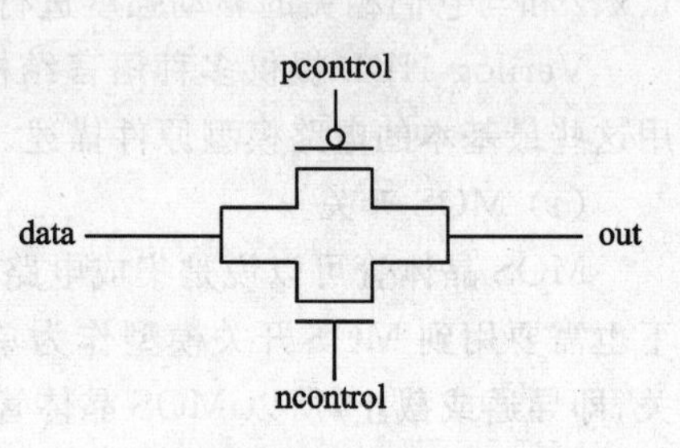

图 6.19 cmos 开关

cmos 开关使用示例如下：

```
cmos c1(out,data,ncontrol,pcontrol);        //调用(实例引用)一个 cmos 开关
```

与 nmos 和 pmos 类似，cmos 实例名称也可以省略 c1。ncontrol 和 pcontrol 通常是互补的：当 ncontrol 为 1 且 pcontrol 信号为 0 时，开关导通；当 ncontrol 为 0 且 pcontrol 信号为 1 时，开关的输出为高阻值。cmos 开关本质上是两个开关 nmos 和 pmos 的组合体，可以根据 nmos 和 pmos 的逻辑值判断 cmos 开关的输出值。上述实例引用等价于：

```
nmos(out,data,ncontrol);                    //调用(实例引用)一个 nmos 开关
pmos(out,data,pcontrol);                    //调用(实例引用)一个 pmos 开关
```

rcmos 是 cmos 的高阻态版本，其开关行为与 cmos 完全相同，只是在其输入端和输出端之

间存在阻抗，所以数据从输入传送到输出的过程中存在损耗，使得其信号强度被减弱。

(2) 双向开关

上述介绍的开关都是从漏极向源极导通，是单向导通的，在数字电路设计中，双向导通是很重要的应用。Verilog HDL 还内置了 6 个双向开关，即数据可以在两个端口之间双向流动。这 6 个双向开关是 tran、rtran、tranif0、rtranif0、tranif1 和 rtranif1。其中，前 2 个开关 tran 和 rtran(tran 的高阻态版本)是不能关断的，始终处于打开状态，数据可以在两个端口之间自由流动；后 4 个开关能够通过控制信号关闭。双向开关经常用来在总线或信号之间提供隔离。符号如图 6.20 所示。

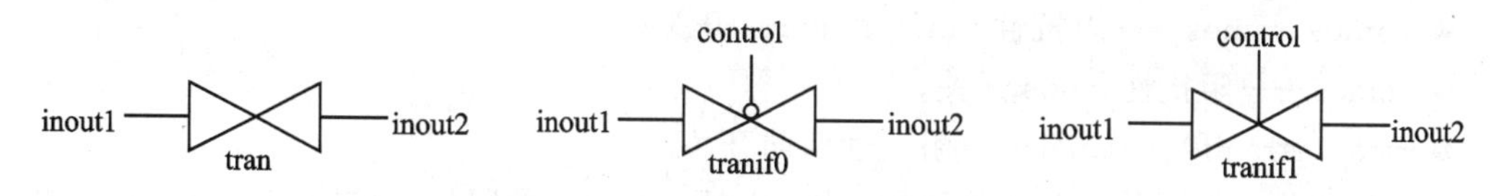

图 6.20　双向开关

tran 开关作为两个信号 inout1 和 inout2 之间的缓存，inout1 或 inout2 都可以是驱动信号；tranif0 开关仅当 control 信号是逻辑 0 时，连接 inout1 和 inout2 两个信号，如果 control 信号是逻辑 1，则没有驱动源的信号取高阻态值 z，有驱动源的信号仍然从驱动源取值；tranfi1 开关仅当 control 信号是逻辑 1 时，开关导通。

tran(rtran)的语法形式如下：

tran ＜实例开关名字＞ (inout1, inout2) ;

这两种开关只有两个端口 inout1 和 inout2，数据可以在这两个端口之间流动，因为没有控制信号，这两个开关都不能被关断，所以这种双向的数据流动是无条件进行的。后 4 个双向开关的语法形式如下：

双向开关类型＜实例开关名字＞ (inout1, inout2,control) ;

其中，双向开关类型是后面 4 种双向开关之一，实例名开关名称是可选项，前两个端口是双向端口，第三个端口是控制信号输入端。

在 6 种双向开关中，tran、tranif0 和 tranif1 内的数据流动时没有损耗，但 rtran、rtranif0 和 rtranif1 的输入端和输出端之间存在阻抗，当信号通过开关传输时，信号强度会减弱。

双向开关使用示例如下：

```
tran t1(inout1,inout2);                     //实例名 t1 是可选项
tranif0 (inout1,inout2,control);            //没有指定实例名
tranif1 (inout1,inout2,control);            //没有指定实例名
```

(3) 电源和地

设计晶体管级电路时需要电源(vdd，逻辑 1)和地(vss，逻辑 0)两极，电源和地用关键字 supply1 和 supply0 来定义。supply1 相当于电路中的 vdd，并将逻辑 1 放在网表中；supply0 相当于电路中的 vss，并将逻辑 0 放在网表中。使用示例如下：

```
supply1 vdd;
supply0 gnd;
```

```
assign a = vdd;                        //连接到电源电压 vdd
assign b = gnd;                        //连接到地
```

在整个模拟过程中，supply1 和 supply0 始终为网表提供逻辑 1 值和逻辑 0 值。

(4) 阻抗开关

上述 MOS 开关和双向开关器件也可以用相应的阻抗器件建模，阻抗开关比一般的开关具有更高的源极到漏极的阻抗，且在通过它们传输时减少了信号强度。在相应的一般开关关键字前加带 r 前缀的关键字，即可声明阻抗开关。在介绍 MOS 开关和双向开关时已经提到了相应的阻抗开关，下面将详细介绍。阻抗开关有以下几种类型：

- rnmos、rpmos——阻抗性 nmos 和 pmos 开关；
- rcmos——阻抗性 cmos 开关；
- rtran、rtranif0、rtranif1——阻抗性双向开关。

阻抗开关与一般开关有两个主要的区别，即源极到漏极的阻抗和传输信号强度的方式。

- 阻抗器件具有较高的源极到漏极阻抗，而一般开关的源极到漏极阻抗较低。
- 阻抗开关在传递信号时减少了信号强度，一般开关从输入到输出一直保持强度级别不变，只有当输入为 supply 强度时，输出 strong 强度。表 6.25 所列显示出由于阻抗开关导致的强度缩减。

表 6.25　阻抗开关的强度缩减

输入强度	输出强度	输入强度	输出强度
supply	strong	large	medium
strong	pull	medium	small
pull	weak	small	small
weak	medium	high	high

(5) 开关中的延迟说明

① MOS 和 CMOS 开关

可以为通过这些开关级元件的信号指定延迟，延迟是可选项，只能紧跟在开关的关键字之后，延迟说明类似于本节门级建模中门延迟的上升延迟、下降延迟和关断延迟。可以为开关指定 0 个、1 个、2 个或 3 个延迟，如表 6.26 所列。

表 6.26　MOS 和 CMOS 开关的延迟说明

开关元件	延迟说明	使用方法示例
pmos	0 个延迟说明(没有延迟)	pmos p1(out,data,control);
nmos	1 个延迟说明(所有暂态过程相同)	pmos #(1) p1(out,data,control);
rpmos	2 个延迟说明(上升、下降)	nmos #(1,2) n1(out,data,control);
rnmos	3 个延迟说明(上升、下降、关断)	nmos #(1,2,3) n2(out,data,control);
cmos	0、1、2、3 个延迟说明(与上面相同)	cmos #(5) c1(out,data,ncontrol,pcontrol);
rcmos		cmos #(1,2) c2(out,data,ncontrol,pcontrol);

② 双向开关

双向开关在传输信号时没有延迟，但是当开关值切换时有开延迟(turn - on)和关延迟(turn - off)。可以给双向开关指定 0 个、1 个或 2 个延迟，如表 6.27 所列。

表 6.27　双向开关的延迟说明

开关元件	延迟说明	使用方法示例
tran,rtran	不允许指定延迟说明	
tranif1,rtranif1	0 个延迟说明	rtranif0 rt1(inout1,inout2,control);
tranif0,rtranif0	1 个延迟说明	tranif0 #(3) T(inout1,inout2,control);
	2 个延迟说明	tranif0 #(1,2) t1(inout1,inout2,control);

③ specify 块

在模块的源(输入或输入/输出)引脚和目标(输出或输入/输出)引脚之间的延迟称为模块路径延迟。Verilog 语言中，在关键字 specify 和 endspecify 之间给路径延迟赋值，关键字之间的语句组成 specify 块(即指定块)。使用示例如下：

```
//引脚到引脚的延迟
module M(out,a,b,c,d);
output out;
input a,b,c,d;
wire e,f;
//包含路径延迟语句的 specify 块
specify
    (a=>out)=9;
    (b=>out)=9;
    (c=>out)=11;
    (d=>out)=11;
endspecify
//门的实例调用
and a1(e,a,b);
and a2(f,c,d);
and a3(out,e,f);
endmodule
```

specify 块是模块中的一个独立部分，且不在任何其他块(如 initial 或 always)内出现。specify 块中的语句含义必须非常明确。

有关 specify 块的内容，这里不做详细说明，读者可以参考其他 Verilog HDL 相关书籍里的时序与延迟部分的内容。

(6) 开关级建模实例

虽然 Verilog 中有 nor(“或非”门)原语，在此用 cmos 开关设计一个“或非”门。“或非”门的门级和开关级原理图如图 6.21 所示。

例 6 - 26　“或非”门的开关级描述。

```
//定义一个“或非”门 my_nor
```

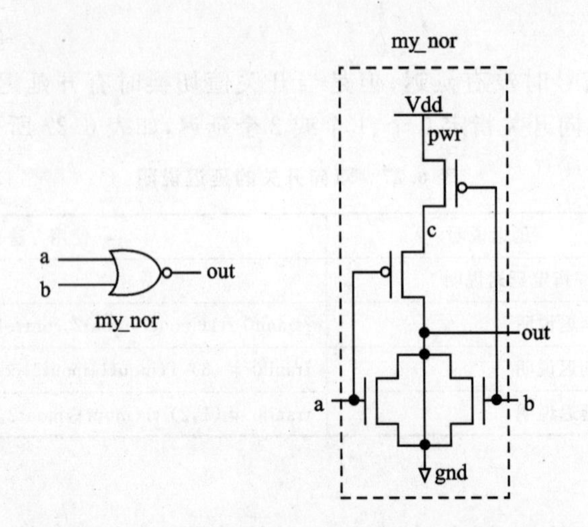

图 6.21 “或非”门的门级(左)和开关级(右)原理图

```
module my_nor(out,a,b);
input a,b;
output out;
wire c;
//定义电源和地
supply1 pwr;                    //pwr 连接到 vdd(电源)
supply0 gnd;                    //gnd 连接到 vss(地)
//实例引用 pmos 开关
pmos (c,pwr,b);
pmos (out,c,a);
//实例引用 nmos 开关
nmos (out,gnd,a);
nmos (out,gnd,b);
endmodule
```

3. 模块级建模

进行子模块编辑之后，需要进行各子模块的组合，也就是首先需要进行子模块的例化。在调用低层子模块把所有模块连接成整个电路或者高层模块时，要使用模块实例化语句。模块实例化语句和调用基元实例化语句形式上完全一致，也是使用结构建模方法描述的。引用子模块方法的形式如下：

```
引用的模块名  模块的实例名(端口关联声明);
```

(1) 端口关联声明

各级子模块的输入/输出端口应该连接到高层模块中，完成这种连接的是高层模块中的线网和寄存器变量，其连接方式可以是“位置关联方式”或者“名称关联方式”，使用形式如下：

```
端口表达式                        //位置关联方式
.端口名(端口表达式)               //名称关联方式
```

端口表达式是高层模块内定义的线网或寄存器变量，这个变量与子模块端口关联就实现

了子模块与高层模块的连接。

在位置关联方式中，不需要子模块定义时就给出端口名称，只要把相应的端口表达式按指定的顺序排列就能和子模块的端口关联，这个排列顺序必须和子模块定义时给出的端口顺序相同。

在名称关联方式中，用一个小数点“.”引导形如“.端口名(端口表达式)”的表达式，意思是子模块端口的端口名称在高层模块中与端口表达式相关联。因为这种关联方式是一一对应给出的，所以排列顺序是不重要的。需要注意的是，虽然在效果上二者完全相同，但是这两种关联方式不能混合使用在同一条语句中。

(2) 悬空端口

在实际模块例化语句中，允许端口出现悬空，可以将端口表达式表示为空白来指定悬空端口。例如：

```
module DFF(Q,Qbar,Data,Preset,Clock);
output Q,Qbar;
input Data,Preset,Clock;
...
endmodule
```

在高层模块中两次调用 DFF 模块，模块实例化语句如下：

```
DFF d1(.Q(Q),.Qbar(),.Data(D),.Preset(),.Clock(CK));     /* 名称关联方式，输出端口 Qbar 和输
                                                            入端口 Preset 的括号是空的，表明
                                                            这两个端口被悬空 */
DFF d2(QS,,Q,,CK);                                       /* 位置关联方式，输出端口 Qbar 和输
                                                            入端口 Preset 的位置空白，被悬
                                                            空 */
```

悬空的端口因为类型不同而意义不同：输入端悬空，则表示其值被置为高阻态 z；输出端口悬空，则表示该输出端口废弃不用。

(3) 模块参数值

为了提高重用性以及便于后期维护，通常会进行模块的参数化，在引用模块时，可以直接修改模块的参数值来获取需要的模型。通常有以下两种方式改变模块参数：

① 参数定义语句(使用关键字 defparam)

参数定义语句需要使用关键词 defparam，其形式如下：

defparam hier_path_name1 = value1, hier_path_name2 = value2, …;

其中，hier_path_name1、hier_path_name2 是子模块中的参数名，value1、value2 是赋予这两个参数的新值。

例 6-27　子模块的半加器描述如下：

```
module  HA(A,B,S,C);                            //半加器 HA
input   A,B;
output  S,C;
parameter   AND_DELAY = 1, XOR_DELAY = 2;       //定义了两个参数
assign   #XOR_DELAYS = A^B;
```

```
assign   # AND_DELAYC = A&B;
endmodule
```

高层模块描述如下：

```
module TOP(NewA,NewB,NewS,NewC);
input  NewA,NewB;
output  NewS, NewC;
defparam  hal. AND_DELAY = 2, hal.XOR_DELAY = 5;    //给 hal 的每个参数重新赋值
HA  hal(NewA, NewB, NewS, NewC);               //模块实例化语句,模块实例名为 hal
endmodule
```

在这个高层模块 TOP 中，引用了子模块 HA，并将其实例命名为 hal，通过 defparam 语句给 hal 的两个参数重新赋值。

② 带参数值的模块引用

在这种方法中，模块实例化语句自身包含有新的参数值。

例 6－28 本例将给出在模块调用语句中改变参数值的方法。

```
module TOP2 (NewA , NewB, NewS, NewC);
input NewA ,NewB;
output NewS, NewC;
HA #(5,2) ha1(NewA , NewB, NewS, NewC);           //子模块是半加器 HA
//第 1 个值 5 赋给参数 AND_DELAY,该参数在模块 HA 中说明
//第 2 个值 2 赋给参数 XOR_DELAY,该参数在模块 HA 中说明
endmodule
```

给出参数值的方式是“#(5,2)”，形式上与时延定义相似，但意义完全不同。该表达式改变了子模块的两个参数值，AND_DELAY 被设置为 5，XOR_DELAY 被设置为 2。需要注意的是，在这种方式中，模块实例化语句中参数值的顺序必须与子模块中声明参数的顺序相同。

子模块的参数值可以被改变，使得设计者可以方便地对子模块进行修改，这样就可以把某些子模块设计成通用模块。

例 6－29 一个通用的 $M \times N$ 乘法器模块。

```
module Multiplier(Opd_1, Opd_2, Result);
parameter EM = 4,EN = 2;                 //2 个参数定义了这是一个 4×2 乘法器
input [EM: 1] Opd_1;
input [EN: 1] Opd_2;
output [EM + EN: 1] Result;
assign Result = Opd_1 * Opd_2;
endmodule
```

模块 Multiplier 内的两个参数 EM 和 EN 规定了这个模块是一个 4×2 乘法器。因为 4 和 2 都是参数定义的，所以在其他模块要引用这个乘法器模块时，可以很方便地重新设定 EM 和 EN 的值，从而实现一个不同规格的乘法器。

6.3　数字 EDA 软件

6.3.1　Quartus II 软件

Quartus II 是 Altera 公司的新一代功能更强的集成 EDA 开发软件，具有完善的可视化设计环境，并具有标准的 EDA 工具接口。使用 Quartus II 可完成从设计输入、综合适配、仿真到下载的整个设计过程，而且 Quartus II 也可以直接调用 Synplify Pro、Leonardo Spectrum 以及 ModelSim 等第三方 EDA 工具来完成设计任务的综合和仿真。此外，Quartus II 与 MATLAB 和 DSP Builder 结合可以进行基于 FPGA 的 DSP 系统开发，既方便又快捷，还可与 SOPC Builder 结合，实现 SOPC 系统的开发。

本节通过四选一多路选择器的设计和仿真，介绍基于 Quartus II 软件的基本设计流程。

1. 四选一多路选择器

例 6-24 中已经介绍了用门级结构描述实现四选一多路选择器，这里介绍利用 Quartus II 软件创建四选一多路选择器工程的方法和步骤。表 6.28 所列是四选一多路选择器的真值表，图 6.22 是四选一多路选择器的框图和原理图。

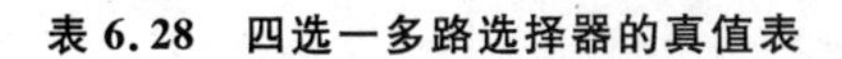

表 6.28　四选一多路选择器的真值表

s1	s0	out
0	0	i0
0	1	i1
1	0	i2
1	1	i3

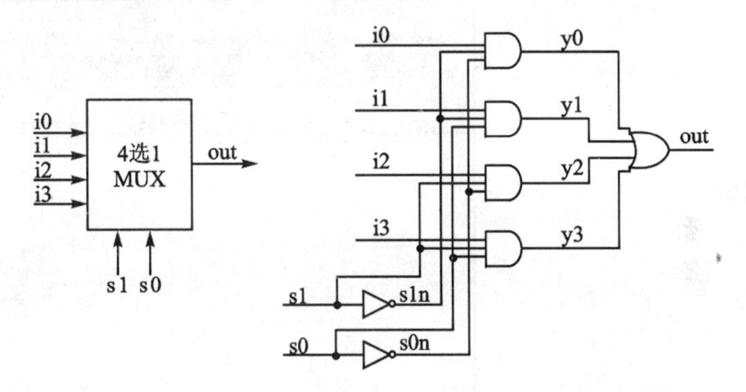

图 6.22　四选一多路选择器的框图(左)和原理图(右)

(1) 新建工程

打开 Quartus II 软件，建立一个新的工程。选择菜单 File→New Project Wizard，弹出如图 6.23 所示的对话框。单击该对话框“What is the working directory for this project?”右侧的“…”按钮，找到文件夹 D：\demo\MAXII\test8 作为当前的工作目录。第二栏的 mux4_to_1 是当前工程的名称，一般将顶层文件的名称作为工程名；第三栏是顶层文件实体名，一般与工程名相同。

需要注意的是，任何一项设计都是一项工程，必须首先为此工程建立一个放置与此工程相关的所有文件的文件夹，此文件夹将被 Quartus II 默认为工作库(Work Library)。一般地，不同的设计项目最好放在不同的文件夹中，而同一工程的所有文件都必须放在同一文件夹中。不要将文件夹设在计算机已有的安装目录中，更不要将工程文件直接放在安装目录中。文件夹所在路径名和文件夹名中不能用中文，不能用空格，不能用括号，可用下划线，最好也不要以数字开头。

单击 Next 按钮，弹出 Add Files 对话框，如图 6.24 所示。单击该对话框中 File name 文

New Project Wizard: Directory, Name, Top-Level Entity [pag...

What is the working directory for this project?

D:\demo\MAXII\test8

What is the name of this project?

mux4_to_1

What is the name of the top-level design entity for this project? This name is case sensitive and must exactly match the entity name in the design file.

mux4_to_1

Use Existing Project Settings ...

< Back | Next > | Finish | 取消

图 6.23　新建工程对话框

本框右侧的“…”按钮，可以添加已经设计好的源文件。由于本设计是新建的项目工程，还没有输入文件，所以可以不做任何操作。

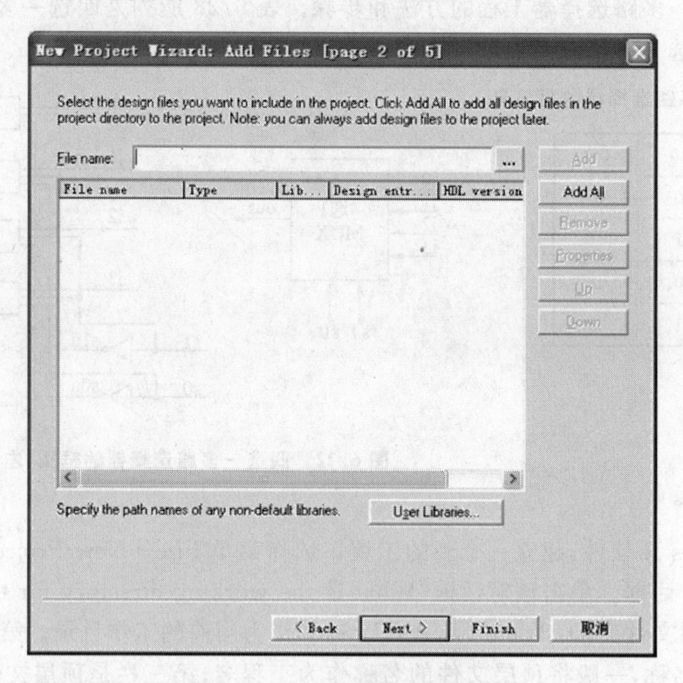

图 6.24　新建工程添加对话框

单击 Next 按钮，出现选择目标器件对话框，如图 6.25 所示。首先在 Family 下拉列表中选择目标芯片系列，在此选择 Cyclone II 系列。在 Available devices 列表中选择 EP2C8Q208C8 芯片。

再单击 Next 按钮，弹出选择仿真器和综合器的对话框 EDA Tool Settings，如图 6.26 所示。如果选择默认的 None，则表示选择 Quartus II 自带的仿真器和综合器，也可以选择第三方仿真器和综合器等专业 EDA 工具。图中选择的仿真工具为第三方仿真软件 ModelSim，方式为 Verilog HDL。

New Project Wizard: Family & Device Settings [page 3 of 5]

Select the family and device you want to target for compilation.

Device family

Family: Cyclone II

Devices: All

Target device

Auto device selected by the Fitter

Specific device selected in 'Available devices' list

Show in 'Available device' list

Package: Any

Pin count: Any

Speed grade: Any

Show advanced devices

HardCopy compatible only

Available devices:

Name	Core v...	LEs	User I/...	Memor...	Embed...	PLL
EP2C8F256I8	1.2V	8256	182	165888	36	2
EP2C8Q208C7	1.2V	8256	138	165888	36	2
EP2C8Q208C8	1.2V	8256	138	165888	36	2
EP2C8Q208I8	1.2V	8256	138	165888	36	2
EP2C8T144C6	1.2V	8256	85	165888	36	2
EP2C8T144C7	1.2V	8256	85	165888	36	2
EP2C8T144C8	1.2V	8256	85	165888	36	2
EP2C8T144I8	1.2V	8256	85	165888	36	2

Companion device

HardCopy:

Limit DSP & RAM to HardCopy device resources

< Back　Next >　Finish　取消

图 6.25　选择目标芯片

New Project Wizard: EDA Tool Settings [page 4 of 5]

Specify the other EDA tools -- in addition to the Quartus II software -- used with the project.

Design Entry/Synthesis

Tool name: <None>

Format:

Run this tool automatically to synthesize the current design

Simulation

Tool name: ModelSim

Format: Verilog HDL

Run gate-level simulation automatically after compilation

Timing Analysis

Tool name: <None>

Format:

Run this tool automatically after compilation

< Back　Next >　Finish　取消

图 6.26　仿真器和综合器选择界面

单击 Next 按钮，弹出如图 6.27 所示的工程设置信息显示窗口。最后页面显示新建工程项目所有相关信息，单击 Finish 按钮完成创建。

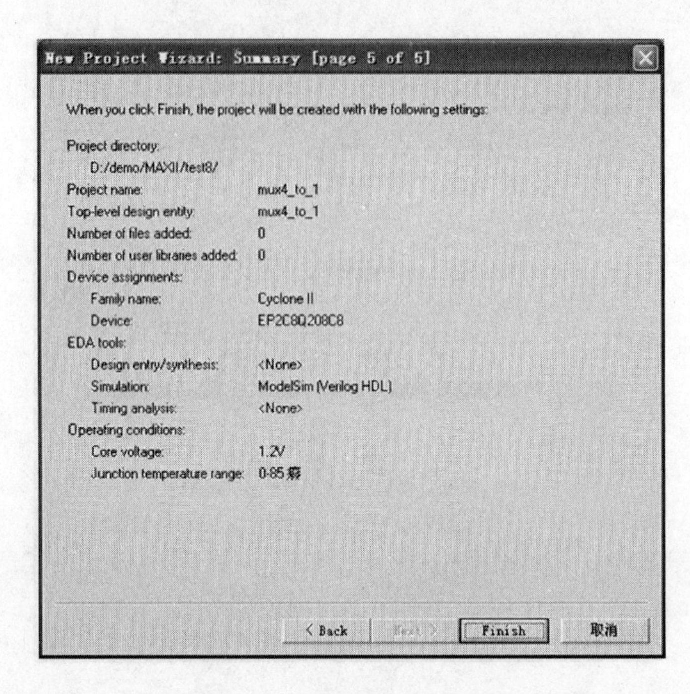

图 6.27　工程设置信息显示窗口

(2) 创建源文件

选择菜单 File→New 选项，在弹出的 New 对话框中选择 Design Files 下面的源文件的类型，这里选择 Verilog HDL File，如图 6.28 所示。

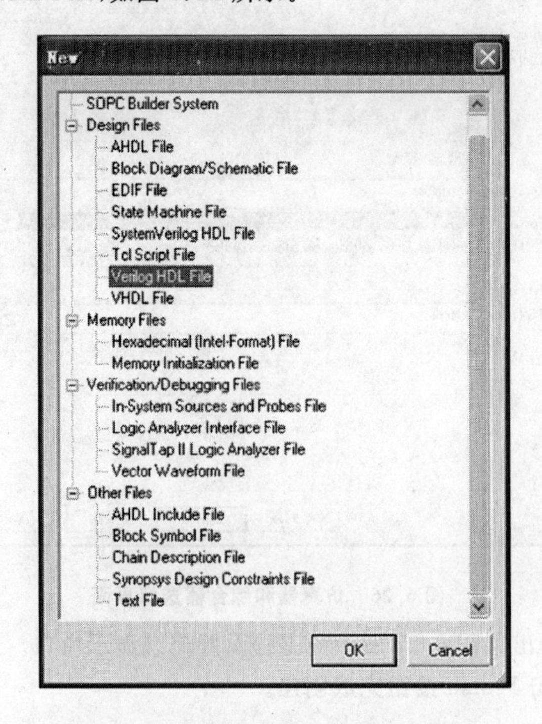

图 6.28　选择设计源文件类型对话框

单击 OK 按钮，即出现如图 6.29 所示的源文件编辑页面。在编辑页面中输入源程序。选择菜单 File→Save 选项来保存源文件，保存文件名称应与实体名称一致。

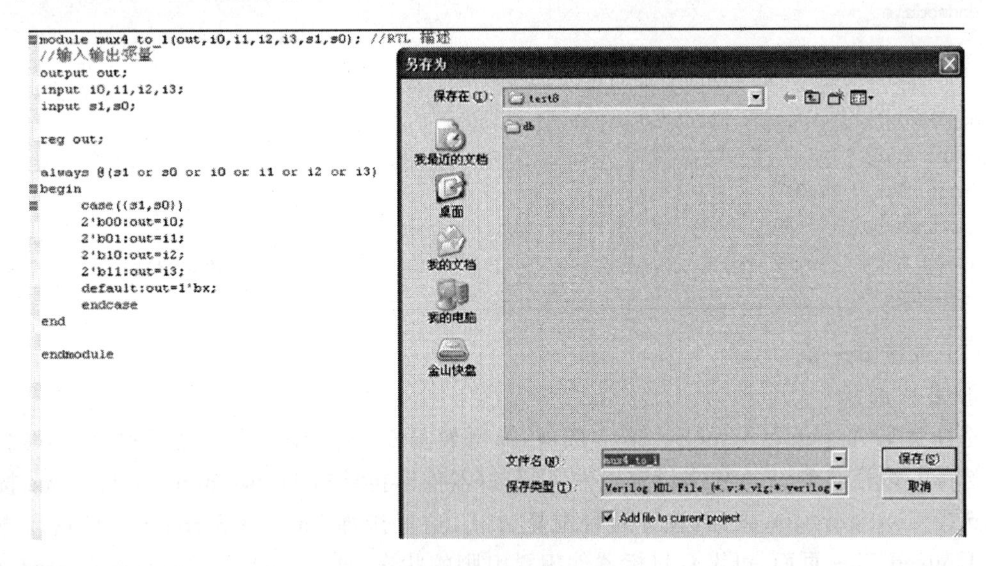

图 6.29　源文件编辑页面

四选一多路选择器也可以使用如下方式实现：

① 门级描述的四选一多路选择器

```
module multiplexer4_to_1(out,i0,i1,i2,i3,s1,s0);
output out;
input i0,i1,i2,i3;
input s1,s0;
//声明内部线网
wire s1n,s0n;
wire y0,y1,y2,y3;
//生成 s1,s0 的反信号
not(s1n,s1);
not(s0n,s0);
//实例引用 4 输入“与”门
and(y0,i0,s1n,s0n);
and(y1,i1,s1n,s0);
and(y2,i2,s1,s0n);
and(y3,i3,s1,s0);
//实例引用 4 输入“或”门
or(out,y0,y1,y2,y3);
endmodule
```

② 用条件操作语句，数据流描述的四选一多路选择器

```
module multiplexer4_to_1(out,i0,i1,i2,i3,s1,s0);
output out;
input i0,i1,i2,i3;
```

```
input s1,s0;
assign out = s1? (s0? i3: i2): (s0? i1: i0);
endmodule
```

③ 用逻辑方程,数据流描述的四选一多路选择器

```
module multiplexer4_to_1(out,i0,i1,i2,i3,s1,s0);
output out;
input i0,i1,i2,i3;
input s1,s0;
assign out = (~s1 & ~s0 & i0)|(~s1 & s0 & i1)|(s1 & ~s0 & i2)|(s1 & s0 & i3);
endmodule
```

(3) 编译前设置

① 芯片选择

选择菜单 Assignments→Settings 选项,弹出如图 6.30 所示的设置器件和配置方式对话框。选择左边栏的 Device 项来设定器件,设定好器件后再单击 Device and Pin Options 按钮,从中选择 Configuration 页面,选择器件配置方式,这里选择 Passive Serial(被动串行)方式。单击 Unused Pins 页面,可设置目标器件闲置引脚的状态,这里选择 As input tri-stated,即设置空置管脚状态。可根据实际选择,不一定要按照图示选择,仅针对每个选定芯片中未使用的空置管脚进行的必要设置。

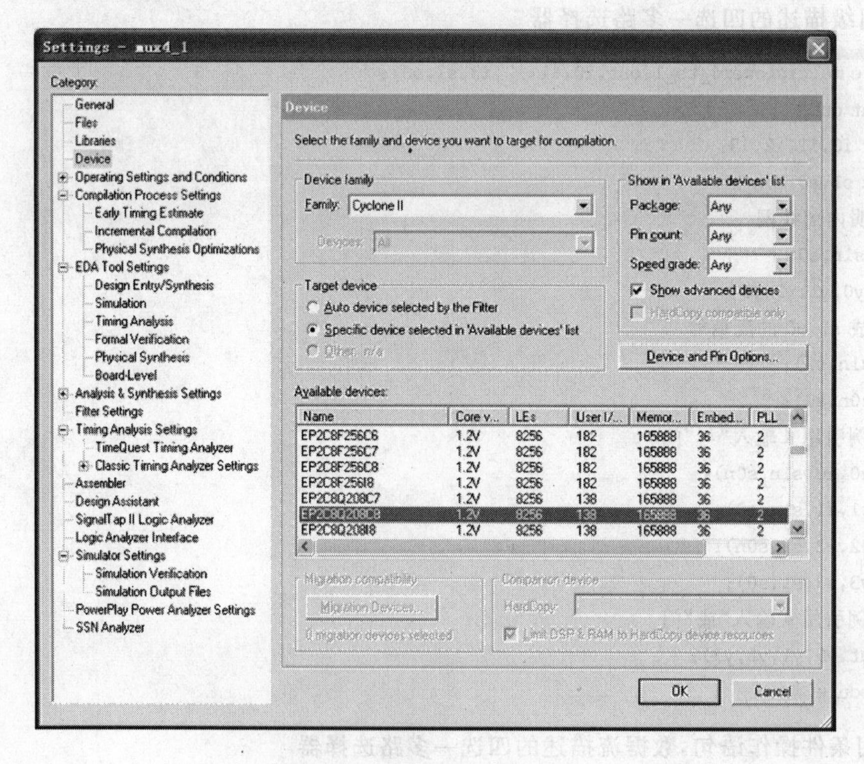

图 6.30　设置器件和配置方式

② 设置引脚

选择菜单 Assignments→Pin planner 选项,设置每个节点对应在芯片中对应的引脚,如

图 6.31 所示。对任何一个 I/O(输入/输出)口，都可以设置节点，图示不是必须设置。

Node Name	Direction	Location	I/O Bank	VREF Group
i0	Input	PIN_152	3	B3_N0
i1	Input	PIN_151	3	B3_N0
i2	Input	PIN_150	3	B3_N0
i3	Input	PIN_149	3	B3_N0
out	Output	PIN_147	3	B3_N0
s0	Input	PIN_146	3	B3_N0
s1	Input	PIN_144	3	B3_N0
<<new node>>				

图 6.31　设置芯片管脚

(4) 编　译

选择菜单 Processing→Start Compilation 选项或单击工具栏上的按钮 ▶，即启动了完全编译，包括分析与综合、适配、装配文件、定时分析、网表文件提取等过程。若只想进行其中某一项或某几项编译，可选择菜单 Tools→Compiler Tool 选项或单击工具栏上的按钮，弹出如图 6.32 所示的设定编译工具窗口。单击每个工具前面的小图标，即可单独启动每个编译。编译完成后，会生成编译信息，显示在编译信息显示窗口中，可查看其中的相关内容。

(5) 添加测试激励

为了对已设计的模块进行检验，往往需要产生一系列信号作为输出，输入到已设计的模块，并检查已设计模块的输出，看它们是否符合设计要求。这就要求编写测试模块，也称为测试文件，常用带.vt 扩展名的文件来描述测试模块。

① 添加 Test Bench

选择菜单 Processing→Start→Start Test Bench Template Writer 选项，建立 Test Bench 文件，打开 simulation\modelsim 文件夹下的.vt 的文件，添加测试激励：

```
`timescale 1ps/1ps
module mux4_to_1_vlg_tst();   //测试模块名称
// constants
// general purpose registers


reg i0;
reg i1;
reg i2;
reg i3;
reg s0;
reg s1;
reg clock;
// wires
wire out;

// assign statements (if any)
mux4_to_1 u1 (
// port map - connection between master ports and signals/registers
    .i0(i0),
```

```
      .i1(i1),
      .i2(i2),
      .i3(i3),
      .out(out),
      .s0(s0),
      .s1(s1)                                //测试模块实例 u1
);
initial                                      //initial 部分用于设置变量的初始状态
begin
 $display("Running testbench");
end

initial
begin
  i0 = 0;
  i1 = 0;
  i2 = 0;
  i3 = 0;
  s0 = 0;
  s1 = 0;
  clock = 0;
end

always #50 clock = ~clock;
always @(posedge clock)
begin
   #1 i0 = { $random} % 2;
   #3 i1 = { $random} % 2;
   #5 i2 = { $random} % 2;
   #7 i3 = { $random} % 2;
end

always #1000 s0 = ! s0;
always #2000 s1 = ! s1;
endmodule
```

上述行为描述模型用于描述每隔50个单位时间，clock信号翻转，上升沿时，通过不同延时产生4个不同的随机信号，每隔1 000个单位时间，s0信号翻转，每隔2 000个单位，s1信号翻转，通过s0和s1信号的不同取值，选择输入i0、i1、i2或i3其中某一路信号。

② 设置TestBench

选择菜单Assignments→Settings→Simulation→Test Benches选项，如图6.32、图6.33所示进行设置，将图6.32中的NativeLink settings设置为Compile test bench，添加Test Benches。

(6) 行为级仿真

选择菜单Tools→Run EDA Simulation Tool→EDA RTL Simulation选项进行行为级仿

图 6.32　添加 Test Bench

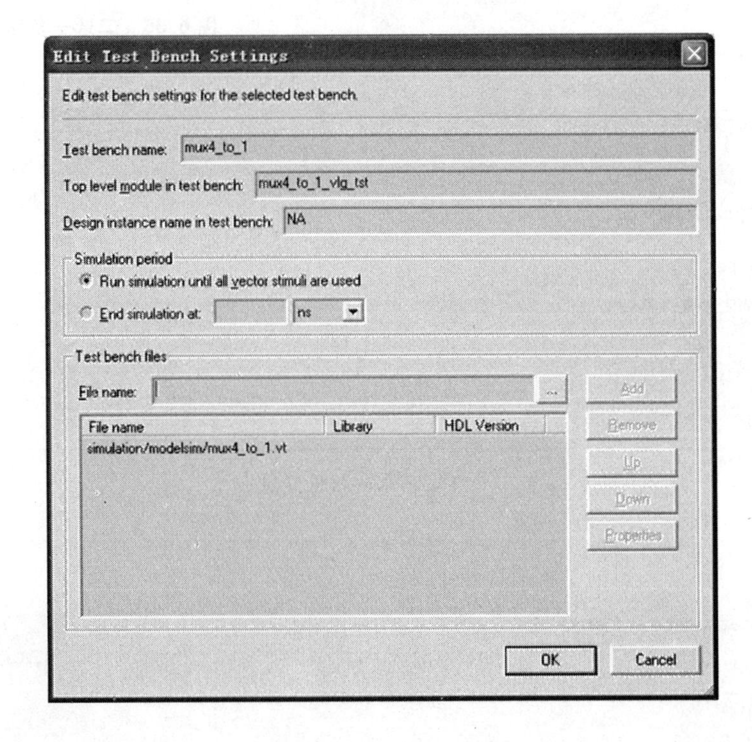

图 6.33　Test Bench 设置

真，Quartus II 会自动打开 ModelSim 仿真软件（ModelSim 软件默认是关闭的，否则会报错），

选择菜单 View→Wave 选项查看仿真结果,如图 6.34 所示。

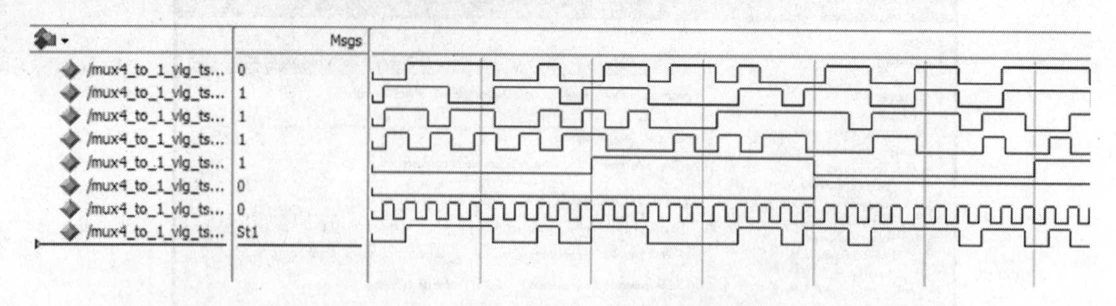

图 6.34　四选一多路选择器仿真波形图

2. 二选一多路选择器

与四选一多路选择器的实现过程类似,以下分三部分给出二选一多路选择器的实例。图 6.35 是二选一多路选择器的结构图。

(1) 输入源文件

```
module muxtwo(out,a,b,sl);
input a,b,sl;
output out;
reg out;
always @(sl or a or b)
    if(! sl)
        out = a;
    else
        out = b;
endmodule
```

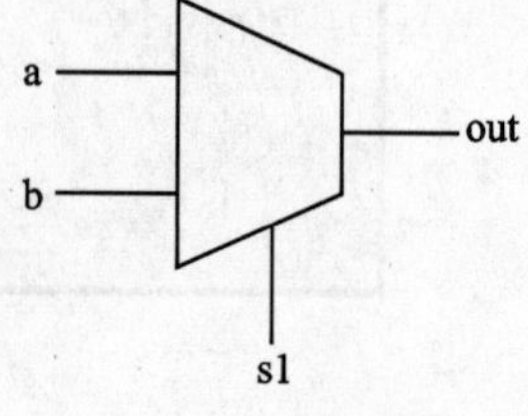

图 6.35　二选一多路选择器结构图

(2) 添加测试激励

```
`timescale 1 ps/ 1 ps
module muxtwo_vlg_tst();
// constants
reg a;
reg b;
reg sl;
reg clock;                                    //定义系统时钟变量
// wires
wire out;

// assign statements (if any)
muxtwo i1 (
// port map - connection between master ports and signals/registers
    .a(a),
    .b(b),
    .out(out),
    .sl(sl)
```

```
);
initial
begin
 $display("Running testbench");        //显示输出
end

initial                                 //初始化各输入变量
begin
  a = 0;
  b = 0;
  sl = 0;
  clock = 0;
end

always #50 clock = ~clock;              //产生周期为 100 个单位时间的时钟信号 clock
always @(posedge clock)
   begin
     a = { $random} % 2;                //拼接产生一个随机数,从 0 - 1 的整数,即有时为 0,有时为 1
   #3 b = { $random} % 2;
   end
   always #10000 sl = ! sl;             //产生周期为 10 000 个单位时间的选通信号变化

endmodule
```

(3) 仿真波形输出

图 6.36 所示为二选一多路选择器仿真波形图。

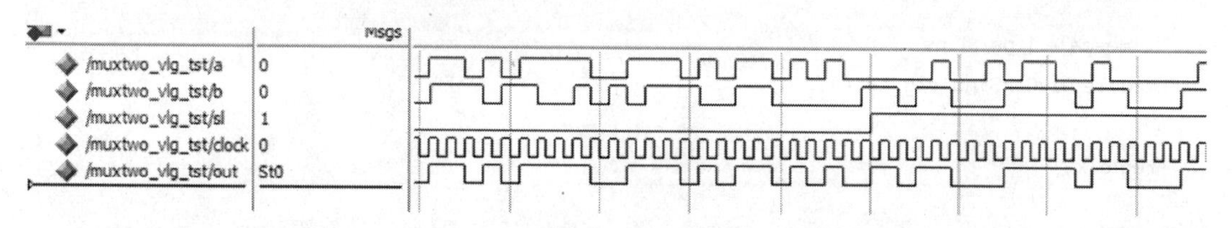

图 6.36　二选一多路选择器仿真波形图

3. 分频电路

分频电路的功能要求是,当其输入端给定不同的数据时,其输出脉冲具有相应的对输入时钟的分频比。现在按如下要求设计一个分频电路:将频率为 50 MHz、占空比为 0.5 的时钟信号转变成频率为 1 MHz、占空比为 0.5 的时钟信号。

(1) 输入源文件

```
module DivClkSimu(clk,divclk);
input clk;
output divclk;

reg divclk;
```

```
reg tempdivclk;
reg[5: 0] counter;

initial
begin
  divclk = 0;
  tempdivclk = 0;
  counter = 0;
end

always @(posedge clk)
begin
  begin
   if(counter> = 5'b11000)
     begin
        counter< = 0;
        tempdivclk< = ! tempdivclk;
     end
   else
     counter< = counter + 1;
  end
  divclk< = tempdivclk;
end
endmodule
```

(2) 添加测试激励

```
`timescale 1 ps/ 1 ps
module DivClkSimu_vlg_tst();

reg clk;

// assign statements (if any)
DivClkSimu i1 (
// port map - connection between master ports and signals/registers
    .clk(clk),
    .divclk(divclk)
);
initial
begin
clk = 0;

 $ display("Running testbench");
end
always #10 clk< = ! clk;
endmodule
```

（3）仿真波形输出

分频器仿真波形图如图 6.37 所示。

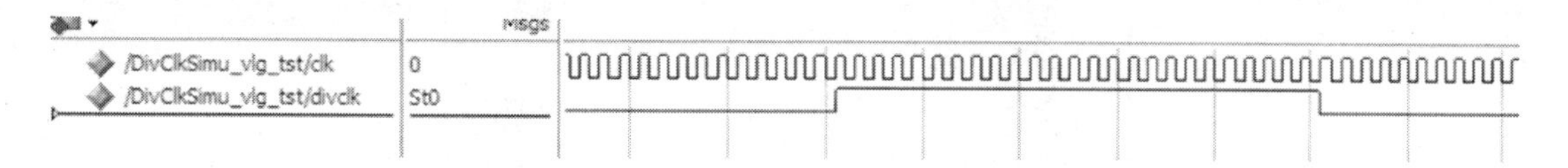

图 6.37　分频器仿真波形图

6.3.2　ModelSim 软件

ModelSim 是 Model Technology 公司的产品，属于编译型的 Verilog HDL/VHDL 混合型仿真器。ModelSim 可以在同一个设计中单独或者混合使用 Verilog HDL 和 VHDL 语言，允许 Verilog 和 VHDL 模块的互相调用。由于 ModelSim 是编译型仿真器，使用编译后的 HDL 库进行仿真，因此在进行仿真前，必须编译所有待仿真的 HDL 文件成为 HDL 仿真库，在编译时使源文件获得优化，提高了仿真速度。ModelSim 有不同的版本，其中以 ModelSim SE 的功能最为全面，本小节以 ModelSim SE 的使用为例介绍 ModelSim 的仿真方法。

ModelSim 可以完成 3 个层次的 Verilog HDL 仿真，分别为 RTL 级仿真、综合门级仿真、适配后门级仿真（时序仿真）。下面以二分频器的仿真为例介绍 RTL 级功能仿真过程。

1. 二分频器

（1）建立仿真工程项目

选择菜单 File→New→Project 选项，弹出建立新项目对话框，如图 6.38 所示。在 Project Name 中填入要新建的项目名称，这里要进行二分频器的仿真，所以填入 half_clk。

单击 OK 按钮后，出现如图 6.39 所示的向当前项目添加 items 的对话框，单击相应的按钮可分别为当前项目创建新文件或将已存在的文件添加到当前项目中。这里选择 Creat New File 选项。

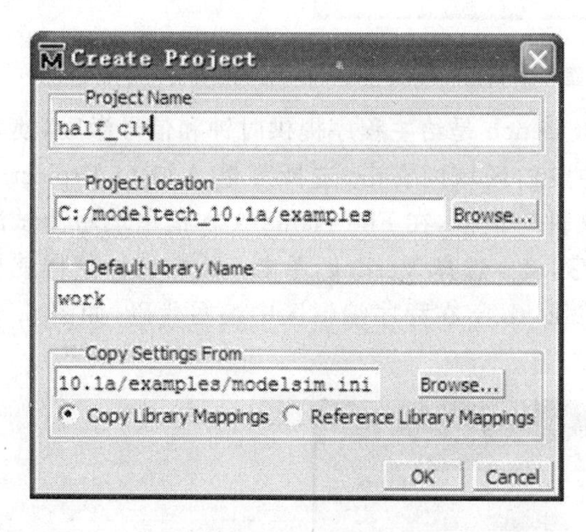

图 6.38　新建项目对话框

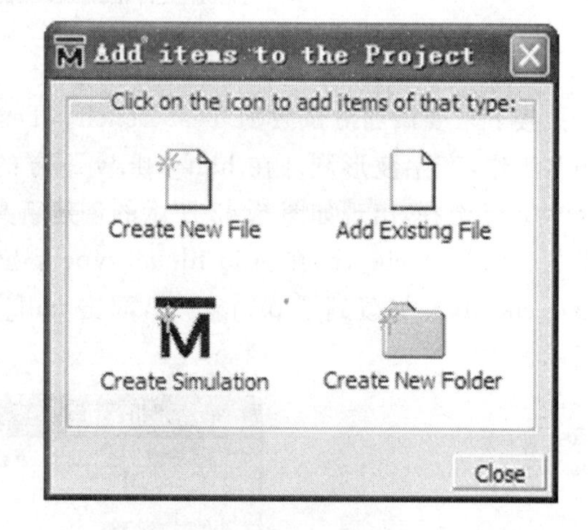

图 6.39　向当前项目添加文件对话框

单击 Creat New File 图标后，会出现如图 6.40 所示的创建新文件对话框，在 File Name 文本框中写入文件名，文件名与刚刚创建的与工程项目名称保持一致。在 Add file as type 下

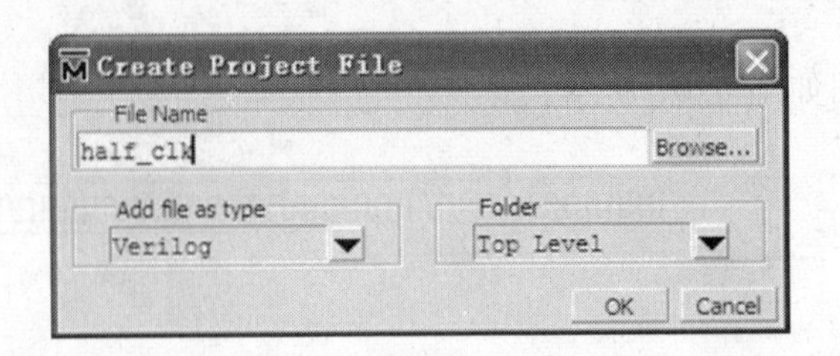

图 6.40　创建新文件对话框

拉列表中选择 Verilog(默认的是 VHDL),然后单击 OK 按钮。

双击工作区的 Project 页面中出现的 half_clk. v 文件,会出现程序编辑区,可进行输入和创建源文件,如图 6.41 所示。程序写好后,要及时保存。

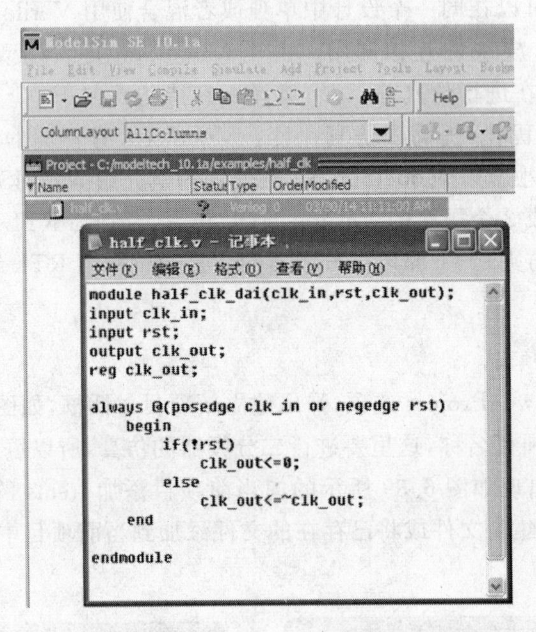

图 6.41　程序编辑区

接下来要添加测试激励 Test Bench。Test Bench 是给主程序提供时钟和信号激励,使其正常工作,产生波形图。在 half_clk. v 下方的空白区域内右击,选择菜单 Add to Project→New File 选择,出现如图 6.42 所示的创建新文件对话框,在 File Name 文本框里填写测试激励的名称 half_clk_tb,在 Add file as type 下拉列表中选择 Verilog,单击 OK 按钮。这样就把 half_clk_tb. v 加载到了 project 中,双击 half_clk_tb. v 在程序编辑区中编写代码,如图 6.43 所示。

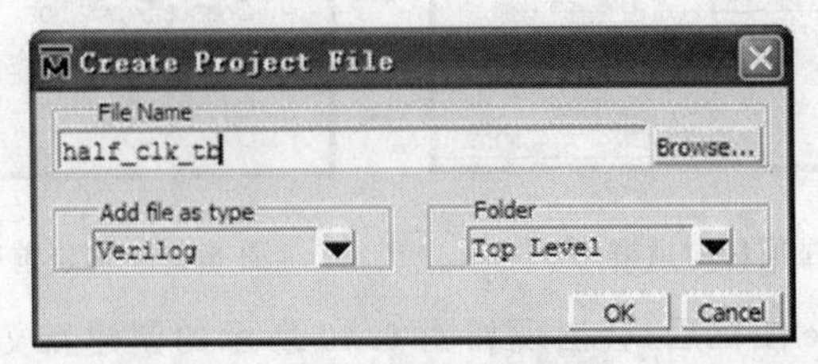

图 6.42　创建新文件对话框

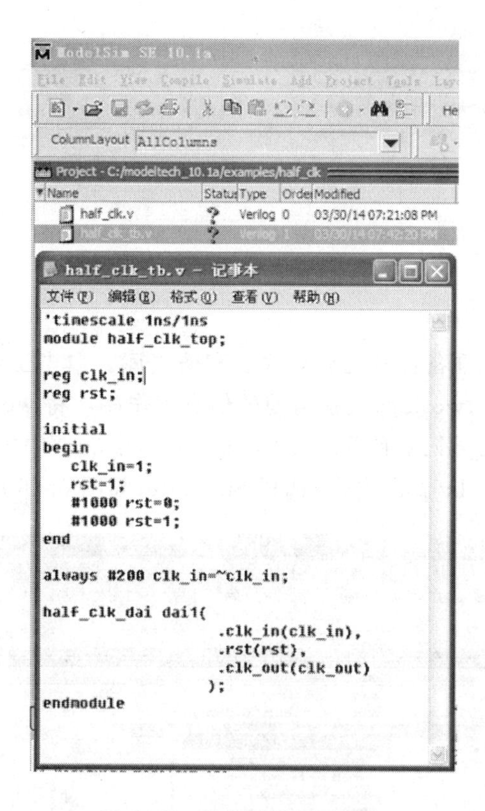

图 6.43　添加测试激励程序

(2) 编译仿真文件

ModelSim 是一种编译型的仿真器，在仿真前必须先编译仿真文件，即编译 Verilog 源文件进入进入 work 库。

在工作区的 Project 页中选中 half_clk. v，然后右击，选择菜单 Compile→Compile All 选项，如图 6.44 所示，即开始编译。编译成功后，half_clk. v 和 half_clk_tb. v 后面的“?”变成了对勾，且在下方的命令窗口中会出现 successful 信息，如图 6.45 所示；否则会显示出错信息，此时应该返回程序编辑区中修改源程序，重新编译，直到通过为止。

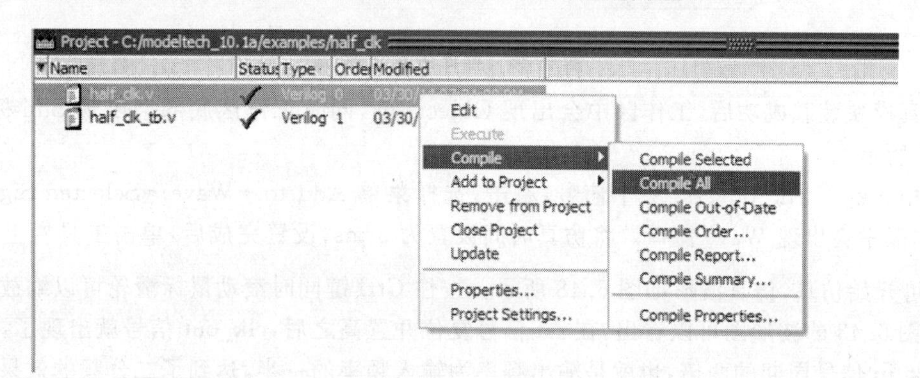

图 6.44　编译仿真文件

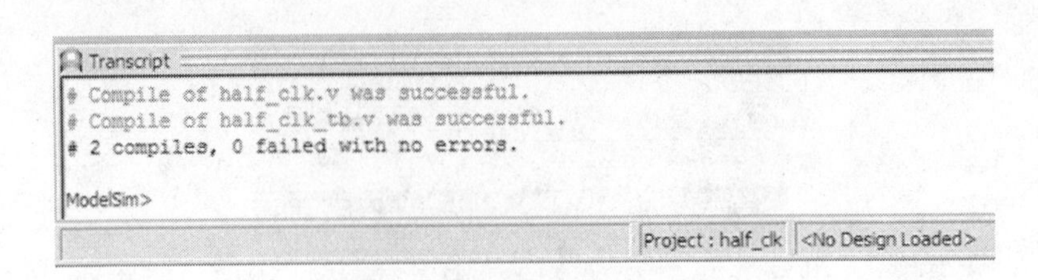

图 6.45　命令窗口显示编译信息

(3) 装载仿真模块和仿真库

编译完成后，需要装载准备仿真的设计模块和仿真库。单击工作区中的 Library 标签页，把 Library 切换到 work 库，work 库就是当前的仿真工作库。将 work 库展开可以看到两个文件，文件名是刚刚写的 half_clk. v 和 half_clk_tb. v 的两个文件中的模块名，只需要装载测试激励文件即可。选中 half_clk_top，右击，选择 Simulate，如图 6.46 所示。

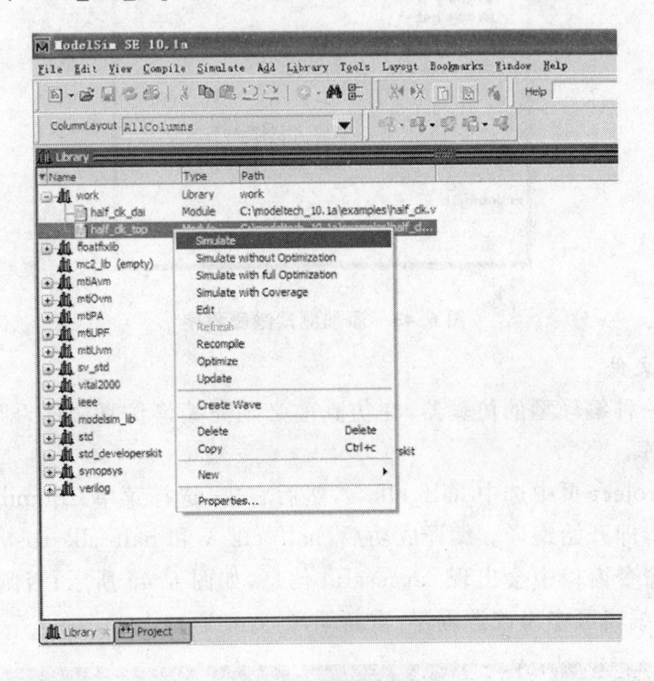

图 6.46　编译仿真文件

仿真模块装载成功后，工作区中会出现 Objects 框，同时工作区底部会出现 Sim 标签，如图 6.47 所示。

选中 clk_in、clk_out、rst 三个信号，右击，选择菜单 Add to→Wave→Selected Signals 选项，工作区中会出现 Wave 窗口。将仿真时间设置为 5 ms，设置完成后，单击工具栏上的按钮，即可开始仿真，仿真波形如图 6.48 所示。按住 Ctrl 键同时滚动鼠标滑轮可以缩放波形。

从图 6.48 的波形图可以看出，在 rst 信号复位并置高之后，clk_out 信号就出现了，并且周期是 clk_in 信号周期的两倍，也就是输出频率为输入频率的一半，达到了二分频的效果。

(4) 终止仿真

当 ModelSim 在仿真中时，修改程序、编译等都是无效的，也无法强行关闭软件，此时需要手动终止仿真以便进行其他操作，选择菜单 Simulate→End Simulation 选项即可终止仿真。

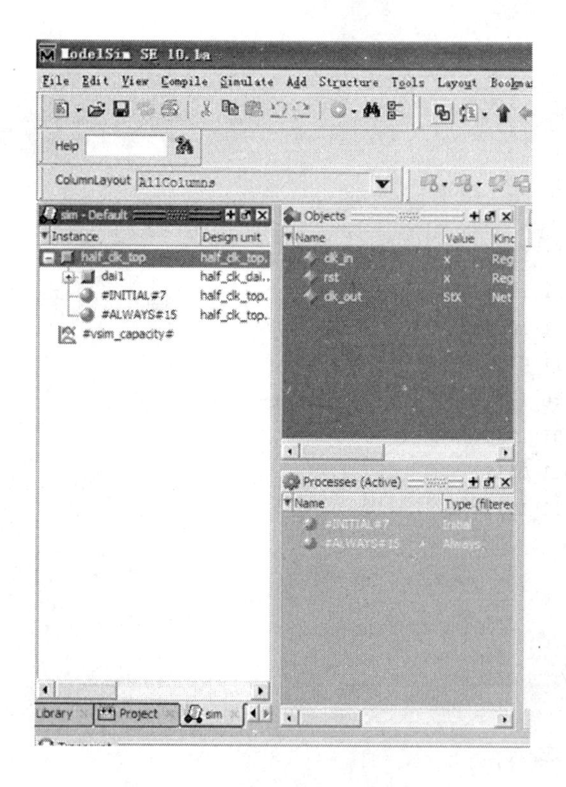

图 6.47　仿真模块装载成功

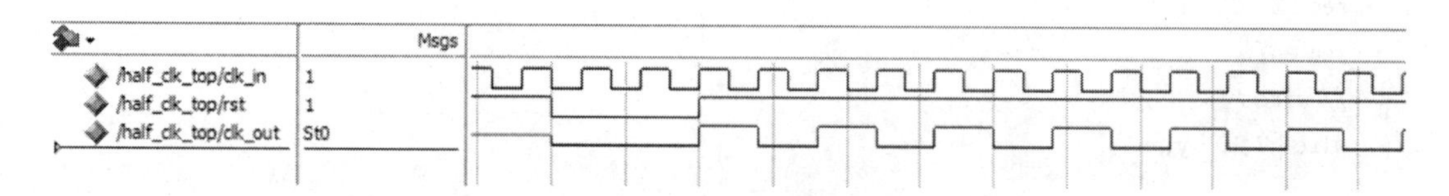

图 6.48　二分频器仿真波形图

2. 3-8 线译码器

6.3.1 小节已经介绍了使用 Quartus II 软件进行仿真的实例。用 Quartus II 进行仿真时，可以使用自带的仿真器和综合器，也可以选择第三方仿真器和综合器等专业 EDA 工具，如 ModelSim。下面直接采用 ModelSim 进行 3-8 线译码的仿真设计。

译码器是一个多输入、多输出的组合逻辑电路，其作用是把给定的代码进行“翻译”，变成相应的状态，使输出通道中相应的一路有信号输出。3-8 线译码器是 3 输入 8 输出的译码器，用高低电平来表示输入和输出。3-8 线译码器的功能就是把输入的 3 位二进制数翻译成十进制数的输出。

(1) 输入源文件

```
module decoder(y,en,a);
output [7: 0] y;
input en;
input [2: 0] a;
```

```
reg[7：0]y;
always@(en or a)
if(! en)
    y = 8'b1111_1111;
else
    case(a)
    3'b000：y = 8'b1111_1110;
    3'b001：y = 8'b1111_1101;
    3'b010：y = 8'b1111_1011;
    3'b011：y = 8'b1111_0111;
    3'b100：y = 8'b1110_1111;
    3'b101：y = 8'b1101_1111;
    3'b110：y = 8'b1011_1111;
    3'b111：y = 8'b0111_1111;
    default：y = 8'bx;
    endcase
endmodule
```

(2) 添加测试激励

```
`timescale 1 ps/ 1 ps
module decoder_vlg_tst();

reg [2：0] a;
reg en;
// wires
wire [7：0] y;

// assign statements (if any)
decoder i1 (
// port map - connection between master ports and signals/registers
    .a(a),
    .en(en),
    .y(y)
);
initial
begin
    en = 1;
    a<= 3'b000;
    while(1)
        #10 a<= a +1;
end

initial
begin
    $display("Running testbench");
```

```
end
endmodule
```

(3) 仿真波形输出

3－8 线译码器的仿真波形图如图 6.49 所示。

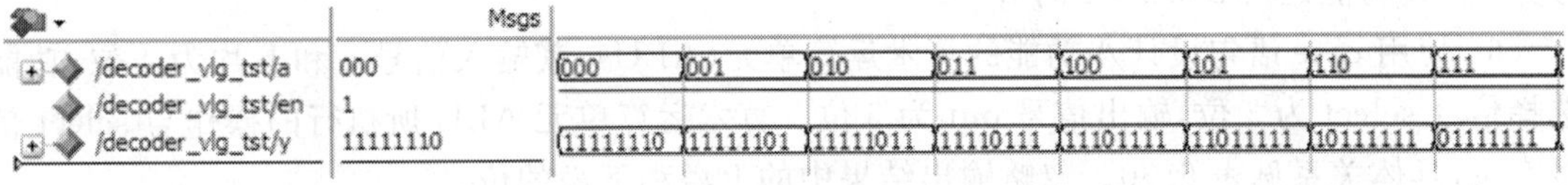

图 6.49　3－8 线译码器的仿真波形图

将 decoder_vlg_tst 信号展开,波形如图 6.50 所示。

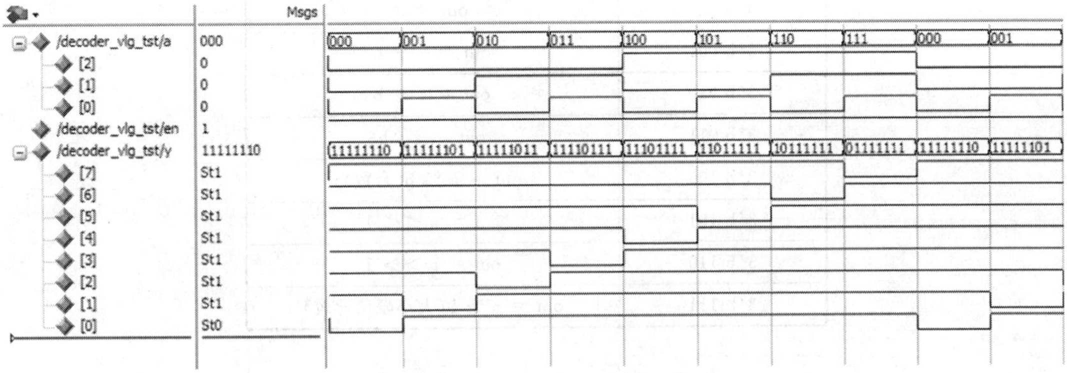

图 6.50　3－8 线译码器的仿真波形图(图 6.49 的展开图)

本章重点

1. 数字 EDA 设计流程。
2. 数字电路的 Verilog HDL 描述。
3. Quartus II 软件和 ModelSim 软件基本使用方法。

思考题

1. 编写一个功能模块 FU,使其具有 5 个端口:输入端口 clk,宽度为 1 位;输入端口 data1 和 data2,宽度均为 8 位;输出端口 dout1,宽度为 8 位;输出端口 dout2,宽度为 4 位。完成模块的定义和端口声明,内部功能描述不需要编写。

2. 编写一个顶层模块 top,调用第 1 题中的 FU 模块,先使用按名称连接方式将其命名为 ifu1,再使用按顺序连接方式将其命名为 ifu2,连线名称请自行定义。

3. 某功能电路具有如下的计算公式:

$D = A'B'C + A'BC' + AB'C' + ABC$

$C_O = A'B'C + A'BC' + A'BC + ABC$

试采用数据流建模语句描述此电路。

4. 定义一个宽度为 8 位、具有 256 个存储单元的存储器 mem，然后分别使用 for 语句、while 语句和 repeat 语句完成该存储器的初始化。

5. 使用 wait 语句设计一个电平敏感的锁存器，该锁存器的输入信号为 d 和 clock，输出信号为 q。其功能是当 clock=1 时 q=d。

6. 使用 case 语句设计八功能的算术运算单元(ALU)，其输入信号 a 和 b 均为 4 位，功能选择信号 select 为 3 位，输出信号 out 为 5 位。算术运算单元 ALU 所执行的操作与 select 信号有关，具体关系见表 6.30。忽略输出结果中的上溢和下溢的位。

表 6.30 第 6 题用表

select 信号	功　能
3'b 000	out = a
3'b 001	out = a + b
3'b 010	out = a − b
3'b 011	out = a / b
3'b 100	out = a % b(余数)
3'b 101	out = a << 1
3'b 110	out = a >> 1
3'b 111	out = a > b(大小幅值比较)

实践篇

第 7 章　简单电路仿真分析

从本章开始，将应用前面学到的 EDA 知识，结合模拟电路理论，进行一些基本的模拟电路 EDA 设计仿真。

7.1　电容充放电

众所周知，电容器是一种储存电能的元件，是电子设备中大量使用的电子元件之一，广泛应用于隔直、耦合、旁路、滤波、调谐回路、能量转换、控制电路等方面。在任意时刻，其两端的电荷量与其端电压的关系满足：$Q(t)=C\times U(t)$。

7.1.1　电路设计分析

为实现电容的充放电，在直流电源电路中连接电容，用单刀双掷开关来转换电容的充放电过程。实验原理图如图 7.1 所示。

1. 充电过程

当开关连接到 a 端时，电容与直流电源相连，电路中有电流通过。电容两端不断地聚集相反的电荷，电位差逐渐增大，处于充电状态。当电容两端电位差增至与电源电压相等时，电容充电完成。充电完成后，电路中将不会再有电流流动，故在直流电路中，电容等效为开路或 $R=\infty$，电容两端电压不能突变。由图 7.1，取顺时针方向为电流参考方向，则可以得到以下方程：

$$V_2 = i(t)R_1 + \frac{Q(t)}{C} \tag{7.1}$$

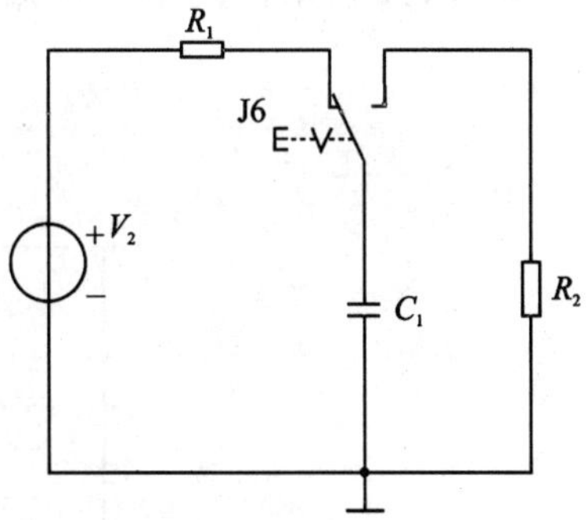

图 7.1　电容充放电原理

$$i(t) = \frac{\mathrm{d}Q(t)}{\mathrm{d}t} \tag{7.2}$$

将式(7.1)两端对时间 t 微分并将式(7.2)带入其中，得

$$\frac{\mathrm{d}V_2}{\mathrm{d}t} = \frac{\mathrm{d}i(t)}{\mathrm{d}t}R_1 + \frac{i(t)}{C} \tag{7.3}$$

由于电源 V_2 为直流电，则有 $\frac{dV_2}{dt}$；于是式(7.3)变成了关于电流微分方程，可解得

$$i(t)=\frac{V_2}{R_1}e^{-t/R_1C} \tag{7.4}$$

由此可知电容两端电压 V_C 为

$$V_C=V_2-i(t)R_1=V_2(1-e^{-t/R_1C}) \tag{7.5}$$

2. 放电过程

当开关连接到 b 端时，由于电容两端聚集着电荷，电压不能突变，电容将通过电阻 R_2 进行放电，R_2 中将有电流通过，两块板之间的电压将会逐渐下降直到为零，完成放电过程。取逆时针方向为电流参考方向，取关联参考方向，可以得到回路方程：

$$V_C+i(t)R_2=0 \tag{7.6}$$

$$i(t)=C\frac{dV_C}{dt} \tag{7.7}$$

将式(7.6)两端对时间 t 微分并将式(7.7)带入其中，得

$$i(t)+CR_2\frac{di(t)}{dt}=0 \tag{7.8}$$

可解得

$$i(t)=-\frac{V_2}{R_2}e^{-t/R_2C} \tag{7.9}$$

则

$$V_C=-i(t)R_2=V_2e^{-t/R_2C} \tag{7.10}$$

由以上分析知，当电容充电时，电容两端电压将按负指数增大；当电容放电时，电容两端电压将按指数减小。

7.1.2 电路输入

如图 7.2 所示，向工作区中添加元器件，并连接。

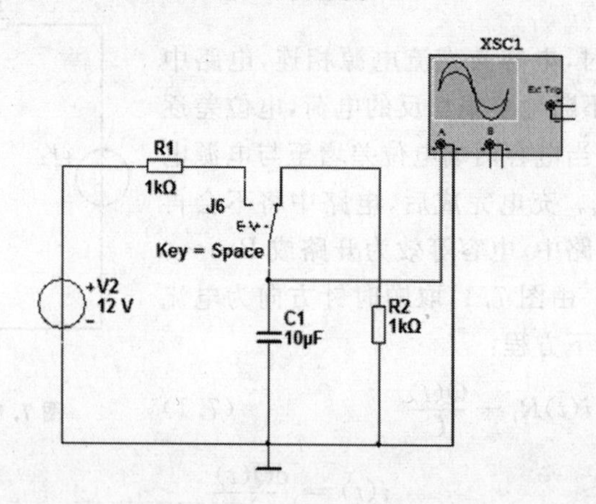

图 7.2 电容充放电仿真电路图

7.1.3　充放电仿真分析

（1）充电过程

打开示波器界面，单击仿真按钮，开始仿真，把开关拨到左端与 R_1 相连，示波器中将出现充电过程的波形，如图 7.3 所示。

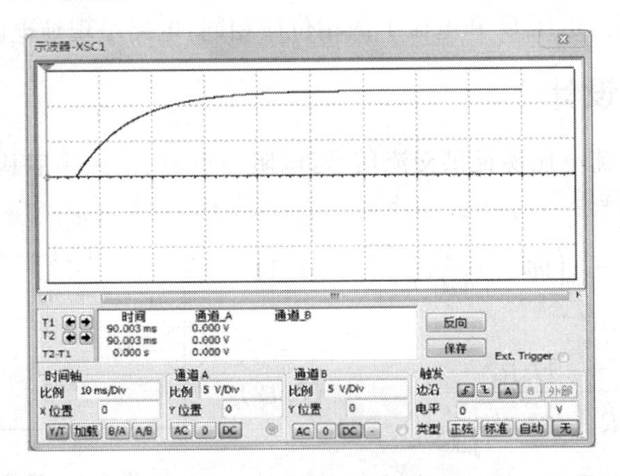

图 7.3　充电过程波形图

（2）放电过程

打开示波器界面，单击仿真按钮，开始仿真，把开关拨到左端与 R_1 相连，待充电完成后，将开关拨到右端与 R_2 相连，示波器中将出现放电过程的波形，如图 7.4 所示。

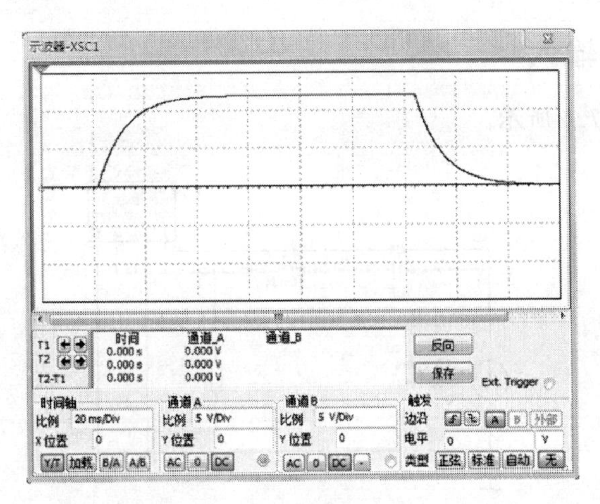

图 7.4　放电过程波形图

从上面分析中可知，充电和放电的时间常数为 R_1C 和 R_2C，由于在仿真电路中 R_1 与 R_2 相等，因此充放电的时间是一样的。从上面的仿真结果可以看出，充电过程和放电过程分别按负指数增长和指数衰减，但充放电的时间是一样的，与分析相符。

7.2　串联谐振电路

从模拟电路基本知识可知，谐振现象是正弦稳态电路的一种特定的工作状态。谐振电路通常由电感、电容和电阻组成。而串联谐振电路是电路中电容和电感串联所构成的电路，当电路中容抗和感抗相等时，电压 U 和电流 I 的相位应相同，电路呈现纯电阻性，发生谐振。

7.2.1　电路设计

如图 7.5 所示，交流电压源提供交流信号，电阻与电容、电感串联构成回路。由交流电路分析，可以写出回路方程：

$$U_{\rm S} = iR + i\left(\mathrm{j}\omega L - \frac{1}{\mathrm{j}\omega C}\right) \tag{7.11}$$

电阻电压为

$$U_{\rm R} = \frac{U_{\rm S}R}{R + \mathrm{j}\omega L - \frac{1}{\mathrm{j}\omega C}} \tag{7.12}$$

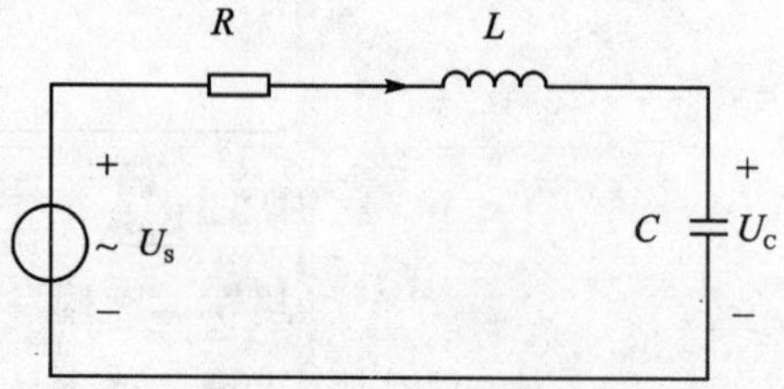

图 7.5　串联谐振电路原理图

从上面的方程可以看出，当容抗和感抗相等时，电路中电压和电流会是同相位，发生谐振，此时的频率称为串联谐振频率。由 $\omega L - \frac{1}{\omega C} = 0$ 可得谐振角频率 $\omega_0 = \frac{1}{\sqrt{LC}}$，谐振频率 $f_0 = \frac{1}{2\pi\sqrt{LC}}$。

7.2.2　电路输入

仿真电路图如图 7.6 所示。

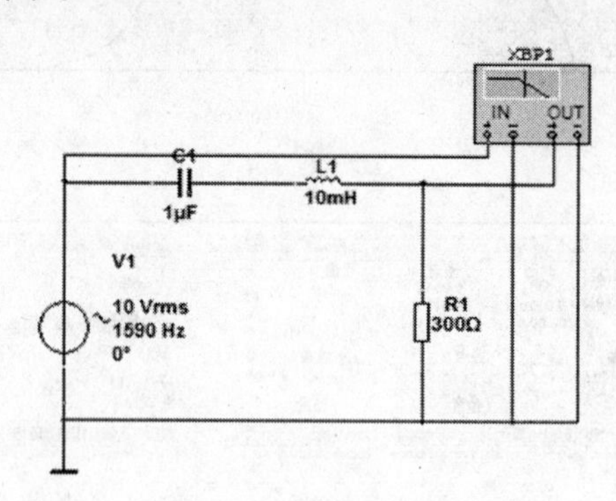

图 7.6　仿真电路图

7.2.3　串联谐振仿真分析

如图 7.6 所示，波特仪的输入端为交流电压源，输出端为电阻电压，则电路的幅频特性响应为

$$\frac{U_R}{U_S} = \frac{R}{R + j\omega L - \frac{1}{j\omega C}} \tag{7.13}$$

检查电路完毕后，打开仿真开关，并打开波特仪界面。可以得到电路的幅频特性曲线（见图 7.7）和相频特性曲线（见图 7.8）。

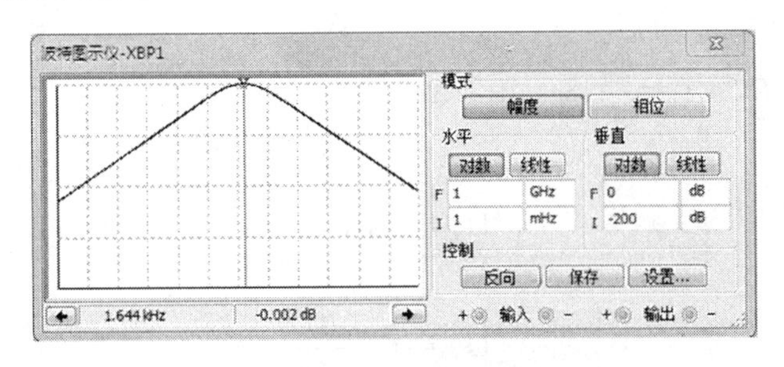

图 7.7　串联谐振电路幅频特性

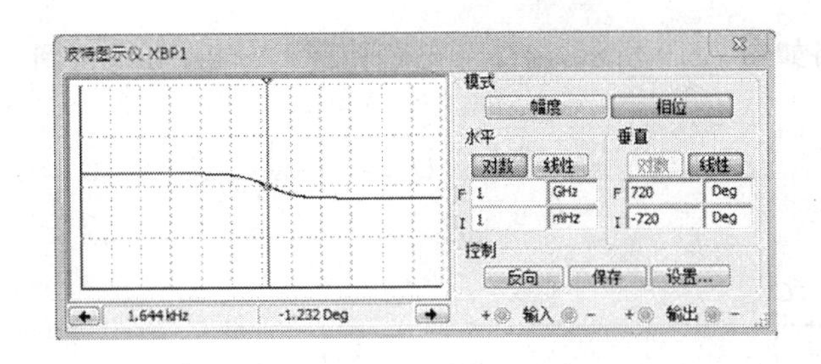

图 7.8　串联谐振电路相频特性

从波特图可以看出，谐振频率为 1 590 Hz。

串联谐振电路在谐振时完全呈现电阻特性，仿真能方便地找到谐振频率。通过此次仿真，了解了谐振现象及其特征，得到了电路的频率特性曲线，找到了其谐振频率。但在实际应用中，由于实际器件参数值与标称值有差别，需要细心地观察、准确地测量，才能得到其谐振频率。

7.3　微分电路和积分电路

微分电路和积分电路是基本的信号运算电路，它们分别完成对信号的微分和积分过程，在模拟信号调制中有着重要的作用。

7.3.1　电路设计分析

1. 微分电路

简单的微分电路路如图 7.9 所示，下面对电路进行分析。

由回路方程知

$$\dot{U}_i = \dot{U}_C + \dot{U}_o \tag{7.14}$$

由电容关系知

$$\dot{U}_{\mathrm{C}} = \frac{1}{\mathrm{j}\omega C}\dot{I} \tag{7.15}$$

由电阻关系知 $\dot{U}_{\mathrm{o}}=R\dot{I}$，由电路分析，可得出

$$\dot{U}_{\mathrm{o}} = \frac{1}{1+\frac{1}{\mathrm{j}\omega RC}}\dot{U}_{\mathrm{i}} \tag{7.16}$$

当时间常数 $\tau=RC\ll t_{\mathrm{p}}=\frac{2\pi}{\omega}$，即 $\omega RC\ll 2\pi$ 时

上式可写成

$$\dot{U}_{\mathrm{o}} = \mathrm{j}\omega RC\dot{U}_{\mathrm{i}} \tag{7.17}$$

转换到时域里为

$$U_{\mathrm{o}} = RC\,\frac{\mathrm{d}U_{\mathrm{i}}}{\mathrm{d}t} \tag{7.18}$$

2. 积分电路

简单的积分电路如图 7.10 所示，与微分电路相同的分析，可以得到

$$\dot{U}_{\mathrm{o}} = \frac{\frac{1}{\mathrm{j}\omega C}}{R+\frac{1}{\mathrm{j}\omega C}}\dot{U}_{\mathrm{i}} = \frac{1}{1+\mathrm{j}\omega RC}\dot{U}_{\mathrm{i}} \tag{7.19}$$

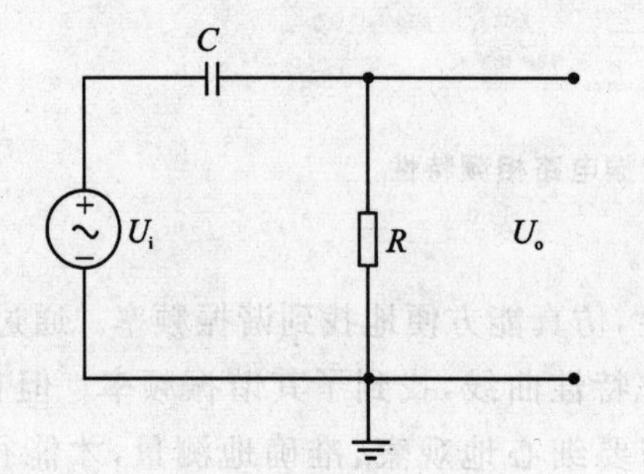

图 7.9　微分电路

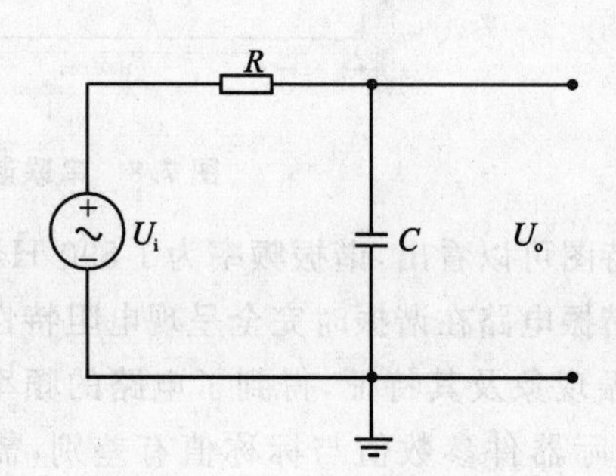

图 7.10　积分电路原理

当时间常数 $\tau=RC\ll t_{\mathrm{p}}=\frac{2\pi}{\omega}$，即 $\omega RC\gg 2\pi\gg 1$ 时，式(7.19)可写成

$$\dot{U}_{\mathrm{o}} = \frac{1}{\mathrm{j}\omega RC}\dot{U}_{\mathrm{i}} \tag{7.20}$$

转化成时域形式为

$$U_{\mathrm{o}} = \frac{1}{RC}\int U_{\mathrm{i}}\,\mathrm{d}t \tag{7.21}$$

7.3.2　微/积分电路输入

1. 微分电路仿真电路图

微分电路仿真电路图如图 7.11 所示。

2. 积分电路仿真电路图

积分电路仿真电路图如图 7.12 所示。

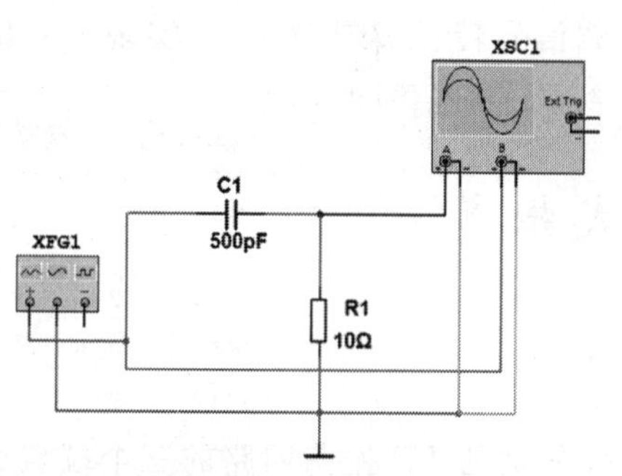

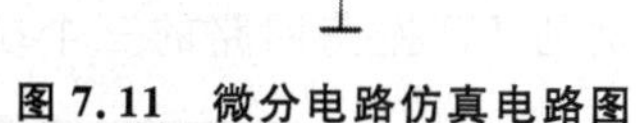
图 7.11　微分电路仿真电路图

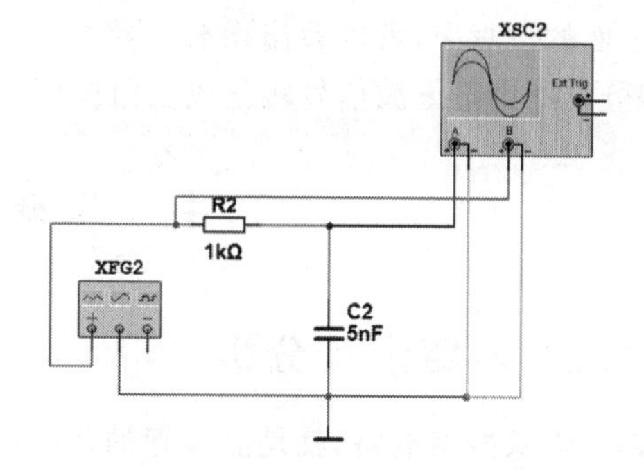

图 7.12　积分电路仿真电路图

7.3.3　微/积分电路仿真分析

1. 微分电路波形

微分电路输出波形如图 7.13 所示。输入为 1 MHz 的三角波信号,输出为 1 MHz 的方波信号。

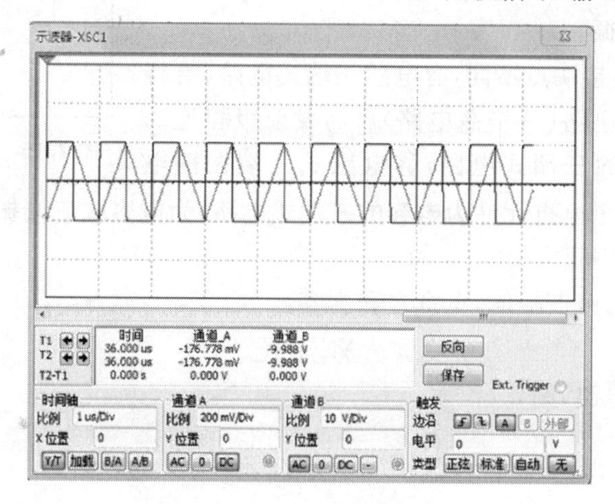

图 7.13　微分电路输出波形

2. 积分电路波形

积分电路输出波形如图 7.14 所示。输入为 1 MHz 的方波信号,输出为 1 MHz 的三角波信号。

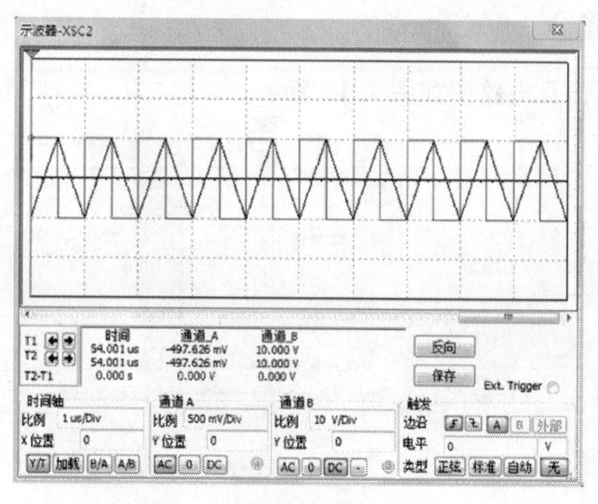

图 7.14　积分电路输出波形

从上面的仿真中,可以看出微分电路把三角波信号转化成方波信号,实现了对信号的微分;而积分电路则把方波信号转化成三角波信号,实现了对信号的积分。

7.4 三端式振荡器

7.4.1 电路设计分析

所谓三端式振荡电路,就是晶体管的三个电极分别与 LC 振荡回路的三个端点交流连接所组成的振荡电路,如图 7.15 所示。

在三端式电路中,LC 回路中与发射极相连的两个电抗元件 X_{ce}、X_{be} 必须是同性质的,另外一个电抗元件 X_{be} 必须为异性质的。这是三端式电路组成的相位判据,称为三端式电路的相位平衡判别准则。这个准则可以迅速判断振荡电路组成是否合理,能否起振。

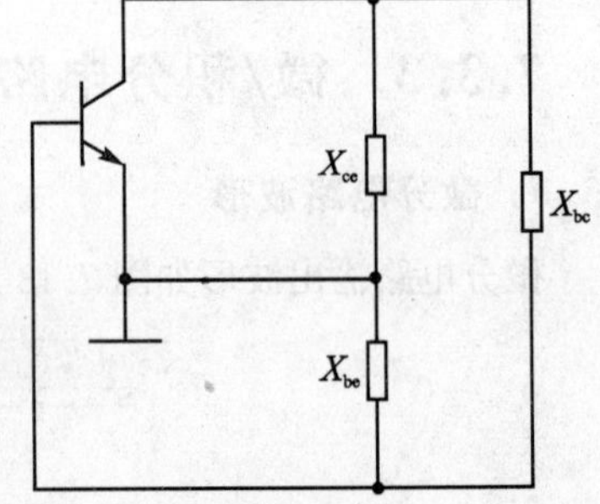

图 7.15 三端式振荡器原理图

根据 LC 回路的连接端点不同,有电感三端式电路(哈特莱电路)和电容三端式电路(考毕兹电路)。与发射极相连的两个电抗元件为电感的三端式电路,称电感式三端振荡电路,与发射极相连的两个电抗元件为电容的三端式电路,为电容式三端振荡电路。本文只对电容式三端振荡电路做分析。

由图 7.15 可知,回路谐振时,电抗之和为零:

$$X_{bc}+X_{be}+X_{ce}=0 \tag{7.22}$$

若为电容式三端振荡电路,则

$$j\omega L+\frac{1}{j\omega C_1}+\frac{1}{j\omega C_2}=0 \tag{7.23}$$

可以得出谐振频率为

$$f=\frac{1}{2\pi}\sqrt{\frac{C_1+C_2}{LC_1C_2}} \tag{7.24}$$

7.4.2 电路输入

电容式三端振荡器仿真电路图如图 7.16 所示。

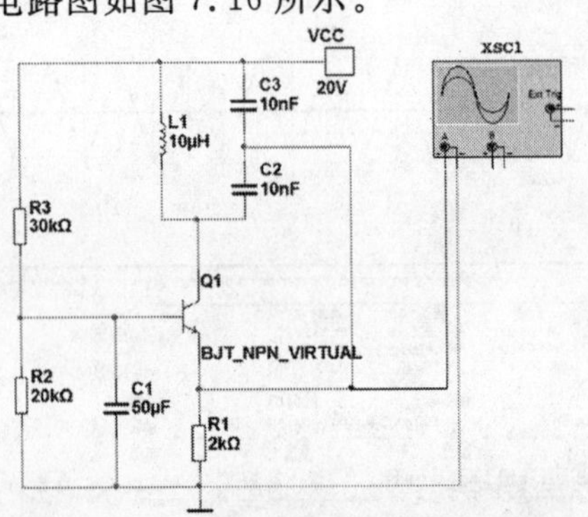

图 7.16 电容式三端振荡器仿真电路图

7.4.3　振荡电路仿真分析

电容式三端振荡器输出波形如图 7.17 所示。

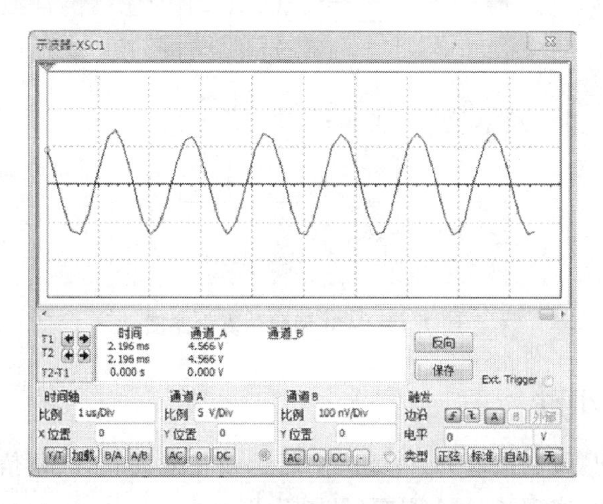

图 7.17　电容式三端振荡器输出波形

三端式振荡器能够产生谐振频率的正弦波，频率稳定度较高。仿真中，得到了频率约为 769 kHz 的正弦波，基本符合理论计算结果。

7.5　乘法器 AM 调幅

AM 调幅是以调制信号来控制高频载波信号，使载波信号随调制信号作线性变化，从而实现调制的。调制的目的就是进行频谱搬移，使有用的低频信号搬移到高频上去，从而提高系统信息传输的有效性和可靠性。AM 调幅在模拟调制系统中有着广泛的应用。

7.5.1　电路设计分析

AM 调幅是常规双边带调制，原理图如图 7.18 所示，m 为调制信号，$\cos\,\omega t$ 是高频载波信号，s 为调幅信号。

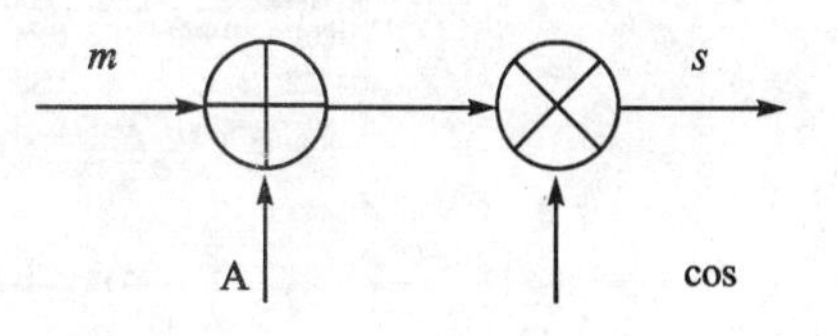

图 7.18　AM 调幅原理图

由图 7.18 可以看出已调信号为

$$s(t)=[A_0+m(t)]\cos\,\omega t \tag{7.25}$$

7.5.2　AM 调幅电路输入

AM 调幅仿真电路图如图 7.19 所示。

以频率为 1 kHz、幅值为 1 V 的正弦波为调制信号 $m(t)$，以频率为 20 kHz、幅值为 1 V 的正弦波为载波信号，并令 $A_0=2$ V，输出负载为 35 kΩ 的电阻。可得到 AM 调幅仿真电路图(见图 7.19)。

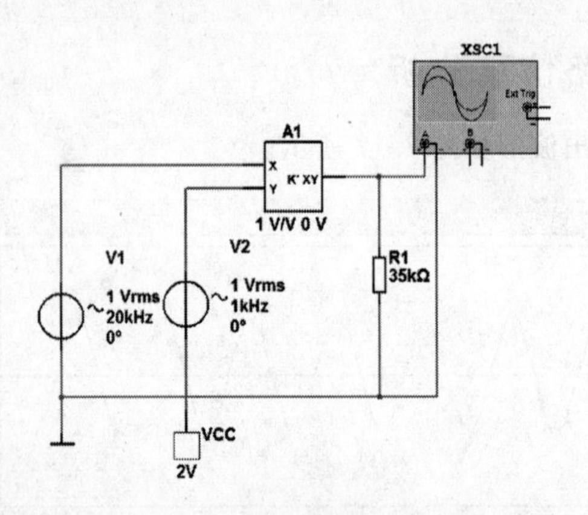

图 7.19　AM 调幅仿真电路图

7.5.3　仿真分析

通过仿真可以看出,调制信号 $m(t)$ 经调制后运载在载波上,已调信号的驻波振幅按调制信号的波形作线性变化,实现了 AM 调幅(见图 7.20)。

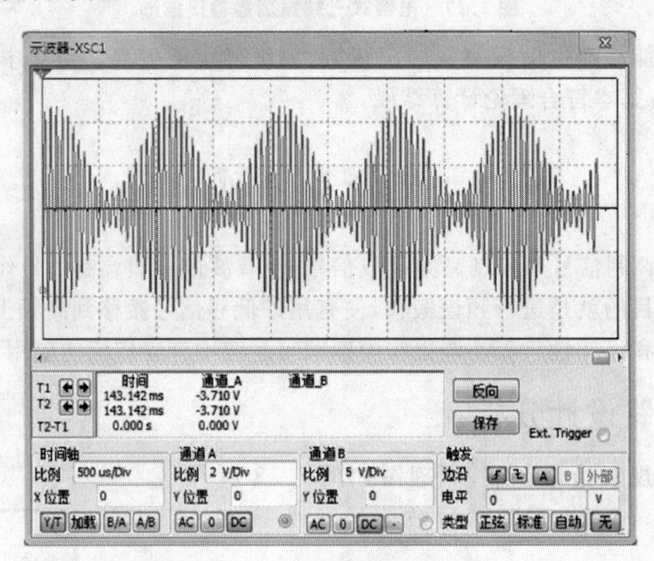

图 7.20　AM 调幅输出波形

本章重点

1. 掌握简单电路分析、设计、仿真。
2. 调幅、调频电路的设计仿真。
3. 从仿真结果分析电路行为。

思考题

1. 试仿真出串联谐振电路的电流波形。改变品质因子 $Q=\frac{1}{R}\sqrt{\frac{L}{C}}$，试通过仿真发现品质因子大小对频率特性曲线的影响。

2. 在微分、积分电路中，微分电路和积分电路的时间常数 τ 要分别满足一定的条件，才能实现微分和积分。若改变电容的大小，即改变时间常数 τ，其输出波形将如何变化以及其如何应用？

3. 根据三端振荡器原理，试仿真电感式三端振荡器，并与电容式做对比。

4. 试以三角波信号为调制信号作出 AM 调幅的仿真波形图。

5. 试设计一个低通滤波器，并测量其幅频特性曲线。

第8章　放大电路与滤波电路仿真

8.1　两级晶体管放大电路

放大电路是模拟电子电路的基础，而晶体管放大电路是放大电路最主要的组成部分。基本共射放大电路是晶体管放大电路常用的基本电路，本节将以基本共射放大电路为基础设计和分析两级晶体管放大器，并采用阻容耦合的方式来滤除极间连接的直流分量。

下面将以基本共射放大电路为基本组成电路设计两级晶体管放大器，实现对幅值为1 mV、频率为1 kHz小信号的放大作用，同时要求非线性失真小，输入/输出阻抗合适，工作稳定。

8.1.1　工作原理

1. 基本放大电路及耦合方式的选取

基本共射极放大阻容耦合电路如图8.1所示，Q1为晶体管，V_1 为输入信号，V_2 为直流电压源，输出信号为 R_3 的电压。电容器 C_1、C_2、C_3 能够隔断直流通过交流。若忽略基极电流 I_b 的分流作用，则由电路分析知，基极b的电位为

$$U_b = \frac{V_2 R_5}{R_2 + R_5} \tag{8.1}$$

晶体管集电极和发射极的电压（令 $I_c = I_e$）：

$$U_{ce} = V_2 - I_C(R_1 + R_4) \tag{8.2}$$

多级放大电路有4种常见的耦合方式：直接耦合、阻容耦合、变压器耦合和光电耦合。由于阻容耦合的方式能够很好地滤除直流，因此将采用阻容耦合来设计电路。

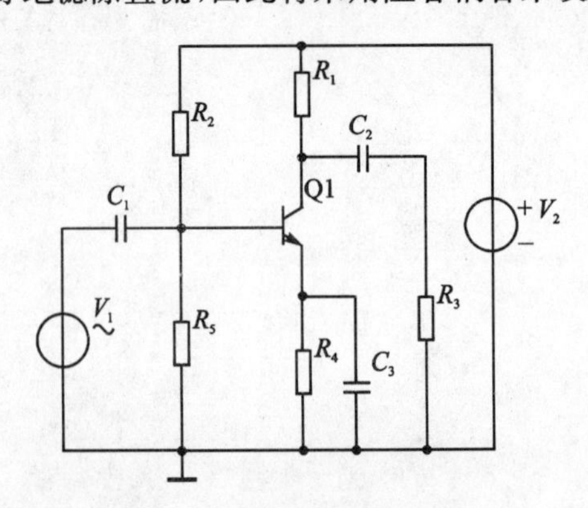

图8.1　基本共射极放大电路

2. 晶体管的选取与测量

每个晶体管都会有其特定的参数，这些参数决定晶体管的性能。晶体管的性能将直接影响电路的放大作用以及不失真能力，所以晶体管的选取十分重要。一般会根据不同的需求来

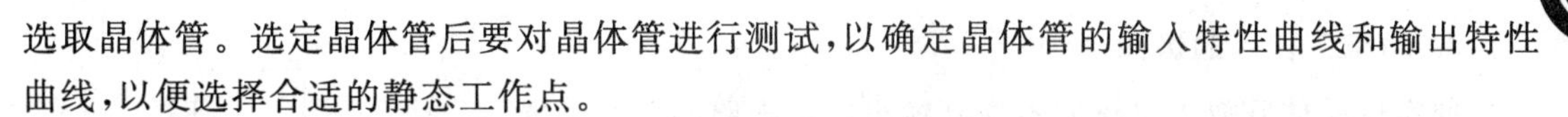

选取晶体管。选定晶体管后要对晶体管进行测试，以确定晶体管的输入特性曲线和输出特性曲线，以便选择合适的静态工作点。

在 Multisim 主元器件库（Master Database）的三极管库（Transistors）中，有大量的晶体管（BJT）模型，可从其中任选一个。本文将以 NPN 型 BJT 中型号为 2N2924 的晶体管模型为模板进行分析测试。

Multisim 提供了 3 种晶体管的测试方法。3 种方式仪器不同，方法不同，但其结果是一样的。

第一种是使用虚拟仪器 IV 分析仪进行分析：把晶体管模型添加到工作区，同时在虚拟仪器中找到 IV 分析仪并添加到工作区，打开 IV 分析仪选择对话框，按照要求选择模型 BJT NPN，设置相关参数，启动仿真，就可以看到 IV 分析仪输出的晶体管的输出特性曲线，如图 8.2 所示。

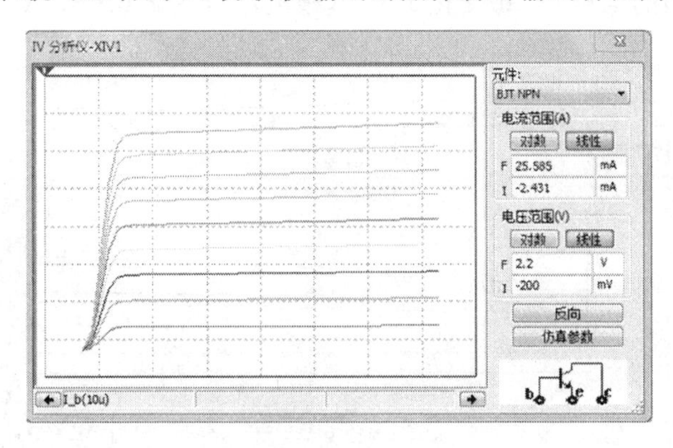

图 8.2　IV 分析仪输出的晶体管的输出特性曲线

第二种是使用虚拟仪器 BJT 分析仪进行分析：和使用虚拟仪器 IV 分析仪一样，添加 BJT 分析仪到工作区，打开对话框并进行参数设置，启动仿真，可以看到 BJT 分析仪输出的晶体管的输出特性曲线，如图 8.3 所示。

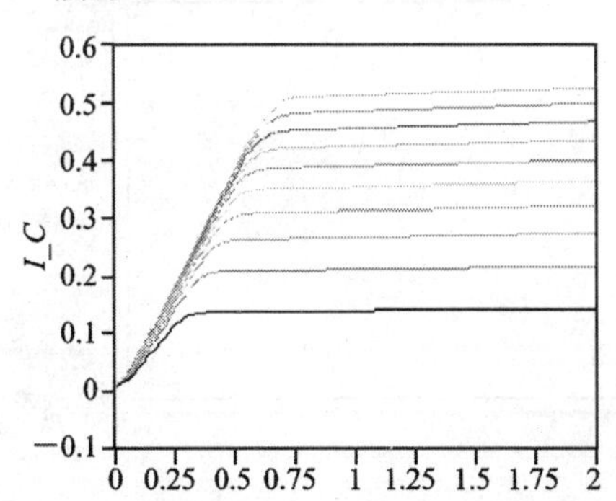

图 8.3　BJT 分析仪的晶体管输出特性曲线

第三种是利用直流扫描分析方法进行的分析。

首先，需要在工作区输入简单的晶体管连线图，如图 8.4 所示。之后在仿真菜单的分析中找到直流扫描分析（DC sweep analysis）打开对话框，在设计参数中设置源 1 电压源和源 2 电流源的范围和步幅，在输出对话框中选择要分析的变量晶体管集电极电流 I(Q1(IC))，然后选择仿真，会得到以源 1 电压源为横坐标，分析的变量 I(Q1(IC)) 为纵坐标的曲线，即晶体管的输出特性曲线，如图 8.5 所示。

3. 静态工作点的选择

要实现晶体管放大电路的不失真输出以及电路的放大功能，必须设置合适的静态工作点。可根据晶体管的输出特性曲线及实际的应用进行设定和调试。若静态工作点偏高，则容易产生饱和失真；若静态工作点偏低，则容易产生截止失真。一般将静态工作点靠近交流负载线的中点。

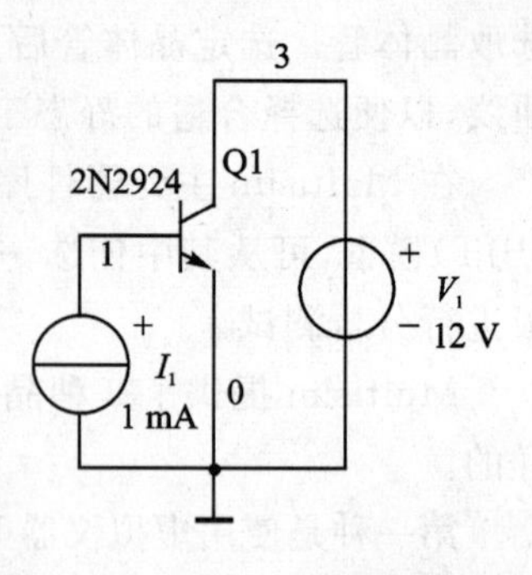

图 8.4　直流扫描分析晶体管

可以通过 IV 分析仪对晶体管在管压降 U_{ce} 为零时，基极与发射极之间输入特性曲线进行测量，得到图 8.6。从输出特性曲线可以看出，曲线的斜率为 0.067 A/V，即当基极与发射极导通时，基极与发射极之间的电压 U_{be} 每变化 1 V，基极电流将变化 0.067 A。

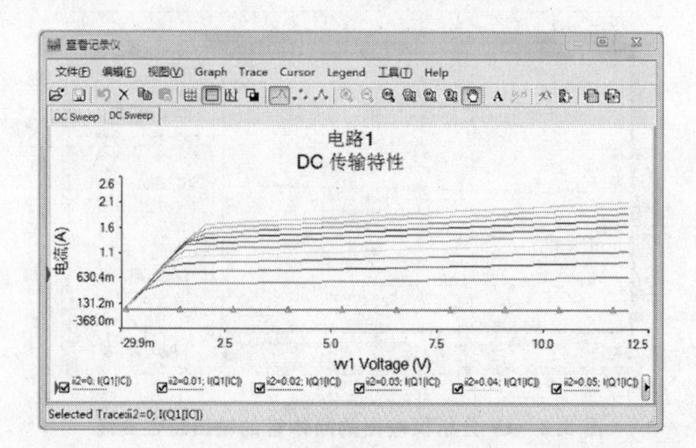

图 8.5　直流扫描分析得出的晶体管的输出特性曲线

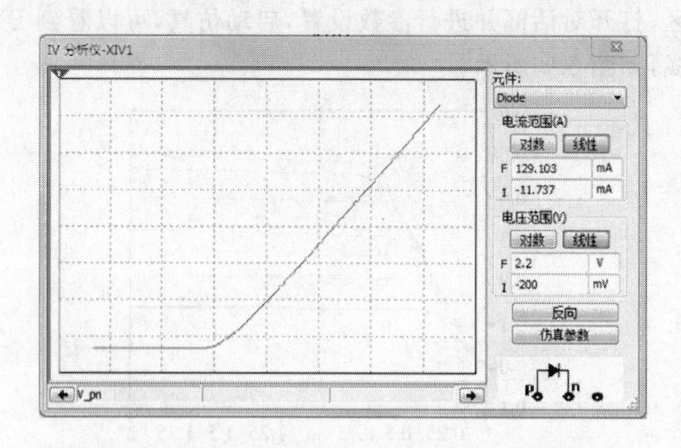

图 8.6　IV 分析仪得出的晶体管输入特性曲线

由图 8.1 可知，对直流而言，基极电位 U_b 满足 $U_b = U_{be} + (1+\beta) i_b R_4$，在交流时，输入信号源 V_1 满足 $V_1 + U_b = U_{be} + (1+\beta) i_b R_4$，结合输入特性曲线，可以得到波形分析图，如图 8.7 所示，可以看出交流信号输入时，i_b 以及 i_c 的波形变化图。由于要放大的 V_1 是幅值 1 mV 的信号，可从图 8.7(a)中看出，可以估算，它使 U_{be} 产生的变化会是几十甚至几微伏，从输入特性曲线可以看出，它在输入端有可能使基极电流产生小于微安级的变化。又在第一级放大电路的输出端有可能是几十毫伏的信号，大约会对第二级输入端的基极电流产生几甚至十几微安的变化。因此为使放大电路不失真，可以选择静态工作点的 i_b 为几十微安。当然，也可以选取几百微安或几毫安为静态工作点，但对于要设计的内容来说，几十微安的静态工作点已经足够。也可以根据实际的要求进行选择。

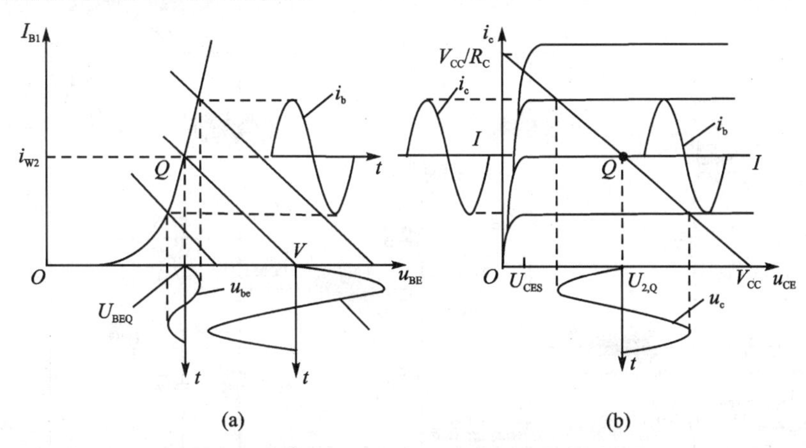

图 8.7　基本共射放大电路的波形分析

图 8.8 为 IV 分析仪得出的晶体管输出特性曲线，其基极电流的波动范围为 10～100 μA。从上面的分析，以 i_b＝50 μA 为静态工作点。从图中可以找到在放大区，当 i_b＝50 μA 时，i_c＝13 mA。当电源电压 V_2 为 12 V 时，结合图 8.7(b)，从图 8.8 中可以看出，$V_2/(R_1+R_4)$＝30 mA，则 R_1+R_4＝400 Ω。可令 R_1＝300 Ω，R_4＝400 Ω。为实现静态工作点 i_b＝50 μA，i_c＝13 mA，可通过调整阻值 R_2、R_6，使基极电位满足 $U_b=i_cR_4+u_{be}\approx 2$ V。

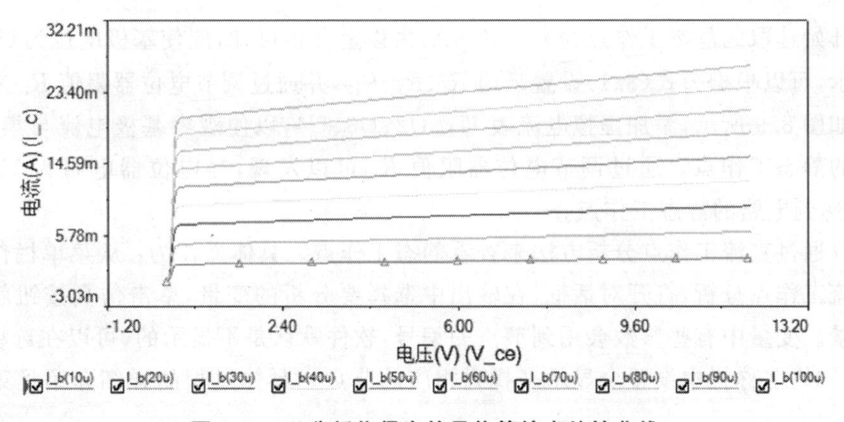

图 8.8　IV 分析仪得出的晶体管输出特性曲线

4. 基本元器件的选取与连线

在两级晶体管放大器中，除了需要晶体管，还需要一些基本的元器件，如电阻、电容、电源等，可以在主元件库(Master Database)找到这些元件，并把它们添加到工作区合适的位置，根据基本共射放大电路的原理进行连线，并做好级间的耦合。根据以上分析，调整电阻、电源、电容的参数，使放大电路工作在合适的静态工作点。

5. 信号源输入与仿真

在输入端放置一幅值为 1 mV、频率为 1 kHz 的交流电压信号源，连接电路，单击仿真按钮开始仿真分析。

8.1.2 电路设计

根据以上分析，设计出仿真电路，如图 8.9 所示。

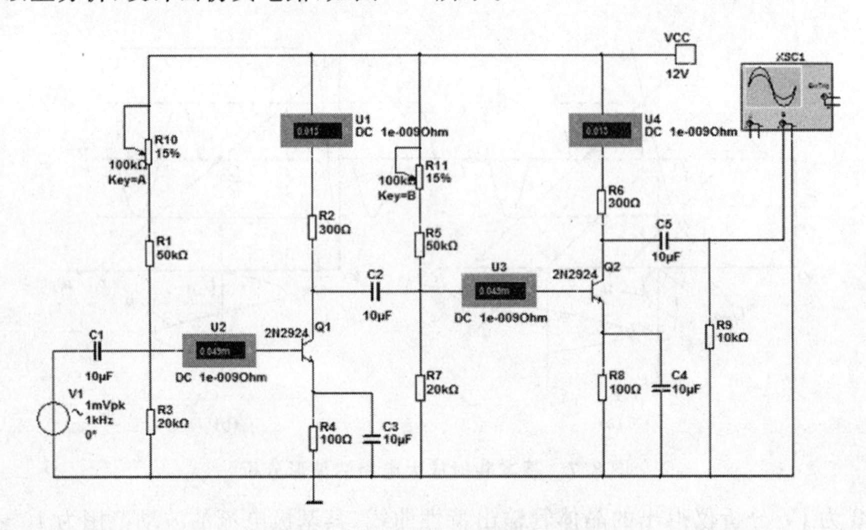

图 8.9 两级晶体管放大器仿真电路

8.1.3 放大电路仿真

1. 静态工作点的调整与测试

由于开始选取的静态工作点为 $i_b=50\ \mu A$，由以上分析可知，应使基极电位为 $U_b=2\ V$，如图 8.9 所示，可以根据公式(8.1)设置阻值 R_1、R_3、R_{10}，并通过调节电位器阻值 R_{10} 来找到静态工作点。如图 8.9 所示，添加虚拟电流表 U1、U2、U3、U4，以便观察基极电流与集电极电流，调整合适的静态工作点。通过调节电位器阻值 R_{10} 可以发现，当电位器电阻为 15%时，$i_b \approx 50\ \mu A$，即达到电路的静态工作点。

也可以通过直流工作点分析方法来查看静态工作点。具体操作为：从菜单栏仿真中的分析选择直流工作点分析，打开对话框，在输出中选择要分析的变量，单击仿真按钮就会得到要分析的变量。变量中有些参数会用到节点的编号，软件默认是不显示的，可以在选项中的表单属性中，在网络名称栏中设置全显示来找到相应的节点。具体过程的详细介绍见第 3 章和第 5 章。

2. 最大不失真输出电压

可以调节两级放大器输入电压的幅值，观察输出波形的变化。当输出波形开始失真时，输出电压幅值为最大不失真输出电压。由于本例中设置的静态工作点较小，电路容易发生截止失真。调整仿真电路的输入信号 V_1 的幅值，可以发现当 V_1 幅值为 15 mV 时，输出电压上部波形发生失真，如图 8.10 所示。可以读出最大不失真输出电压峰值约为 4 V。

3. 电压放大倍数的测量

在输出电压不失真的情况下，输出电压 U_o 有效值和输入电压 U_i 有效值的比值为电压放大倍数 A_u。当输入电压幅值为 1 mV 时，单击仿真开关进行仿真，打开示波器，结果如图 8.11

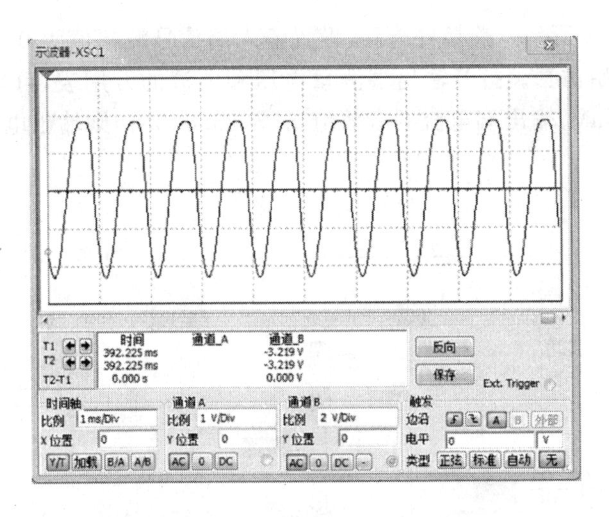

图 8.10　输入电压为 15 mV 时的输出波形

所示。从图中可以读出，输出电压 U_o 的峰值为 310 mV，则两级放大器的放大倍数 A_u 为

$$A_u = \frac{U_o/\sqrt{2}}{U_i/\sqrt{2}} = 310$$

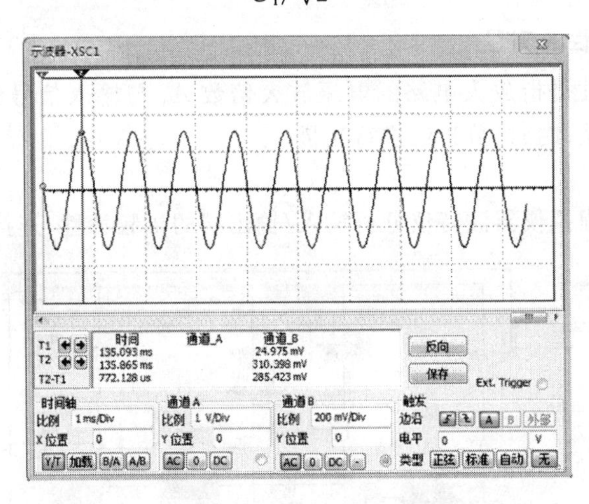

图 8.11　输入信号为 1 mV 时的输出波形

4. 输入电阻的测量

输入电阻 R_i 是输入电压有效值 U_i 和输入电流有效值 I_i 的比值。在仿真电路中可以用万用表分别测量输入电压的有效值和输入电流的有效值，经过测量 $U_i = 0.707$ mV，$I_i = 0.199$ μA，则输入电阻

$$R_i = \frac{U_i}{I_i} = \frac{0.707\ \text{mV}}{0.199\ \mu\text{A}} = 3.5\ \text{k}\Omega$$

5. 输出电阻的测量

输出电压 R_o 是从放大电路输出端看进去的等效内阻。采用外加激励法测量输出电阻，把输入信号源置零，在输出端加入信号源，用万用表分别测量输出端电压的有效值和输出端电

流的有效值，如图 8.12 所示。连接好电路，设置输入端信号源幅值为 0 mV，输出端信号源幅值为 10 mV，然后开始仿真。打开输出端测量电压和电流的万用表，可以读出输出端电压的有效值 U_o 为 7.071 mV，输出端电流的有效值 I_o 为 23.68 μA，则输出电阻为

$$R_o=\frac{U_o}{I_o}=\frac{7.071\ \text{mV}}{23.68\ \mu\text{A}}=300\ \Omega$$

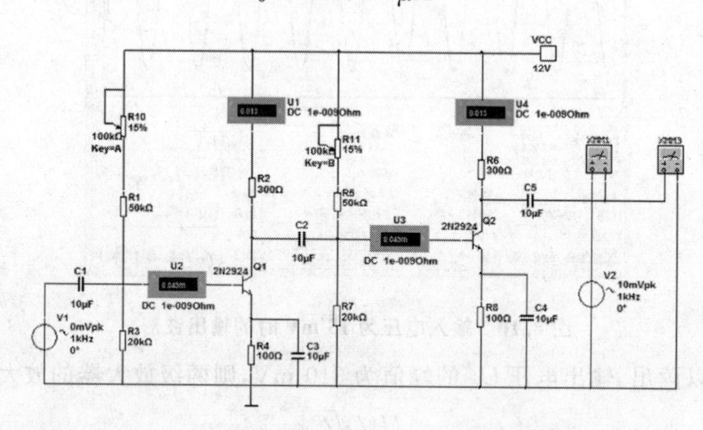

图 8.12　测量输出电阻时的分析电路图

6. 放大器幅频特性的测量

放大电路幅频特性是指放大电路的电压放大倍数 A_u 与输入信号频率 f_i 之间的关系曲线。可以用直接测量法和扫描分析法进行测量。

(1) 直接测量法

直接测量是利用虚拟仪器波特仪分析输入/输出端的幅频特性，连接方法如图 8.13 所示。

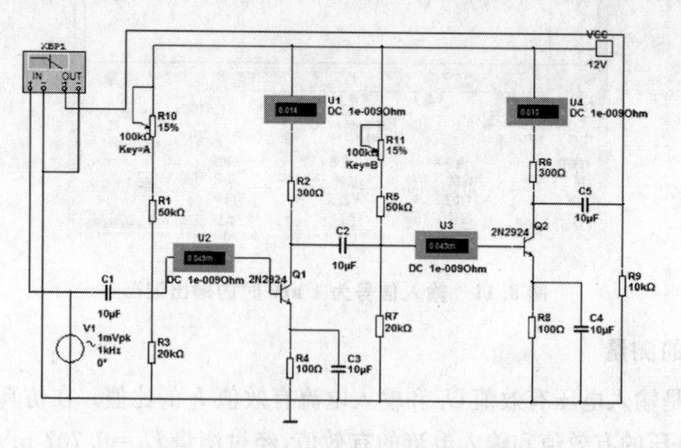

图 8.13　波特仪分析电路幅频特性电路

打开波特仪对话框，设置参数水平 $F=1$ GHz，$I=100$ Hz，垂直 $F=100$ dB，$I=-100$ dB，单击仿真按钮进行仿真。得到放大电路的幅频特性曲线和相频特性曲线，如图 8.14 所示。常常规定，电压放大倍数随频率的变化下降到中频放大倍数的 0.707 倍，所对应的频率分别为下限截止频率和上限截止频率，两者之间的频带为通频带。从图 8.14 中可以读出电路的通频带为 0.6 kHz～90 MHz。

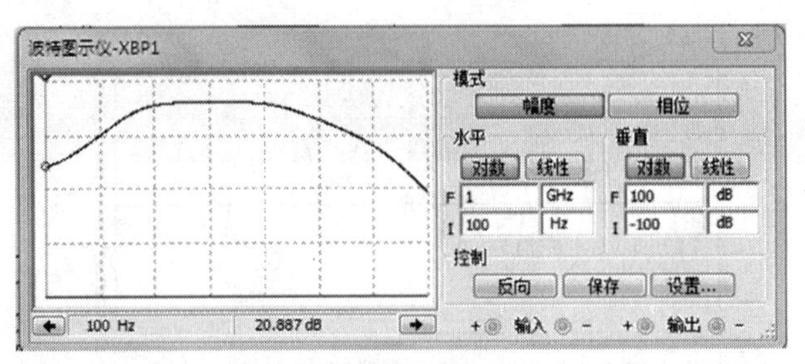

(a) 幅频特性曲线

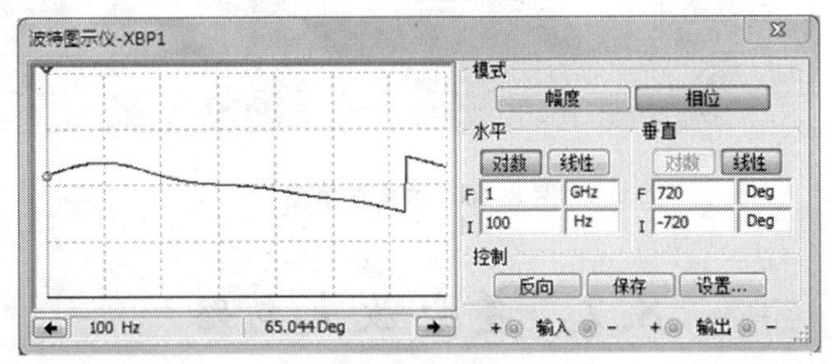

(b) 相频特性

图 8.14　放大电路的频率响应

(2) 扫描分析法

扫描分析法要利用仿真中的交流分析方法，从仿真菜单中的分析选项找到交流分析方法，打开参数设置，设置完参数后，仿真，得到电路的幅频特性曲线和相频特性曲线，结果如图 8.15 所示。

8.1.4　仿真结果与讨论

当输入信号幅值为 1 mV、频率为 1 kHz 时，输出电压和输入电压的波形如图 8.16 所示。图中通道 A 为输入信号，通道 B 为输出信号。可以看出，输出信号幅值约为输入信号的 300 倍，输出波形无失真。同时，输入、输出相位不同，这是由于放大电路中的电容有移相作用。

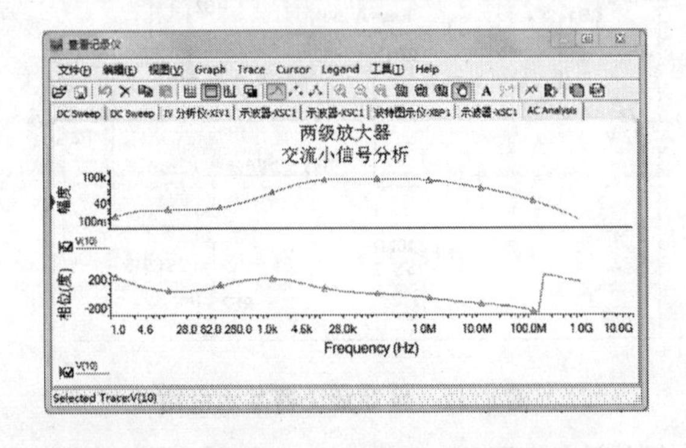

图 8.15　扫描分析法得到的幅频特性曲线

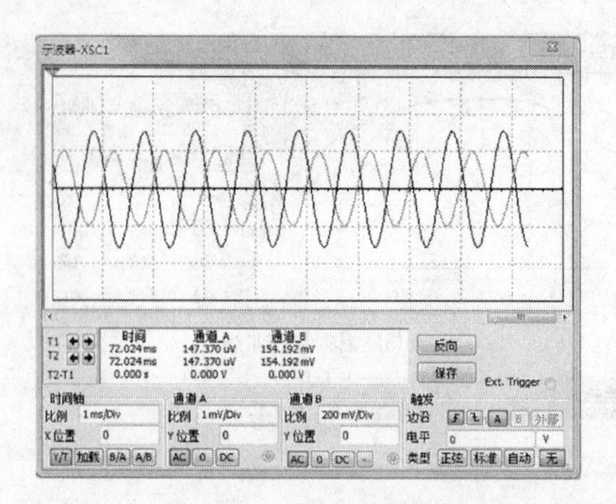

图 8.16　仿真结果图

8.2　差分放大电路

8.2.1　工作原理

差分放大电路如图 8.17 所示，开关向左边拨时，构成典型差分放大电路，开关向右边拨时，构成具有恒流源的差分放大电路。由模拟电子技术基础的知识可知，图中调零电位器 RP 用来调节 VT1、VT2 管的静态工作点，使得当输入信号为零时，双端输出电压为 0。RE 为两管公用的发射极电阻。

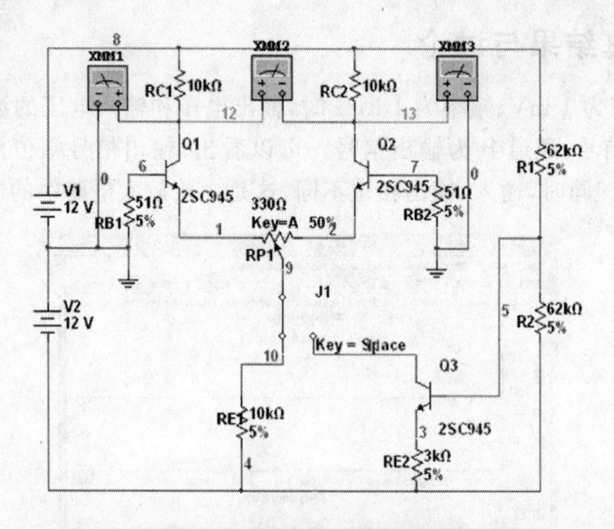

图 8.17　差动放大器基本电路

设计时，Q1 和 Q2 特性完全相同，相应的电阻也完全一致，调节电位器 RP 的位置在 50% 处，则当输入电压等于零时，$U_{CQ1}=U_{CQ2}$，即输出为 0。运行图中所示电路，双击万用表，各万用表测量示数如图 8.18 所示。

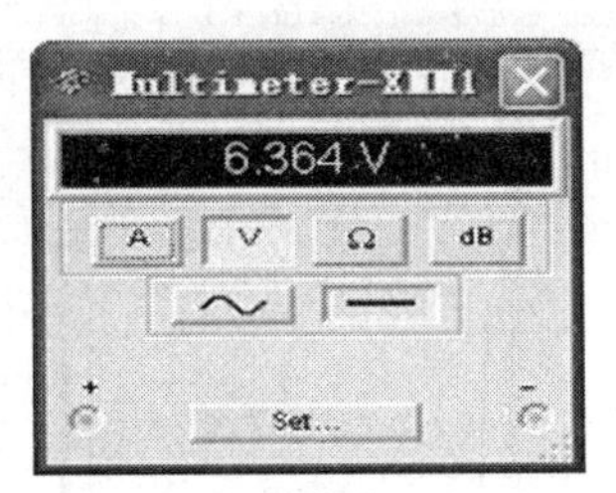

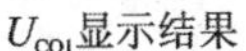
U_{CQ1}显示结果

U_o显示结果

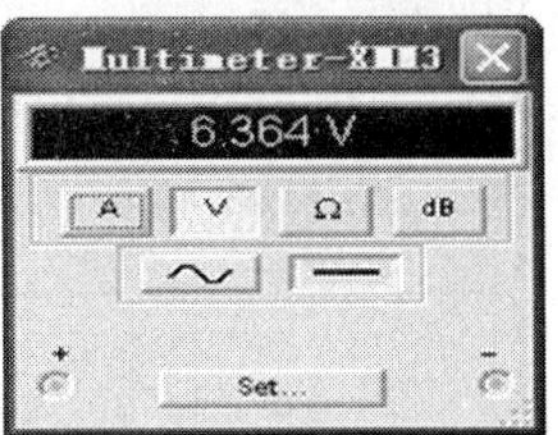

U_{CQ2}显示结果

图 8.18　直流电压显示结果

8.2.2　电路仿真分析

1. 典型差分放大电路静态工作点

$$I_E \approx \frac{|U_{EE}| - U_{BE}}{R_E} \quad (U_{B1} = U_{B2} \approx 0) \tag{8.3}$$

$$I_{C1} = I_{C2} = \frac{1}{2} I_E \tag{8.4}$$

恒流源差分放大电路静态工作点：

$$I_{C3} \approx I_{E3} \approx \frac{\frac{R_2}{R_1 + R_2}(V_{CC} + |V_{EF}|) - U_{BE}}{R_{E1}} \tag{8.5}$$

$$I_{C1} = I_{C2} = \frac{1}{2} I_{C3} \tag{8.6}$$

2. 差模电压放大倍数和共模电压放大倍数

当 RE 的值足够大或采用恒流源电路时，差模电压放大倍数 A_d 由输出端方式决定，而与输入方式无关。

双端输出，RE 的值为 1 MΩ，RP 在中心位置时：

$$A_d = \frac{\Delta U_o}{\Delta U_i} = -\frac{\beta R_c}{R_B + r_{be} + \frac{1}{2}(1+\beta)R_{RP}} \tag{8.7}$$

单端输出方式，RE 的值为 1 MΩ，RP 在中心位置时：

$$A_{d1} = \frac{\Delta U_{c1}}{\Delta U_i} = \frac{1}{2} A_d \tag{8.8}$$

$$A_{d2} = \frac{\Delta U_{c2}}{\Delta U_i} = -\frac{1}{2} A_d \tag{8.9}$$

采用交流信号源(10 mV，1 000 Hz)为差模输入，上面一条曲线为输入(A 通道)，下面一条曲线为输出(B 通道)，输出波形如图 8.19～图 8.24 所示。通过图 8.23 和图 8.24 可看出，无论采取哪种输入方式，单端集电极的输出都是非常接近的。

3. 共模电压放大倍数

双端输入共模信号、单端输出方式：

$$A_{c1} = A_{c2} = \frac{\Delta U_{c1}}{\Delta U_i} = -\frac{\beta R_c}{R_B + r_{be} + (1+\beta)\left(\frac{1}{2}R_{RP} + 2R_E\right)} \approx -\frac{R_C}{2R_E} \tag{8.10}$$

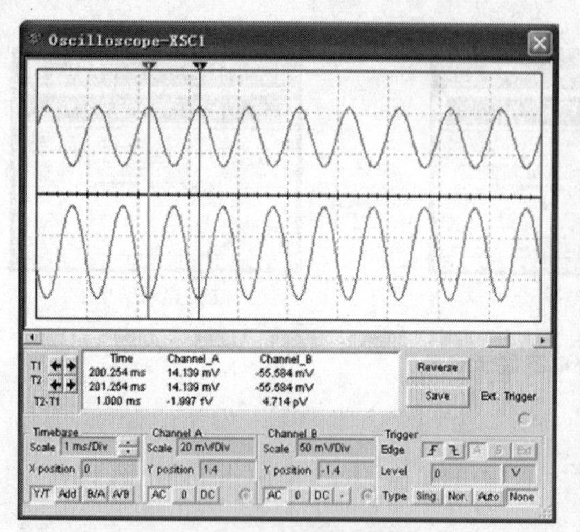

图 8.19　双端输入、双端输出

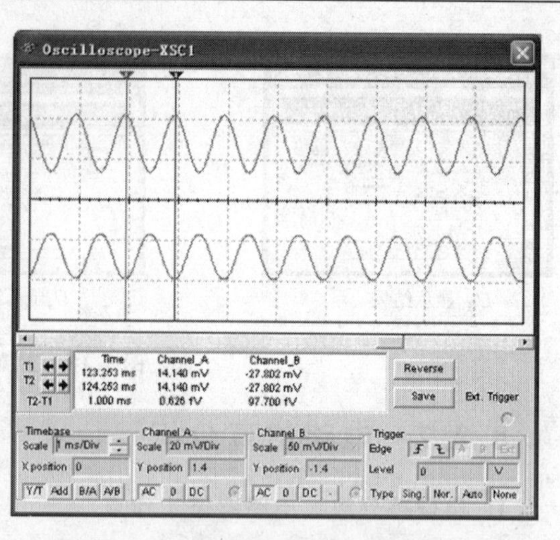

图 8.20　双端输入、VT1 集电极单端输出

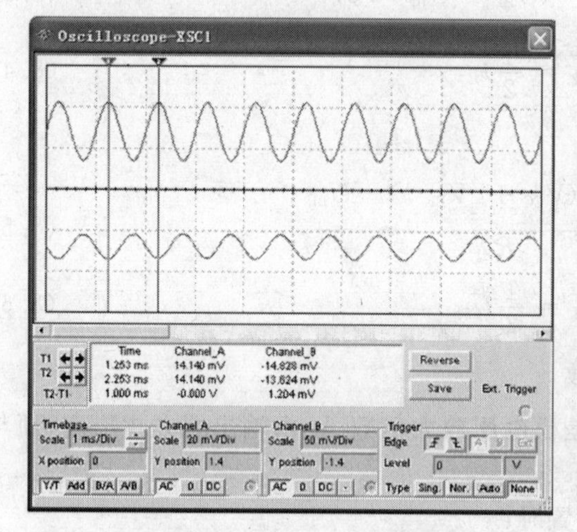

图 8.21　单端输入、双端输出

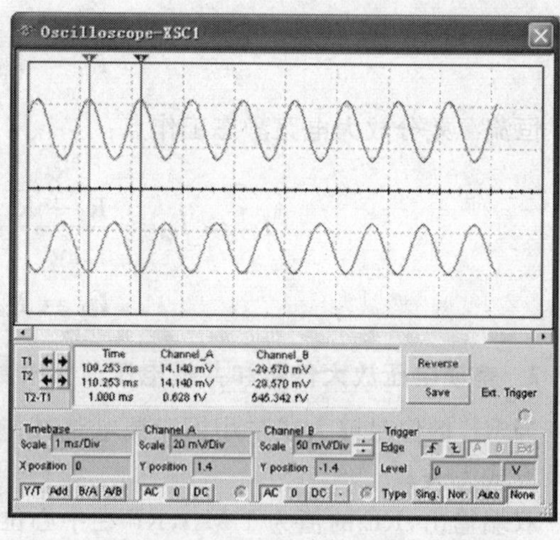

图 8.22　单端输入、VT1 集电极单端输出

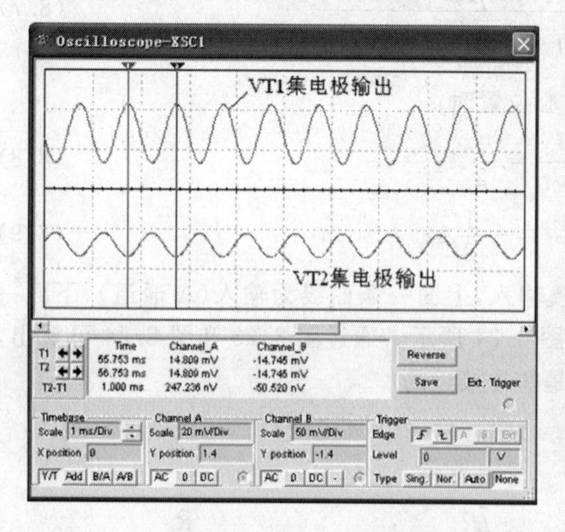

图 8.23　单端输入 VT1 和 VT2 集电极输出比较

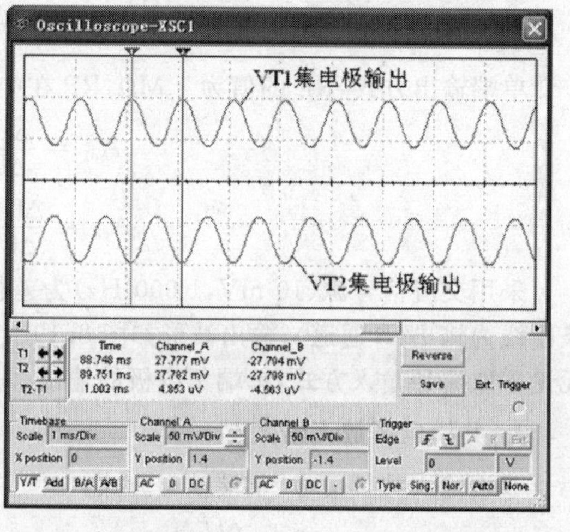

图 8.24　双端输入 VT1 和 VT2 集电极输出比较

双端输入共模信号、双端输出方式，理想情况下：

$$A_c = \frac{\Delta U_o}{\Delta U_i} = 0 \tag{8.11}$$

实际上，由于元件不可能完全对称，因此，尽管 A_c 很小，但不会等于零。共模输入仿真结果如图 8.25 和图 8.26 所示。

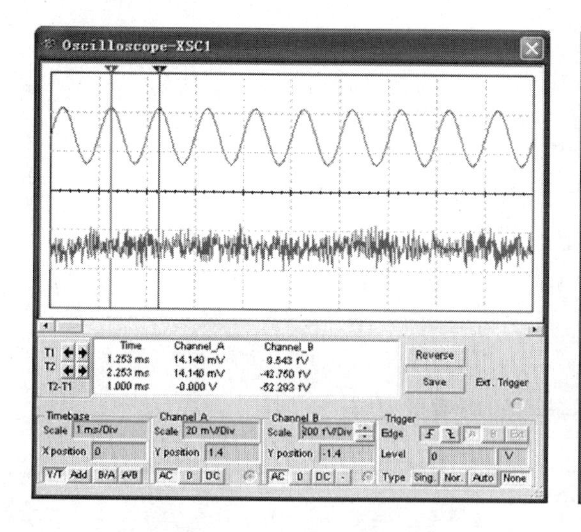

图 8.25　双端输入、双端输出

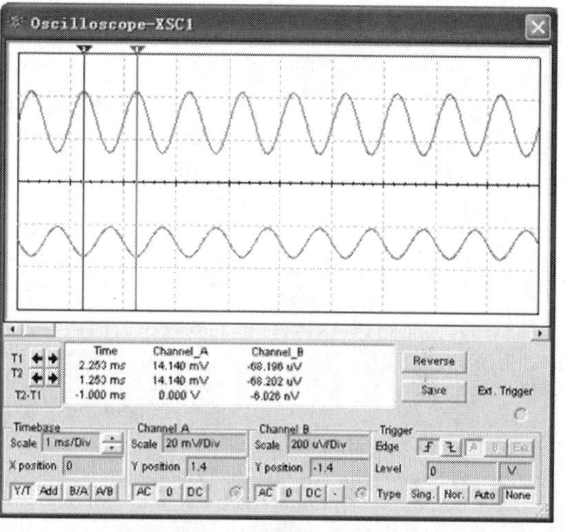

图 8.26　双端输入、单端输出

4. 共模抑制比 CMRR

共模抑制比是指差分放大电路对差模信号的放大作用和对共模信号的抑制能力之比，即

$$\text{CMRR} = \left|\frac{A_d}{A_c}\right| \quad 或 \quad \text{CMRR} = 20\lg\left|\frac{A_d}{A_c}\right| (\text{dB}) \tag{8.12}$$

8.3　射极跟随器

8.3.1　射极跟随器原理

射极跟随器原理图如图 8.27 所示。经过动态分析可知：输入电阻 $R_i = r_{be} + (1+\beta)R_E$，当考虑偏置电阻 R_B（图中的 RB）和负载电阻 R_L（图中的 RL）影响时，则输入电阻 $R_i = R_B // [r_{be} + (1+\beta)(R_E // R_L)]$；输出电阻 $R_o = R_E // \frac{r_{be}}{1+\beta} \approx \frac{r_{be}}{\beta}$，当考虑信号源内阻 R_S（图中的 RS）影响时，则输出电阻 $R_o = R_E // \frac{r_{be} + (R_S // R_B)}{1+\beta} \approx \frac{r_{be} + (R_S // R_B)}{\beta}$，式中，$R_E = (R_{E1} + R_{E2})$；电压放大倍数 $A_u = \frac{(1+\beta)(R_E // R_L)}{r_{be} + (1+\beta)(R_E // R_L)} \leqslant 1$。

电压跟随范围是指射极跟随器输出电压 u_o 跟随输入电压 u_i 作线性变化的区域。当 u_i 超过一定范围时，u_o 不能跟随 u_i 作线性变化，即 u_o 波形产生失真。为了使输出电压 u_o 正、负半周对称，静态工作点应选在交流负载线中点，测量时直接用示波器读取 u_o 的峰-峰值，即为电压跟随范围，或者用万用表读取 u_o 的有效值，则电压跟随范围 $U_{oP-P} = 2\sqrt{2}U_o$。

8.3.2 射极跟随器电路设计

根据电路原理，设计的电路如图 8.27 所示。

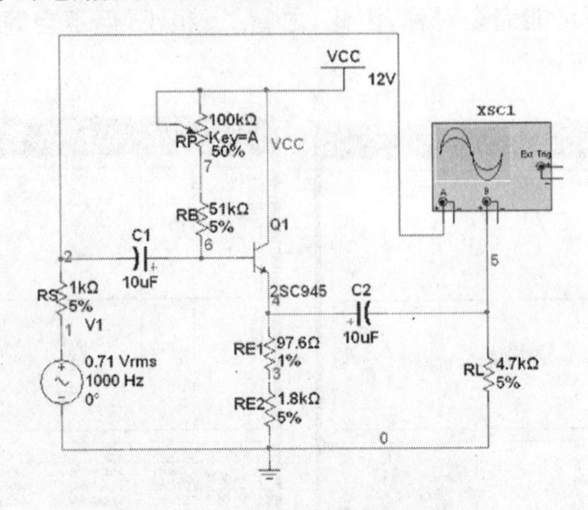

图 8.27 射极跟随器的原理图

8.3.3 电路仿真分析

1. 瞬态特性分析及仿真结果

电路仿真的示波器波形如图 8.28 所示。参考第 3 章 3.5.3 小节所介绍的内容，对射极跟随器的瞬态特性进行分析，分析结果如图 8.29 所示。

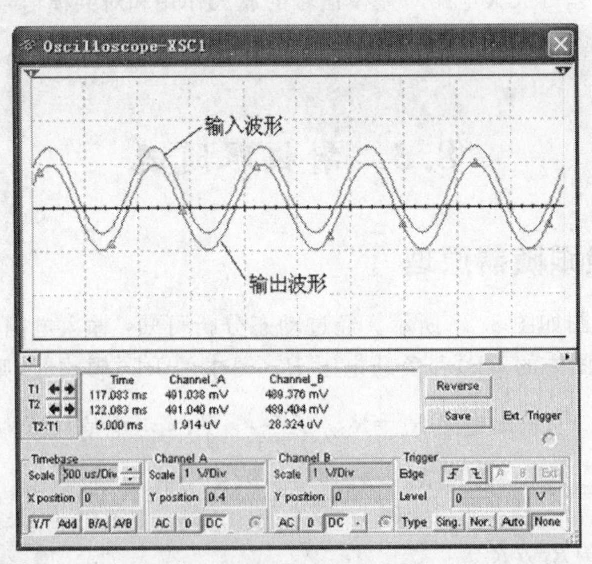

图 8.28 射极跟随器输入、输出波形

2. 电路灵敏度分析及仿真结果

参考第 3 章的相关内容，对射极跟随器的灵敏度进行分析，直流灵敏度分析结果如图 8.30 所示，交流灵敏度分析结果如图 8.31 所示。

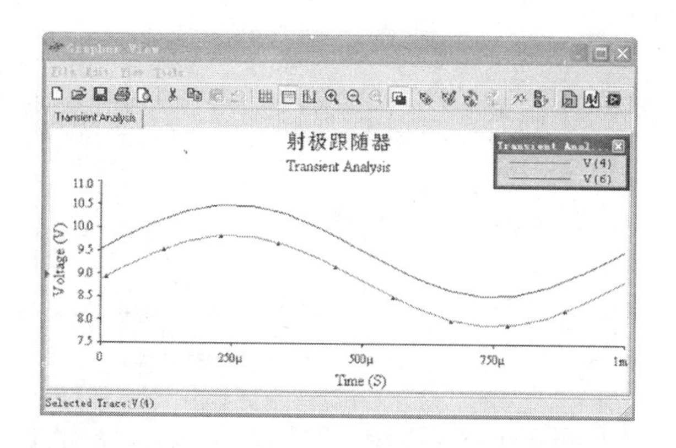

图 8.29　输入节点“6”和输出节点“4”的瞬态特性波形图

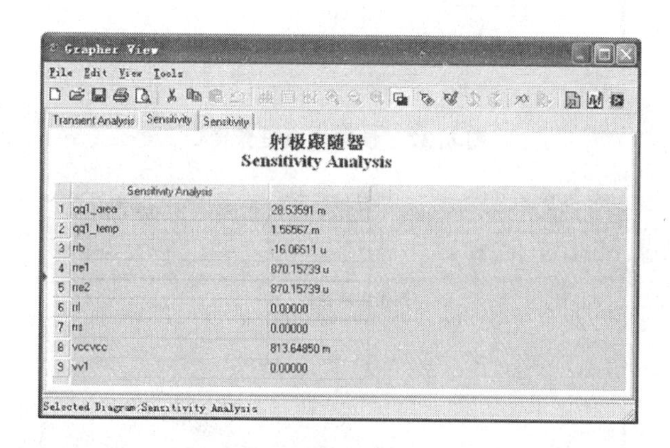

图 8.30　直流电压灵敏度仿真

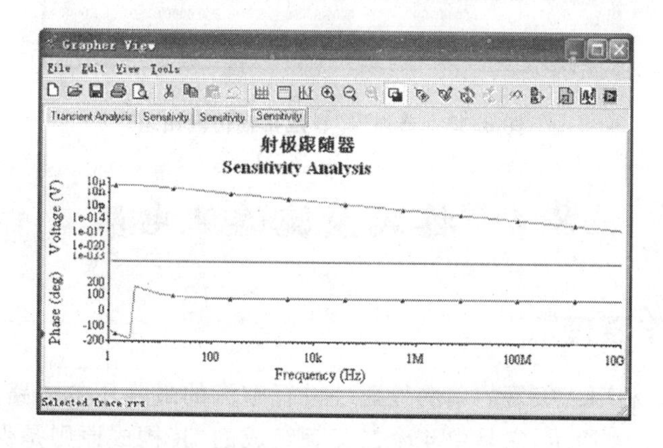

图 8.31　交流电压灵敏度仿真

3. 参数扫描分析及仿真结果

参考第 3 章 3.5.10 小节的内容，各参数设置如图 8.32 所示，对射极跟随器的电容参数进行分析，结果如图 8.33 所示。

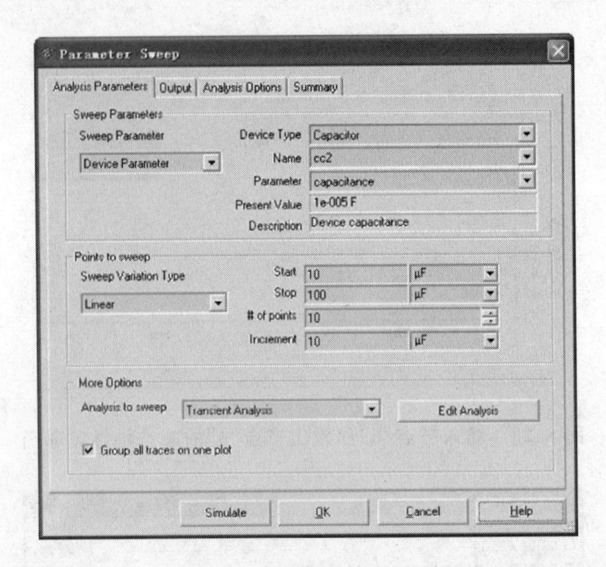

图 8.32　参数扫描设置窗口

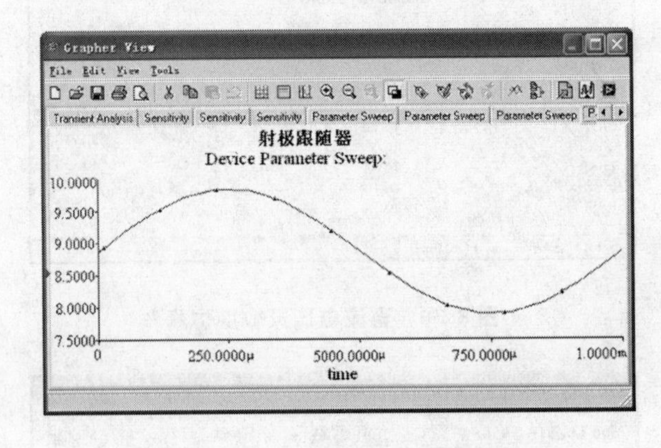

图 8.33　节点“4”参数扫描仿真结果

8.4　桥式整流滤波电路

8.4.1　工作原理

桥式整流电路是利用二极管的单向导通性进行整流的最常用的电路，常用来将交流电转变为直流电。如图 8.34 所示，它是由 4 个二极管组成的，其构成原则是保证在变压器副边电压的整个周期内，负载上的电压和电流方向始终不变。在交流电源的正半周期内，晶体管 D2 和 D3 导通；在交流电源的负半周期内，晶体管 D1 和 D4 导通，从而实现对交流电的整流作用。桥式整流滤波电路是在桥式整流电路的基础上，在其负载上添加 RC 滤波电路，实现对输出信号的滤波作用。桥式整流电感滤波电路是在桥式整流电路的负载中加入电感负载，利用电感器两端的电流不能突变的特点，把电感器与负载串联起来，以达到使输出电流平滑的目的。从能量的观点看，当电源提供的电流增大(由电源电压增加引起)时，电感器把能量储存起来；而当电流减小时，又把能量释放出来，使负载电流平滑，所以电感有平波作用。桥式整流电路电

感滤波优点：整流二极管的导电角大，峰值电流小，输出特性较平坦。

8.4.2　桥式整流基本电路

根据工作原理，设计的桥式整流滤波电路的仿真电路如图 8.34 所示。

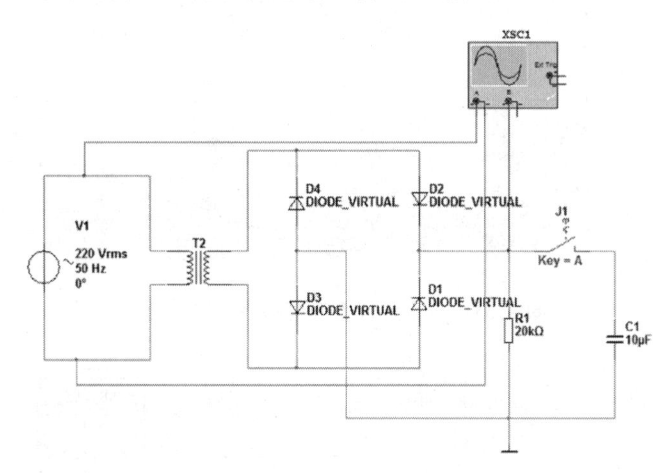

图 8.34　桥式整流滤波电路的仿真电路

8.4.3　整流电路仿真分析

① 连接如图 8.34 所示的桥式整流电路，把单刀开关 J1 断开，可得到波形如图 8.35 所示。

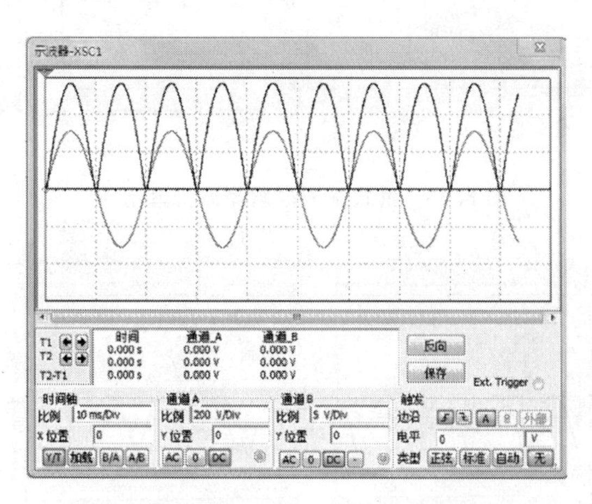

图 8.35　桥式整流电路的输出波形

② 闭合单刀开关 J1，得到桥式整流电容滤波电路，取电容器 C1 的值为 10 μF，示波器输出波形如图 8.36 所示。

③ 将电阻连接电感，如图 8.37 所示，取电感器 L1 的值 10 mH，观察电感对滤波特性的影响。

示波器输出波形如图 8.38 所示。

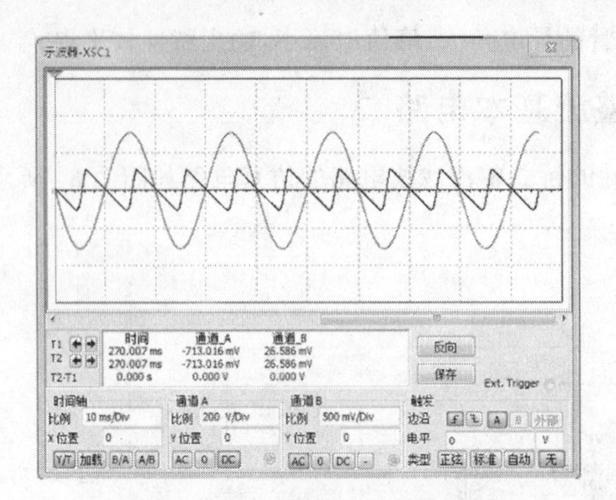

图 8.36　桥式整流滤波电路的输出波形

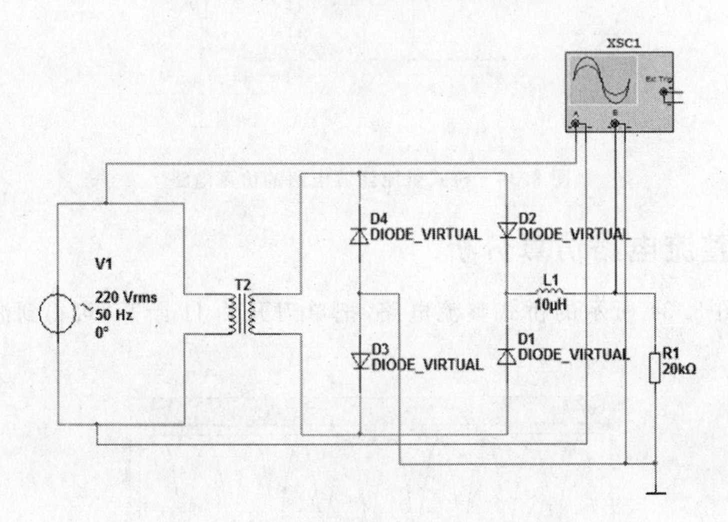

图 8.37　桥式整流电感滤波仿真电路

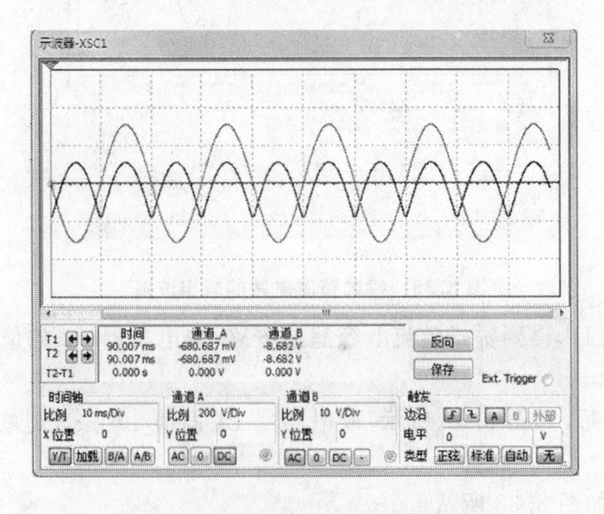

图 8.38　桥式整流电感滤波仿真波形

8.5　DSB 调幅与解调

8.5.1　DSB 调制原理

DSB 调制是幅度调制的一种。在 AM 信号中，载波分量并不携带信息，信息完全由边带传送。如果将载波抑制，则只需再将直流 A0 去掉，即可输出抑制载波双边带信号，简称双边带信号(DSB)。DSB 调制器模型如图 8.39 所示。

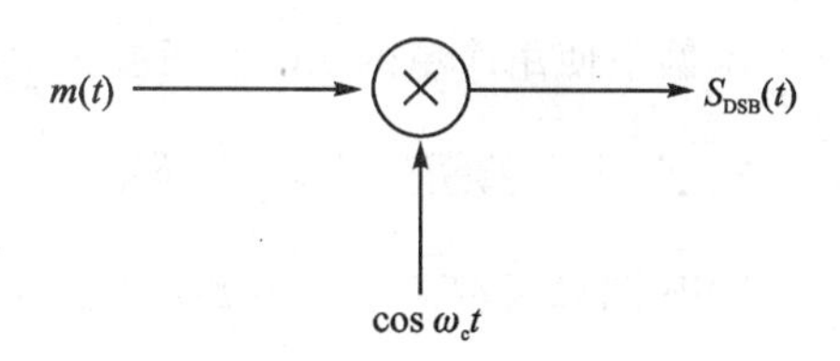

图 8.39　DSB 调制器模型

可以得到已调信号为 $S_{DSB}(t)=m(t)\cos\omega_c t$。式中，$m(t)$为载波幅度；$\omega_c$ 为载波角频率。DSB 信号实质上就是调制信号与载波直接相乘，在频域上就是二者的卷积，表示式为 $S_{DSB}(\omega)=\frac{1}{2}[M(\omega+\omega_c)+M(\omega-\omega_c)]$。经过调制以后，已调信号包含上下两个边带，且携带相同信息，在频谱上的表现为调幅信号频谱在载波频谱上的搬移。

DSB 的时域波形和频谱如图 8.40 所示。

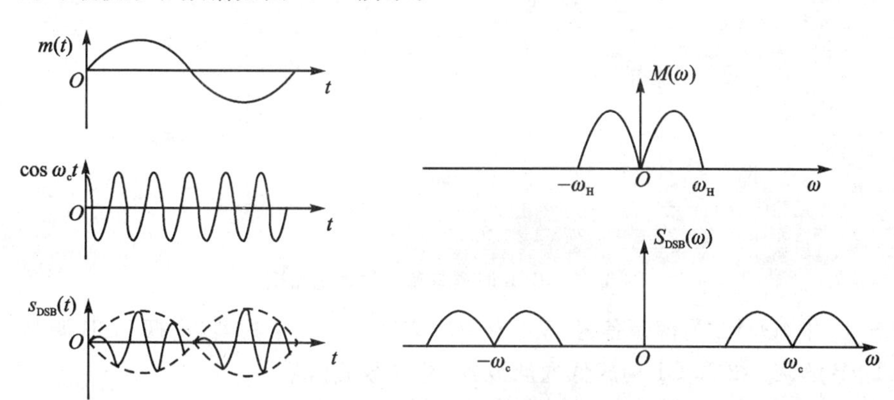

图 8.40　DSB 调制器波形图

双边带(DSB)解调通常采用相干解调的方式，它使用一个同步解调器，即由相乘器和低通滤波器组成。在解调过程中，输入信号和噪声可以分别单独解调。在相干解调时，要求本地载波与原载波频率相同，当二者相位相同时输出信号达到最大值，而当相位不同时输出信号达不到最大值。已调信号经过信道后，与原载波频率相同的波相乘，然后经过低通滤波器，可得到输出信号。在理想情况下，输出信号和输入信号有着相同的波形。DSB 相干解调原理框图如图 8.41 所示。

设输入为 DSB 信号：

$$S_{DSB}(t)=m(t)\cos\omega_c t \tag{8.13}$$

经过乘法器输出为

$$S_i(t)=\frac{1}{2}m(t)+\frac{1}{2}m(t)\cos 2\omega_c t \tag{8.14}$$

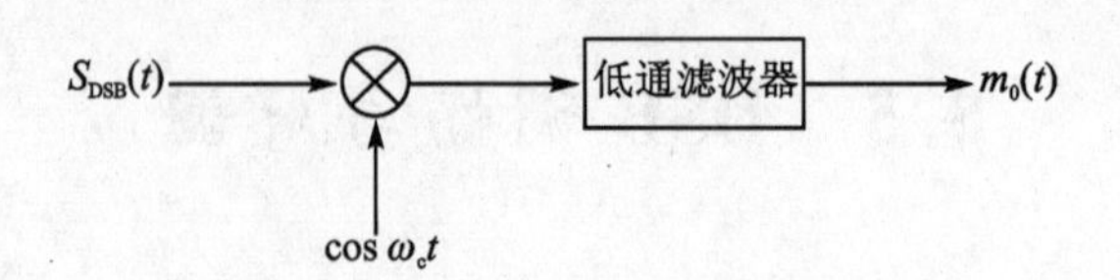

图 8.41 DSB 相干解调原理框图

通过低通滤波器后为

$$m_0(t) = \frac{1}{2}m(t) \tag{8.15}$$

本例中使用简单的 RC 低通滤波电路来滤除载波。

8.5.2 DSB 调制电路

DSB 调幅与解调仿真电路图如图 8.42 所示。

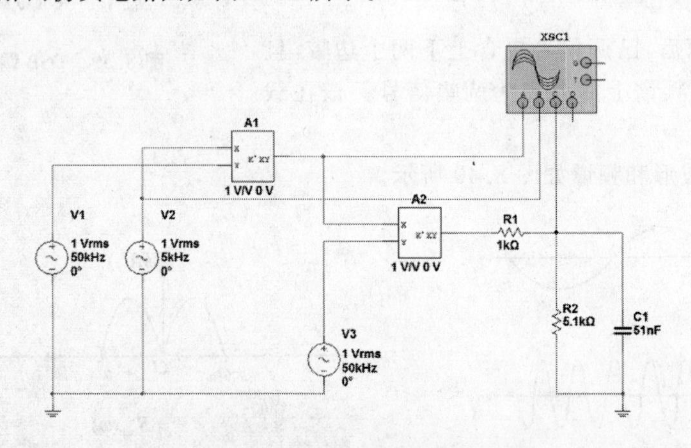

图 8.42 DSB 调幅与解调仿真电路图

在图 8.42 中，以 V2 为调制信号，V1 为载波信号，A1 为乘法器，实现 DSB 调制，A2 为乘法器实行 DSB 解调，R2 和 C1 构成低通滤波器，滤除载波信号。

8.5.3 DSB 调制仿真分析

1. 已调信号 S_{DSB} 波形图

已调信号 S_{DSB} 仿真波形图如图 8.43 所示。

2. 滤波电路的波特图

滤波电路仿真图如图 8.44 所示。滤波电路仿真波特图如图 8.45 所示。

从波特图中可以看出，当频率为 5 kHz 时，对数幅频特性值为 −6 dB；当频率为 50 kHz 时，对数幅频特性值为 −24 dB。可以看到，频率为 50 kHz 的幅值应为 5 kHz 的 4 次方，即频率为 50 kHz 的幅值比 5 kHz 的幅值要小得多。

3. 调制信号和解调输出信号的波形图

输出波形和输入波形的仿真图如图 8.46 所示。

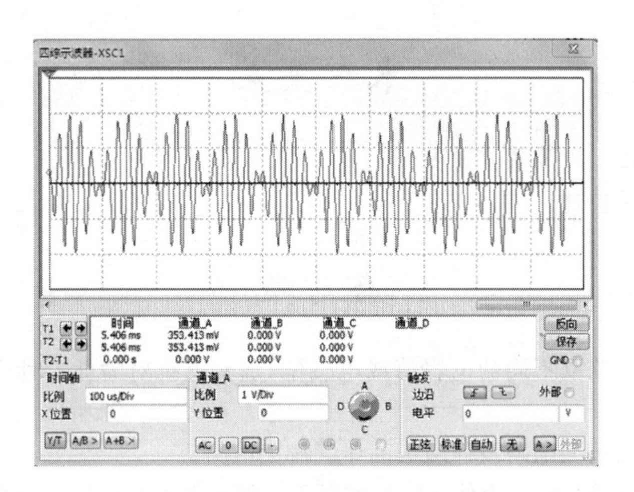

图 8.43　已调信号 S_{DSB} 仿真波形图

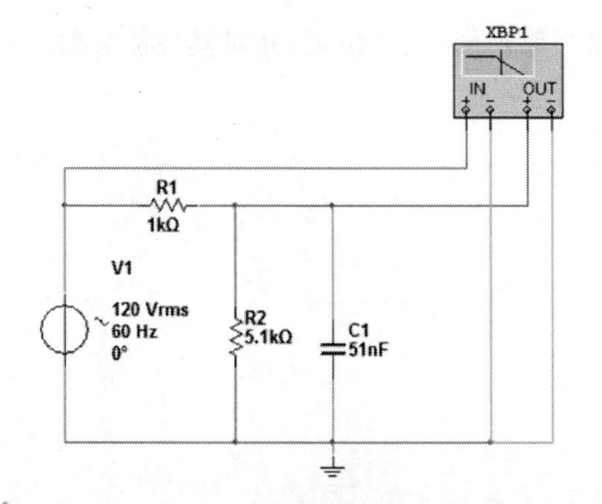

图 8.44　滤波电路仿真图

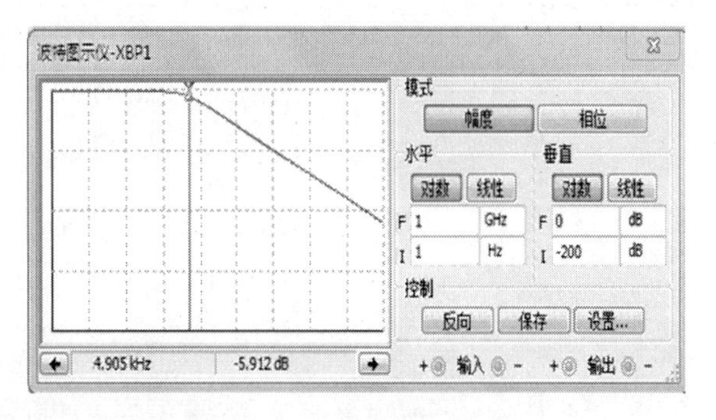

图 8.45　滤波电路仿真波特图

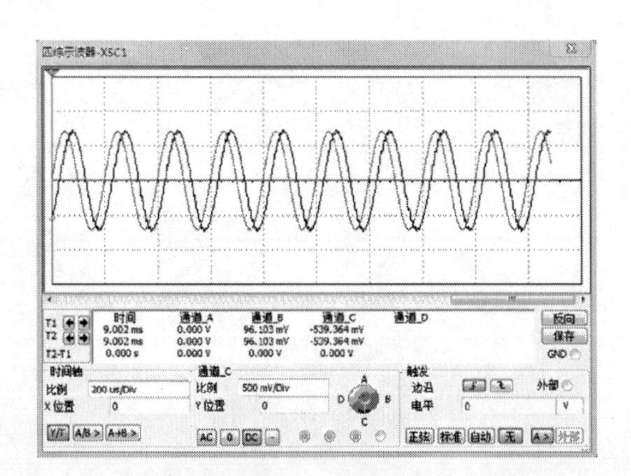

图 8.46　输出波形和输入波形的仿真图

从图中的示波器输出结果可以看出,解调输出波形与调制信号的波形基本一致。

本章重点

1. 放大电路的设计以及仿真过程。

2. 简单滤波电路设计。

思考题

1. 对桥式整流电路取不同的电容值或电感值，观察电抗对滤波特性的影响，为什么会是这样？

2. 试用基本差分放大电路设计两级晶体管放大电路。

3. 在 DSB 调幅与解调中，为什么输出波形不是那么平滑？可以用什么方法解决？

4. 试设计一加法运算器，并测量其参数。

5. 根据串联式稳压电路原理，用 Multisim 画出其原理图，进行仿真，并对其性能参数进行改进。

第9章 RISC_CPU设计

通过前面章节学习的 Verilog HDL 的基本语法、基本语句，以及简单组合逻辑和简单时序逻辑模块的编写，读者已经了解数字系统基本设计方法。本章将尝试运用所学的知识来设计具有一定复杂度的项目——一个简单的精简指令集(RISC)CPU。

9.1 设计概述

RISC_CPU 是非常接近实际的工程项目，整个设计过程中充分考虑可综合性与可实现性，同时为方便起见，进行了必要的简化和改写。读者参考所列程序，可以独立完成 CPU 核的设计和验证，以此来学习提高自身 Verilog HDL 语言的水平，初步掌握高层次设计方法。

CPU 是中央处理单元(Central Processing Unit)的缩写，中央处理单元是一块超大规模集成电路，是计算机的运算核心和控制核心，具有以下几个主要功能：

- 处理指令(Processing instructions)——控制具体程序中指令的执行顺序。程序中的各指令之间是有严格顺序的，必须严格按程序规定的顺序执行，才能保证计算机系统工作的正确性。
- 执行操作(Perform an action)——一条指令的功能往往是由计算机中的部件执行一系列的操作来实现的。CPU 要根据指令的功能，产生相应的操作控制信号，发给相应的部件，从而控制这些部件按指令的要求进行动作。
- 控制时间(Control time)——时间控制是对各种操作实施时间上的定时。在一条指令的执行过程中，在什么时间做什么操作均应受到严格的控制。只有这样，计算机才能有条不紊地工作。
- 处理数据——对数据进行算术运算和逻辑运算，或进行其他的信息处理。

将其功能进一步细化，可概括如下：

- 能对指令进行译码并执行规定的动作；
- 可以进行算术和逻辑运算；
- 能与存储器、外设交换数据；
- 提供整个系统所需要的控制。

基于 CPU 的这些基本功能，计算机进行信息处理可分为两个步骤：

① 将数据和程序输入到计算机的存储器中。

② 从第一条指令的地址起开始执行该程序，得到所需结果，结束运行。CPU 的作用是协调并控制计算机的各个部件执行程序的指令序列，使其有条不紊地进行。

RISC 是英文 Reduced Instruction Set Computing 的缩写，即“精简指令集”。它是由约翰·科克(John Cocke)提出的。约翰·科克在 IBM 公司从事的第一个项目是研究 Stretch 计算机(世界上第一个“超级计算机”型号)，并很快成为一名大型机专家。1974 年，科克和他的研究小组开始尝试研发每秒能够处理 300 线呼叫的电话交换网络。为实现这个目标，他需要寻找一种办法来提高交换系统的交换率。1975 年，约翰·科克研究了 IBM370 CISC(Complex

Instruction Set Computing,复杂指令集计算)系统,对 CISC 机进行的测试表明,各种指令的使用频度相当悬殊,最常使用的是一些比较简单的指令,它们仅占总指令的 20%,但程序中出现的频度却达 80%。

复杂指令系统必然增加微处理器的工作复杂性,使处理器的研制时间长、成本高,并且复杂指令需要复杂的操作,会降低计算机的运行速度。基于上述原因,20 世纪 80 年代 RISC 型 CPU 诞生了,相对于 CISC 型 CPU,RISC 型 CPU 不仅精简了指令系统,还采用了一种叫做"超标量和超流水线结构",大大增加了并行处理能力。RISC 指令集是高性能 CPU 的发展方向。它与传统的 CISC 相比,RISC 的指令格式统一,种类较少,寻址方式也比复杂指令集少。处理速度就提高很多。目前在中高档服务器中普遍采用这一指令系统的 CPU。RISC 型 CPU 与 Intel 和 AMD 的 CPU 在软件和硬件上都不兼容。在中高档服务器中采用 RISC 指令的 CPU 主要有以下几类:PowerPC 处理器、SPARC 处理器、PA - RISC 处理器、MIPS 处理器、Alpha 处理器。

本章中,将设计出一个简化的 RISC_CPU 的软核和固核。相比之前的例子,在设计中除了仿真之外,将注重每个模块的可综合性,使得构成这个 RISC_CPU 的每一个模块不仅是可仿真的,也可以综合成门级网表。因此,这是一个在物理上可以通过具体电路结构实现的 CPU。为了能在这个虚拟的 CPU 上运行较为复杂的程序并仿真,把寻址空间定为 8K(即 13 位地址线)字节。

下面来设计这样一个 CPU,并进行仿真和综合。由于该 RISC_CPU 是一个学习模型,所以其设计不一定完全合理,目的在于从原理上说明一个简单的 RISC_CPU 的构成。通过本章的学习,向读者展示 Verilog HDL 语言和仿真综合工具的强大功能和潜力,以及此类设计方法对软硬件联合设计的重要意义。也希望能引起读者对 CPU 原理和复杂数字逻辑系统设计的兴趣。

9.2 RISC_CPU 结构设计

作为一个结构完整的中央处理单元,RISC_CPU 是一个具有一定复杂度的数字逻辑电路,但是它的基本部件之间逻辑关系并不复杂,功能也十分清晰。可以把 RISC_CPU 分成以下 8 个基本部件:

- 时钟发生器;
- 指令寄存器;
- 累加器;
- 算术逻辑运算单元;
- 数据控制器;
- 状态控制器;
- 程序计数器;
- 地址复用器。

各部件的相互连接关系见图 9.1。除了这些基本部件之外,为了对 RISC_CPU 进行测试,还需要一些外围模块:ROM、RAM 和地址译码器。ROM 是 Read - Only Memory(只读存储器)的缩写,用于装载测试程序,只可读取不能写入。RAM 是 Random Access Memory(随机存取存储器)的缩写,用于存放数据,既可读取也可写入。下面将逐一介绍所有这些基本部件

的结构和相应的 Verilog HDL 程序模块。

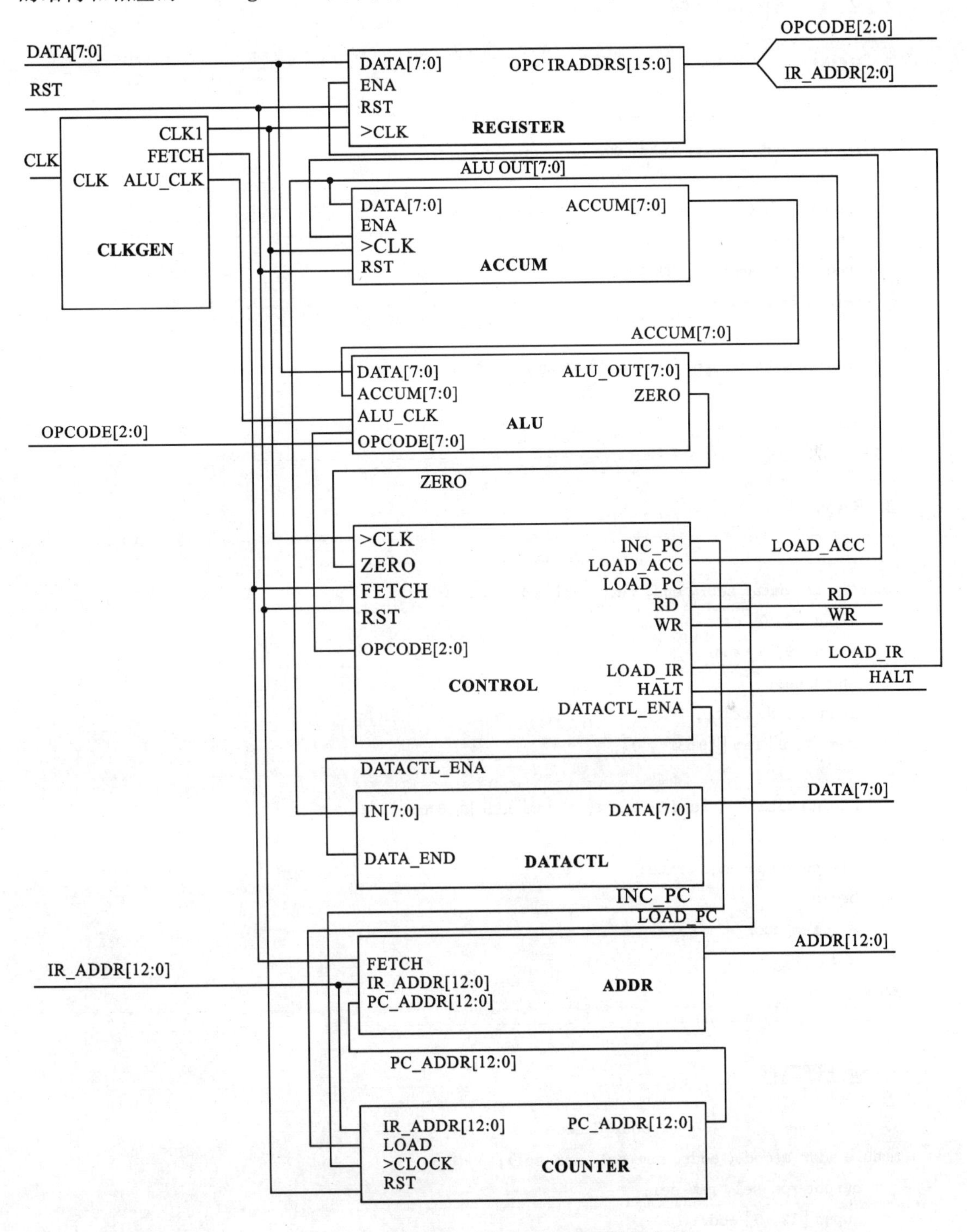

图 9.1　RISC_CPU 中各部件的相互连接关系

9.2.1 外围模块

1. ROM

```
//-------------------rom.v-------------------
module rom( data, addr, read, ena );
    output [7: 0] data;
    input [12: 0] addr;
    input read, ena;
    reg [7: 0] memory [13'h1fff: 0];
    wire [7: 0] data;

    assign data = ( read && ena )? memory[addr] : 8'bzzzzzzzz;

endmodule
//------------------------------------------------
```

2. RAM

```
//-------------------ram.v-------------------
module ram( data, addr, ena, read, write );
    inout [7: 0] data;
    input [9: 0] addr;
    input ena;
    input read, write;
    reg [7: 0] ram [10'h3ff: 0];

    assign data = ( read && ena )?   ram[addr] : 8'hzz;

    always @(posedge write)
    begin
        ram[addr]< = data;
    end
endmodule
//------------------------------------------------
```

3. 地址译码器

```
//-------------------addr_decode.v-------------------
module addr_decode( addr, rom_sel, ram_sel);
    output rom_sel, ram_sel;
    input [12: 0] addr;
    reg rom_sel, ram_sel;

    always @( addr )
    begin
```

```
    casex(addr)
        13'b1_1xxx_xxxx_xxxx: {rom_sel,ram_sel}<= 2'b01;
        13'b0_xxxx_xxxx_xxxx: {rom_sel,ram_sel}<= 2'b10;
        13'b1_0xxx_xxxx_xxxx: {rom_sel,ram_sel}<= 2'b10;
        default: {rom_sel,ram_sel}<= 2'b00;
    endcase
  end
endmodule
//------------------------------------------------------
```

地址译码器用于产生选通信号，选通 ROM 或 RAM。

FFFFH———1800H RAM

1800H———0000H ROM

9.2.2　时钟发生器

图 9.2 所示为时钟发生器结构示意图。时钟发生器 CLKGEN 利用外部的时钟信号来生成 CLK1、FETCH、ALU_CLK 等一系列信号供 RISC_CPU 中的其他部件使用。其中，控制信号 FETCH 是 CLK 的 8 分频信号。FETCH 信号的高电平使 CPU 控制器可以被 CLK 触发开始执行一条指令；同时 FETCH 信号还将控制地址复用器输出指令地址和数据地址。CLK1 信号则被用作指令寄存器、累加器、状态控制器的时钟信号。ALU_CLK 用来触发算术逻辑运算单元的操作。

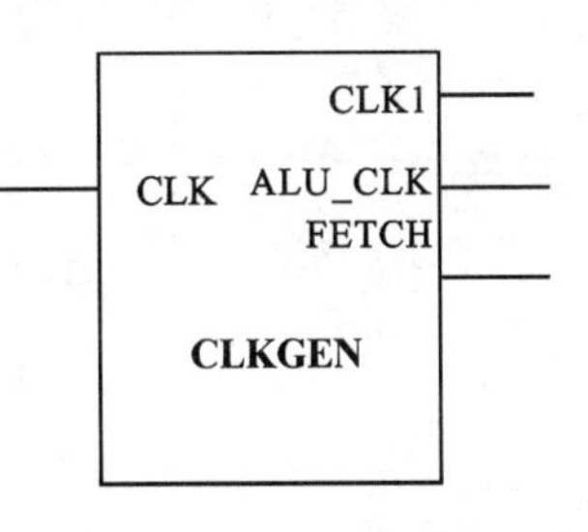

图 9.2　时钟发生器

其 Verilog HDL 程序如下：

```
//----------------clk_gen.v------------------------------------
module clk_gen (clk,reset,clk1,fetch,alu_clk);
input clk,reset;
output clk1,fetch,alu_clk;
wire clk,reset;
reg fetch,alu_clk;
reg[7:0] state;
parameter      S1  =  8'b00000001,
               S2  =  8'b00000010,
               S3  =  8'b00000100,
               S4  =  8'b00001000,
               S5  =  8'b00010000,
               S6  =  8'b00100000,
               S7  =  8'b01000000,
               S8  =  8'b10000000,
               idle  =  8'b00000000;

assign clk1  =  ~clk;
```

```
always @(negedge clk)
    if(reset)
            begin
                fetch  <= 0;
                alu_clk <= 0;
                state <= idle;
            end
     else
            begin
               case(state)
                    S1:
                           begin
                             alu_clk <= ~alu_clk;
                             state <= S2;
                           end
                    S2:
                           begin
                             alu_clk <= ~alu_clk;
                             state <= S3;
                           end
                    S3:
                           begin
                              state <= S4;
                           end
                    S4:
                           begin
                               fetch <= ~fetch;
                               state <= S5;
                           end
                    S5:
                            begin
                               state <= S6;
                            end
                    S6:
                            begin
                                state <= S7;
                             end
                    S7:
                             begin
                                 state <=   S8;
                             end
                    S8:
                             begin
                                 fetch <= ~fetch;
                                 state <= S1;
                             end
```

```
            idle:        state <= S1;
            default:     state <= idle;
        endcase
    end
endmodule
//--------------------------------------------------------------
```

可以编写一个简单的测试程序来测试此模块的功能,得到的波形如图 9.3 所示。

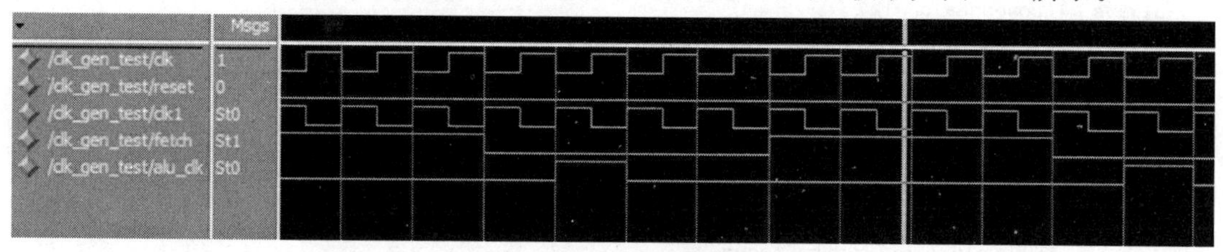

图 9.3　时钟发生器输出波形

9.2.3　算术运算器

图 9.4 是算术运算器的结构示意图。OPCODE 即操作码,它是一个 3 位二进制数,可以表示包括加、"与"、读取、存储、跳转等 8 种操作,利用这几种基本运算可以实现多种其他运算以及逻辑判断等操作。具体各条指令的定义在 9.4 节中给出。

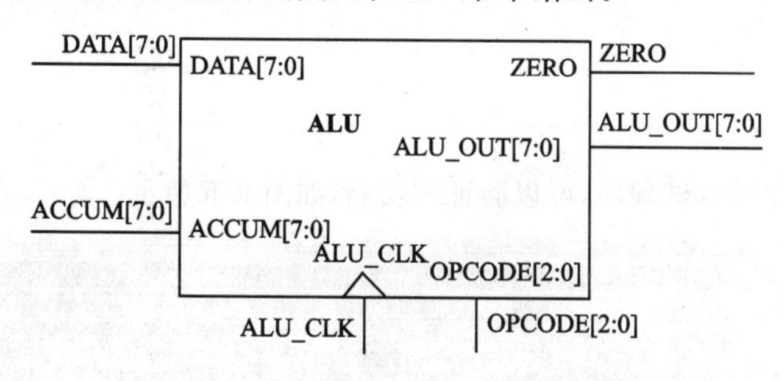

图 9.4　算术运算器的结构示意图

各端口的具体功能见下面的 Verilog HDL 程序模块:

```
//-------------------------alu.v--------------------------------
module alu (alu_out, zero, data, accum, alu_clk, opcode);
output [7: 0]alu_out;
output zero;
input [7: 0] data, accum;
input [2: 0] opcode;
input alu_clk;
reg [7: 0] alu_out;

parameter     HLT  = 3'b000,
              SKZ  = 3'b001,
              ADD  = 3'b010,
              ANDD = 3'b011,
```

```
            XORR = 3'b100,
            LDA = 3'b101,
            STO = 3'b110,
            JMP = 3'b111;

assign zero = ! accum;

always @(posedgealu_clk)
begin   //操作码来自指令寄存器的输出 opc_iaddr<15..0>的低 3 位
    casex (opcode)
        HLT: alu_out<= accum;
        SKZ: alu_out<= accum;
        ADD: alu_out<= data + accum;
        ANDD: alu_out<= data&accum;
        XORR: alu_out<= data^accum;
        LDA: alu_out<= data;
        STO: alu_out<= accum;
        JMP: alu_out<= accum;
        default: alu_out<= 8'bxxxx_xxxx;
    endcase
end

endmodule
//------------------------------------------------------------------
```

同样用一个简单的测试程序,可以验证其功能,如图 9.5 所示。

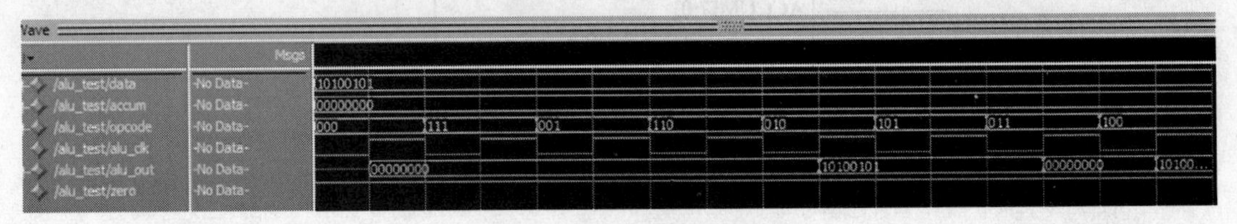

图 9.5　算术运算器输出波形

9.2.4　指令寄存器

指令寄存器的结构示意图如图 9.6 所示。

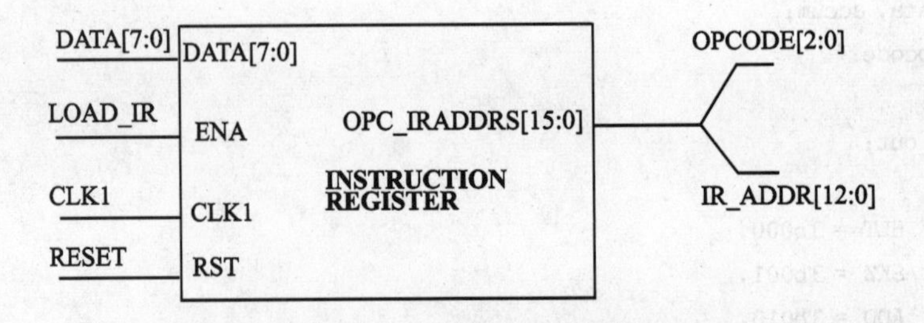

图 9.6　指令寄存器的结构示意图

指令寄存器用于寄存数据总线从存储器中取出的指令，在 CLK 的上升沿触发下，数据总线送来的指令被存入高 8 位或低 8 位的寄存器中。但是在 RISC_CPU 中，数据总线不仅传输指令，同时也传输数据，所以并不是每个 CLK 上升沿都执行寄存操作。CPU 的状态控制器的 LOAD_IR 信号就是负责控制寄存与否的信号控制信号，它通过指令寄存器的 ENA 端口输入。

在这个实例中，每条指令为 2 字节，即 16 位。其中操作码占高 3 位，低 13 位是地址码（本例中 RISC_CPU 的寻址空间为 8 位即 13 位地址总线）。由于数据总线为 8 位，所以每条指令需要取 2 次：先取高 8 位，再取低 8 位。寄存器模块内部变量 state 负责指示当前取的是高 8 位还是低 8 位，若 state 为 0，表示取的是高 8 位，则存入高 8 位寄存，同时将 state 置为 1。而后再寄存时，state 值为 1，则可知当前取的是指令的低 8 位，即存入低 8 位寄存器。

其 Verilog HDL 程序模块如下：

```
//----------------------register.v-------------------------------
module register(opc_iraddr,data,ena,clk1,rst);
output [15: 0] opc_iraddr;
input [7: 0] data;
input ena, clk1, rst;
reg [15: 0] opc_iraddr;
reg  state;

always @(posedge clk1)
begin
    if(rst)
        begin
            opc_iraddr< = 16'b0000_0000_0000_0000;
            state< = 1'b0;
        end
    else
        begin
            if(ena)                          //如果加载指令寄存器信号 LOAD_IR 到来
                begin                        //则分两个时钟每次 8 位加载指令寄存器
                    casex(state)             //先高字节，后低字节
                        1'b0:  begin
                                  opc_iraddr[15: 8]< = data;
                                  state< = 1;
                               end
                        1'b1:  begin
                                  opc_iraddr[7: 0]< = data;
                                  state< = 0;
                               end
                        default: begin
                                  opc_iraddr[15: 0]< = 16'bxxxxxxxxxxxxxxxx;
                                  state< = 1'bx;
                               end
```

```
                                    endcase
                                end
                            else
                        state<=1'b0;
                    end
                end
endmodule
//------------------------------------------------------------------------------------
-------------
```

同样用一个简单的测试程序，可以验证其功能，如图 9.7 所示。

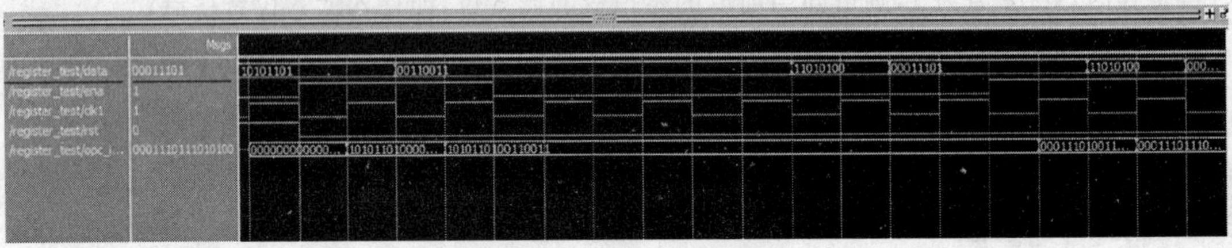

图 9.7　指令寄存器输出波形

9.2.5　累加器

累加器的结构示意图如图 9.8 所示。RISC_CPU 把当前运算的结果存放在累加器中，它也是算术运算器进行双目运算的一个数据来源。CPU 状态控制器发出 LOAD_ACC 信号来控制累加器，当累加器的 ENA 端口收到 LOAD_ACC 信号为 1 时，在 CLK1 时钟信号的上升沿就接收来自数据总线的数据。累加器的结果可以通过 RST 复位信号置零。

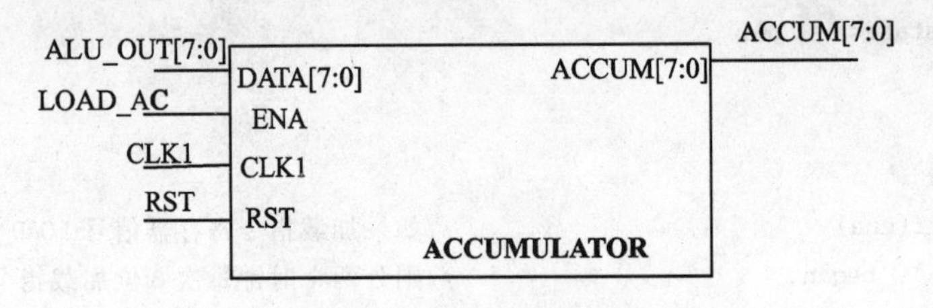

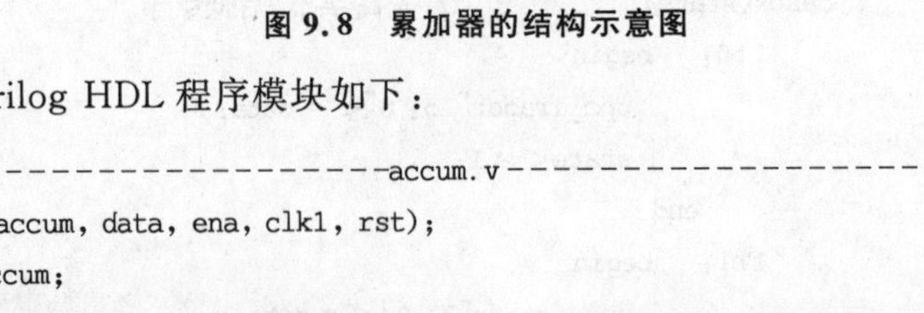

图 9.8　累加器的结构示意图

累加器的 Verilog HDL 程序模块如下：

```
//--------------------------accum.v-------------------
module accum( accum, data, ena, clk1, rst);
output[7:0]accum;
input[7:0]data;
input ena,clk1,rst;
reg[7:0]accum;

always@(posedge clk1)
begin
    if(rst)
```

```
            accum<= 8'b0000_0000;           //Reset
        else
            if(ena)                         //当 CPU 状态控制器发出 LOAD_ACC 信号
            accum<= data;                   //Accumulate
    end

    endmodule
    //--------------------------------------------------------------------
```

同样用一个简单的测试程序,可以验证其功能,如图 9.9 所示。

图 9.9　累加器输出波形

9.2.6　数据控制器

数据控制器的结构示意图如图 9.10 所示。

RISC_CPU 中数据总线承担着多种任务,不同的情况下要传送不同的内容,既要传送指令,也要传送来自 RAM 和接口的数据,因此每个使用数据总线的部件都应有一个控制机制,这样数据总线才能协调有序地工作,以免发生冲突。数据控制器是用来控制累加器的数据输出的部件,累加器的数据只有在需要往 RAM 区或者端口输出时才能使用数据总线,其他情况下输出端口应该保持高阻态,以允许其他部件使用数据总线。CPU 状态控制器输出的 DATACTL_ENA 信号决定数据控制器是否输出累加器的数据。

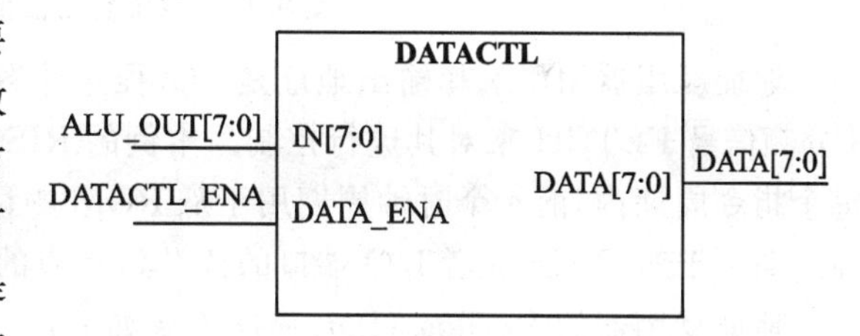

图 9.10　数据控制器

数据控制器的 Verilog HDL 程序模块如下:

```
//------------------------------datactl.v----------------------------
module datactl (data,in,data_ena);
output [7: 0]data;
input [7: 0]in;
input data_ena;

assign  data = (data_ena)? in : 8'bzzzz_zzzz;

endmodule
//--------------------------------------------------------------------
```

同样用一个简单的测试程序,可以验证其功能,如图 9.11 所示。

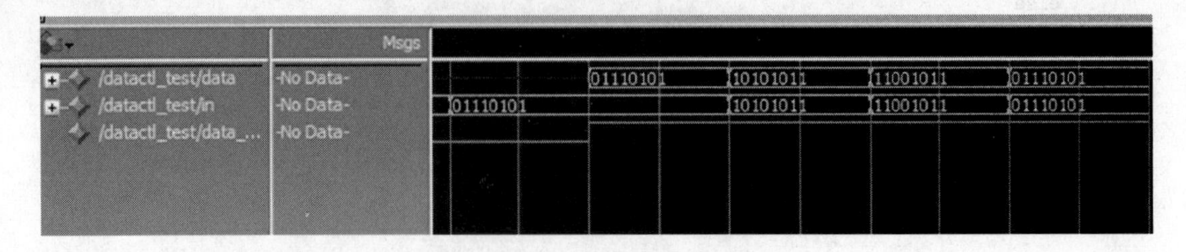

图 9.11 数据控制器输出波形

9.2.7 地址复用器

地址复用器的结构示意图如图 9.12 所示。

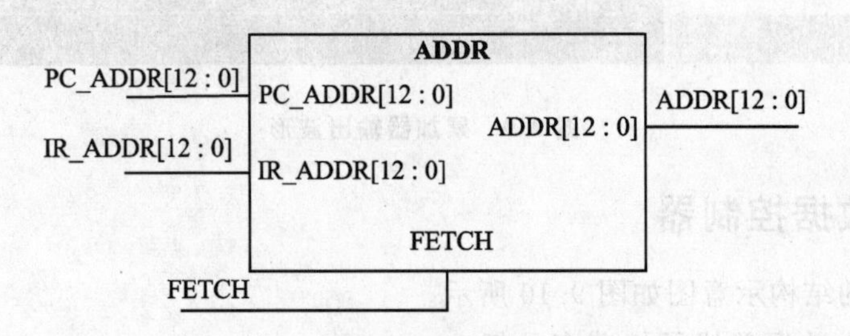

图 9.12 地址复用器的结构示意图

地址复用器用于选择输出地址是 PC(程序计数)地址还是数据/端口地址,由时钟信号的 8 分频信号 FETCH 来对其进行控制。本例的 RISC_CPU 一个指令周期为 8 个时钟周期,在每个指令周期内,前 4 个时钟周期用于从 ROM 中读取指令,输出的应该是 PC 地址;后 4 个时钟周期用于对 RAM 或者 I/O 端口的读/写,相应的地址由指令给出。

地址复用器的 Verilog HDL 程序模块如下:

```
//--------------------------addr.v----------------------------
module  addr(addr,fetch,ir_addr,pc_addr);
output [12: 0] addr;
input [12: 0] ir_addr, pc_addr;
input   fetch;

assign  addr = fetch?   pc_addr : ir_addr;

endmodule
//------------------------------------------------------------
```

同样用一个简单的测试程序,可以验证其功能,如图 9.13 所示。

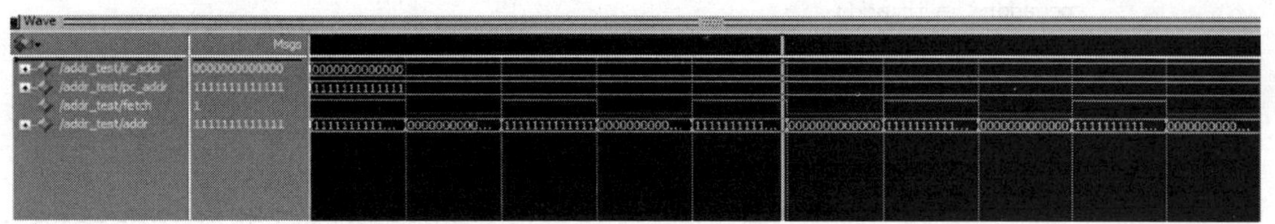

图 9.13　地址多路器输出波形

9.2.8　程序计数器

程序计数器的结构示意图如图 9.14 所示。计算机中的指令是按照地址顺序存放在存储器中的，程序计数器就是用于提供 CPU 将要执行的指令的指令地址。指令地址可以通过两种途径形成：一是顺序执行过程中一次读取指令地址；二是遇到需要改变顺序执行的情况，如执行 JMP 指令，将形成新的指令地址。

计算机中的 PC 地址建立的详细过程为：每次 CPU 重新启动之后，输入 RESET 复位信号，指令指针被置零，CPU 从 ROM 的零地址开始读取指令并执行。每条指令的执行需要两个时钟的时间，顺序执行过程中，PC_ADDR 将被加 2 以指向下一条指令（每条指令占用 2 字节）。如果当前执行的指令是类似于 JMP 的跳转指令，则 CPU 状态控制器将会输出 LOAD_PC 信号，程序计数器的 LOAD 端口接收到此信号，此时程序计数器将目标地址 IR_ADDR 装入 PC_ADDR，而不是加 2。

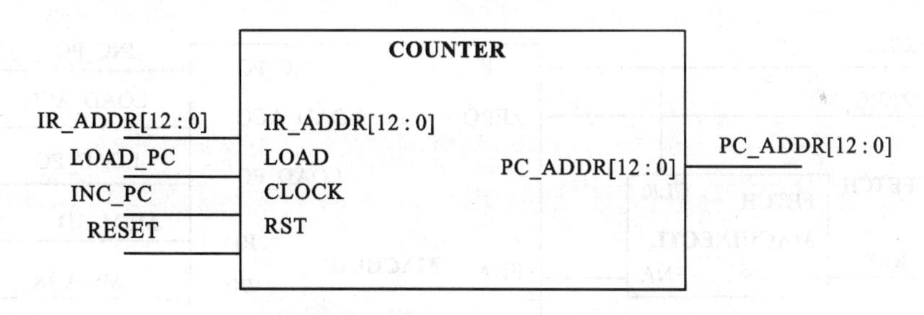

图 9.14　程序计数器的结构示意图

程序计数器的 Verilog HDL 程序模块如下：

```
//-----------------------------counter.v----------------------------
module counter ( pc_addr, ir_addr, load, clock, rst);
  output [12: 0] pc_addr;
  input [12: 0] ir_addr;
  input load, clock, rst;
  reg [12: 0] pc_addr;

  always @( posedge clock or posedge rst )
    begin
      if(rst)
        pc_addr< = 13'b0_0000_0000_0000;
      else
        if(load)
```

```
            pc_addr<=ir_addr;
        else
            pc_addr <= pc_addr + 1;
    end
endmodule
//-----------------------------------------------------------------------------------
```

同样用一个简单的测试程序,可以验证其功能,如图 9.15 所示。

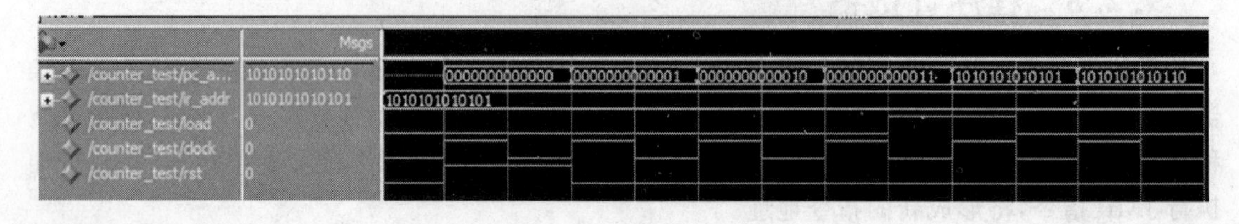

图 9.15　程序计数器输出波形

9.2.9　状态控制器

状态控制器的结构示意图如图 9.16 所示。状态控制器由状态机(图中的 MACHINE 部分)和状态机控制器(图中的 MACHINECTL 部分)组成。

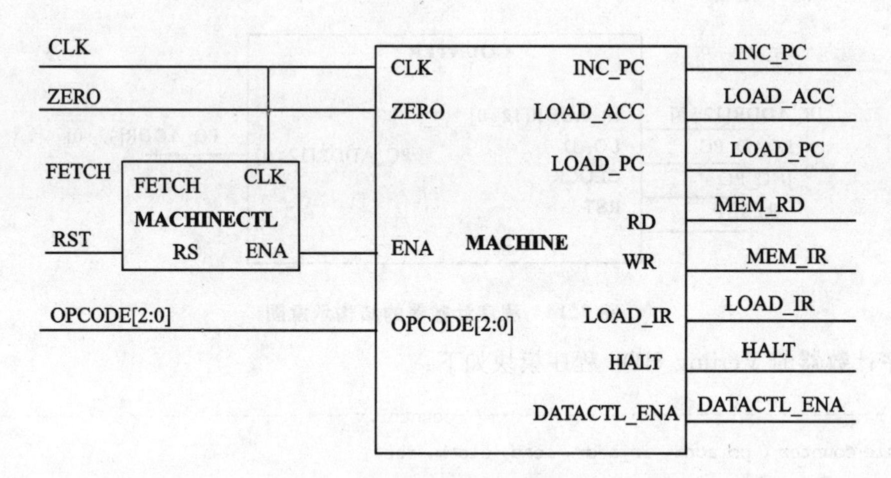

图 9.16　状态控制器的结构示意图

状态机控制器的 Verilog HDL 程序模块如下:

```
//---------------------------machinectl.v---------------------------
module machinectl( ena, fetch, rst);
output  ena;
input   fetch, rst;
reg ena;

always @(posedge fetch or posedge rst)
begin
```

```
    if(rst)
        ena<=0;
    else
        ena<=1;
end

endmodule
//--------------------------------------------------------------
```

当复位信号 RST 有效时，状态机控制器将使能信号 ENA 置零，以停止状态机的工作。

状态机是 CPU 的控制中心，它的功能是产生一系列的控制信号来控制协同其他部件，以保证整个 CPU 正常工作。其中变量 state 记录了当前指令周期中已经经过的时钟数(从零计起)，即是状态机当前的状态。每个指令周期包含 8 个时钟周期，每个时钟周期内状态控制器都有其固定的操作要完成，具体操作顺序如下：

① 第 0 个时钟：状态控制器将 RD 和 LOAD_IR 信号置为高电平，其余信号置为低电平，控制指令寄存器将 ROM 送来的指令代码存入高 8 位。

② 第 1 个时钟：状态控制器将 INC_PC 信号从 0 变为 1，其他信号不变，控制指令寄存器将 ROM 送来的指令代码存入低 8 位。

③ 第 2 个时钟：无操作，所有信号置为低电平。

④ 第 3 个时钟：INC_PC 置为高电平，控制程序计数器将 PC_ADDR 加 1 指向下一条指令。如果操作符为 HLT，则输出信号 HLT 为高。如果操作符不为 HLT，则除 INC_PC 外其他信号都置为低电平。

⑤ 第 4 个时钟：若操作符为 JMP，则将 LOAD_PC 信号置为高电平，其他信号置为低电平，将目的地址送给程序计数器。若操作符为 AND、ADD、XOR 或 LDA，则 RD 信号置为高电平，读相应地址的数据；若为 STO，则 DATACTL_ENA 信号置为高电平，数据控制器输出累加器数据。

⑥ 第 5 个时钟：若操作符为 ANDD、ADD、XORR 或 LDA，则 LOAD_ACC 信号置为高电平，累加器将当前数据输出，RD 信号为高电平，读取数据，算术运算器就进行相应的运算；若操作符为 SKZ，先判断累加器的值是否为 0，如果为 0，则 INC_PC 置为高电平，PC 地址加 1，否则保持原值；若操作符为 JMP，则 INC_PC 与 LOAD_PC 信号置为高电平，锁存目的地址；若为 STO，则 WR 和 DATACTL_ENA 信号置为高电平，将数据写入地址处。

⑦ 第 6 个时钟：空操作。

⑧ 第 7 个时钟：若操作符为 SKZ 且累加器值为 0，则 INC_PC 信号置为高电平，PC 地址值再增 1，跳过一条指令，否则 PC 无变化。

状态机的 Verilog HDL 程序模块如下：

```
//---------------------------machine.v-----------------------------
module  machine( inc_pc, load_acc, load_pc, rd,wr, load_ir,datactl_ena, halt, clk1, zero, ena,
opcode );
output inc_pc, load_acc, load_pc, rd, wr, load_ir;
output datactl_ena, halt;
input clk1, zero, ena;
```

```
input [2: 0] opcode;
reg inc_pc, load_acc, load_pc, rd, wr, load_ir;
reg datactl_ena, halt;
reg [2: 0] state;

parameter     HLT = 3 'b000,
  SKZ = 3 'b001,
  ADD = 3 'b010,
  ANDD = 3 'b011,
  XORR = 3 'b100,
  LDA = 3 'b101,
  STO = 3 'b110,
  JMP = 3 'b111;

always @( negedge clk1 )
begin
    if ( ! ena )          //接收到复位信号 RST,进行复位操作
        begin
            state< = 3'b000;
{inc_pc,load_acc,load_pc,rd}< = 4'b0000;
{wr,load_ir,datactl_ena,halt}< = 4'b0000;
end
else
ctl_cycle;
end
//------------------begin of task ctl_cycle---------
task ctl_cycle;
begin
casex(state)
3'b000:      //load high 8bits in struction
begin
{inc_pc,load_acc,load_pc,rd}< = 4'b0001;
{wr,load_ir,datactl_ena,halt}< = 4'b0100;
state< = 3'b001;
end
3'b001:   //pc increased by one then load low 8bits instruction
begin
{inc_pc,load_acc,load_pc,rd}< = 4'b1001;
{wr,load_ir,datactl_ena,halt}< = 4'b0100;
state< = 3'b010;
end
3'b010:         //idle
begin
{inc_pc,load_acc,load_pc,rd}< = 4'b0000;
{wr,load_ir,datactl_ena,halt}< = 4'b0000;
```

```
state<= 3'b011;
end
3'b011:            //next instruction address setup 分析指令从这里开始
begin
if(opcode= = HLT)     //指令为暂停 HLT
begin
{inc_pc,load_acc,load_pc,rd}<= 4'b1000;
{wr,load_ir,datactl_ena,halt}<= 4'b0001;
end
else
begin
{inc_pc,load_acc,load_pc,rd}<= 4'b1000;
{wr,load_ir,datactl_ena,halt}<= 4'b0000;
end
state<= 3'b100;
end
3'b100:                //fetch oprand
begin
if(opcode= = JMP)
begin
{inc_pc,load_acc,load_pc,rd}<= 4'b0010;
{wr,load_ir,datactl_ena,halt}<= 4'b0000;
end
else
if( opcode= = ADD || opcode= = ANDD ||
opcode= = XORR || opcode= = LDA)
begin
{inc_pc,load_acc,load_pc,rd}<= 4'b0001;
{wr,load_ir,datactl_ena,halt}<= 4'b0000;
end
else
if(opcode= = STO)
begin
{inc_pc,load_acc,load_pc,rd}<= 4'b0000;
{wr,load_ir,datactl_ena,halt}<= 4'b0010;
end
else
begin
{inc_pc,load_acc,load_pc,rd}<= 4'b0000;
{wr,load_ir,datactl_ena,halt}<= 4'b0000;
end
state<= 3'b101;
end
3'b101:            //operation
begin
```

```
if ( opcode = = ADD||opcode = = ANDD||
opcode = = XORR||opcode = = LDA )
begin          //过一个时钟后与累加器的内容进行运算
{inc_pc,load_acc,load_pc,rd}< = 4'b0101;
{wr,load_ir,datactl_ena,halt}< = 4'b0000;
end
else
if( opcode = = SKZ && zero = = 1)
begin
{inc_pc,load_acc,load_pc,rd}< = 4'b1000;
{wr,load_ir,datactl_ena,halt}< = 4'b0000;
end
else
if(opcode = = JMP)
begin
{inc_pc,load_acc,load_pc,rd}< = 4'b1010;
{wr,load_ir,datactl_ena,halt}< = 4'b0000;
end
else
if(opcode = = STO)
begin
//过一个时钟后把 wr 变 1 就可写到 RAM 中
{inc_pc,load_acc,load_pc,rd}< = 4'b0000;
{wr,load_ir,datactl_ena,halt}< = 4'b1010;
end
else
begin
{inc_pc,load_acc,load_pc,rd}< = 4'b0000;
{wr,load_ir,datactl_ena,halt}< = 4'b0000;
end
state< = 3'b110;
end
3'b110:        //idle
begin
if ( opcode = = STO )
begin
{inc_pc,load_acc,load_pc,rd}< = 4'b0000;
{wr,load_ir,datactl_ena,halt}< = 4'b0010;
end
else
if ( opcode = = ADD||opcode = = ANDD||
opcode = = XORR||opcode = = LDA)
begin
{inc_pc,load_acc,load_pc,rd}< = 4'b0001;
{wr,load_ir,datactl_ena,halt}< = 4'b0000;
```

```
end
else
begin
{inc_pc,load_acc,load_pc,rd}<= 4'b0000;
{wr,load_ir,datactl_ena,halt}<= 4'b0000;
end
state<= 3'b111;
end

3'b111:          //
begin
if( opcode= = SKZ && zero= =1 )
begin
{inc_pc,load_acc,load_pc,rd}<= 4'b1000;
{wr,load_ir,datactl_ena,halt}<= 4'b0000;
end
else
begin
{inc_pc,load_acc,load_pc,rd}<= 4'b0000;
{wr,load_ir,datactl_ena,halt}<= 4'b0000;
end
state<= 3'b000;
end
default:
begin
{inc_pc,load_acc,load_pc,rd}<= 4'b0000;
{wr,load_ir,datactl_ena,halt}<= 4'b0000;
state<= 3'b000;
end
endcase
end
endtask
//------------------end of task ctl_cycle---------

endmodule
//------------------------------------------------------------------
```

9.3 RISC_CPU 的操作和时序

9.3.1 系统复位和启动操作

RISC_CPU 的复位和启动操作是通过 RST 信号来触发的。当 RST 信号为高电平时，RISC_CPU 会放弃所有操作和数据，其内部所有寄存器都被置零。此时地址总线保持在 0000000000000，数据总线保持在高阻态，状态控制器的所有控制信号均为无效状态，并且只要

RST 信号保持在高电平，CPU 就维持复位状态不变。当 RST 信号回到低电平后，第一个到来的 FETCH 信号将触发状态控制器发出各状态控制信号，RISC_CPU 开始工作，从 ROM 的 0000000000000 地址开始读取指令，按照指令进行相应操作。

系统复位和启动操作各主要信号的波形如图 9.17 所示。

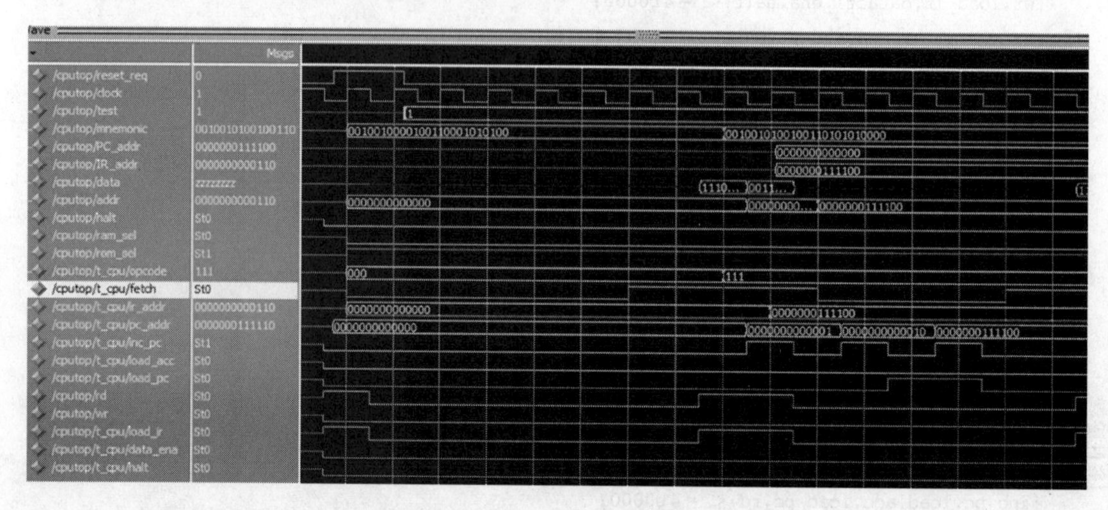

图 9.17　系统复位和启动操作各主要信号的波形

9.3.2　总线读操作

以 LDA 指令(指令代码 101)为例介绍 RISC_CPU 的总线读操作。如图 9.18 所示，虚线之后为一个完整指令周期的起始，第 0、1 个时钟 RD 和 LOAD_IR 信号置为高电平，数据总线送来高 8 位与低 8 位指令，即 3 位操作码和 13 位地址；第 4～6 个时钟 RD 信号置为高电平，数据总线读取相应地址的数据(11111111)，以存入累加器或参与算术运算或逻辑运算。

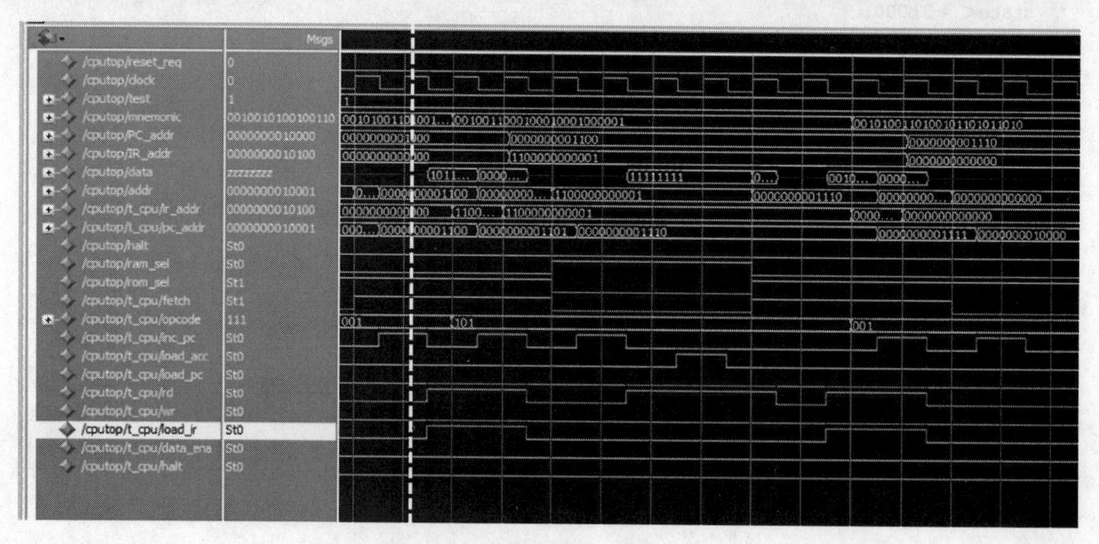

图 9.18　总线读操作输出波形

9.3.3　总线写操作

以一个 STO 指令(指令代码 110)为例介绍 RISC_CPU 的总线写操作。如图 9.19 所示，同样地，虚线之后为一个完整指令周期的起始，第 0、1 个时钟 RD 和 LOAD_IR 信号置为高电平，数据总线送来高 8 位与低 8 位指令，即 3 位指令代码和 13 位地址；随后地址被加载到地址总线上；第 4 个时钟 DATA_ENA 信号为高电平，数据被加载到数据总线上；第 5 个时钟 WR 信号为高电平，写入数据。

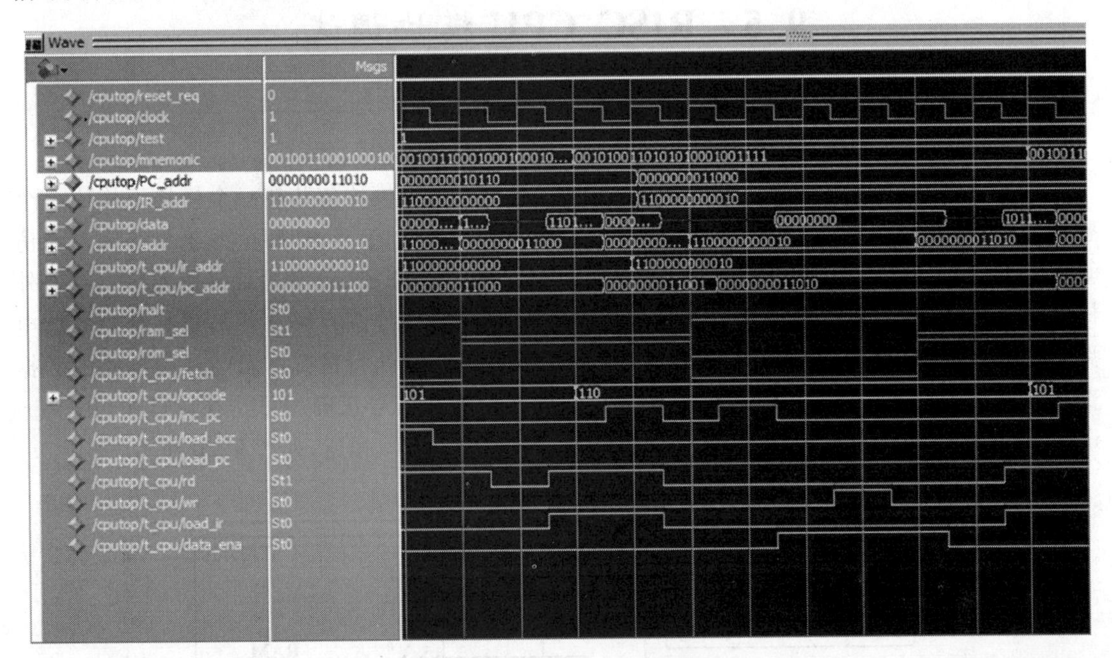

图 9.19　总线写操作输出波形

9.4　RISC_CPU 的寻址方式和指令系统

本例中的 RISC_CPU 是一个 8 位的微处理器，其寻址方式一律采用直接寻址方式，数据总是放在存储器中，指令直接给出寻址单元的地址，这是最简单的寻址方式。

前面已经介绍过，RISC_CPU 的指令为 16 位，前 3 位为指令代码，后 13 位为地址，其格式如下：

它的指令系统有 8 条指令：

- HLT——停机操作。该操作将空一个指令周期，即 8 个时钟周期。
- SKZ——为零跳过下条语句。该操作先判断当前 ALU 中的结果是否为零，若是零，就跳过下一条语句，否则继续执行。
- ADD——相加。此操作将累加器中的值与地址所指的存储器或端口数据相加，结果仍送回累加器中。
- AND——“与”。此操作将累加器的值与地址所指的存储器或端口的数据相“与”，结果仍送回累加器中。

- XOR——“异或”。此操作将累加器的值与地址所指的存储器或端口的数据相“异或”，结果仍送回累加器中。
- LDA——读数据。该操作将指令给出的地址的数据放入累加器。
- STO——写数据。该操作将累加器的数据放入指令中给出的地址。
- JMP——无条件跳转语句。该操作将跳转至指令中给出的目的地址，从目的地址继续执行。

9.5 RISC_CPU 模块调试

9.5.1 RISC_CPU 的前仿真

完成 RISC_CPU 各个模块的设计工作之后，需要把各个模块包装在一个模块下构成一个整体的 CPU，隐藏其内部连线，只引出一些跟外围模块相连的信号，让整个系统显得简洁。仿真中必要的外围模块包括存储程序用的 ROM、存储数据用的 RAM 和地址译码器等。这些外围模块都是用 Verilog HDL 语言描述的。除了 RISC_CPU，外围模块并不需要综合成具体电路，只是用来代替真实器件以检测设计的 RISC_CPU 的指令执行情况以及与外围电路的数据交换情况是否正常。所以这些外围模块只需保证其功能和信号正确即可。在调试中，用 Verilog HDL 模块调用的方法把这些外围电路模块跟 RISC_CPU 相连，如图 9.20 所示。

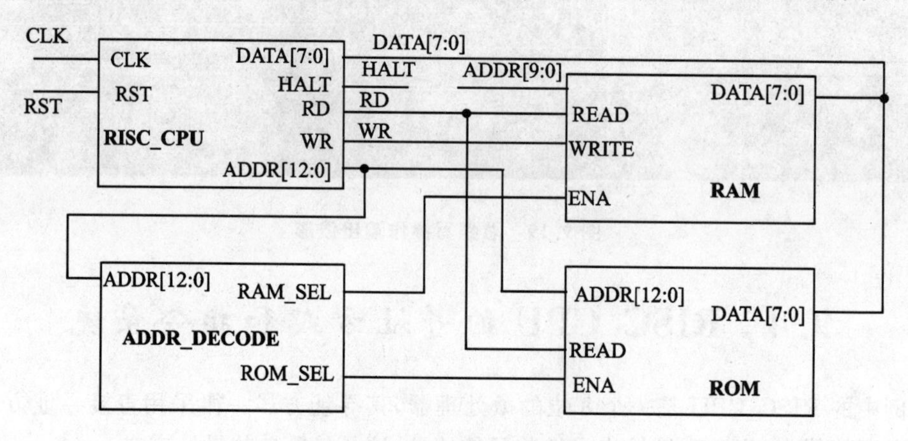

图 9.20 RISC_CPU 的前仿真

将前文中所设计的模块封装成一个独立的 CPU 模块，即 cpu.v，这即是 RISC_CPU 需要综合成电路的部分。其 Verilog HDL 程序如下：

```
//---------------------------------cpu.v 开始-------------------------
`include "clk_gen.v"
`include "accum.v"
`include "addr.v"
`include "alu.v"
`include "machine.v"
`include "counter.v"
`include "machinectl.v"
```

```
`include "register.v"
`include "datactl.v"

module cpu(clk,reset,halt,rd,wr,addr,data);
 input clk,reset;
 output rd,wr,addr,halt;
 inout data;
 wire clk,reset,halt;
 wire [7:0]  data;
 wire [12:0] addr;
 wire rd,wr;
 wire clk1,fetch,alu_clk;
 wire [2:0] opcode;
 wire [12:0] ir_addr,pc_addr;
 wire [7:0] alu_out,accum;
 wire zero,inc_pc,load_acc,load_pc,load_ir,data_ena,contr_ena;

clk_gen  m_clk_gen (.clk(clk),.clk1(clk1),.fetch(fetch),
                              .alu_clk(alu_clk),.reset(reset));

register  m_register (.data(data),.ena(load_ir),.rst(reset),
                              .clk1(clk1),.opc_iraddr({opcode,ir_addr}));

accum     m_accum     (.data(alu_out),.ena(load_acc),
                              .clk1(clk1),.rst(reset),.accum(accum));

alu       m_alu       (.data(data),.accum(accum),.alu_clk(alu_clk),
                              .opcode(opcode),.alu_out(alu_out),.zero(zero));

machinectl  m_machinectl(.clk1(clk1),.ena(contr_ena),.fetch(fetch),.rst(reset));

machine   m_machine   (.inc_pc(inc_pc),.load_acc(load_acc),.load_pc(load_pc),
                       .rd(rd), .wr(wr), .load_ir(load_ir), .clk1(clk1),
                       .datactl_ena(data_ena), .halt(halt), .zero(zero),
                       .ena(contr_ena),.opcode(opcode));

datactl   m_datactl   (.in(alu_out),.data_ena(data_ena),.data(data));

addr       m_addr (.fetch(fetch),.ir_addr(ir_addr),.pc_addr(pc_addr),.addr(addr));

counter   m_counter   (.ir_addr(ir_addr),.load(load_pc),.clock(inc_pc),
                              .rst(reset),.pc_addr(pc_addr));

endmodule
//-------------------------------cpu.v 结束---------------------
```

其中,contr_ena 信号用于 machinectl 与 machine 的 ena 之间的连接。

下面是在 modelsim10.0 中进行前仿真调试的测试程序 cputop.v。它用来测试上述的 cpu.v 模块,并显示仿真结果。测试程序 cputop.v 中的 $display 和 $monitor 等系统任务被用来在 Transcprit 栏中显示部分测试结果,同时也可以通过观察波形来查看仿真测试的过程和结果。

```
//-----------------------cputop.v 开始---------------------------
`include "ram.v"
`include "rom.v"
`include "addr_decode.v"
`include "cpu.v"

`timescale 1ns / 100ps
`define PERIOD 100                          // matches clk_gen.v
module cputop;
  reg reset_req,clock;
  integer test;
  reg [(3 * 8): 0] mnemonic;                  //array that holds 3 8 - bit ASCII characters
  reg [12: 0] PC_addr,IR_addr;
  wire [7: 0] data;
  wire [12: 0] addr;
  wire rd,wr,halt,ram_sel,rom_sel;
//-----------------------------------------------------------------
cpu    t_cpu (.clk(clock),.reset(reset_req),.halt(halt),.rd(rd),
                                        .wr(wr),.addr(addr),.data(data));

ram    t_ram   (.addr(addr[9: 0]),.read(rd),.write(wr),.ena(ram_sel),.data(data));

rom    t_rom   (.addr(addr),.read(rd),.ena(rom_sel),.data(data));

addr_decode   t_addr_decode (.addr(addr),.ram_sel(ram_sel),.rom_sel(rom_sel));

//-----------------------------------------------------------------
initial
  begin
    clock = 1;
   //display time in nanoseconds
    $ timeformat ( -9,  1, " ns", 12);
    display_debug_message;
    sys_reset;
    test1;
    $ stop;
    test2;
    $ stop;
    test3;
```

```
      $ stop;
  end
    task display_debug_message;
      begin
        $ display("\n*********************************************");
        $ display(" *   THE FOLLOWING DEBUG TASK ARE AVAILABLE:        * ");
        $ display(" * \"test1; \" to load the 1st diagnostic progran.  * ");
        $ display(" *   \"test2; \" to load the 2nd diagnostic program.  * ");
        $ display(" *   \"test3; \" to load the Fibonacci program.       * ");
        $ display(" *********************************************\n");
      end
    endtask
     task test1;
      begin
        test = 0;
        disable MONITOR;
        $ readmemb ("test1.pro", t_rom.memory);
        $ display("rom loaded   successfully!");
        $ readmemb("test1.dat",t_ram.ram);
        $ display("ram loaded   successfully!");
        #1 test = 1;
        #14800   ;
        sys_reset;
      end
     endtask

    task test2;
      begin
        test = 0;
        disable MONITOR;
        $ readmemb("test2.pro",t_rom.memory);
        $ display("rom loaded  successfully!");
        $ readmemb("test2.dat",t_ram.ram);
        $ display("ram loaded  successfully!");
        #1 test = 2;
        #11600;
        sys_reset;
      end
     endtask

    task test3;
      begin
        test = 0;
        disable MONITOR;
        $ readmemb("test3.pro",t_rom.memory);
```

```
      $display("rom loaded  successfully!");
      $readmemb("test3.dat",t_ram.ram);
      $display("ram loaded  successfully!");
      #1 test = 3;
      #94000;
      sys_reset;
   end
  endtask

 task sys_reset;
   begin
      reset_req = 0;
      #(`PERIOD * 0.7) reset_req = 1;
      #(1.5 * `PERIOD) reset_req = 0;
   end
 endtask

  always @(test)
   begin: MONITOR
     case (test)
      1: begin                        //display results when running test 1
            $display("\n * * * RUNNING CPUtest1 - The Basic CPU Diagnostic Program * * *");
            $display("\n     TIME           PC       INSTR      ADDR     DATA  ");
            $display("    ----------     ----     -----     -----    -----");
            while (test == 1)
                @(t_cpu.pc_addr)//fixed
                if ((t_cpu.pc_addr % 2 == 1)&&(t_cpu.fetch == 1))//fixed
              begin
                # 60      PC_addr <= t_cpu.pc_addr - 1 ;
                        IR_addr <= t_cpu.ir_addr;
               # 340     $strobe(" %t     %h     %s      %h        %h", $time,PC_addr,
mnemonic,IR_addr,data );
//HERE DATA HAS BEEN CHANGED T - CPU - M - REGISTER.DATA
               end

           end

        2: begin
          $display("\n * * * RUNNING CPUtest2 - The Advanced CPU Diagnostic Program * * *");
             $display("\n     TIME           PC       INSTR      ADDR     DATA  ");
             $display("    ----------     ----     -----     -----    -----");
            while (test == 2)
              @(t_cpu.pc_addr)
              if ((t_cpu.pc_addr % 2 == 1) && (t_cpu.fetch == 1))
```

```
            begin
              # 60     PC_addr   <= t_cpu.pc_addr - 1 ;
                       IR_addr   <= t_cpu.ir_addr;
              # 340    $strobe("%t    %h   %s    %h %h", $time, PC_addr,
                                                   mnemonic, IR_addr, data );
            end

        end

      3: begin
           $display("\n* * *    RUNNING CPUtest3 - An Executable Program    * * *");
           $display("* * * This program should calculate the fibonacci   * * *");
           $display("\n     TIME       FIBONACCI NUMBER");
           $display(  "   ----------------------------------");
           while (test == 3)
            begin
              wait ( t_cpu.opcode == 3'h1) // display Fib. No. at end of program loop
               $strobe("%t       %d", $time,t_ram.ram[10'h2]);
              wait ( t_cpu.opcode != 3'h1);
            end
         end
     endcase

    end
//-----------------------------------------------------------------------
always @(posedge halt)        //STOP when HALT instruction decoded
    begin
      #500
         $display("\n*********************************************");
         $display("*  A HALT INSTRUCTION WAS PROCESSED  !!!   *");
         $display("*********************************************\n");
    end
always #(`PERIOD/2) clock = ~clock;
always    @(t_cpu.opcode)
     //get an ASCII mnemonic for each opcode
    case(t_cpu.m_alu.opcode)
      3'b000   : mnemonic = "HLT";
      3'h1     : mnemonic = "SKZ";
      3'h2     : mnemonic = "ADD";
      3'h3     : mnemonic = "AND";
      3'h4     : mnemonic = "XOR";
      3'h5     : mnemonic = "LDA";
      3'h6     : mnemonic = "STO";
      3'h7     : mnemonic = "JMP";
      default  : mnemonic = "???";
```

```
    endcase

endmodule
//--------------------cputop.v 结束----------------------
```

系统任务 $readmemb ("test1. pro",t_rom_. memory) 和 $readmemb ("test1. dat",t_ram_. ram)是把编译好的汇编机器码和数据装入虚拟 ROM 和 RAM 以用于仿真。括号中第一项为文件名,第二项为系统层次下的 ROM 和 RAM 模块。

下面给出用于测试 RISC_CPU 而分别装入虚拟 ROM 和 RAM 的汇编机器码和数据。cputop. v 中一共有 3 个测试,3 个测试对应的机器码分别为 test1. pro、test2. pro、test2. pro;3 个测试对应的数据文件分别为 test1. dat、test2. dat、test3. dat。

(1) test1. pro 如下:

```
//------------------------文件 test1.pro ---------------------------
/***********************************************************************
 * Test1 程序用于验证 RISC_ CPU 的功能，是设计工作的重要环节
 * 本程序测试 RISC_ CPU 的基本指令集,如果 RISC_ CPU 的各条指令执行正确,则它应在地址为 2E
(hex)处,在执行 HLT 时停止运行。
 * 如果该程序在任何其他地址暂停运行,则必有一条指令运行出错。
 * 可参照注释找到出错的指令。
 ***********************************************************************/

//------------------------ test1.pro 开始 ---------------------
机器码        地址    汇编助记符          注释

 @00                                 //address statement
    111_00000        // 00    BEGIN:  JMP TST_JMP
    0011_1100
    000_00000        // 02            HLT     //JMP did not work at all
    0000_0000
    000_00000        // 04            HLT     //JMP did not load PC, it skipped
    0000_0000
    101_11000        // 06   JMP_OK:  LDA  DATA_1
    0000_0000
    001_00000        // 08            SKZ
    0000_0000
    000_00000        // 0a            HLT    //SKZ or LDA did not work
    0000_0000
    101_11000        // 0c            LDA  DATA_2
    0000_0001
    001_00000        // 0e            SKZ
    0000_0000
    111_00000        // 10            JMP  SKZ_OK
    0001_0100
    000_00000       // 12             HLT     //SKZ or LDA did not work
```

```
0000_0000
110_11000         //  14    SKZ_OK:     STO TEMP      //store non-zero value in TEMP
0000_0010
101_11000         //  16                LDA   DATA_1
0000_0000
110_11000         //  18                STO   TEMP   //store zero value in TEMP
0000_0010
101_11000         //  1a                LDA TEMP
0000_0010
001_00000         //  1c                SKZ       //check to see if STO worked
0000_0000
000_00000         //  1e                HLT      //STO did not work
0000_0000
100_11000         //  20                XOR DATA_2
0000_0001
001_00000         //  22                SKZ      //check to see if XOR worked
0000_0000
111_00000         //  24                JMP XOR_OK
0010_1000
000_00000         //  26                HLT     //XOR did not work at all
0000_0000
100_11000         //  28     XOR_OK:    XOR DATA_2
0000_0001
001_00000         //  2a                SKZ
0000_0000
000_00000         //  2c                HLT     //XOR did not switch all bits
0000_0000
000_00000         //  2e      END:      HLT     //CONGRATULATIONS - TEST1 PASSED!
0000_0000
111_00000         //  30                JMP BEGIN    //run test again
0000_0000

@3c
 111_00000        //  3c    TST_JMP:   JMP JMP_OK
 0000_0110
 000_00000        //  3e               HLT      //JMP is broken
//--------------------test1.pro 结束----------------------------------
```

(2) test1. dat 如下，下面文件中的数据在仿真时需要用系统任务 $readmemb 读入 RAM，才能被上面的汇编程序 test1. pro 使用。

```
//------------------test1.dat 开始------------------------------------
@00            //address   statement   at RAM
 00000000        //  1800      DATA_1:              //constant 00(hex)
 11111111        //  1801      DATA_2:              //constant FF(hex)
 10101010        //  1802      TEMP:                //variable  -  starts with AA(hex)
```

//-------------------test1.dat 结束------------------------------

(3) test2. pro 如下：

```
//-------------------文件 test2.pro ------------------------------
/************************************************************
 * Test 2 程序用于验证 RISC_ CPU 的功能，是设计工作的重要环节
 * 本程序测试 RISC_ CPU 的高级指令集,如果 RISC_ CPU 的各条指令执行正确,则它应在地址
 * 为 20(hex)处,在执行 HLT 时停止运行。
 * 如果该程序在任何其他地址暂停运行,则必有一条指令运行出错。
 * 可参照注释找到出错的指令。
 * 注意：必须先在 RISC_ CPU 上运行 test1 程序成功后,才可运行本程序。
 *************************************************************/

//-----------------------test2.pro 开始---------------------
机器码          地址汇编助记符     注释

@00
    101_11000          //  00   BEGIN:  LDA DATA_2
    0000_0001
    011_11000          //  02           AND DATA_3
    0000_0010
    100_11000          //  04           XOR DATA_2
    0000_0001
    001_00000          //  06           SKZ
    0000_0000
    000_00000          //  08           HLT                //AND doesn't work
    0000_0000
    010_11000          //  0a           ADD DATA_1
    0000_0000
    001_00000          //  0c           SKZ
    0000_0000
    111_00000          //  0e           JMP ADD_OK
    0001_0010
    000_00000          //  10           HLT                //ADD doesn't work
    0000_0000
    100_11000          //  12   ADD_OK:  XOR DATA_3
    0000_0010
    010_11000          //  14           ADD DATA_1         //FF plus 1 makes -1
    0000_0000
    110_11000          //  16           STO TEMP
    0000_0011
    101_11000          //  18           LDA DATA_1
    0000_0000
    010_11000          //  1a           ADD TEMP           //-1 plus 1 should make zero
    0000_0011
```

001_00000 // 1c SKZ
0000_0000
000_00000 // 1e HLT //ADD Doesn't work
0000_0000
000_00000 // 20 END: HLT //CONGRATULATIONS - TEST2 PASSED!
0000_0000
111_00000 // 22 JMP BEGIN //run test again
0000_0000

//----------------------test2.pro 结束------------------------

(4) test2.dat 如下，下面文件中的数据在仿真时需要用系统任务 $readmemb 读入 RAM，才能被上面的汇编程序 test2.pro 使用。

//-----------------------test2.dat 开始-------------------------
@00
00000001 // 1800 DATA_1: //constant 1(hex)
10101010 // 1801 DATA_2: //constant AA(hex)
11111111 // 1802 DATA_3: //constant FF(hex)
00000000 // 1803 TEMP:
//-----------------------------test2.dat 结束-------------------------

(5) test3.pro 如下：

//-------------------------文件 test3.pro ------------------
/**
* Test 3 程序是一个计算 0～144 的 Fibonacci 序列的程序，用于进一步验证 RISC_ CPU 的功能。
* 所谓 Fibonacci 序列，就是一系列数其中每一个数都是它前面两个数的和(如 0,1,1,2,3,5,
* 8,13,21,…)。这种序列常用于财务分析。
* 注意：必须在成功地运行前两个测试程序后才运行本程序，否则很难发现问题所在。
**/

//--------------------test3.pro 开始-------------------------

机器码 地址 汇编助记符 注释

@00
101_11000 // 00 LOOP: LDA FN2 //load value in FN2 into accum
0000_0001
110_11000 // 02 STO TEMP //store accumulator in TEMP
0000_0010
010_11000 // 04 ADD FN1 //add value in FN1 to accumulator
0000_0000
110_11000 // 06 STO FN2 //store result in FN2
0000_0001
101_11000 // 08 LDA TEMP //load TEMP into the accumulator
0000_0010
110_11000 // 0a STO FN1 //store accumulator in FN1

```
    0000_0000
    100_11000         //  0c       XOR LIMIT         //compare accumulator to LIMIT
    0000_0011
    001_00000         //  0e       SKZ               //if accum = 0, skip to DONE
    0000_0000
    111_00000         //  10       JMP LOOP          //jump to address of LOOP
    0000_0000
    000_00000         //  12  DONE:   HLT            //end of program
    0000_0000
//---------------------test3.pro 结束--------------------------------
```

(6) test3. dat 如下，下面文件中的数据在仿真时需要用系统任务 $readmemb 读入 RAM，才能被上面的汇编程序 test3. pro 使用。

```
//---------------------test3.dat 开始-------------------------------

@00
  00000001    //  1800   FN1:      //data storage for 1st Fib. No.
  00000000    //  1801   FN2:      //data storage for 2nd Fib. No.
  00000000    //  1802   TEMP:     //temproray data storage
  10010000    //  1803   LIMIT:    //max value to calculate 144(dec)
//-----------------test3.pro 结束------------------------
```

前仿真的步骤本书前面已经介绍过，本例中加载 cputop. v 文件即可。测试程序 cputop. v 编写了输出显示功能，所以可以在 Transcript 框中观察 RISC_CPU 是否正常工作。若仿真工作正确无误，则 Transcript 框中显示的结果如下：

```
run -all
#
# ***********************************************************
# *   THE FOLLOWING DEBUG TASK ARE AVAILABLE:               *
# * "test1; " to load the 1st diagnostic progran.           *
# *   "test2; " to load the 2nd diagnostic program.         *
# *   "test3; " to load the Fibonacci program.              *
# ***********************************************************
#
# rom loaded    successfully!
# ram loaded    successfully!
#
# * * * RUNNING CPUtest1 - The Basic CPU Diagnostic Program * * *
#
#      TIME         PC      INSTR    ADDR      DATA
#   ----------     ----     -----    -----     -----     -----
#    1350.0 ns     0000      JMP     003c       zz
#    2150.0 ns     003c      JMP     0006       zz
#    2950.0 ns     0006      LDA     1800       00
#    3750.0 ns     0008      SKZ     0000       zz
#    4550.0 ns     000c      LDA     1801       ff
#    5350.0 ns     000e      SKZ     0000       zz
```

```
#     6150.0 ns     0010     JMP     0014     zz
#     6950.0 ns     0014     STO     1802     ff
#     7750.0 ns     0016     LDA     1800     00
#     8550.0 ns     0018     STO     1802     00
#     9350.0 ns     001a     LDA     1802     00
#    10150.0 ns     001c     SKZ     0000     zz
#    10950.0 ns     0020     XOR     1801     ff
#    11750.0 ns     0022     SKZ     0000     zz
#    12550.0 ns     0024     JMP     0028     zz
#    13350.0 ns     0028     XOR     1801     ff
#    14150.0 ns     002a     SKZ     0000     zz
#    14950.0 ns     002e     HLT     0000     zz
# Break in Module cputop at C: /Users/Administrator/Desktop/CPU/cputop.v line 35
run - continue
# rom loaded  successfully!
# ram loaded  successfully!
#
# * * * RUNNING CPUtest2 - The Advanced CPU Diagnostic Program * * *
#
#      TIME          PC          INSTR        ADDR     DATA
#     ----------      ----      -----      -----      -----
#
# ***************************************************************
# *   A HALT INSTRUCTION WAS PROCESSED   !!!    *
# ***************************************************************
#
#    16350.0 ns     0000     LDA     1801     aa
#    17150.0 ns     0002     AND     1802     ff
#    17950.0 ns     0004     XOR     1801     aa
#    18750.0 ns     0006     SKZ     0000     zz
#    19550.0 ns     000a     ADD     1800     01
#    20350.0 ns     000c     SKZ     0000     zz
#    21150.0 ns     000e     JMP     0012     zz
#    21950.0 ns     0012     XOR     1802     ff
#    22750.0 ns     0014     ADD     1800     01
#    23550.0 ns     0016     STO     1803     ff
#    24350.0 ns     0018     LDA     1800     01
#    25150.0 ns     001a     ADD     1803     ff
#    25950.0 ns     001c     SKZ     0000     zz
#    26750.0 ns     0020     HLT     0000     zz
#
# ***************************************************************
# *   A HALT INSTRUCTION WAS PROCESSED   !!!    *
# ***************************************************************
#
# Break in Module cputop at C: /Users/Administrator/Desktop/CPU/cputop.v line 37
run - continue
```

```
# rom loaded  successfully!
# ram loaded  successfully!
#
# * * *   RUNNING CPUtest3 - An Executable Program    * * *
# * * * This program should calculate the fibonacci   * * *
#
#     TIME      FIBONACCI NUMBER
#   ---------   -------------------
#   33300.0 ns        0
#   40500.0 ns        1
#   47700.0 ns        1
#   54900.0 ns        2
#   62100.0 ns        3
#   69300.0 ns        5
#   76500.0 ns        8
#   83700.0 ns       13
#   90900.0 ns       21
#   98100.0 ns       34
#  105300.0 ns       55
#  112500.0 ns       89
#  119700.0 ns      144
#
# ****************************************************************
# *   A HALT INSTRUCTION WAS PROCESSED   !!!    *
# ****************************************************************
#
# Break in Module cputop at C：/Users/Administrator/Desktop/CPU/cputop.v line 39
```

若仿真程序运行结果正确，则布局布线前仿真(RTL 仿真)即可宣告正确结束。

9.5.2 RISC_CPU 模块的综合

经过以上 RISC_CPU 设计与前仿真，若没有出现问题，则可以开始进行下一步的综合工作。综合工作分为几个部分。

首先要对 RISC_CPU 的各个子模块，如程序计数器、算术运算器等，分别进行综合以检查它们的可综合性。综合完成后即进行后仿真，后仿真中可能还会发现其他错误，此时可及时改进。其次是将各个子模块包装成整体进行综合，此时并不需要外围模块和仿真测试程序。本例中即是前面已经包装好的 cpu. v。

本例中采用的是 Altera Quartus II 软件进行综合，选择的 FPGA 是 Altera Stratix III 系列，针对它的库进行综合，另外也可以采用其他的综合器和其他系列的 FPGA。具体操作步骤可参考第 6 章 6.3.1 小节，添加的文件即是 cpu. v，然后在 Quartus II 主窗口中选择 Processing→start complilation 或者单击类似“播放”的三角形图标随即开始编译、综合和布局布线。

综合完成后，工作目录下会出现一个 outpu_fils 文件夹，其中有若干扩展名为. rpt 的文件，这些文件即是综合器生成的一系列报告文件，它们说明了所使用的器件，各部分的各类参数以及综合过程。

9.5.3　RISC_CPU 的布局布线

在上一小节中通过 Quartus II 的编译功能已经完成了 RISC_CPU 的综合与布局布线。综合工作将 HDL 语言、原理图等设计输入翻译成由“与”、“或”、“非门”，触发器等基本逻辑单元组成的逻辑连接，这种逻辑连接又叫逻辑网表。逻辑网表可以配置为 Verilog Netlist、VHDL Netlist 或者电路设计工业界常用的 EDIF(Electronic Design Interchange Format，电子设计交换格式)。得到这些文件之后，就可进行综合后的网表仿真。然而，无论是 RTL 仿真还是逻辑网表仿真，都只是对应电路或者逻辑元件的行为模型，并不涉及真实电路和器件之间的连接线延迟，所以与实际电路还有所差异。为了进一步了解实际电路的真实行为，还必须进行布局布线以生成带连接线延迟的行为模型。所以说，布局布线工作是必不可少的。

在上一小节操作完成后，工作目录下会产生一个 simulation 文件夹，打开里面的 modelsim 子文件夹可以看到一系列的文件。其中 cpu. vo 即是综合后的门级电路描述文件，而 cpu_v. sdo 即是延迟参数文件。将 cpu. vo 和 cpu_v. sdo 文件复制到工作目录下，用 cpu. vo 替代原来的 cpu. v，再进行一次仿真即可得到布局布线后带延迟信息的仿真结果。后仿真波形会与前仿真波形有所不同，各信号与时钟之间存在有延迟。

后仿真还需要相应的 FPGA 元件的模型，这些模型在 Altera Quartus II 的安装目录中，X：\…\altera\61\quartus\eda\sim_lib 文件夹下，X 为所在盘符。本例中的对应模型是 stratixiii_atoms. v，把模型添加到自己的工作目录进行编译即可。

通过. sdo 文件提供的门延迟信息，可以更加清楚地了解. vo 文件所描述的逻辑网表的实际行为。这种代码不仅有自己的仿真行为，也有对应的电路制造参数，所以是可实现的。不同的 FPGA 厂家提供的后仿真解决方案各不相同，可以参考各类技术手册。后仿真无误后，即可把一系列设计文件加载到 FPGA 器件的编码工具上来实现真实的 FPGA 电路芯片。

至此，一个小型 RISC_CPU 系统的设计工作全部完成。

本章重点

1. RISC_CPU 结构特点。
2. RISC_CPU 设计过程。
3. 布局布线步骤。

思考题

1. 请叙述设计一个复杂数字系统的步骤。
2. 综合一个大型的数字系统需要注意什么？
3. 改进本章中的 RISC_CPU 系统，把指令数增至 16，寻址空间降为 4 KB，并书写设计报告，实现三个层次的仿真运行。
4. 什么叫软硬件联合仿真？为什么说 Verilog 语言支持软硬件联合设计？

参考文献

[1] 王冠华. Multisim 11 电路设计及应用[M]. 北京：国防工业出版社,2010.
[2] 朱娜,等. EDA 技术实用教程[M]. 北京：人民邮电出版社,2012.
[3] 黄仁欣,等. EDA 技术实用教程[M]. 北京：清华大学出版社,2006.
[4] 赵雅兴. PSpice 与电路器件模型[M]. 北京：北京邮电大学出版社,2004.
[5] 谭阳红. 基于 OrCAD 16.3 电子电路分析与设计[M]. 北京：国防工业出版社,2011.
[6] 夏宇闻. Verilog 数字系统设计教程[M]. 2 版. 北京：北京航空航天大学出版社,2008.
[7] 杜慧敏,李宥谋,赵全良. 基于 Verilogde 的 FPGA 设计基础[M]. 西安：西安电子科技大学出版社,2006.
[8] Haskell R E, Hanna D M. FPGA 数字逻辑设计教程－Verilog[M]. 郑立浩,等译. 北京：电子工业出版社,2010.
[9] 高燕梅，房蔓楠. Spice/PSpice 编程技术[M]. 北京：电子工业出版社,2002.
[10] 王辅春. 电子电路 CAD 软件使用指南[M]. 北京：机械工业出版社，1998.
[11] 周润景. PSpice 电子电路设计与分析[M]. 北京：机械工业出版社，2011.
[12] 李永平，董欣，蒋宏宇. PSpice 电路设计实用教程[M]. 北京：国防工业出版社，2004.
[13] 李永平，储成伟. PSpice 电路仿真程序设计[M]. 北京：国防工业出版社，2006.
[14] 郭锁利. 基于 Multisim 的电子系统设计、仿真与综合应用[M]. 2 版. 北京：人民邮电出版社,2012.
[15] 唐赣，聂典. Multisim 10 原理图仿真与 PowerPCB 5.0.1 印制电路板设计[M]. 北京：电子工业出版社，2009.
[16] 李海燕. Multisim & Ultiboard 电路设计与虚拟仿真[M]. 北京：电子工业出版社，2012.
[17] 江国强. EDA 技术与应用[M]. 4 版. 北京：电子工业出版社，2013.
[18] 熊伟,侯传教,梁青,等. Multisim 7 电路设计及仿真应用[M]. 北京：清华大学出版社,2010.
[19] 李辉. PLD 与数字系统设计[M]. 西安：西安电子科技大学出版社，2005.
[20] 王金明. Verilog HDL 程序设计教程[M]. 北京：人民邮电出版社，2004.
[21] 王伟. Verilog HDL 程序设计与应用[M]. 北京：人民邮电出版社，2005.
[22] 杜建国. Verilog HDL 硬件描述语言[M]. 北京：国防工业出版社，2004.
[23] 王冠，黄熙，王鹰. Verilog HDL 与数字电路设计[M]. 北京：机械工业出版社，2006.
[24] 常晓明. Verilog－HDL 实践与应用系统设计[M]. 北京：北京航空航天大学出版社，2003.
[25] 王志功，朱恩. VLSI 设计[M]. 北京：电子工业出版社，2005.
[26] 沈建国，雷剑虹. 数字逻辑与数字系统基础[M]. 北京：高等教育出版社，2004.

[27] 李亚民. 计算机组成与系统结构[M]. 北京：清华大学出版社，2004.
[28] Golze U. 大型RISC处理器设计——用描述语言Verilog设计VLSI芯片[M]. 田泽，于敦山，朱向东，等译. 北京：北京航空航天大学出版社，2005.
[29] 贺敬凯. Verilog HDL数字设计教程[M]. 北京：西安电子科技大学出版社，2012.
[30] Ciletti M D. Verilog HDL高级数字设计[M]. 张雅绮，李锵，译. 北京：电子工业出版社，2005.